普通高等教育"十一五"国家级规划教材
普通高等教育农业农村部"十三五"规划教材

土地生态学

第二版

黄炎和　主编

U0213036

中国农业出版社

北　京

内容简介 NEIRONG JIANJIE

《土地生态学》（第二版）是根据土地生态领域出现的新问题，在第一版的基础上修编的新教材。针对土地资源管理专业学生的特点，在系统介绍生态学基本知识及相关理论的基础上，从土地生态分类入手，重点介绍主要生态系统的组成、结构和功能，并详细论述土地生态评价、土地生态规划与设计、土地生态工程与技术、土地生态修复、土地生态管理等内容。本教材适用于高等学校土地资源管理专业师生，也可供资源和生态类相关专业及土地资源管理领域的相关人员参考。

土地资源管理专业系列教材
编 委 会

第二版编写人员

主　编　黄炎和（福建农林大学）

副主编　徐保根（浙江财经大学）

　　　　胡月明（华南农业大学）

　　　　赵中秋（中国地质大学〔北京〕）

参　编（按姓氏笔画排序）

　　　　文　倩（河南农业大学）

　　　　宁　静（东北农业大学）

　　　　刘　洛（华南农业大学）

　　　　李青松（河南农业大学）

　　　　杨　锋（河南城建学院）

　　　　吴绍华（浙江财经大学）

　　　　范胜龙（福建农林大学）

　　　　季　翔（福建农林大学）

　　　　秦　钟（华南农业大学）

　　　　韩　璐（浙江财经大学）

第一版编写人员

主　编　黄炎和（福建农林大学）

副主编　尹　君（河北农业大学）

　　　　　高　明（西南大学）

　　　　　徐保根（浙江财经学院）

参　编（按姓氏笔画排序）

　　　　　文　倩（湖南农业大学）

　　　　　刘晓庄（河北农业大学）

　　　　　关　欣（湖南农业大学）

　　　　　范胜龙（福建农林大学）

　　　　　范海兰（福建农林大学）

　　　　　林金石（福建农林大学）

　　　　　赵中秋（中国地质大学）

　　　　　谢　钊（福建农林大学）

总　序

自 1997 年我国高等教育专业目录调整之后，原属于工学门类的土地利用与规划专业和原属于经济学门类的土地管理专业合并调整成为土地资源管理专业，属于管理学门类。十几年来，随着高等教育的蓬勃发展，土地资源管理专业教育规模也有了迅速的扩展。目前，全国有 100 余所高等学校从事土地资源管理专业的本科教育，每年有 6 000 多名土地资源管理专业的大学本科毕业生。由于该专业是新兴、交叉学科，在教育教学实践中对高质量教材的需求十分迫切。为此，2001 年教育部高等学校公共管理学科类教学指导委员会土地资源管理学科组、全国高等院校土地资源管理院长（系主任）联席会和中国农业出版社共同组织编写了第一轮共 14 本土地资源管理专业骨干课程教材，并经教育部高等教育司批准，列入“面向 21 世纪课程教材”。这套教材在我国土地资源管理专业本科教育实践中发挥了十分重要的作用，成为绝大多数高校的首选教材，满足了当时对高质量教材的需求，同时也初步形成了作为公共管理学科的土地资源管理专业的知识体系，奠定了该专业的教材建设体系，推动了该专业高等教育快速而健康的发展。

2006 年教育部启动了普通高等教育“十一五”国家级规划教材计划。值得高兴的是，我们组织编写出版的土地资源管理专业的 14 种“面向 21 世纪课程教材”，有 11 种入选普通高等教育“十一五”国家级规划教材。同时，也有 3 种新教材入选，使土地资源管理专业有 14 种骨干课程教材入选国家级规划教材，充分体现了第二轮专业教材建设所取得的成就。

随着我国经济社会发展和全面深化改革进入新的阶段，我国的土地资源管理事业也在发生着深刻的变化：新型城镇化和城乡一体化发展必然要求农村土地制度的进一步改革与创新；经济转型与发展方式的转变必然要带来土地利用方式的转变；生态文明建设要求土地资源管理从重视土地数量管理向数量管控、质量管理与生态管护并重转变。这一新形势对土地资源管理专业高级专门人才的培养提出了新的挑战，客观上要求在土地资源管理专业教育的理论体系、知识结构、技术方法等方面进行更新和发展，以适应科学发展对土地资源管理高级专门人才培养的需求。

为使土地资源管理专业教材建设能够反映土地资源管理理论与实践的最新发展，更好地满足土地资源管理专业的教学需求，我们启动了新一轮的教材编写工作。这一轮组织出版的教材在第二轮 17 种教材的基础上，根据土地资源管理理论与实践的新发展又增加了《土地整治学》《土地复垦学》《土地生态学》3 种，达到了 20 种。全部入选普通高等教育农业农村部"十二五"规划教材，更是有 4 种入选"十二五"普通高等教育本科国家级规划教材。这套新教材的特点：一是编写人员阵容强大，著名专家学者任教材的主编、副主编，学术骨干参加编写，体现了我国土地资源管理教育与研究的前沿水平；二是对教学内容进行了更新和发展，代表着土地资源管理知识体系的最新进展；三是对知识体系进行了扩展，适应土地管理新形势和教育国际化的要求，丰富了该专业教育教学的内容；四是重视实践试验教材建设，增加了《土地整理课程设计》《土地利用规划学实习手册》等，有利于学生实践技能的培养。

这套教材的出版，凝聚着我国土地资源管理领域高校教师们的心血和智慧，标志着我国土地资源管理专业高等教育教材建设迈上了一个新的台阶。希望这套教材能为新形势下我国土地资源管理高级专门人才的培养做出新的、更大的贡献！

欧名豪

2015 年 2 月 13 日

第二版前言

《土地生态学》教材第一版于2013年出版，此后国家经济发展战略进一步向生态环境倾斜，强调生态文明和美丽中国建设，提出"良好生态环境是最公平的公共产品，是最普惠的民生福祉"。而人口持续增加及工业化、城市化继续加速，对土地生态资源的开发、利用和保护提出了更高要求，也为土地生态学发展带来了更多机遇。在利用土地资源获取经济利益的同时，针对不同类型生态系统的结构、功能及演替特征，通过规划设计、技术工程及相关管理手段，维持生态安全，修复脆弱环境，从而保证生态文明建设与社会经济的可持续发展。

该教材由福建农林大学、华南农业大学、浙江财经大学、中国地质大学（北京）、河南农业大学、东北农业大学和河南城建学院七所高校长期从事土地生态研究和教学工作的教师编撰而成。教材充分吸收了国内外先进的研究成果，涵盖了土地生态学基础、土地生态系统及其分类、耕地生态系统、林地生态系统、草地生态系统、湿地生态系统、建设用地生态系统、土地生态评价、土地生态规划与设计、土地生态工程与技术、土地生态修复、土地生态管理等内容，并附有相关案例。

教材由黄炎和担任主编，徐保根、胡月明、赵中秋担任副主编。各章编写人员如下：绪论由黄炎和编写；第一章由赵中秋、范胜龙编写；第二章由韩璐、徐保根编写；第三章由季翔编写；第四章由宁静、季翔编写；第五章由胡月明、秦钟编写；第六章由杨锋编写；第七章由赵中秋编写；第八章由胡月明、刘洛编写；第九章由宁静、季翔编写；第十章由范胜龙编写；第十一章由文倩、李青松编写；第十二章由吴绍华、徐保根编写。

在教材编写过程中参阅了大量文献，引用了一些作者的研究成果和实例，在此谨向他们表示诚挚的感谢！作为一门新兴学科，土地生态学的研究范畴、理论体系和技术方法仍然处在更新与发展阶段。此外，由于编者水平有限，以及多所高校合作编写的组织困难等原因，错误疏漏之处在所难免。鉴于此，敬请土地生态学相关领域的同行和广大读者批评斧正，并恳切希望大家继续给予支持和帮助！

编　者
2020年9月于福建农林大学

第一版前言

自 20 世纪中叶以来，随着人口急剧增长及工业化、城市化的快速发展，社会面临着许多新的挑战。土地的环境保护问题、资源利用问题、粮食生产问题等与土地生态安全有关的问题相继出现，由于一些不合理的土地利用方式，森林植被破坏、生物多样性减少、水土流失、土地沙化和荒漠化及土壤污染等一系列土地生态问题越来越严重地影响着人类的健康生活，制约着人类社会经济的发展。人们在利用土地资源获取经济利益的同时，也不得不重新审视土地资源可持续利用的核心问题——土地的生态问题。如何认识不同土地类型的生态系统的结构、功能及演替关系？如何维护生态健康、保证生态安全？如何进行生态管理和生态恢复？如何从生态角度合理规划、利用土地？这正是土地生态学需要解决和关注的问题。

本教材由福建农林大学、河北农业大学、西南大学、浙江财经学院、湖南农业大学、中国地质大学六所高校长期从事土地生态研究和教学工作的教师编撰而成。本教材充分吸收了国内外先进的研究成果，涵盖了生态学基础、土地生态系统及其分类、耕地生态系统、林地生态系统、草地生态系统、建设用地生态系统、土地生态调查与评价、土地生态规划与设计、土地生态工程、土地生态管理、土地生态健康与恢复等内容，并附有相关案例，经福建农林大学土地资源管理专业的学生试用，几经修改完成。

本教材由黄炎和担任主编，尹君、高明、徐保根担任副主编。各章编写情况如下：绪论由黄炎和编写；第一章由赵中秋、黄炎和编写；第二章由徐保根编写；第三章由黄炎和、林金石编写；第四章由范胜龙、范海兰编写；第五章、第六章由赵中秋编写；第七章由谢钊编写；第八章由尹君编写；第九章由高明编写；第十章由刘晓庄编写；第十一章由关欣、文情编写。

在教材编写过程中参阅了大量文献，引用了一些作者的研究成果和实例，在此谨向他们表示诚挚的感谢！同时，教材在资料收集、文字校正、编写排版过程中得到了蒋芳市、谢小芳、扶恒、张兆福、赵淦、王玺洋、庄雅婷、张燕等硕、博士研究生的帮助，在此一并致谢！

鉴于土地生态学是一门新兴学科，许多理论和方法尚处在探索阶段。近年来，不同学派的涌现及各流派争芳斗艳的局面给土地生态学科建设和发展带来了蓬勃的生机。教材中的观点难免有待商榷，本着百花齐放、百家争鸣、求同存异、相得益彰的原则，本教材的出版期望起到抛砖引玉的作用。此外，由于编者水平有限等原因，错误疏漏之处在所难免，敬请各位专家、读者斧正！

编 者

2013 年 3 月于福建农林大学

目 录

绪　论

恩格斯指出，科学的产生和发展一开始是由生产决定的。如同其他任何科学一样，土地生态学的产生是有其历史和现实的客观基础的，是科学技术发展的必然结果和土地利用实践的必然要求。最初使用"土地生态学"一词是在 1938 年，苏联学者用它表示决定土地利用条件的自然因素的研究，包括地形、土壤肥力、侵蚀危险程度及对农业活动有意义的其他地理方面的因素。国外与"土地生态学"联系最为紧密的词为"land ecology"和"geoecology"，前者顾名思义为土地生态学，后者译为地生态学。实际上国外 geoecology 的出现是想代替 landscape ecology(景观生态学)，但目前 landscape ecology 应用广泛，geoecology 使用却很少。从国外文献看，land ecology 涉及的研究内容、方法等和 landscape ecology 基本相同，使用也不多。

中国土地生态学系统性的研究始于 20 世纪 80 年代末到 90 年代初，这一时期学者们对土地生态学的起源背景、概念定义、研究对象、内容进展、未来的发展方向等做了很多探索工作，为土地生态研究奠定了理论基础。傅伯杰将土地生态系统研究(即土地生态学)归结为 3 个主要方面：土地生态系统形成、演替、结构的研究，土地生态系统功能(主要是生产力)的研究，土地生态系统最佳生态平衡的研究(傅伯杰，1985)。何永祺认为，土地生态学是在生态学一般原理的基础上，阐述土地及其环境间能量与物质循环转化规律，优化土地生态系统对策和措施的科学(何永祺，1990)。朱德举在其主编的《土地科学导论》一书中将土地生态学定义为"研究一个区域内各种土地生态系统的特性、结构、空间分布及其相互关系"(朱德举，1995)。吴次芳在其主编的《土地生态学》一书中将土地生态学定义为"以协调人-自然-土地为核心，按照土地资源可持续利用的要求，对一定区域的土地生态系统进行开发、利用、整治和保护所制定的时间安排和空间部署的科学"(吴次芳等，2003)。

根据土地生态学的形成特点和学科性质，土地生态学是应用生态学的一般原理，研究土地生态系统的能量流、物质流和价值流等的相互作用和转化，开展土地利用优化与调控的学科。其基本研究目的是：从生态学的角度研究土地利用规律，从而为土地利用规划、土地利用工程(即对土地合理开发利用、治理与保护所实施的综合工程技术措施)和土地管理提供理论依据。

一、土地生态学的研究对象

从国内外学者对土地生态学的定义可以看出，土地生态学的研究对象为土地生态系统，包括土地生态系统的组成、结构、功能演替，系统内外的生态流及时空变异性等。作为土地科学的分支学科，土地生态学的研究目的是从生态学的角度探索土地可持续利用的道路。它是从整体上把土地作为一个自然综合体和一项生产资料，即作为一个自然-经济复合体来进行研究的一门科学。换句话说，土地生态学是把土地作为一个自然-经济复合体来研究它的运动和发展规律的。因此，土地生态学不单是一个自然范畴的学科，同时也是一个由经济范畴、社会范畴、生态范畴构成的边缘学科。

毛泽东在《矛盾论》中指出："科学研究的区分，就是根据科学对象所具有的特殊矛盾性。因此，对于某一现象的领域所特有的某一矛盾的研究，就构成了某一门科学的对象。"因此，土地生态学重点研究的是生产力发展过程中土地生态系统与土地生态结构变化特征。在社会经济发展的过程中，社会生产力的发展要求对土地高效利用和土地生态系统稳定、土地生态结构良性变化要求对土地进行节制利用的特殊矛盾，就构成了土地生态学的研究对象。

二、土地生态学的学科任务与研究内容

土地生态学发展历史相对较短。目前，虽然对土地生态学的主要研究内容达成了一定的共识，但是其基础理论、研究方法、知识体系等都还不够完善，甚至已形成的知识体系还存在一定分歧，土地生态学的发展还需要大家扎扎实实地开展相关的研究工作，学科体系的建设是目标，而不是手段。在大量研究工作的基础上，通过不断的交流与讨论，形成一个比较明确的学科框架。同时，土地生态学学科框架的确立有赖于土地科学学科体系的完善。

（一）土地生态学的学科任务

自然科学的研究目的是：一是认识自然，探索未知世界；二是利用自然，推动人类社会进步。因此，以土地生态系统为研究核心的土地生态学，其研究主要是围绕对土地生态系统的不断认识，或者说是对土地这一自然客体的生态学规律的不断探索；并将这一规律应用到土地利用和管理中，从而推动人类社会进步。土地生态学应解决以下几个问题：①掌握土地生态系统定义及其基本特征和功能；②了解地表各种土地生态系统的组成、结构、功能、演替规律及空间分异；③应用生态学原理指导土地开发、利用、整治、保护和管理；④揭示土地开发利用与保护管理过程中的生态规律。

（二）土地生态学的研究内容

根据土地生态学的学科任务，其研究内容主要包括以下几个方面。

1. 土地生态类型　这一部分的研究主要指对地表不同土地生态系统的类型梳理，以及对各类土地生态系统的组成、结构及形成与演替等方面的研究：①土地生态分类，即土地生态系统类型的划分。土地生态系统类型的划分使研究区域内土地生态系统类型得以条理化、系统化，为后续各项研究奠定基础依据。②土地生态系统的组成与结构。着重研究区域内各类土地生态系统的组成和基本特征、空间分布格局，为从宏观和微观两个方面合理地布局和安排各类生态系统的适当比例、充分发挥各自的功能提供基础依据。③土地生态系统的形成与演替。通过对各类土地生态系统的形成与演替过程的研究，揭示其发生与发展规律，为人类定向控制土地生态系统的演替方向与过程、促进系统结构和功能的优化提供基本依据。

2. 土地生态评价　土地生态评价是对土地生态系统的结构、功能、价值及其生态环境质量所进行的评价。土地生态评价的内涵主要从以下四个方面来认识：①土地生态评价着重进行土地生态系统的结构功能、土地生态价值和生态环境质量的评价；②土地生态评价可以在一般的土地评价的基础上，选择对研究对象最有意义的若干生态特性进行专项评价，进而诊断土地生态系统的健康程度和土地利用的生态风险；③土地生态评价不仅仅局限于评价自

然生态系统，而且要考虑人类社会生活或社会经济过程；④土地生态评价是一项系统工程，是对各种土地生态类型的健康状况、适宜性、环境影响、服务功能和价值进行综合分析与评价的过程。土地生态评价是一项复杂的系统工程，牵涉到自然地理条件、环境灾害情况、人口、经济、社会福利等诸多方面，牵涉面十分广泛。目前，土地生态评价的主流研究方向集中在土地适宜性评价、土地生态环境评价(包括危险性评价、敏感性评价和质量评价)、土地生态风险评价、土地生态退化评价、土地生态系统评价这几个方面。

3. 土地生态规划设计　土地生态规划与土地生态设计相辅相成，共同成为土地生态学研究的核心。土地生态规划与土地生态设计是既密切联系又有区别的两个部分。一方面，土地生态规划属于总体规划的性质，体现的是"区域"，而土地生态设计则具有详细规划的性质，是在总体土地生态规划的控制下，具体地进行各种土地生态系统的内部组织，体现的是"地段"。另一方面，两者之间又有交叉渗透。从层次上看，土地生态规划是宏观控制，土地生态设计是微观设计；从方案编制上看，土地生态规划既要对土地生态设计起控制作用，把握规划的方向和大局，又要考虑到土地生态设计的细节要求，为土地生态设计留有操作的余地；从时段上看，土地生态规划属于总体规划，周期较长(一般 10～15 年)，土地生态设计属于微观规划，周期较短，一般不超过 5 年。现阶段，土地生态规划在实际编制工作中有两种方式：一种是以土地生态评价结果为基本依据来布局和安排各类土地生态系统的比例和空间分布格局，这种规划较少考虑社会经济因素，因而所得出的用地结构和布局规划方案在某种程度上可称为自然区域规划。另一种是在充分考虑土地生态评价结果的同时，还要综合考虑经济社会发展规划、土地供给能力和各项建设对土地的需求，并据此编制土地利用结构与布局规划方案。这种规划结果既符合生态学原理，又满足了经济社会发展的需求，因而更有实用价值。

土地利用总体规划，在考虑经济利益的同时，应当借鉴生态学的研究成果，使规划更具有科学性，实现土地资源的可持续利用和经济的可持续增长，从而实现人类社会福利非递减性发展。

4. 土地生态修复与整治　生态恢复一般是指使生态系统恢复到先前或历史上(自然的或非自然的)状态，使受损生态系统的结构和功能恢复到受干扰前状态的过程。生态修复是指辅以人工措施或依靠生态系统的自我调节能力与自组织能力使其向有序的方向进行演化，使遭到破坏的生态系统逐步恢复或使生态系统向良性循环方向发展。欧美发达国家更偏向于生态恢复，希冀生态系统回归到一种原始自然的状态。发展中国家偏重于生态修复，并不否认人类有目的的参与、适用技术的应用对生态系统改善的贡献，我国通常用生态修复。

土地生态修复是相对于土地的非健康状态而言，它是指修复土地生态系统合理的结构、功能和各组成部分之间的协调关系。土地生态整治则是土地生态修复的具体化，是根据土地生态系统存在的主要问题而采取的有针对性的土地修复行动。土地生态整治的内容十分广泛，包括水土流失地的治理、盐碱地的治理、风沙地的治理、沼泽地的治理、受污染土地的治理、中低产田改造、荒山荒地的开发与治理、工矿废弃地和因灾废弃地的治理与复垦、基本农田建设、山水田林路村企的综合治理等。

当前，面对全球土地生态退化的日益严重性和恢复重建的紧迫性，应将退化土地生态重建作为研究重点，在土地生态退化评价研究基础上，研究制订切实可行的退化土地生态重建综合工程技术规划方案并付诸实施，以恢复和提高退化土地生态系统的功能，实现土地生态系统的良性发展，确保土地资源的可持续利用。

5. 土地生态管理　土地生态管理是综合运用生态学、社会学、经济学和管理学的知识，从自然、经济、社会等方面对土地生态系统健康变化进行监控，审查和监督各级土地生态规划与设计方案，使人类按照规定的土地用途，合理地利用和改造土地，保持土地生态平衡，获取最优的土地利用综合效益，以尽量避免人们不合理利用而导致对土地生态系统健康的损害，并及时掌握土地生态系统健康的变化趋势，指导人们采取必要的管理措施，以减少土地生态系统健康恶化风险。

由于土地生态系统是一个十分庞大而复杂的巨系统，可分为人及有生命的生物环境和无生命的理化环境等子系统，每个子系统又可分为若干个次子系统。从系统的生态平衡调节角度考虑，土地生态管理包括四个方面的内容：①土地生产保护管理，因为土地生产是生态管理的终极目标；②土地利用结构管理，土地生态系统的结构是内稳定性的载体，土地利用结构变化程度应小于土地生态系统的抗干扰弹性；③土地生态环境的物种关系保护管理，通过保护物种关系和生物多样性，保证土地生态系统内部物质循环的连续性、结构的复杂性、功能的完善性，增强系统的抗干扰能力；④土地生态系统污染防治管理，重点防治工、农业生产的污染，减轻系统的纳污压力，增强土地生态功能。

上述五项研究内容虽有区别，但又相互紧密联系、不可分割。土地生态类型研究是土地生态评价的基础工作；土地生态评价是土地生态规划设计的基础依据；土地生态规划设计则是土地生态类型和土地生态评价的目的和归宿；土地生态修复与整治是为了更有效地按生态学原理合理利用土地，在很大程度上可以说是对土地生态规划设计方案的具体施工；而土地生态管理是实施土地生态规划设计方案的根本保证。可见，五者以土地生态规划设计为核心，一环紧扣一环，彼此不可分割，因而它们是"五位一体"，共同构成了土地生态学的基本研究内容体系。

三、土地生态学的研究进展

(一)生态学的研究进展

"生态学"(oikologie)一词是 1865 年由勒特(Reite)合并两个希腊词 logs(研究)和 oikos(房屋、住所)构成，1866 年德国动物学家赫克尔(Ernst Heinrich Haeckel)初次把生态学定义为"研究动物与其有机及无机环境之间相互关系的科学"，特别是动物与其他生物之间的有益和有害关系。从此，揭开了生态学发展的序幕。

生态学的发展大致可分为萌芽期、形成期和发展期三个阶段。

1. 萌芽期　古人在长期的农牧渔猎生产中积累了朴素的生态学知识，诸如作物生长与季节气候及土壤水分的关系、常见动物的物候习性等。如公元前 4 世纪古希腊学者亚里士多德(Aristotle)曾粗略描述动物的不同类型的栖居地，还按动物活动的环境类型将其分为陆栖和水栖两类，按其食性分为肉食、草食、杂食和特殊食性等类。公元前 3 世纪亚里士多德的学生、雅典学派首领赛奥夫拉斯图斯(Theophrastus)在其植物地理学著作中已提出类似今日植物群落的概念。公元后开始出现介绍农牧渔猎知识的专著，如公元 1 世纪古罗马老普林尼(Gaius Plinius Secundus)的《自然史》、6 世纪中国农学家贾思勰的《齐民要术》等，均记述了素朴的生态学观点。

2. 形成期　形成期大约从 15 世纪到 20 世纪 40 年代。15 世纪以后，许多科学家通过科学考察积累了不少宏观生态学资料。18世纪至19世纪初叶，现代生态学的轮廓开始出现。例如，雷奥米尔（Reaumur）的6卷昆虫学著作中就有许多昆虫生态学方面的记述。瑞典博物学家林奈（Linnaeus）首先把物候学、生态学和地理学观点结合起来，综合描述外界环境条件对动物和植物的影响。法国博物学家布丰（Georges Louis Leclere de Buffon）强调生物变异基于环境的影响。德国植物地理学家洪堡（Humboldt）创造性地结合气候与地理因子的影响来描述物种的分布规律。19世纪，生态学进一步发展，一方面是由于农牧业的发展促使人们开展了环境因子对作物和家畜生理影响的实验研究。例如，在这一时期确定了5℃为一般植物的发育起点温度，绘制了动物的温度发育曲线，提出了用光照时间与平均温度的乘积作为比较光化作用的指标，以及植物营养的最小养分律和光谱结构对于动植物发育的效应等。另一方面，马尔萨斯（Thomas Robert Malthus）于1798年发表的《人口论》一书造成了广泛的影响。费尔许尔斯特（Verhulst）1833年以其著名的逻辑斯谛曲线描述人口增长速度与人口密度的关系，把数学分析方法引入生态学。19世纪后期开展的对植物群落的定量描述也以统计学原理为基础。1859年达尔文（Charles Robert Darwin）在《物种起源》一书中提出自然选择学说，强调生物进化是生物与环境交互作用的产物，引起了人们对生物与环境的相互关系的重视，更促进了生态学的发展。19世纪中叶到20世纪初叶，人类所关心的农业、渔猎和直接与人类健康有关的环境卫生等问题，推动了农业生态学、野生动物种群生态学和媒介昆虫传病行为的研究。由于当时组织的远洋考察中都重视了对生物资源的调查，从而也丰富了水生生物学和水域生态学的内容。到20世纪30年代，已有不少生态学著作和教科书阐述了一些生态学的基本概念和论点，如食物链、生态位、生物量、生态系统等。至此，生态学已基本成为具有特定研究对象、研究方法和理论体系的独立学科。

3. 发展期　20世纪50年代以来，生态学吸收了数学、物理、化学的研究成果，向精确定量方向前进并形成了自己的理论体系。数理化方法、精密灵敏的仪器和电子计算机的应用，使生态学工作者有可能更广泛、更深入地探索生物与环境之间相互作用的物质基础，并对复杂的生态现象进行定量分析。整体概念的发展产生出系统生态学等若干新分支，初步建立了生态学理论体系。近年来，生态学发展十分迅速，按所研究的生物类别来分有微生物生态学、植物生态学、动物生态学、人类生态学等；按生物系统的结构层次来分有个体生态学、种群生态学、群落生态学、生态系统生态学等；按生物栖居的环境类别来分有陆地生态学和水域生态学等；按与非生命科学相结合来分有数学生态学、化学生态学、物理生态学、地理生态学、经济生态学等；按与生命科学其他分支相结合分类有生理生态学、行为生态学、遗传生态学、进化生态学、古生态学等；按应用性分支学科分类有农业生态学、医学生态学、工业资源生态学、污染生态学（环境保护生态学）、城市生态学等。总之，生态学发展的一个普遍规律是与其他学科的交叉和融合越来越普遍，生态学也越来越向边缘学科、综合学科发展，出现了百家争鸣、百花齐放的局面。

关于生态学的定义，不同学派赋予生态学不同的含义。英国生态学家埃尔顿（Charles Sutherland Elton）认为，生态学是研究生物（包括动物和植物）怎样生活和它们为什么按照自己的生活方式生活的科学（Elton，1927）；澳大利亚生态学家安德烈沃斯（Andrenathes）认为生态学是研究有机体的分布和多度的科学（Andrenathes，1954）；美国生态学家奥德姆（Eugene Pleasants Odum）认为生态学是研究生态系统的结构与功能的科学（Odum，1956）；中国学者马世骏则认为，生态学是研究生命系统之间相互作用及其机理的科学（马世骏，

1980）。不管生态学如何表述，其基本思想可以概括为：

（1）生态学要尽量符合三定律原则。多效应原则：我们的任何行动都不是孤立的，对自然界的任何侵犯都具有无数效应；相互联系原则：每一事物无不与其他事物相互联系和相互交融；勿干扰原则：所生产的任何物质均不应对地球上自然的生物地球化学循环有任何干扰。

（2）生态学注重可持续发展和人与自然的和谐统一。生态学承认自然资源的价值，这种价值不仅仅体现在环境对经济系统的支撑和服务价值上，同时也体现在环境对人类生存的不可或缺的存在价值上。生态学要求以自然资源为基础，与环境承载能力相协调。

（3）生态学讲究生态伦理道德观。讲究生态伦理是一切国家和社会发展的客观要求和必然选择，人类的巨大开拓性力量不仅使生态严重失衡、自然界日益走向萎缩和衰败，并且也使人类遭到自然的无情惩罚并危及生存。和谐生态伦理观是一种反思性伦理，它要求人类以自己的理性去反思人与自然界的关系。一方面，人要生存发展就不能停止认识自然的步伐，而是要不断地与自然界作斗争；另一方面，这种斗争是建立在和谐基础上的斗争，它必须遵循自然规律，使对象发生符合目的性与规律性的变化。这样，才能真正确立人的主体地位，实现人与自然的和谐。新型的生态伦理道德观应该是发展经济的同时还要考虑这些人类行为不仅有利于当代人类生存发展，还要为后代留下足够的发展空间。

（二）土地生态学的研究进展

早在 1938 年，苏联学者曾广泛使用"土地生态学"一词来表示决定土地利用条件的自然因素的研究。分析地形、土壤肥力、侵蚀危险程度及对农业活动有意义的其他地理方面的指标是土地生态学研究的范围。20 世纪 60 年代，苏联将"土地生态学"这一基本概念应用于栽培作物的区划，按照把作物品种栽培在适合其生态情况和最高生产力的土地上的意图来配置这些作物。到 60 年代末和 70 年代初时，美国、加拿大、澳大利亚等多个国家在进行土地评价和土地调查过程中，应用生态学思想分别提出了"土地生态单元""土地生态分类"。之后，一些国家的研究工作更加深入，如瑞典和荷兰于 70 年代建立了耕地生态学研究项目，研究不同土地利用系统生产潜力、物质循环和能量转化及地面上下的生物多样性，为建立土地持续利用系统提供依据。荷兰的土地生态学研究长期致力于为土地评价、土地规划、土地保护和土地管理服务。

我国于 20 世纪 80 年代开始重视研究土地生态问题，先后提出土地生态评价、土地生态设计、土地生态建设思想。20 世纪 90 年代中期，土地生态学才真正展现在人们的视野中，到现在也不过 20 多年的时间。近年来，我国关于土地生态的研究具有以下特性：虽然土地生态学的研究热度在增加，相关文章逐年增多，但相关内容体系还很不丰富；土地生态结构和变化与土地生态评价研究较多，土地生态规划设计、恢复重建及生态管护研究偏少；现有技术储备比较好、基础研究做得比较扎实的文章比较常见，而原创性和系统性的研究则比较少见。

近年来，我国在土地生态学的各个研究领域中取得一些进展：

1. 在土地生态结构与变化研究方面 土地生态结构及其变化的探测、评价的基本手段已相对成熟，但理论方法的原创性和系统性的研究尚显不足；而土地生态系统的驱动机制研究还比较肤浅，没有建立起严谨的因果链条和规范的解释模式，特别是没有将变化与其功能和背后的生态过程紧密结合。土地生态结构及其变化研究水平不高，大多数研究都是方法上的简单重复。

2. 在土地生态功能与过程研究方面　总的来说，对这些土地生态功能特征指标的描述都比较全面。从研究方法看，数据获取以野外观测与取样分析为主，相对来说实地定位监测、田间试验、室内培养与遥感(RS)方法的利用比较少；数据分析以常规统计分析为主，指数评价、地理信息系统(GIS)与模型模拟及理论分析法的利用比较少。从研究内容看，大部分研究主要集中在不同土地生态系统类型与利用方式对土地生态功能和过程的影响，而景观尺度上土地利用结构与格局的影响研究相对比较薄弱。

3. 在土地生态分类与调查的研究方面　研究内容主要集中在土地利用分类与调查、土地生态分类体系、土地生态环境调查这三个方面。但随着形势的发展，需要发展针对一定管理目的、与土地功能紧密联系的土地利用分类体系。单纯的土地生态分类体系研究较少，可能与土地管理实践的需求不大有关。

4. 在土地生态评价研究方面　评价内容还比较全面，评价方法也比较成熟。但随着人们对资源环境问题的日益关注，诸如环境承载力、土地生态承载力、区域承载能力等概念开始出现，土地生态适宜性评价需要进一步加强实践应用研究。目前，国内外学者对几乎所有的单一土地生态系统类型都进行过健康评价，但尚缺少更多的理论和实证的支持。土地生态安全的评价存在着不同土地生态系统、不同尺度的生态安全分析指标要素的选择问题。土地生态退化评价目前存在评价指标不统一、应用范围窄等问题。

5. 在土地生态规划与设计研究方面　主要涉及土地生态规划与设计的理论、方法及实证研究。目前，在理论上，对土地生态规划的理念、原则、内容、方法和模式等进行了系统评述。实证研究因针对的具体问题和对象特点的不同而多种多样，大致可以分为农业和农村土地生态规划与设计、城镇土地生态规划与设计、以土地生态恢复重建为主导目标的规划设计等。在整个土地生态规划与设计的实证研究中发展了一系列的有效方法，如系统动力学的仿真方法、多目标综合规划、灰色模型、土地生态设计的分室模型等。遥感、地理信息系统、全球定位系统(GPS)也被广泛应用于土地生态规划与设计。未来土地生态规划与设计研究必须紧密结合社会发展的现实需求，在继续发展理论与方法的同时，更注重对规划设计成果进行有效的跟踪性研究、评价与总结，从而使得理论与方法体系得到验证和实践反馈，以实现在科学性、实用性等方面更为长足的发展。

6. 在土地生态修复与整治研究方面　从内容上看，总体而言，中国土地生态修复与整治的理论体系还比较薄弱，研究零散，土地生态修复与整治模式也不系统，缺乏有效总结。研究内容主要集中在理论综述、模式研究、效益评价、对策与措施四个方面。近年来，一些研究开始关注土地生态修复与整治工程效益评价，但需要进一步与土地生态过程结合，进行深入探索。

7. 在土地生态管理研究方面　关于土地生态管理的理论研究在近年才有所开展，目前大部分土地生态管理的研究都集中在土地管理、土地立法、土地供应与宏观调控、土地经济等方面的理论探讨，但涉及土地生态管理的核心文章很少见。可见，当前中国十分缺乏土地生态管理的理论研究。与此同时，中国还没有开展关于土地生态管理的技术方法研究，这和中国土地管理的需求相差甚远。

(三)土地生态学的研究前景

一门学科的发展动力不外乎来自两个方面，一是满足人类探索自然、积累知识的需要；

二是服务于社会发展过程中对自然的利用和改造的实践应用需要。土地生态学仍处于形成和发展阶段，在这两大驱动力的作用下，土地生态学的发展方向包括以下几个方面：

1. 进一步完善土地生态学学科体系，加强理论研究　土地生态学以解决社会发展与自然平衡之间的矛盾为目标，其理论体系的建设远远滞后于实践应用。而学科体系是一门学科的理论支撑，因此需要加强土地生态学的理论研究，进一步完善学科体系。主要包括：①土地生态学理论基础的研究，如系统理论、控制理论、自然等级理论、耗散结构理论、地域分异理论及其与土地生态学的联系，以及生态学理论、景观生态学理论在土地生态学中的应用问题；②土地生态学的研究内容，如土地生态学的研究内容及其相互之间的内在和外在联系；③土地生态学的研究方法，如土地生态调查评价方法、数量方法、分析和模拟方法等；④土地生态学的发展问题，如土地生态学思想的形成和发展、土地生态学的发展阶段划分及土地生态学发展展望。

2. 继续探索土地生态系统特征，把握土地利用中的生态规律　土地利用中的生态规律是指导土地合理利用、解决社会发展与生态平衡矛盾的关键。在人类利用的干扰下，土地生态系统不仅受自然条件的影响，同时被所在区域的社会经济条件左右，因此土地生态系统特征非常复杂。主要包括：①土地生态系统功能，如土地生物生产功能、土地的生物栖息和承载功能、土地的能量平衡和水循环功能、土地的环境功能；②土地生态过程，如土地的生态干扰，土地利用的生态过程，土地利用与生物多样性过程，土地景观过程，土地能量、水、物质和信息循环过程等；③土地生态变化，如土地生态变化的驱动因素、土地利用和土地覆盖变化的生态环境影响、土地生态变化的模拟等；④土地生态分异，如土地生态单元的地域性、土地生态因素的地域分布规律、土地生态系统的整体地域性、全球土地生态系统的分布规律等。

3. 适应社会经济发展，开展土地可持续利用方面的研究　为了更好地服务于社会发展对自然的利用和改造实践，土地生态学需要重点开展和加强以下几个方面的研究。①土地生态调查与评价研究，如土地生态调查的内容、基本方法和手段研究，土地生态分类的研究，土地评价的理论、指标体系的研究，以及土地生态评价过程和方法研究等；②土地生态规划和设计研究，如土地生态规划的原则、程序、编制方法研究，以及土地生态设计理论和实践方法研究；③土地生态修复与整治的理论和方法研究，如对土地生态退化及其类型和特征、退化程度、机理的研究，以及土地生态退化的修复措施和途径的研究；④土地生态管理和保护研究，如建立土地生态管理和保护法规的研究、行政管理体制的研究、土地生态行政管理的执行和诉讼的研究等；⑤土地生态经济研究，如土地生态价值理论研究、土地生态价值估算和核算方法研究、土地生态经济评价的基本理论和方法研究、土地生态经济建设研究。

四、土地生态学与其他学科的关系

土地生态学是一门交叉学科，不仅与生态学、资源学等学科领域存在交叉和重叠，在土地科学学科内部也与有关学科存在内容上的相似或重复。当前，土地科学在国家学科体系中的地位与土地科学本身在国民经济发展中的重要性地位不相称，加快建设和完善土地科学学科体系，提升土地科学的学科地位，有助于梳理土地科学内部与土地生态学关系密切的学科之间的关系，如与土地资源学、土地保护学、土地经济学的学科界限和研究重点，从而完善土地生态学的学科框架。总之，加强土地生态学的学科框架建设：一方面需要扎实、自觉地开展土地生态学核心内容的研究，另一方面要加快土地科学自身学科体系的建设和完善。

(一)在土地科学学科体系中的地位

土地科学的学科体系还不明确，在已有的学科体系中，大部分把土地生态学作为土地科学的一级分支学科，并且认为土地生态学是土地科学的基础学科之一。土地科学的基本任务是研究人类利用土地的一系列有关问题，而不是单纯揭示客观规律，因而在很大程度上属于应用科学的范畴。但无疑，土地科学本身还是应该且必须有理论支撑的，也就是说，必须有对客观规律的研究作为基础和前提，因而土地科学中的众多学科也是应该且必须有层次的，可将土地科学分为土地基础科学、土地技术科学和土地应用科学三个层次(图0-1)。

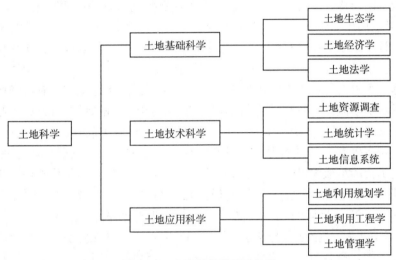

图0-1　土地科学的层次结构

其中，土地基础科学是土地科学的理论研究，包括自然的和社会的两个方面：从土地的自然属性来研究，土地是一个生态系统，因而产生了以土地生态系统为对象的土地生态学；从土地的社会属性来研究，土地作为一种生产要素和资产，主要与经济和法律有关，因而相应形成了土地经济学和土地法学。土地基础科学旨在揭示土地利用、整治、保护和管理过程中的普遍规律。土地技术科学是土地科学中有关技术手段的研究，当前主要是土地资源调查、土地统计学及土地信息系统等。土地应用科学是研究土地利用(广义上还包括整治、保护和管理)中具体问题的一个层次，它是在一定理论基础上，通过一定的技术而形成的，主要有土地管理学、土地利用规划学和土地利用工程学。应该指出，上述三个层次是同等重要、缺一不可的，它们共同构成了土地科学的学科体系。

(二)在当代生态学学科体系中的地位

尽管当代生态学学科体系中尚无"土地生态学"这一专门的学科名词，但从土地生态学的研究对象——土地生态系统来看，其分为农田生态系统、森林生态系统、草地生态系统、城市生态系统、水域生态系统等，专门研究这些不同土地生态系统的学科分别有农业生态学、森林生态学、草地生态学、城市生态学、水生态学等，这些学科都是当代生态学学科体系中的重要学科。这些学科的发展无疑都要建立在其基石——各种类型土地的研究上，从而与土地生态学有着密切关系。甚至从某种意义上说，土地生态学就是这些专门研究不同土地生态系统学科群的综合(或"集成")而又有所侧重,侧重于各种类型土地的特性、结构、空间分布及其相互关系的研究,侧重于各种类型土地利用的优化与调控。因而研究由上述各生态子系统(农田、森林、草地、城市、农村聚落、水域等)组成的土地生态系统的学科——土地生态学具有整体性、综合性、实践性(或应用性)和复杂性的特点,应在当代生态学学科体系中占据更重要的地位。

(三)与景观生态学的关系

"景观生态学"一词是德国学者特罗尔(Carl Troll)1939年在利用航片研究东非土地利用问题时首先提出来的。经过半个多世纪的研究实践,国际上已形成了若干各具特色的学术流派,尤以美国、西欧、东欧和加澳(即加拿大和澳大利亚)四个流派较引人注目。美国流派主要研究景观空间结构、生态功能、动态变化及景观控制与管理;西欧流派(以荷兰和德国为代表)主要是应用生态学思想进行土地评价、利用、规划、设计及自然保护区和国家公园的景观规划设计;东欧流派(以捷克和斯洛伐克为代表)主要进行景观综合研究与景观生态规划;加澳流派主要是研究土地生态分类,特别强调土地的生态属性和生态功能,以此作为土地利用的依据。可见,景观生态学各个流派均与本文所说的土地生态学有着密切的联系,尤其是西欧流派和加澳流派的研究内容与土地生态学是相同或相似的。1982年成立的国际景观生态学会(IALE)下设了8个学术委员会——景观生态学基本问题、地理信息系统及遥测、土地生态学、城市生态学、自然保护、景观设计、土地评价与规划、国际景观生态研究进展。从这些委员会的组成中可看出,景观生态学不仅与土地生态学关系密切,甚至将土地生态学包括在其中。国际景观生态学会首任主席、荷兰著名学者宗纳维尔(Isaak Samuel Zonneveld)在其1995年出版的《土地生态学:一门作为土地评价、土地管理和保护基础的景观生态学》一书中认为,"土地"与"景观"是同义的术语,景观生态学是为土地评价、土地管理和保护服务的,命名为"土地生态学"可被认为能更好地指导一般的土地利用,包括广泛意义上的农业。可见,国外的景观生态学研究与土地生态学没有多大差别,或者干脆把土地生态学包含在内。

我国景观生态学研究是20世纪80年代中后期才逐渐开展的,主要吸收美国景观生态学思想和方法,着力于研究景观的结构、功能和动态变化,也重视景观规划和景观生态建设,研究范围涉及森林景观、自然保护、农业景观、风景旅游、城市园林、建筑景观等几乎所有的自然与人文景观,在景观规划与景观生态建设中常将研究土地合理利用问题作为重要的环节。

在开展有中国特色的土地生态学课程建设时,土地生态学和景观生态学两者之间还是有明显差别的,两者可以互相借鉴,互有侧重,但不能混为一谈。首先,中国土地生态学的产生既是土地科学自身发展的内在需求,更是中国土地资源合理利用与保护在科学上的迫切要求。因此,土地生态学是有着鲜明的应用特色和时代烙印的,土地科学自身的发展和中国土地资源管理的现实形势要求把土地、生物和环境作为一个整体来系统、全面开展研究,并寻求解决当前某些土地利用问题的途径和措施。其目标与导向始终是与土地资源管理的实际问题紧密联系的。另外,二者在研究尺度与研究内容上也有所差异。土地的尺度范围相对宽泛,从一个具体地块到一个村域、一个县域、一个区域等,都可以称为土地;而景观则一般在几到几百平方千米的范围,并且在实际研究中景观生态学的研究尺度也不完全局限在这个范围内。从研究内容看,土地生态学要宽泛一点。在土地生态系统的层面上,能量流动、物质循环、价值转化等既是景观生态学研究的主要内容，也是土地生态学研究的重要内容。但景观生态学十分重视不同土地利用系统之间的能量流动与物质循环，并将其作为自己的核心内容。相比而言，土地生态学无论是土地生态系统的内部还是外部，都是它关注的范围。比如针对地块的土地生态适宜性是土地生态学的重要内容，再如在大尺度范围，区域土地生产潜力、土地承载能力等也是土地生态学的重要内容。

(四)与资源生态学的关系

资源生态学(ecology of resources)是研究生物资源与环境因子之间的相互关系，特别是研究资源保护、开发和利用与人类活动之间相互关系的科学。资源生态学是在资源学和生态学基础上发展起来的一门交叉学科。它是随着自然资源的调查、保护和利用工作的开展而发展起来的。生态学原理和方法较多地开始应用于资源管理工作始于 20 世纪初，但真正的资源生态学研究则始于 20 世纪 70 年代。20 世纪 70 年代资源生态学的代表著作有美国生物学家戴恩(Dyne)的《生态系统的概念在自然资源管理中的应用》(Dyne，1971)及生态经济学家沃尔(Wall)的《生态学和资源管理》(Wall，1978)等。20 世纪 70 年代中期，英国地理学家西蒙斯(Ian Simmons)撰写的《自然资源生态学》是资源生态学作为一门学科诞生的标志。进入80 年代，拉马丹(Ramadan)的《自然资源生态学》(Ramadan，1984)、沃尔特斯(Walters)的《可更新资源的适应性管理》(Walters，1986)和克拉克(Clark)的《生物圈的可持续发展》(Clark，1986)等著作的出版，极大地推动了资源生态学的发展。中国的资源生态学研究始于 20 世纪 70 年代末。到了"八五"期间，中国科学院以分散在全国各地的9 个野外实验站为基础形成了中国科学院生态站网络系统，国家科技部打算在此基础上将其他部门的主要野外站也包括进来，形成一个包括多种资源类型的生态网络系统，并通过网络达到资源共享的目的。20 世纪 90 年代，封志明等主编的《资源科学论纲》将资源生态学定义为"研究资源和资源生态系统在开发利用与保护过程中的生态规律的一门学科"(封志明、王勤学，1994)，并指出资源生态学既要研究用生态学原理指导资源的开发和利用，同时还需要从更加广泛的资源范畴来研究资源开发利用过程中的生态问题和生态学理论。

可以看出，作为一门学科，资源生态学研究有待于深入，但这门学科已被国内外生态学界和资源学界所接受，并已在生态学学科体系中占据着重要的地位。显然，从资源角度看，土地本身是一种资源，而且是人类最重要的自然资源，因而土地生态学与资源生态学的关系必然很密切。研究用生态学原理指导土地资源的开发利用与保护及土地资源开发利用与保护过程中的有关生态问题，既是土地生态学的基本任务和主要内容，也应是资源生态学的重要任务和重要内容。因此。从大资源观的角度讲，土地生态学可以被认为是资源生态学的重要分支学科。

第一章 土地生态学基础

第一节 生态学基础

生态学是研究生物与环境之间的相互关系，研究自然生态系统和人类生态系统的结构和功能的一门科学，具有很强的综合性。随着人口、资源与环境问题的突出，生态学越来越受到人们的重视，生态学的一些基本理论被越来越广泛地应用到相关学科的研究和经济社会发展实践中。

一、生态系统的组成和结构

(一)生态系统的概念

生态系统的概念是由英国植物生态学家 A. G. Tansley(1871—1955)于 20 世纪 30 年代首次提出来的，受到了许多学者的赞赏，20 世纪 50 年代已得到广泛传播，60 年代以后逐渐成为生态学研究的中心。

生态系统是指在自然界的一定空间内，由生物群落与无机环境构成的统一整体。在这个统一整体中，生物与环境之间相互影响，相互制约，不断演变，并在一定时期内处于相对稳定的动态平衡状态。生态系统具有一定的组成、结构和功能，是自然界的基本结构和功能单元。例如，森林植被群落与其环境构成森林生态系统，草原植被群落与其环境构成草原生态系统，池塘中的鱼、虾和藻类等水生生物与水域环境构成池塘生态系统。

生态系统的概念有三个方面的基本内涵：①生态系统是客观存在的实体，有时间、空间的概念；②由生物成分和非生物成分组成，以生物为主体；③各组成成分有机地组织在一起，具有系统的整体功能。

生态系统的范围可大可小，相互交错，通常可以根据研究的目的和对象而定。最大的生态系统是生物圈，即全球生态系统，它包括了地球上的一切生物；全球生态系统可分为海洋生态系统和陆地生态系统，陆地生态系统又可分为森林生态系统、草原生态系统、荒漠生态系统等；小到一块草地、一个池塘、一块农田等都可看作是一个生态系统。

(二)生态系统的组成

生态系统的组成成分可分为两大类：生物成分和非生物成分。生物成分又可分为生产者、消费者和分解者。

1. 生物成分

(1)生产者。生产者主要是绿色植物等自养生物，包括一切能进行光合作用的高等植物、藻类和地衣。这些自养生物体内含有光合色素，可利用太阳能把二氧化碳和水合成有机物，同时释放出氧气。生产者在生态系统中生产有机物质的同时，把太阳能转化为化学能，储存在合成的有机物质中。这些有机物质及储存的化学能，除满足生产者自身的生长发育需要外，主要作为包括人类在内的其他生物的食物和能量的全部来源，用来维持其他生物的全部生命活动。

(2)消费者。消费者属于异养生物，它们不能利用无机物质制造有机物质，而是直接或间接依赖于生产者所制造的有机物质。消费者按食物链中的位置可分为以下几种类型：以植物为食的食草动物，称为一级消费者；以食草动物为食的食肉动物，称为二级消费者；以二级消费者为食的食肉动物，称为三级消费者。消费者在生态系统中的作用包括两个方面：一方面是实现物质与能量的传递；另一方面是实现物质的再生产，如食草动物可以把草本植物的植物性蛋白再生产为动物性蛋白。

(3)分解者。分解者亦属于异养生物，主要是指细菌和真菌等微生物。分解者的作用是把动植物残体的复杂有机物质分解为生产者能重新利用的简单无机物质，释放到环境中再供生产者利用，同时释放出能量，其作用与生产者相反。因此，分解者对生态系统中的物质循环具有非常重要的作用。如果没有它们，动植物尸体将会堆积成灾，物质不能循环，生态系统将不能维持。分解者的作用不是一类生物所能完成的，不同的阶段需要不同的生物来完成。分解作用可分为以下三个阶段：①机械作用阶段。动植物尸体由于物理和生物作用，被分解成为颗粒和碎屑。②腐生生物的异化作用阶段。腐生生物将碎屑再分解成腐殖酸或其他可溶性的有机物。③腐殖酸的矿化作用阶段。腐殖酸进一步分解为简单的无机物质，经水淋溶进入土壤，供生产者再次利用。

某些小型无脊椎动物也参与分解作用，如蚯蚓、蜈蚣及各种土壤线虫等土壤动物，在动植物尸体分解过程的第一阶段起着非常重要的作用。这些动物摄食动植物尸体后，将大量的未被消化的有机物残体通过消化道排出，使有机物残体破碎、裂解，更容易被微生物分解。另有一些啮齿类动物如鼠类等也会把植物咬成大量碎屑，残留在土壤中，促进微生物分解。

2. 非生物成分　非生物成分是指生物生存的各种环境要素，包括温度、光照、大气、水、土壤、气候、各种矿物质和非生物成分的有机质等。非生物成分在生态系统中一方面为各种生物提供必要的生存环境，如温度、光照等，另一方面是为各种生物提供必要的营养元素，如各种矿物质。因此，非生物成分也被称为生命支持系统。

以上三种生物成分与非生物的环境联系在一起，共同组成一个生态学的功能单位——生态系统。其组成可总结为图 1-1。

虽然地球上的生态系统类型各异，大小不同，但其组成都可概括为非生物和生物两大部分或生产者、消费者、分解者和非生物环境四种基本要素。在这个有机整体中，生物成分和非生物的环境成分缺一不可。没有环境提供能量和物质，生物难以生存，亦没有生存的空间；没有生物的环境谈不上生态系统。

(三)生态系统的结构

按照生态系统形态特征及营养关系，生态系统的结构可区分为形态结构和营养结构。

1. 形态结构　生态系统的生物种类、种群数量、种群的空间配置和时间变化等，构成了生态系统的形态结构，包括空间结构和时间结构。空间结构又可分为垂直结构和水平结构。

(1)垂直结构。在一个生态系统中，植物、动物和微生物的种类与数量基本上是稳定的，

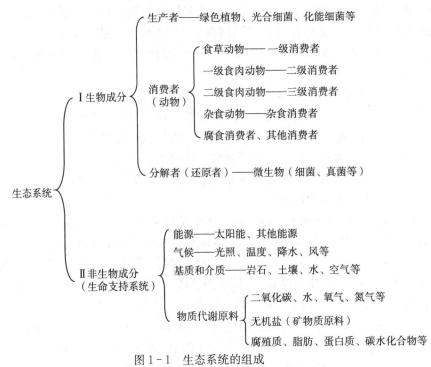

图 1-1 生态系统的组成

（资料来源：蔡晓明，尚玉昌，1995. 普通生态学：下册[M].北京：北京大学出版社.）

在空间分布上具有明显的分层现象，即具有明显的垂直结构。例如，一个森林生态系统，在地上部分，自上而下有乔木层、灌木层、草本植物层和苔藓地衣层；在地下部分，有浅根系、深根系及其根际微生物。在森林中栖息的各种动物，在空间的分布上也都有明显的分层现象。例如，鸟类在树上筑巢，兽类在地面建窝，鼠类在地下掘洞。

生态系统在垂直结构布局上具有一定的规律性。上层阳光充足，集中分布着绿色植物或藻类，有利于光合作用，故又称为绿带或光合作用层。在绿带以下为异养层或分解层。生态系统中的分层有利于生物充分利用阳光、水分、养分和空间。

（2）水平结构。水平结构是指生态系统中有机体、种群或群落的水平分布状况和动态，体现了生态系统的二维水平结构。例如，森林生态系统中，林缘、林内的植物和动物的分布有着明显的差异。

（3）时间结构。形态结构的另一表现是时间变化，即时间结构。同一个生态系统，在不同的时期或不同季节，存在着有规律的形态变化。一般可以从三个时间尺度来考察生态系统的时间结构：①以生态系统进化为主要内容的长时间尺度；②以群落演替为主要内容的中等时间尺度；③以昼夜、季节和年份等周期性变化为主要内容的短时间尺度。昼夜变化如绿色植物一般在白天以光合作用为主，夜晚以呼吸作用为主。海洋潮间带的无脊椎动物则具有明显的昼夜节律。昼夜节律是指生命活动以 24h 左右为周期的变动，如动物的摄食、躯体活动、睡眠和觉醒等行为。生态系统的形态具有明显的季节性变化，如长白山森林生态系统，冬季白雪皑皑，是一片林海雪原景象；春季冰雪融化，绿草如茵；夏季鲜花遍野，五彩缤纷；秋季果实累累，气象万千。

2. 营养结构 生态系统中，生命系统与非生命系统及生命系统中的生物之间，存在着复杂的营养关系，这种复杂的营养关系就构成了生态系统的营养结构。它是研究系统能量流动和物质循环的基础。营养结构的基本特征是食物链、食物网和营养级，其详细内容将在下面内容中继续介绍。

二、生态系统的能量流动

生态系统的能量流动过程起始于绿色植物的光合作用，经历了草食性(herbivorous)和肉食性(carnivorous)过程，最后经微生物分解释放，并以热的形式散发到环境中去。可见，生态系统的能量流动是在系统的生产、消费和分解的过程中即物质循环过程中实现的。

(一)初级生产

绿色植物通过光合作用，把太阳能转化为化学能并积累在植物体中，这就叫作生产。由于这是生态系统最初的和最基本的能量储存形式，所以叫作初级生产或第一性生产。单位时间、单位面积积累的能量叫初级生产力。植物吸收的总光能也就是总光合作用量叫作总初级生产力；植物吸收的太阳能，除用于合成生物有机体外，还有一部分能量用于呼吸消耗，所以减去植物呼吸消耗的能量后，能以有机物的形式储存起来的能量就叫作净初级生产力。可以用下面的方程来表示它们之间的关系：

$$GP = NP + R$$

式中：GP 为总初级生产力$[J/(m^2 \cdot 年)]$；NP 为净初级生产力$[J/(m^2 \cdot 年)]$；R 为呼吸所消耗的能量$[J/(m^2 \cdot 年)]$。

一般来说，全球净初级生产力最高的是热带雨林，并向极地逐渐降低(表 1-1)。农业用地的初级生产力不高，其平均初级生产力仅为 650 $g/(m^2 \cdot 年)$，还不及陆域 773 $g/(m^2 \cdot 年)$的平均水平，可能是由于农业利用的土地群落单纯、伴生物种少。

表 1-1 地球的初级生产和生物量

生态系统类型		面积 $(10^6 \ km^2)$	平均净初级生产力 $[g/(m^2 \cdot 年)]$	全球净初级生产力 $(10^9 \ t/年)$	平均生物量 (kg/m^2)	全球生物量 $(10^9 \ t)$
	热带雨林	17.0	2 200	33.90	45.00	694.00
	热带季雨林	7.5	1 600	10.90	35.00	235.90
	温带常绿林	5.0	1 300	5.90	35.00	158.80
	温带落叶林	7.0	1 200	7.60	30.00	190.50
	北温带北部森林	12.0	800	8.70	20.00	217.70
陆	林地和灌木林地	8.5	700	5.40	6.00	45.40
	热带草原	15.0	900	12.20	4.00	54.40
	温带草原	9.0	600	4.90	1.60	12.70
地	苔原和高山草甸	8.0	140	1.00	0.60	4.50
	沙漠和半沙漠灌丛	18.0	90	1.50	0.70	11.80
	极端沙漠、裸岩、沙和冰	24.0	3	0.06	0.02	0.50
	耕种地	14.0	650	8.26	1.00	12.70
	沼泽地和湿地	2.0	2 000	3.60	15.00	27.20
	湖泊和溪流	2.0	250	0.45	0.02	0.045

（续）

生态系统类型		面积 （10^6 km²）	平均净初级生产力 [g/（m²·年）]	全球净初级生产力 （10^9 t/年）	平均生物量 （kg/m²）	全球生物量 （10^9 t）
海 洋	海面	332.0	125	37.60	0.003	0.90
	上升流区	0.4	500	0.20	0.02	0.007
	大陆架	26.6	360	8.70	0.01	0.24
	海藻床和暗礁	0.6	2 500	1.60	2.00	1.20
	海湾	1.4	1 500	2.10	1.00	1.40

资料来源：STILING P D, 1992. Introductory Ecology [M]. New York：Prentice‐Hall Press.

生态系统的生产力具有随垂直结构变化的现象。例如，森林生态系统中，一般乔木层的生产力最大，灌木层次之，草本植物层更小，而地下部分反映了同样的情况。

生态系统的初级生产力还随群落的演替而变化。在群落演替早期，由于植物生物量很小，初级生产力不大；随时间推移，生物量渐渐增大，生产力随之增大；当生态系统发育成熟或演替达到顶极群落时，虽然生物量接近最大，但由于系统保持在一个动态平衡中，初级生产力与呼吸消耗量大致相当，净生产力反而最小。由此可见，单从利用再生资源生产力的经济效益出发，让生态系统保持到"青壮年期"是最经济的，但从保护生态和持续发展的目标角度考虑，显然顶极群落的生态服务价值是最高的。

（二）食物链、食物网、营养级和生态金字塔

1. 食物链、食物网

（1）食物链。在一个生态系统中，生产者和消费者之间通过食物营养关系相互制约，形成一种单向的联系，即食物链。中国古语中的"螳螂捕蝉，黄雀在后"，描述的就是一条食物链：植物汁液→蝉→螳螂→黄雀。按生物间的相互关系，一般可将食物链分为以下三种类型：①捕食性食物链。以生产者为基础，其构成形式为植物→食草动物→食肉动物，后者可以捕食前者。该食物链类型在自然界中较为普遍。例如，在草原生态系统中是：青草→野兔→狐狸→狼；在湖泊生态系统中是：藻类→甲壳类→小鱼→大鱼。②腐食性食物链。以死的动植物有机体为基础，由细菌、真菌等微生物或某些动物，对其进行腐殖质化或矿化，如植物遗体→蚯蚓→线虫类→节肢动物。这种食物链类型中，分解者起主要作用，也称分解链。③寄生性食物链。寄生性食物链以活的动植物体为基础，再寄生以寄生生物，前者为后者的寄主。在各种类型的生态系统中，三种食物链几乎同时存在，各种食物链相互配合，相互交叉，保证了生态系统内能量流动与物质循环的畅通。

（2）食物网。生态系统中任何一条食物链都不是单独、孤立存在的，各种生物的食物关系都是十分复杂的。任何一种生物都不仅仅依靠唯一的物种而生存，它们可以猎食多种生物，这样它们就同时出现在不同的食物链上，使生态系统的食物链相互交错，成为网状，即形成了食物网（图1‐2）。

食物网形象地反映了生态系统中各生物有机体之间错综复杂的营养关系。食物网中某一条食物链发生了障碍，可以通过其他食物链来进行必要的调整和补偿，而不会导致物种危机或生态系统结构和功能受损。例如，草原上的野鼠由于流行病而大量死亡，以野鼠为食的猫头鹰并不会因鼠类数量减少而发生食物危机。原因是，由于鼠类的减少，草原上的各种草类

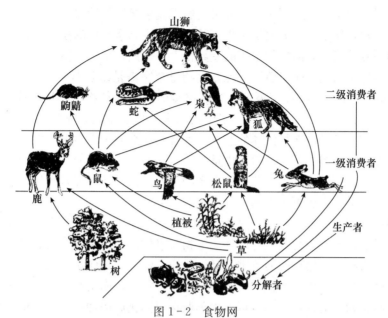

图 1-2 食物网

(资料来源：李博，2000. 生态学[M]. 北京：高等教育出版社.)

会生长繁盛起来，这给野兔的生长繁殖提供了良好环境，野兔得以增殖，猫头鹰则会把食物目标转移到野兔身上。生态系统结构和功能的稳定性正是通过各生物有机体之间的食物网这种错综复杂的营养联系得以保持。

2. 营养级 食物链上的每一个环节称为一个营养级。显然，在生态系统中，初级生产者——绿色植物为第一营养级，草食性动物为第二营养级，初级肉食动物为第三营养级，依此类推，组成一个顺序的营养级序列，后一营养级依赖前一营养级而生存，从中摄取物质和能量。由于营养级之间的能量传递过程中，80％～90％的能量以热的形式损失，所以食物链的加长不是无限制的，营养级一般只有 4～5 级。

各个营养级上不会只有一种生物物种，凡在同一层次上的生物都属于同一营养级。由于食物关系的复杂性，同一生物也可能隶属于不同的营养级。

3. 生态金字塔 由于大部分的能量在营养级之间的传递过程中以热的形式损失，沿食物链逐级向上，可利用的能量越来越少，储藏在各营养级中的能量也越来越少，形成一种底宽、上窄的金字塔形生态系统能量分布模式，这就是"生态金字塔"（图 1-3）。生态金字塔有三种不同的表达方式，即生物数量金字塔、生物量金字塔和能量金字塔。生物数量金字塔是指把每一营养级上的生物有机体的数量按营养级的顺序排列在一起，也称 Elton 金字塔。一般情况下，数量金字塔呈正塔形。但也有出现倒塔形的情况，例如，农田

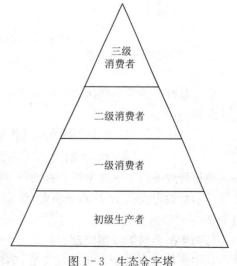

图 1-3 生态金字塔

出现蝗虫灾害时，蔬菜被蚜虫侵害时，都可能出现倒金字塔的现象。另外，处于同一营养级上的生物个体体积差异很大，如北美温带落叶阔叶林生态系统中的松鼠和白尾鹿都是以植物为生，处于同一营养级上，但它们个体的差异很大，显然以生物个体数目为基础的数量金字塔很难真正说明生态系统的能量流动情况。生物量金字塔是以各营养级的生物量（通常以干物质重计算）为基础而构造的金字塔。因为等重量的植物和动物干物质在能量上并不等值，前者为 170 kJ，后者为 330～380 kJ，所以生物量金字塔也难以真正说明生态系统中的能量流动情况。能量金字塔是以能量流动的速率或者各营养级的生产力表示的生态金字塔。它不仅可以表明流经各营养级的总能量值，更重要的是它表明了各营养级的生物量在能量转化中所起的实际作用。它不但提供了群落机能性质的全面图像，而且又是大量食物通过食物链的速度写照，较生物量金字塔更为准确。

(三)次级生产

次级生产是生态系统中初级生产以外的生物有机体的生产，即消费者和分解者利用初级生产所制造的有机物质和储存的能量进行新陈代谢，经过同化作用转化为自身的物质和能量的过程。初级生产是自养生物有机体生产和制造有机物质，而次级生产是异养生物有机体再利用、再加工有机物质的过程。如牧草被牛羊取食，同化后增加牛羊的重量，牛羊产奶、繁殖后代等过程都是次级生产。

次级生产力的一般生产过程如图 1-4 所概括。它是一个普适模型，可应用于任何一种动物，包括草食动物和肉食动物。

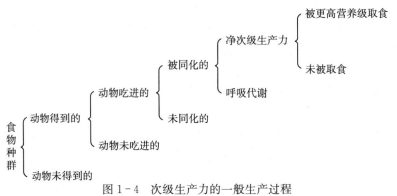

图 1-4 次级生产力的一般生产过程

(资料来源：蔡晓明，尚玉昌，1995. 普通生态学：下册[M]. 北京：北京大学出版社.)

生态系统中各营养级次级生产的效率可用两个指标来度量，即林德曼效率和消费效率，公式分别为：

林德曼效率＝N 营养级同化量/(N-1)营养级同化量

消费效率＝输入 N 营养级的量/(N-1)营养级的净生产力

林德曼效率近乎一个常数，在 10% 左右。但现在也有一些研究表明该效率并不是一个常数。消费效率是指 N 营养级消费（即摄食）的能量占 N-1 营养级净生产能量的比例，其值为 20%～25%。

(四)生态系统的能量流动

一切生物的各种生命活动都需要消耗能量。能量流动是生态系统的基本功能之一。没有能量的流动就没有生命，没有生态系统。能量是生态系统的动力，是一切生命活动的基础。

　　Odum 对能量流动机理进行了分析，于 1983 年提出了较完整的能量流动基本模型。图 1-5 为通用的能量流动模型，它适用于任何生命形式和层次，如植物、动物和微生物等不同的生物，以及个体、种群、群落等不同层次。

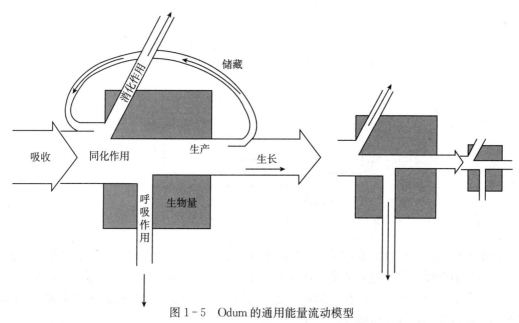

图 1-5　Odum 的通用能量流动模型

（资料来源：ODUM E P，1983. Basic Ecology［M］. Philadelphia：Saunders College Publishing.）

　　从上述能量流动模型可以看出，能量在各营养级间的流动过程中，大部分能量用于维持新陈代谢活动而被消耗，同时在呼吸中以热的形式散发到环境中去，只有一少部分用于合成新的组织或作为潜能储存起来。因此，在生态系统中能量的传递效率是较低的，能量流也就愈流愈细。一般来说，能量沿着绿色植物→草食动物→一级肉食动物→二级肉食动物的形式逐级流动。通常，下一个营养级所获得的能量大体上等于上一个营养级所含能量的 1/10，称为"十分之一定律"。这种逐级递减是生态系统中能量流动的一个显著特点。

　　上述能量流动模型还表明能量流动的另一个重要特征，即生态系统中能量流动是单一方向的。能量以光能的形式进入生态系统后，以热能的形式耗散于环境中。被绿色植物吸收的光能绝不可能再返回到太阳中去。同样，食草动物从绿色植物中所获得的能量也绝不能再返回给绿色植物。因此，能量只能一次流过生态系统，因而是非循环的。

三、物质循环再生理论

　　生命的维持不仅需要能量，而且需要各种物质的供给。碳、氮、氧、氢、磷、硫等是构成生命有机体的主要物质。生态系统从环境中获得营养物质，通过绿色植物吸收固定被其他生物重复利用，最后再归还于环境中。这种生物之间、生态系统之间物质的输入和输出及其在大气圈、水圈、岩石圈之间的流动和交换称为物质循环或生物地球化学循环。

生态系统中的物质循环有着双重使命：既是维持生物进行新陈代谢活动的基础，又是储存化学能的运输工具。因此，生态系统中的物质循环和能量流动是紧密联系、不可分割的（图1-6）。二者构成生态系统的两个基本过程，正是这两个过程使生态系统各个营养级之间和各种成分（非生物和生物）之间组成一个完整的功能单位。

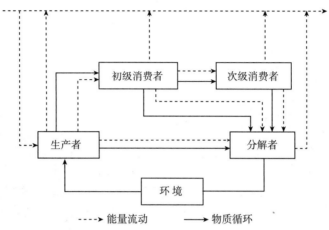

图1-6　生态系统中能量流动与物质循环的关系

从整个生物圈的角度来看，元素的生物地球化学循环可分为三种类型：水循环、气态型循环和沉积型循环。气态型循环是指化学元素在生物地球化学循环过程中有一定阶段以气态的形式存在于大气中的循环过程，如碳和氮元素的循环。沉积型循环是指化学元素始终以非气态形式进行生物地球化学循环的过程。

（一）水循环路径

1. 水循环的生态学意义　地球上的水可以分为五部分，即大气中的水、地表水、地下水、土壤中的水和动植物的蒸发水。这些水时刻都在运动，从一个系统输出，必然会输入另一个系统。海洋水、陆地水和大气水通过固、液、气三相的变化，不停地进行着运动和交换，这种运动和交换称为水循环。

全球水循环是最基本的物质循环，它强烈地影响着其他各类物质的循环，其主要作用表现在以下两个方面：

（1）水是所有营养物质的介质。水是一种很好的溶剂，绝大多数物质都溶于水，随水迁移。因此，营养物质的循环和水循环不可分割地联系在一起。全球水循环还把陆地生态系统和海洋生态系统连接起来，从而使局部的生态系统与整个生物圈发生联系。

（2）水循环是地质变化的动因之一。其他物质的循环都是结合水循环进行的。一个地方矿质元素的流失和另一个地方矿质元素的沉积都要通过水循环来完成。

2. 水循环的驱动力　水循环的动力来自太阳能，是太阳辐射驱动了全球的水循环。海洋和陆地的水分蒸发及植被的蒸腾不断地向大气供应水分，在气流的作用下，大气中的水气在全球范围内重新分配，以雨、雪、雹等的形式又重新返回到海洋和陆地。降至陆地表面的水分一部分渗入地下，形成地下水，供植物根系吸收；另一部分主要通过地表径流又返回到海洋中去。

植物在水循环中起着巨大的作用。水分的蒸发对于植物的生长、发育也至关重要。从陆地生态系统的有机物质生产量和植物生产量的蒸腾效率可估算出植物蒸腾需水量。生产 1 g 初级生产力要蒸腾约 500 g 的水，陆地生态系统的初级生产力每年大约是 1.1×10^{17} g，因此，陆地植被每年蒸腾需水大约 5.5×10^{19} g，几乎相当于陆地蒸发蒸腾的总量。可见，植物通过蒸腾作用，明显增加了大气中的水分，促进了水的循环。

　　海洋和陆地在太阳辐射下，不断蒸发水分，低纬度地区蒸发多于高纬度地区。大气中的气流可看作是地球上空巨大的"河流"，其中有一部分是以雨雪的形式降落。

　　3. 水循环的全球动态平衡　　如果把降落在地球上的水量看作 100 个单位，平均来说，海洋蒸发为 84 个单位，接受降水为 77 个单位，余下的 7 个单位是在高空环流的大气水分；陆地蒸发为 16 个单位，接受降水为 23 个单位，从陆地到海洋的径流为 7 个单位，这样就使海洋蒸发亏缺得到补偿(图 1−7)。

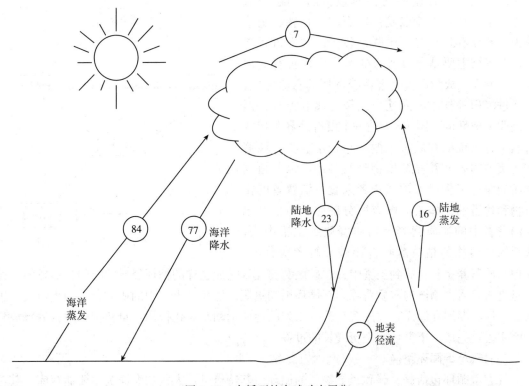

图 1−7　水循环的全球动态平衡

(资料来源：蔡晓明，尚玉昌，1995. 普通生态学：下册[M]. 北京：北京大学出版社.)

　　根据联合国统计数据，全球多年的平均降水量为 1 130 mm，蒸发量与降水量相等。因此，全球的动态平衡循环水量约为 5.8×10^{14} m³。其中，海洋的平均蒸发量为 1 400 mm，降水量为 1 270 mm，蒸发量大于降水量 130 mm；陆地平均蒸发量为 485 mm，降水量为 800 mm，蒸发量小于降水量，形成了 315 mm 的径流，补充到了海洋。

　　地球上各种水体的周转期存在较大差异。除生物水(周转期为几小时)外，大气水和河川水的周转期较短(表 1−2)，这部分水不断进行着更替，可在较长时间内保持淡水的动态平衡。

表 1 - 2　地球上各种水体的周转期

水体类型	周转期(年)	水体类型	周转期(年)
海　洋	2 500	湖　泊	17
深层地下水	1 400	沼　泽	5
极地冰川	9 700	土壤水	1
永久冻土带底冰	10 000	河川水	16
永久积雪，高山冰川	1 600	大气水	8

资料来源：蔡晓明，2000. 生态系统生态学[M]. 北京：科学出版社.

(二)沉积型循环路径

以沉积型方式循环的物质包括磷、硫、钙、钾等元素，其主要特点是：岩石、沉积物、土壤等为主要储存库，与大气联系较少；循环过程缓慢，沉积物主要是通过岩石的风化作用被释放出来参与循环，成为可供生态系统利用的营养物质，又通过沉积等作用进入地壳而暂时离开循环；循环是非全球性的。图 1 - 8 是一个没有外界干扰的自然生态系统的物质沉积循环路径示意图。储藏在土壤中的矿质营养被植物吸收利用，绿色植物形成的净初级生产力被消费者采食，消费者的排泄物和死后的尸体被分解者所分解，从而把固定在消费者中的矿质营养等物质释放到土壤中去；或者绿色植物的枯枝落叶直接被分解者所分解，

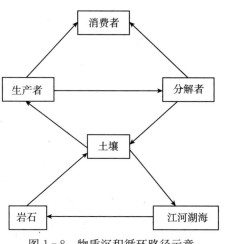

图 1 - 8　物质沉积循环路径示意

而把矿质营养重新释放到土壤中去。矿质营养元素完成这样的循环经历的时间相对较短，尤其是进入碎屑食物链的矿质营养，其循环周期更短。然而，土壤中的矿质营养随水流失，进入江、河、湖泊和海洋，经过沉积等一系列的地质运动及风化作用，重新把矿质营养释放到土壤中去，完成这个循环要经历漫长的过程。

(三)气态型循环路径

气态型循环包括氮、碳和氧等物质的循环。其特点是：大气和海洋为主要储存库，其循环与大气、海洋密切相关，流动性较强，具有明显的全球性循环特征。

生态系统物质气态循环路径比较复杂。图 1 - 9 和图 1 - 10 是生态系统两个重要元素——碳和氮的循环过程示意图。

大气中的 CO_2 被植物吸收利用，合成植物有机体。固定在植物体中的碳，一部分用于自身的新陈代谢，并以 CO_2 的形式重新释放到大气中，一部分传递给草食动物或者直接传递给分解者，通过草食动物再向更高营养级的肉食动物传递，动物死亡后经过分解者的作用分解，再以 CO_2 的形式重新释放到大气中去，在碳的传递过程中，动物在其新陈代谢过程中同样也把 CO_2 释放到大气中。与此同时，动植物有机体在漫长的地质过程作用下，在地层中沉积为化石燃料，这些化石燃料由于人类的开采和使用，使其中的碳又重新以 CO_2 的形式回归大气。

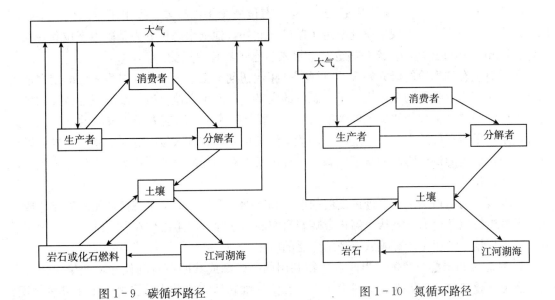

图1-9 碳循环路径　　　　　　　　图1-10 氮循环路径

　　氮也是通过气态途径完成其生物地球化学循环的。植物从土壤中吸收必需的氮素营养。土壤中植物容易吸收的速效态氮素，大部分来自土壤有机质的分解，部分来自通过闪电等作用转化成硝酸盐的大气中的氮素。植物吸收的氮素与其他元素一起构成了生物有机体，氮在植物体中最重要的存在形式就是蛋白质，植物蛋白质传递给动物，为动物生产提供了物质基础。动植物尸体经过分解者的作用重新把有机态氮转化成为植物可吸收利用的形态而释放到土壤中去。与此同时，土壤中的氮素在一定的环境下经过硝化和反硝化作用使氮素以气态形式重新逸失到大气中，也可能以氨的形式挥发而导致土壤中氮素的损失。

　　在生态系统氮循环过程中，固氮细菌的生物固氮作用也是很重要的环节。固氮细菌把氮气转化成为植物可以吸收利用的形态。固氮菌与豆科植物共生，所以通常利用豆科植物来改良贫瘠的土壤。

　　与其他元素一样，土壤中的氮也会随地表和地下径流流失，从而走进地质大循环。

四、生态位理论

　　20世纪50年代，我国将niche首次译为"生态龛"，后来又有了"小生境"的译名。1982年，在中国大百科全书生态学卷编写会议上经专家讨论，"位"字含有空间和功能两方面的含义，确定采用"生态位"的译法①。在现代生态学中，对niche的研究已经应用到很多领域，已成为生态学最重要的基础理论研究之一。

　　1. 生态位的定义　　生态位是生物与环境长期相互作用逐渐分化而产生的。生物在生态系统中的功能和地位通常被称为生态位。到目前对生态位还没有一个统一的定义，对其含义有着不同的理解。最早给生态位定义的人是I. J. Grinnel(1924)，他认为生态位是生物在群落中所处的位置和所发挥的功能作用。C. S. Elton(1927)用"该物种在其生物环境中的地位及它与食物和天敌的关系"来定义动物的生态位(尚玉昌，1988)。

---

① 尚玉昌，2010. 普通生态学[M]. 北京：北京大学出版社.

G. E. Hutchinson(1957)利用数学理论对生态位概念予以抽象，提出了生态位的多维超体积模式，为现代生态位理论研究奠定了基础。此外，他把生态位分为基础生态位和现实生态位。Hutchinson 提出的生态位概念目前已被生态学界普遍接受。

我国对生态位理论的研究始于 20 世纪 80 年代初期。王刚等将前人对生态位的定义进行总结，并应用集合映射的理论提出了生态位的定义：种的生态位是表征环境属性特征的向量集到表征种的属性特征的数集上的映射关系[1]。张光明等在总结前人研究成果的基础上较为全面地阐述了生态位的定义：一定生态环境里的某种生物在其入侵、定居、繁衍、发展以至衰退、消亡历程的每个阶段的全部生态学过程中所具有的功能地位，称为该物种在该生态环境中的生态位[2]。

基本概念的明晰是生态位理论发展的前提和基础。百年来对于生态位的概念未能达成共识，但对生态位理论的研究从未停止。随着研究的不断深入，生态位在群落结构、生物多样性、城市规划、农业生产等领域得到了广泛的应用。

2. 生态位的重叠与竞争　当两个生物利用同一资源或共同占有其他环境变量时，会出现生态位重叠现象，有一部分空间为两个生态位 n 维超体积所共占。主要有如下几种情况：①两个基础生态位有可能完全一样，生态位完全重叠，在这种情况下，竞争优势种会把另一物种完全排除掉；②一个基础生态位有可能完全被包围在另一个生态位内，竞争结果因竞争能力而定；③两个基础生态位可能只发生部分重叠，在这种情况下可以实现共存，每一物种都占有一部分无竞争的生态位，但具有竞争优势的物种将会占有重叠部分的生态位；④彼此相邻的基础生态位不发生直接竞争，但可能是回避竞争的结果；⑤两个基础生态位完全分开，不存在竞争，各自占有自己的全部基础生态位。

生态位重叠本身不一定伴随着竞争，研究生态位重叠与竞争的关系要考虑资源量与供求比以及资源满足生物需要的程度。

五、生物多样性理论

生物多样性(biodiversity)是地球上的生物经过几十亿年发展、进化的结果，是地球最显著的特征之一。同时，生物多样性也是人类社会赖以生存和发展的基础，是生态系统中生命系统的核心组成部分。

(一)生物多样性的概念

生物多样性至今还没有一个严格、统一的定义，一般是指生物及其与环境形成的生态复合体以及与此相关的各种生态过程的总和。它是生物在长期进化过程中，对环境的适应、分化而形成的，是生物与生物之间、生物与环境之间复杂的相互关系的体现。生物多样性可以简单表述为"生物之间的多样化和变异性及物种生境的生态复杂性"。

过去，生物多样性通常被认为有三个层次，即遗传多样性、物种多样性、生态系统多样性。但随着生物多样性研究的发展，研究者们发现景观破碎化和生境破坏是造成全球物种灭绝加速的重要原因。因此，现代生物多样性的内涵和研究范畴通常包括遗传多样性、物种多

---

① 王刚，赵松岭，张鹏云，等，1984. 关于生态位定义的探讨及生态位重叠计测公式改进的研究[J]. 生态学报(2)：119 - 127.

② 张光明，谢寿昌，1997. 生态位概念演变与展望[J]. 生态学杂志(6)：47 - 52.

样性、生态系统多样性和景观多样性四个水平。

遗传多样性(genetic diversity)是所有生物个体中所包含的各种遗传物质和遗传信息的总和。生存环境复杂性和生物起源的多样化是造成遗传多样性的主要原因。遗传多样性对任何物种维持和繁衍其生命、适应环境、抵抗不良环境与灾害都是十分必要的。在现代农业育种中，作物与家畜的遗传多样性更具特殊意义，通过遗传育种、转基因等手段培育出了许多高产、优质、抗病、抗旱、抗污染的作物品种及各种高产、优质的家畜品种。

物种多样性(species diversity)是指地球上生命有机体的多样化，代表着物种演化的空间范围和对特定环境的生态适应性，是进化机制的最主要产物，因此物种被认为是最适合研究生物多样性的生命层次，也是研究相对最多的层次。据估计，全球的物种在 500 万～50 000 万种或更多，而实际上被描述了的仅有 170 万种。

生态系统多样性(ecosystem diversity)是指生态系统类型、特征的多样性，即种群、物种和生境的分布方式及丰富程度。生态系统多样性与生物圈中的生境、生物群落和生态过程等的多样化有关。

景观多样性(landscape diversity)是近年来提出的一个新的概念。景观是由斑块、廊道和背景基质构成的空间异质性的镶嵌体。景观多样性是指景观单元结构和功能方面的多样性，反映景观的复杂程度。包括斑块多样性、类型多样性和格局多样性。

生物多样性除包括植物、动物和微生物的所有物种及生态系统外，还包括物种所在的生态系统中的生态过程。生态过程是指各物种之间以及物种与其环境之间的相互作用的动态过程。基本生态过程包括种群动态、种子或生物体的传播、捕食者-猎物相互作用、群落演替、干扰传播、物质循环、能量流动等。其他重要的生态过程包括土壤形成、土壤肥力的保持、害虫防治、气候调节及水体、土壤和空气净化污染物等。

每一个层次的生物多样性都有其重要的实用价值和不可估量的生态价值。然而，随着全球生态环境的不断恶化，地球上的许多物种都受到了严重的威胁，不少物种正在迅速消失。生物多样性锐减已被联合国环境规划署(UNEP)列为全球重大环境问题之一。1992 年联合国环境与发展大会上由 150 多个国家或地区政府首脑签署的《生物多样性公约》，包括我国政府，至 2004 年 2 月已有 188 个缔约方。

生态系统多样性既是物种多样性和遗传多样性的保证，又是景观多样性的基础；生态系统的稳定是物种进化和种内遗传变异的保证。因此，生态系统的完整性是生物多样性保护的重点之一。

(二)生物多样性与生态系统功能

生物多样性决定着生态系统的面貌，影响着生态系统的结构和功能。因此，生物多样性对生态系统功能的作用是根本性的。生物多样性与生态系统功能的关系是生态学领域的重大科学问题，也是研究者普遍关注和争论的研究课题之一。

1. "铆钉"假说　1981 年 Ehrlich 形象地描述了生物多样性与生态系统功能之间的关系，这就是"铆钉"假说。生态系统中的物种就好像飞机上的铆钉，每个种在整个系统的工作中所起的作用虽小但不可忽视，任何铆钉的损失都能在很小但可测的程度上削弱该架飞机的功能，丢失太多铆钉将会使飞机某些最重要的功能丧失。由于生态系统要比飞机的机翼和发动机复杂得多，因此它可以接受一定的外界干扰，并保持系统的正常工作。实际上，大约在一万年前，地球这架巨大的"飞机"增加的"铆钉"总是比丢失的"铆钉"多，使得生态系统的功能总是在朝着良好的方向发展，但此后由于人类不恰当地利用生态系统，使物种的消亡速度远超过自然产生的物种数量，导致地球上的生物多样性严重受损，影响了生态系统功能的发挥。

"铆钉"假说阐明生物多样性与生态系统功能是一种正的相关关系。最近的一些研究也论证了这一观点。D. Tilmanm(2001)在一个 7 年的草地生态系统的生物多样性与生产力的关系研究中表明，有 16 个物种的实验小区的生物量比单种栽培的小区的生物量高出 2.7 倍，而且很多具有更高生物多样性的小区其表现都比最好的单种栽培要好。他的结论是，生物多样性越高，系统生产力越高(指初级生产力)。这是生态位互补作用的结果。也就是说，在同一群落中，物种间存在着生态位的差异，因而物种数多的群落中生物所占据的"功能空间"范围更广。因此，有更高物种丰富度的系统能更有效地利用各种资源，有更高的生产力，而且系统中物种之间的生态位差异愈大，物种丰富度对系统功能的作用愈强。

2. 生物多样性与生态系统稳定性 生物多样性与生态系统稳定性的关系从另一个角度表明了多样性与系统功能的关系。稳定性是指系统受到外部干扰后保持和恢复其初始状态的能力。生态系统稳定性的概念一般包括四个方面的内涵，即抵抗力、恢复力、持久性和变异性。王国宏(2002)根据干扰的性质和强度，把生态系统(或其他组织层次)分为受非正常外力干扰(如火烧、异常干旱、水灾、病虫害及人类活动等)和时间尺度上受环境因子正常波动干扰两类系统。因此，他把稳定性的四个内涵理解为：对于受非正常外力干扰的系统而言，抵抗力和恢复力是测度其稳定性的主要指标；而对于受环境因子正常波动干扰的系统而言，持久性和变异性是衡量系统稳定性的主要指标。那些能适应环境因子的自然波动，并能保持其自身生存与繁衍的系统就是稳定的生态系统，如顶级植物群落等。

3. 群落种群多样性与生态系统的抵抗力 生态系统的抵抗力指系统抵抗外力干扰的能力。特定资源生产力水平下群落种群多样性的高低直接影响着群落对干扰的抵抗力。例如，对于外来物种入侵而引起的干扰，种群多样性程度较高的群落由于缺乏空余生态位，外来种群就难以立足；而种群多样性低的群落，其空余的生态位较多，很容易被外来种群入侵和占据。对火烧的干扰，种群多样性高的植物群落可能因包含具有厚木栓层和含水率较高的抗火树种而表现出较强抗火力。对病虫害干扰，种群多样性高的群落很少发生暴发性的病虫害。

4. 群落种群多样性与恢复力 恢复力指群落经历干扰后恢复到初始状态的能力。干扰前群落物种多样性水平的高低直接影响着群落的恢复力，因为它直接决定着干扰后群落中种群构件和种子库的丰富度。种群多样性丰富的群落中，具有不同生物学特性和生态学特性的种群对某一特定干扰的反应、受干扰影响的程度及干扰后的恢复情况各不相同，干扰后的群落留下足以占有现有生态位的构件的可能就更大。

5. 群落种群多样性与持久性和变异性 持久性和变异性是两个不涉及系统应对外界干扰能力的，即系统不受外界干扰条件下的稳定性指标。这里所指不受干扰的系统是相对于那些受到人为或非正常自然力干扰的系统而言，自然界绝对不受外界干扰的系统是不存在的。持久性和变异性是测度群落在正常的环境变化中所表现出的群落特征，即群落适应环境正常波动的能力大小。种群适应环境正常波动能力的大小与种群内的多样性水平有关，从根本上取决于种群的遗传多样性。种群多样性高的群落包含了较多的具有不同生物学和生态学特性的种群，其抵抗波动的能力较强。

可见，多样性有利于生态系统的稳定性。随着生物多样性的提高，生态系统过程的波动性减小。

六、协调与平衡理论

(一)生态平衡的概念

生态系统各组成成分在较长时间内保持相对协调，物质和能量的输入输出接近相等，结构与功能在较长时间内处于稳定状态，这种状态即称为生态平衡。也就是说，生态平衡应包括两个方面，即结构上的平衡和功能上的平衡。

生态平衡是一种动态的，而非静止的平衡。因为能量流动和物质循环总在不间断地进行，生物个体也在不断地进行更新。在自然条件下，生态系统总是朝着种类多样化、结构复杂化和功能完善化的方向发展，直到使生态系统达到成熟的最稳定的动态平衡状态为止。

生态平衡是相对的，而非绝对的平衡。任何生态系统都不是孤立的，都会与外界发生直接的或间接的联系，会经常受到外界的干扰。生态系统的某一个部分或某一个环节经常在外界干扰下有所变化，只是生态系统通过自我调节机制，使系统维持相对稳定的状态。因此，生态系统的平衡是相对的，不平衡是绝对的。

(二)生态系统的自我调节能力

生态系统作为具有耗散结构的开放系统，在系统内通过一系列的反馈作用，对外界的干扰进行内部结构与功能的调整，以保持系统的稳定与平衡的能力，称为生态系统的自我调节能力。

生态系统之所以能保持相对的平衡状态，是由于生态系统本身具有自我调节和自我维持的能力。例如，在森林生态系统中，若由于某种原因森林虫害大规模发生，在一般情况下不会使森林生态系统遭到毁灭性的破坏。因为当虫害大规模发生时，以这种害虫为食的鸟类获得了更多的食物，这就促进了该食虫鸟的大量繁殖，其捕食大量害虫，从而抑制了虫害的大规模发生。生态系统结构的多样性和功能的完整性是生态系统自动调节能力的基础。生态系统的结构越复杂，自动调节能力越强；结构越简单，自动调节能力越弱。例如，一个草原生态系统，若只有青草、野兔和狼构成简单食物链，那么一旦由于某种原因野兔的数量减少，狼就会因食物的减少而随之减少；若野兔消失，这个系统就可能崩溃。如果这个草原生态系统食草动物不仅只有野兔，还有山羊、鹿等，那么当野兔减少时，狼可以去捕食山羊或鹿，生态系统能继续维持相对平衡的状态；在狼转向捕食山羊或鹿时，野兔又可以得到恢复。因此，生态系统自动调节能力的大小与其结构的复杂程度有着密切的关系。功能的完整性是指生态系统的能量流动、物质循环和信息传递在生物生理机能的控制下能够运转合理、畅通。运转越合理，自动调节的能力就越强。功能的完整性是建立在结构复杂性、完整性的基础之上的。例如，一个淡水生态系统——河流中排入了大量的有机污染物，若该系统生存着许多对有机污染物有很强降解能力的微生物和高等水生植物，污染物就会很快得到降解，平衡就不会遭到破坏；若该系统不具有这些对有机污染物降解能力很强的生物，其他的自然净化因素又很弱，这个系统的平衡就可能因污染干扰而失调或遭到破坏。

然而，任何一个生态系统的调节能力都是有限度的，外部干扰或内部变化超过了这个限度，生态系统就可能遭到破坏。当外部干扰(如火山爆发、地震、泥石流、雷击火烧、大型工程修建、有毒物质排放、大量农药施用、生物入侵等)超过一定限度时，生态系统自我调节功能本身就会受到损害，从而引起生态平衡失调，甚至导致生态危机的发生。生态危机是指由于人类盲目活动而导致局部地区生态系统甚至整个生物圈结构和功能的失衡，从而威胁到人类的生存。生态平衡失调的初期往往不容易被察觉，但一旦发展到出现生态危机，就很难在短期内恢复平衡。因此，人类在处理人与自然的关系时，必须清醒地认识到整个人类赖以生存的自然界和生物圈是一个高度复杂的具有自我调节能力的生态系统，在追求经济社会发展的同时，必须同时重视生态效益和生态后果，保持生态系统结构和功能的稳定才是人类生存和可持续发展的根本基础。

(三)生态平衡失调的标志

当外界干扰超出生态系统本身的自我调节能力时，生态平衡就会遭到破坏，即出现生态平衡失调。掌握生态平衡失调的标志，对于生态平衡的恢复、再建和防止生态平衡的严重失调都是至关重要的。生态平衡失调的标志主要表现为：

1. 结构上的标志 生态平衡的失调，首先表现在结构上，包括一级结构的缺损和二级结构的变化。

生态系统的一级结构是指生态系统的基本组成成分(生产者、消费者、分解者和非生物的环境)构成的结构。当构成一级结构的某一种或几种成分缺损时，即表明生态平衡失调。例如，一个森林生态系统遭受到大面积毁林开荒，原有生产者消失，各种消费者的栖息场所随之消失，食物来源枯竭，被迫转移或消失；分解者也因生产者和消费者尸体大量减少而减少；同时，由于地表植被消失，水土流失加剧，含有丰富的土壤微生物和养分的森林土壤被冲出原有生态系统，整个生态系统也随之瓦解。

生态系统的二级结构是指生产者、消费者、分解者和非生物环境成分各自的组成结构，如各种植物种类构成生产者的结构，各种动物种类构成消费者的结构，水、土壤、大气、岩石等各种环境要素构成非生物环境的结构。二级结构变化是指构成二级结构的各种成分发生变化。例如，一个草原生态系统受到长期超载放牧干扰，造成适口性的优质草类的数量和种类大大减少，有毒的、带刺的劣质草类增加，导致草原生态系统的生产者物种组成发生改变，即二级结构发生变化，从而导致该草原生态系统载畜量下降，直至草原生态系统崩溃。

2. 功能上的标志 生态平衡失调表现在功能上的变化，包括能量流动受阻和物质循环中断。

能量流动受阻是指能量流动在某一营养级上受到阻碍。例如，在森林生态系统的林木遭到过度砍伐破坏后，生产者对太阳能的利用会大大减少，能量流动在第一营养级上受到阻碍，进而影响其他各个营养级的能量传递而导致生态平衡失调。

物质循环中断是指物质循环在某一环节上发生中断。例如，森林生态系统中，枯枝落叶和动物尸体被微生物等分解者分解后，其营养物质又重新归还给土壤，供生产者利用，是保持森林生态系统物质循环的重要环节。但如果枯枝落叶被作为薪柴从系统中移走，就使营养物质不能归还土壤，造成物质循环中断，持续下去必然导致土壤肥力下降，植物生产力随之下降，生态平衡失调。

(四)破坏生态平衡的因素

破坏生态平衡的因素是十分复杂的，是各种因素的综合效应。一般将这些因素分为自然因素和人为因素两个方面。自然因素主要是指自然界发生的异常变化或自然界本来就存在的对人类和生物的有害因素。如火山爆发、山崩海啸、旱涝灾害、地震、台风等自然灾害，都会使生态平衡遭到破坏。人为因素主要是指人类对自然资源的不合理开发利用以及人类向环境中输入大量的污染物质所带来的环境污染等。例如，随着工业化的发展，人类过高地追求经济增长，掠夺式地开发土地、森林、矿产、水、能源等自然资源；同时，工业"三废"中有毒、有害物质大量排放，超过了自然生态系统固有的自我调节、自我平衡能力，致使全球性自然生态平衡遭到严重破坏。人为因素对生态平衡的破坏主要表现为以下三种情况：

1. 物种改变造成生态平衡的破坏 人类在改造自然的过程中，往往为了眼前的暂时利益，采取一些短期效益行为，使生态系统中某一种物种消失或盲目向某一地区引进某一生物，结果造成整个生态系统的破坏。

2. 环境要素的改变导致生态平衡的破坏 当代工农业生产迅速发展致使大量的污染物质进入环境。这些有毒、有害物质一方面会毒害甚至毁灭某些种群，导致食物链断裂，破坏系统内部的物质循环和能量流动，使生态系统的功能减弱甚至丧失；另一方面则会改变生态系统的环境要素。例如，随着化学、金属冶炼等工业的发展，排放出大量二氧化硫、二氧化碳、氮氧化物、碳氢化合物及烟尘等有害物质，造成大气、水体的严重污染；而除草剂、杀虫剂和化学肥料的使用则导致了土壤质量的恶化等。这些环境要素的恶化都有可能影响生态系统中生物成分的正常生命活动，改变生产者、消费者和分解者的种类和数量，从而破坏生态系统的平衡。

3. 信息系统的改变引起生态平衡的破坏 信息传递是生态系统的三大基本功能之一。信息通道堵塞使信息正常传递受阻，就会引起生态系统改变，破坏生态系统平衡。许多生物在生命活动过程中都会释放出某种信息素(特殊的化学物质)，以驱赶天敌，排斥异种，取得直接或间接的联系，以繁衍后代。例如，某些动物在生殖期，雌性个体会排出一种性信息素，靠这种性信息素引诱雄性个体来繁殖后代。某些植物如黄瓜、燕麦等的根系在生长的过程中能分泌他感物质，抑制周围杂草萌生，使杂草难以入侵，从而避免竞争，保持自身种群的稳定。如果人类排放到环境中的某些污染物与这些信息素发生化学反应，使信息素失去了引诱雄性个体或驱赶天敌、排斥异种的功能，则会导致靠这些信息素繁殖或保持种群稳定的物种受到影响，种群数量就会下降，甚至消失。总之，只要污染物质破坏了生态系统中信息系统的平衡和畅通，就会导致因功能变化而引起结构改变的效应产生，从而破坏系统结构和整个生态系统的平衡。

七、生态演替理论

演替(succession)的概念由植物学家 J. E. B. Warming 和 H. C. Cowles 提出。最早提出演替理论的是美国生态学家 F. E. Clements(1916)，他认为群落是一个高度整合的超有机体，群落通过演替只能发展为一个单一的气候顶级群落。这种理论被称为促进作用理论，其前提条件是在演替的每一个阶段，物种把环境改造得越来越有利于其他物种定居，对自身不利。因此，演替是一个有序的、有一定方向和可预见的过程。此后，演替的理论不断发展，又出现了抑制作用理论和忍耐作用理论。抑制作用理论由 F. E. Egler(1954)提出，其观点认为物种的取代不一定是有序的，一个地点先到先得，每一个物种都试图压制新来者。忍耐作用理论认为任何物种都可以开始演替，占有竞争优势的物种可以在顶级群落中占有支配地位。这3 种理论都预测先锋物种最早出现在演替过程中，这些物种大都适于定居，但易消失。

生态系统的演替是生态系统随时间的变化，一个类型的生态系统被另一个类型的生态系统所替代的过程。生态系统的演替是以群落的演替为基础，包括生命系统和非生命系统。在生态系统演替早期，群落多倾向以 1~2 个优势种为代表，后面阶段物种种类逐渐增多。

自然生态系统演替的趋势为从无序到有序，从简单到复杂。根据基质的不同可以将生态系统的演替划分为旱生演替和水生演替。顾名思义，旱生演替始于干旱缺失的基质，先锋植物为地衣，经历苔藓、草本、灌木到森林生态系统，森林是演替到达顶级的群落。水生演替最早开始于裸底阶段，经历沉水植物、浮水植物、挺水植物、草本湿生植物、灌木、乔木直到森林生态系统。

第二节　景观生态学理论基础

在景观生态学中，景观（landscape）被赋予了如下几种定义：①自然、生态和地理的综合体；②为生物或人类所综合感知的土地；③由相互作用的生态系统空间镶嵌组成的异质区域。肖笃宁等集合众家之所长给予景观新定义：景观是一个由不同土地单元镶嵌组成，具有明显视觉特征的地理实体；它处于生态系统之上、大地理区域之下的中间尺度；兼具经济、生态和美学价值[①]。

景观生态学（landscape ecology）研究景观的结构、功能和变化，是一门连接自然科学和有关人类科学的交叉学科。"景观生态学"一词由德国生物地理学家特罗尔（Carl Troll）于 1939 年首次提出，经过数十年的发展，景观生态学的研究内容日益丰富。自 20 世纪 80 年代后期开始，景观生态学逐渐成为世界上资源、环境、生态方面的研究热点，景观生态学的很多理论也为土地生态学的产生和发展奠定了坚实的理论基础。

一、等级理论

20 世纪 60 年代以来，关于复杂系统结构、功能和动态的等级理论（hierarchy theory）逐渐发展形成（邬建国，2007）。等级理论认为自然界是一个具有多水平分层等级结构的有序整体，在这个有序整体中，每一个层次或水平上系统都是由低一级层次或水平上的系统组成，并产生新的整体属性。在等级系统中，任何一个子系统都与上一级子系统有归属关系，是上一级系统的组成部分，同时，其对下一级系统有控制关系，即它由下一级子系统构成。

等级结构系统的每一层次都有其整体结构和行为特征，并有自我调节和控制机制。例如，生物圈是一个具有多重等级层次结构的有序整体。由基本粒子组成原子核，原子核与电子共同构成分子，而许多大分子组成细胞，细胞又组成生物个体，生物个体组成种群，种群构成生物群落，生物群落与周围环境一起组成生态系统……

等级理论最根本的作用在于简化复杂系统，以便达到对其结构、功能和行为的理解和预测。许多复杂系统，包括景观系统在内，可认为具有等级结构。将这些系统中繁多而相互作用的组分按照某一标准进行组合，赋之以层次结构，是等级理论的关键一步。某一复杂系统是否能够被化简或其化简的合理程度通常称为系统的可分解性。显然，系统的可分解性是应用等级理论的前提条件。用来"分解"复杂系统的标准常包括过程速率（如周期、频率和反应时间等）和其他结构功能上表现出来的边界或表面特征（如不同等级植被类型分布的温度和湿度范围、食物链关系及景观中不同类型斑块边界等）。

---

① 肖笃宁，李秀珍，1997. 当代景观生态学的进展和展望[J]. 地理科学(4)：69-77.

二、渗透理论

渗透理论(percolation theory)认为当媒介的密度达到某一临界值时，渗透物质突然能够从媒介材料的一端达到另一端。某一事件或过程(因变量)在影响因素或环境条件(自变量)达到一定程度(阈值)时突然从一种状态进入另一种状态的现象被称为临界阈现象。自然界中广泛存在着临界阈现象，并表现出由量变到质变的特征。例如，林火蔓延与林中可燃物积累量及空间连续性的关系，生物多样性衰减与生境破碎化程度之间的关系等，都表现出临界阈特征(肖笃宁等，2003)。

渗透理论应用于生态过程对空间格局的假设检验，较有前景。目前，渗透理论广泛应用于研究景观的生态流(物质、能量、生物)所表现出的临界阈特征，以及景观连接度与生态过程的关系。

三、源-汇理论

在地球表层系统普遍存在的物质迁移运动中，有一些系统作为物质迁出源(source)，直接或间接地以不同运动形式对生物起到动力作用，是驱动生态系统顺向或逆向演替的源动力。另一些系统接纳迁移物质，这类聚集场所被称为汇(sink)。源和汇共同组成了一个物质迁移系统，这在地理学和环境学中早已普遍应用。如地貌过程中的侵蚀-沉积，土壤-植物系统中的生物地球化学循环，养分元素和污染元素在土壤圈、水圈、生物圈中的运移等。

在景观生态学中，将包含源种群的生境视为源斑块，而将汇种群所占据的斑块作为汇斑块。确定生境斑块的源-汇特征对研究种群动态起着至关重要的作用。例如，源-汇模型可解释生物个体在景观斑块的各个部分有不同分布特征的原因，并成为研究种群动态和稳定机制的基础；破碎化常导致生境斑块源-汇属性发生变化，从而影响种群动态。

与土地生态学研究相结合，既要加强对土地生态系统中显式生态动力源-汇的研究，也要加强隐式动力源-汇问题的研究；既要正确辨认土地生态系统中对汇有益的源，也要辨认对汇有害的源。

四、耗散结构理论

比利时物理学家普里戈金(Prigogine)在非线性非平衡态热力学方面贡献卓著，耗散结构理论(theory of dissipative structure)是由他首先提出的。他发现，当系统离开平衡态的参数达到一定阈值时，系统将会出现"行为临界点"，在越过这种临界点后系统从无序分支状态转变到一个全新的稳定有序状态。这类稳定的有序结构称作"耗散结构"。在远离平衡的条件下，系统才有可能向着有秩序、有组织、多功能的方向进化，这就是著名的"非平衡是有序之源"论断。

具备耗散结构的生态系统所必需的条件：系统的开放性；系统远离平衡态；系统处于非线性区域；系统各要素之间存在着非线性相关机制。

耗散结构理论被应用到物理学、生物学等方面。耗散结构理论还横跨自然科学和社会科学，用于探索耗散结构状态下自然领域和社会领域中开放系统的现象和规律，是一种理论工具。耗散结构理论对于解释生态系统的形成和发展，研究土地生态系统的演替等都具有重要而深远的意义。

五、异质性原理

景观异质性是景观生态学的重要属性。景观异质性是景观尺度上景观要素组成和空间结构的变异性和复杂性，是景观结构的重要特征和决定因素。异质性对景观的功能及其动态过程都有重要影响和控制作用。由于与抗干扰能力、恢复能力、系统稳定性和生物多样性有密切关系，因此景观异质性一直是景观生态学研究的基本问题之一。

景观异质主要来源于环境资源的异质性、生态演替和干扰。异质性的存在，使人类可通过外界输入能量的调控，改变景观格局使之更适宜于人类的生存。

景观的空间异质性能提高景观对干扰的扩散阻力，缓解某些灾害性压力对景观稳定性的威胁，并通过景观系统中多样化的景观要素之间的复杂反馈调节关系，使系统结构和功能的波动幅度控制在系统可调节的范围。

六、格局与过程原理

结构和功能、格局与过程的联系与反馈是景观生态学的基本命题。景观格局可以有规律地影响干扰的扩散，生物种的运动和分布，营养成分的水平流动，以及净初级生产力的形成等。而过程强调事件或现象发生、发展的动态特征。

景观生态学研究涉及的生态学过程通常包括种群动态、种子或生物体的传播、捕食者-猎物相互作用、群落演替、干扰传播、物质循环、能量流动等。

景观尺度上的过程含自然与人文两个方面，在形成景观结构时起着决定作用。景观格局与生态过程的相互关系是景观生态学理论研究的核心部分，主要内容包括：景观结构的时间变化规律，景观格局的控制要素，景观格局对干扰扩散的影响，利用景观格局指标量度其生态功能，利用模型模拟预测景观变化，以及景观格局的尺度转化规律等。

七、复合种群理论

传统的种群理论是假定种群生境的空间连续性和质量均匀性，个体均匀分布且个体间有相同的相互作用机会。1970 年美国生态学家莱文斯(Levins)提出"复合种群"，表示经常局部性绝灭，但因重新定居而再生的种群，是由空间上彼此隔离而在功能上又彼此联系的两个或两个以上的亚种群或局部种群板块系统组成的。

按照种群的不同空间结构类型，可将复合种群分为经典型、大陆-岛屿型、斑块型、非平衡型与混合型。不同结构的复合种群具有不同的动态特征，在应用相关概念和理论时应区分其结构类型。

第三节　土地生态学的相关理论基础

一、系统科学理论基础

1. 系统论　系统存在于自然界和人类社会等各个领域，是事物存在的普遍形式。在系统内部，各组成部分之间存在着信息流、能量流和物质流的交换。系统论的观点认为，系统是一个有机整体，组成要素之间相互联系和制约，并且具有特定的功能。系统结构是功能的基础，系统的功能是结构的外在表现，结构决定功能，功能反作用结构。系统的基本特征有组分的整体性、结构的有序性、功能的整合性等。

2. 信息论　一切系统保存一定结构、实现其功能的基础是信息。1948年美国数学家Shannon提出狭义信息论，它是利用概率论与数理统计对信息的获取、加工、传输和控制进行量化研究。系统通过获取、传递、加工和处理信息来实现其目的。信息论提出了信息的定量表达形式，对研究人类的思维规律具有重要推动作用。

3. 控制论　控制论是一门研究系统调节与控制规律的科学，1948年由美国数学家Wiener提出。控制论通过研究系统的状态、功能、行为方式及变动趋势，揭示不同系统的共同的控制规律，使系统按预定目标运行。控制论由多种科学技术融合而成，涉及通信技术、计算机科学和行为科学等。

4. 突变论　法国数学家Thom研究不连续性现象时提出了突变理论。突变论以奇点理论和数学理论为基础，通过描述系统临界状态来研究自然多种形态、结构和社会经济活动的非连续突然变化现象，揭示了系统突变规律，解释了系统演化发展过程中突变的重要作用，为研究系统复杂问题奠定了基础（陈奎宁，1987）。

5. 协同论　协同论由德国物理学家Haken创立。自然界由许多小系统组成，在没有外力干预的情况下，小系统之间相互作用与制约，通过合作形成宏观有序结构，研究这种规律的科学即为协同论。协同论是处理复杂系统的一种策略，其目的是建立一种方法，用统一的观点去处理复杂系统。

6. 混沌理论　1963年美国气象学家Lorenz在模拟大气湍流时触及了混沌。之后，控制、系统、信息理论及计算机技术的发展，为人类深入研究混沌提供了基础。混沌理论研究在各个领域中兴起，与其他学科相互融合，其研究的成果也使得人们更加透彻全面地认识混沌。混沌理论认为，世界是确定的、必然的、有序的，但同时又是随机的、偶然的、无序的，有序运动会产生无序，无序中蕴含有序。

二、地理学理论基础

1. 地域分异理论　地理环境整体及各组成成分的特征，按照正确的方向发生分化，形成多级自然区划，这种现象被称为地理环境的地域分异。

地域分异的基本形成因素分为纬度地带性因素和非纬度地带性因素。纬度地带性因素（或称地带性因素），是因太阳能沿纬度方向分布不均匀产生的许多自然现象沿纬度方向有规律的更替。相对于"地带性"，非纬度地带性因素（或称非地带性因素）的能量来自地球内部聚集的放射能，海陆分布、大地构造和地貌差异等导致偏离纬度方向的地域分异，形成的大地构造、地貌分区和干湿度分区不沿纬度方向延伸。

地域分异具有不同的规模或尺度，根据分异现象所涉及的范围可分为大、中、小三种尺度。大尺度地域分异包括全球性地域分异、全海洋地域分异、全大陆地域分异和区域性地域分异；中尺度地域分异包括高原、山地、平原内部地貌差异引起的地域分异，地方气候和地方风引起的地域分异及山地垂直带性分异等；小尺度地域分异是由局部地势分异、小气候差异、岩性与土性差异、地表水与地下水的聚积和排水条件不同引起的在小范围内发生作用的地域分异。

地域分异理论揭示了自然地理系统的整体性和差异性及其成因与本质，是重要的基本理论，其发展为科学地进行自然区划提供了理论基础（范中桥，2004）。

2. 人地关系理论

(1)地理环境决定论。地理环境决定论是人地关系理论的重要组成部分，决定论认为自然环境是社会发展的决定性因素。

法国思想家孟德斯鸠是真正从科学基础上探索人地关系的奠基者，1748年在其著作《论法的精神》中阐述了自然条件对人的性格、生理特征、心理素质、社会制度、国家政体等的影响，但他并不认为地理环境对社会的作用是绝对的。

德国人文地理学家拉采尔系统地把决定论引入地理学，在其著作《人类地理学》中，他认为人类也是地理环境的产物，人类活动、发展和分布都受到环境支配；"国家是一种附属于土地的有机体"，有机体通过不断运动扩张面积，从而达到自然的极限。

(2)协调论。美国地理学家罗士培首先应用协调一词表述人地关系，自然环境对人类活动具有限制或支配作用，而人类社会又存在着利用这种限制或支配作用的情况。

随着科技的进步与发展，人类利用自然的能力在增强，与之而来的是自然环境的破坏日益加剧。重新探索人地关系不只是地理学而是全社会的任务，但地理学应做出更多的贡献。要充分意识到人类命运与自然环境密切相关，要保护人类必须先保护自然，人类与自然应持续和谐发展。协调论已成为人地关系理论的主流。

三、生态经济学理论基础

生态经济学的概念早在1966年由美国经济学家鲍尔丁(Boulding)提出，但生态经济学诞生在中国。1980年8月，我国经济学家许涤新提出"要研究我国的生态经济问题，逐步建立我国生态经济学"的倡议，随后创建了中国生态经济学学会、《生态经济学》杂志和生态经济学科，可见中国首创了生态经济学。

生态经济学是一门研究和解决生态经济问题、探索生态经济系统运行规律的经济科学，旨在实现经济生态化、生态经济化和生态系统与经济系统之间的协调发展[①]。生态经济学是社会科学中的经济科学，是以生态经济问题为研究的出发点，总结生态经济规律，实现生态系统和经济系统的良性互动。

1. 生态资本理论 生态资本是能为人类带来持续收益的自然资产，存在于自然界之中。随着人类活动范围的扩大和程度的加深，当今社会的生态资本实质上已是人造资本与自然资本结合的产物。自然资源通过影子价格等来反映其经济价值，实现生态资源资本化。

生态经济学家刘思华教授提出，生态资本由4个部分组成：

(1)能够进入当前社会生产与再生产过程的自然资源，即自然资源总量和环境的自净能力。

(2)自然资源的质量变化和再生量变化，即生产潜力。

(3)生态系统的水环境和大气环境质量等各种生态因子为人类生命和社会生产消费所必需的环境资源，即生态环境质量。

(4)生态系统的使用价值，各种环境要素的总体状态对人类社会生存和发展的有用性[②]。

生态资本的各组成部分是相互制约和相互依存的。生态资本为人类提供重要的利益保证，但一直以来未被重视，随着经济发展受限，人类才意识到生态资本的重要性，要投资于

---

①② 沈满洪，2016. 生态经济学［M］. 2版. 北京：中国环境出版社.

自然。

生态资本参与经济活动，有二重性：具有价值和使用价值。但生态资本不同于其他资本，主要表现为：

(1)整体增值性。要使生态系统内各因子之间保持平衡与协调，是生态资本增值的前提和基础，只有如此才能实现价值的最大化。

(2)长期收益性。合理利用生态资本，其价值与使用价值永存。

(3)开放性与融合性。生态资本具有开放性和融合性，其经营方式可以多种多样。

(4)双重竞争性。生态系统内部各因子之间相互制约，生态资本又同其他资本存在市场竞争。

(5)极值性。生态资本不能无限满足人类的需求，具有一定的承载能力。

(6)不动性与逃逸性。

(7)替代性与转化性。生态资本与其他资本之间可以互相替代或转化。

(8)空间分布的不均匀性和严格的区域性。要因地制宜地使用生态资本[①]。

生态资本理论研究生态资本的特性，研究物质资本、人力资本和生态资本三类社会总资本的结构，研究生态资本与可持续发展之间的关系。

2. 生态补偿理论　生态补偿是指生态服务受益者对生态服务的提供者给予的经济上的补偿，其概念的提出，是为解决区域性生态环境保护问题。相对于环境污染损害赔偿来讲，生态补偿是对人类活动所产生的生态环境的正外部性给予的补偿。

人类社会对自然资源管理改进有帕累托改进和卡尔多-希克斯改进两种方式。生态保护补偿属于卡尔多-希克斯改进，是一种既有人受益、又有人受损的改进。资源配置过程中，如果受益人所增加的利益能够弥补受损人的利益，那么受益人可以对受损者进行补偿，从而达到双方满意。

生态补偿的受偿主体是对生态保护产生积极影响的实施主体，按组织形式可分为国家、一定的地区、单位和个人。补偿主体是生态保护的受益者，理论上所有人都是生态保护的受益者。

3. 生态经济效益理论　经济效益是通过商品和劳动的对外交换所取得的社会劳动节约，以尽量少的劳动达到经营目标，或以同等的劳动取得更多的经营成果。也可以用资金占用、成本支出与有用的生产成果的关系来表示，经济效益好，资金占用就少，成本支出少，有用的成果多。提高经济效益有利于满足人们不断增长的生活需求。

生态效益关系到人类生存发展的根本利益和长远利益，指的是人们在生产中依据生态平衡规律，使自然界的生物系统对人类的生产、生活条件和环境条件产生的有益影响。生态效益的基础是生态平衡和生态系统的良性、高效循环。生态效益是经济效益的潜在基础。

生态经济效益是社会生产与再生产过程中产生一定的经济效益和一定的生态效益的综合与统一。生态经济效益能引导人们更科学地分析劳动成果同投入劳动的对比关系，引导人们在投入劳动时自觉地遵循生态经济规律，以同步提高经济和生态效益。

4. 生态足迹核算理论　生态足迹(ecological footprint，EF)是一种方法，它被用来衡量人类对自然资源的利用程度以及自然界为人类提供的生命支持服务功能，可以计量人类对生态系统的需求。

---

① 沈满洪，2016. 生态经济学[M]. 2版. 北京：中国环境出版社.

　　根据不同的侧重方面，对生态足迹进行定义。瓦克纳格尔（Wackernagel）将生态足迹定义为能够持续地提供资源或吸纳废物的、具有生物生产力的地域空间。

　　生态足迹分析法采用"生态生产性土地"作为各类自然资本统一度量的基础。生态生产使得自然资本产生收入，在生态系统中，生物从外界环境吸收生命过程中所必需的物质和能量，将其转化为新的物质，从而实现物质和能量的积累。生态生产性土地是指具有生态生产能力的土地或水体。根据生产力的大小，可以将具有生态生产能力的全部面积视为足迹，则生态生产性土地可分为六大类：建筑用地、农用地、草地、林地、近海水域和能源用地。生态足迹分析的一个基本假设是各类土地在空间上是互斥的。"空间互斥性"法则使得人类能够对各类生态生产性土地进行汇总，宏观上认识自然系统的总供给能力和人类系统对自然系统的总需求。

复习思考题

　　1. 什么是生态系统？试述其基本内涵。

　　2. 生态系统有哪些组成成分？各有什么作用？

　　3. 简述生物多样性的概念、生物多样性的四个水平及其主要内容。

　　4. 试述生物多样性与生态系统稳定性的关系。

　　5. 简述景观生态学相关理论基础及其主要内容。

第二章　土地生态系统及其分类

第一节　土地生态系统

土地生态系统及其分类，是开展土地生态调查评价、土地生态规划、土地生态管理等工作的基础。本章在介绍土地生态系统概念、特性、结构、功能、过程、变化、分异等基础上，进一步论述土地生态分类基础、土地生态系统分类及土地生态系统类型分区。目的是学习掌握土地生态系统的基本理论及土地生态分类的基本方法、分类途径、分类结果等。

一、土地生态系统的概念

1. 土地生态系统的概念　土地生态系统(land ecosystem)是在一定地域范围内，土地上无生命体(环境条件)与生命体(植物、动物、微生物等)之间形成的一个能量流动和物质循环的有机综合体。土地生态系统属于陆地生态系统和资源生态系统，既有自然生态系统(如原始森林土地生态系统)，也有半自然生态系统(如农用土地生态系统)，还有人工生态系统(如城镇土地生态系统)。土地生态系统与其他生态系统的主要区别是：它们的侧重点、研究主体或核心不同，土地生态系统侧重于土地生态，土地生态结构和土地生态功能是土地生态系统研究的主体或核心。

2. 提出"土地生态系统"概念的必要性　目前，研究生态系统的学科和研究成果已很多，如农业生态学研究农业生态系统，城市生态学研究城市生态系统，生物生态学研究生物生态系统，环境生态学研究环境生态系统，等等。但专门或重点研究生态系统中土地生态结构、土地生态功能、土地生态问题等方面的学科和成果还很少，即研究土地生态系统的还不多。土地生态学处于起步阶段，学科发展还不成熟，而土地生态系统是土地生态学的研究"细胞"，是土地生态学的基础。因此，提出土地生态系统的概念，并加强这方面的理论、方法研究，不仅对土地生态学的学科建设具有一定的理论意义和学术价值，而且对协调解决土地生态问题也有重要的实践意义和推动作用。

二、土地生态系统的复杂性

土地生态系统的复杂性主要体现在土地生态系统的层次性和高维性、各子系统关联的复杂性、不确定性、开放性和动态性、自适应性和自组织性等五个方面(吴次芳等，2002)。

1. 土地生态系统的层次性和高维性　土地生态系统的多层次结构表现在水平结构和垂直结构两个方面。在水平结构方面，按利用类型可划分为耕地生态系统、草地生态系统、林地生态系统、水域生态系统、城镇工矿用地生态系统等子系统。不同子系统有其独特的结构组成和功能表现，各子系统之间又存在相互影响、相互依赖的关系。按景观生态结构又可分出不同的气候、土壤、生物等地带性子系统，不同的地带性子系统由于地域特征的空间差异，在系统结构和功能表现上存在较强的规律性，同时，子系统之间也存在明显的物质、能量、信息的相互交换。在垂直结构方面，土地生态系统是一个立体结构，可分为地上层、地表层和地下层三个层面，不同层面之间联系紧密，难以在空间尺度上明确划分。地上层包括气候及局部小气候等要素；地表层包括土壤、河川径流、浅层地下水、植物和微生物等要素；地下层则含土壤层以下的岩石、深层地下水等。

2. 土地生态系统中各子系统关联的复杂性 土地生态系统位于岩石圈、大气圈、水圈、生物圈的复合界面，是自然界各种物理过程、化学过程、生物过程最活跃的场所，同时，又是人类长期活动的历史产物，包含文化、意识、制度、政策、科技、信息、交通等多种社会经济因素。土地生态系统中包含各种自然过程和社会经济过程，不仅使土地生态系统中的自然要素、社会经济要素之间存在复杂的联系，而且使耕地、草地、林地、城镇工矿用地、水域等不同土地利用类型子系统之间也存在物质、能量及信息的紧密联系。

3. 土地生态系统的不确定性 土地生态系统的边界、结构和功能都具有一定的不确定性，系统内生态特征变化也表现出一定的随机性，这是由土地生态系统内部组成要素的多样性和复杂性所决定的。如区域气候条件变化、农田产出量变化及子系统之间物质、能量交换方向和交换量等都存在较大的随机性，人们目前还无法进行长期精确的预测。

4. 土地生态系统的开放性和动态性 土地生态系统的开放性与动态性表现在：①土地生态系统和人类之间的物质与能量交换。土地是一个自然历史综合体，本身凝聚着人类社会实践的成分，在长期的演化过程中，不断受到人类的干预。人类活动不断参与土地生态系统的物质与能量交换，而人们对土地的干预随着社会的发展和科技水平的提高不断变化，使土地生态系统处于一个动态变化过程之中。②土地生态系统和外部系统之间的物质与能量交换。土地生态系统内部的大气循环、地质循环、水循环和生物循环无一不与外界环境紧密联系，在与外界不断进行物质与能量交换的同时，自身系统状态也在不断变化发展。

5. 土地生态系统的自适应性和自组织性 土地生态系统的自适应性和自组织性主要表现在其较强的自我调节能力和代偿作用。土地生态系统是一个庞大的系统，具有多层次结构和众多的生物种群，物质与能量的转化与交换途径众多，从而使系统表现出较强的自我调节能力和代偿作用。自我调节能力主要是指通过生物种群数量及结构的改变以抵制环境变化的能力；代偿作用是指当系统内某一能流和物流渠道受阻时，可改由其他渠道继续进行，从而维持系统的正常状态。

三、土地生态系统的组成与结构

(一)土地生态系统的基本单元

1. 土地生态胞体 土地生态系统的基本单位是土地生态胞体，就像生物体的基本单位细胞。它是指具有某土地生态系统的典型结构和典型特征的一个最小单元，相当于美国生态学家汉斯·詹尼(Hans Jenny)提出的生态样块(ecotessera)。人们只要"解剖"这个胞体，就可了解该系统的基本组成和性质及其三维结构。例如，在进行农用地评价中，所划分的土地评价单元就相当于农用地的一个土地生态胞体。

由多个相同或近似的生态胞体集合为一个土地个体(pedon)，如由多个相同或相似土地评价单元集合成同等质量农用地，同等质量农用地可认为是土地个体。有时还有若干个不同的土地个体联合成为一个复合土体(polypedon)，这些个体和复合土体就是土地生态系统的基本单元，如由不同质量耕地构成了耕地，由不同质量林地构成了林地。

2. 单元土地生态系统　由多个相同或近似的土地生态胞体构成的"聚合胞体"就叫作单元土地生态系统，如由地形地貌、气候等条件相似或相同的耕地、林地构成了不同区域的耕地生态系统、不同区域的林地生态系统等。地球上大大小小的土地生态系统就是由各种各样的单元土地生态系统所构成的。单元土地生态系统的面积有大有小，即构成它的生态胞体的数目有多有少，可以有很大不同。在地形陡峭或地形起伏的山区，单元土地生态系统范围很小，因为土壤、母质和植被甚至小气候的变化快。反之，在平原地区，地形、土壤、植被在大面积上是相同的，因而单元土地生态系统面积大，如草原上的黑钙土，在几百米甚至几十千米的水平距离内变化很小。在我国南方的丘陵地区、水网平原和滨海地带，上述几种情况都可见到。

(二)土地生态系统的组成结构

土地生态系统由于在一定空间中的环境组分和生物群落存在差异，呈现出不同的结构。一方面，土地生态系统复杂的环境条件和繁多的生物种类相互作用、有机结合形成了多种多样的土地生态系统类型，如林地生态系统、农田生态系统、草地生态系统、水域生态系统、荒漠土地生态系统、城市土地生态系统、农村土地生态系统等。另一方面，土地生态系统因其生物种类和数量在垂直方向、水平方向的差异而呈现出不同的、由垂直结构和水平结构两部分组成的空间结构。土地生态系统的垂直结构，以土壤层和植被层为主体，与其上下和四周环境进行频繁的物质和能量交流；土地生态系统的水平结构，也就是土地与植被的平面配置，一般根据天然的地形地貌、土壤、植被分布和土地利用状况而定，通常由许多相同的土地生态胞体构成一个单元土地生态系统，而由许多单元构成一个小的土地生态系统，由若干个小系统构成一个大系统，再由若干个大系统构成一个更大的系统，直至构成全球土地生态系统。再一方面，土地生态系统中生物组分与环境组分以及生物组分之间以食物关系为纽带构成营养结构，通过营养结构把生物与环境联系起来，使生产者、消费者和分解者(还原者)之间以及它们与环境之间不断地进行物质循环与能量流动，以维持生态系统的稳定。

土地生态系统的这三种结构并不是彼此孤立的，而是错综复杂、相互影响和相互作用的。任何一个土地生态系统，无论是环境组分还是生物组分，都是各种因子纵横交错而形成的复杂网络结构，这使各个因子相互联系、彼此制约而又协调一致。

土地生态系统的核心是土地，这是它与其他生态系统的区别。因此，土地生态系统结构的描述或表达应当以土地为核心，如土地生态系统中各组成成分或子系统的占地面积比例等。

(三)土地生态系统结构的层次性

如不同的生物层次构成相应的生态系统层次一样，不同层次的土地也就构成了不同层次的土地生态系统，即由若干个土地单元构成一个土地生态系统，再由若干个小系统构成一个大系统。就自然地理分区所划分的各级土地来说，不同层次的土地生态系统如表 2-1 所示。

表 2-1　土地与土地生态系统的层次对应关系

土地层次	植物群落占据的土地	生物地理群落占据的土地	景观地理区	自然地理带	全世界陆地
土地生态系统层次	单元土地生态系统	地域生态系统	地区生态系统	地带生态系统	陆地生态系统

从表 2-1 可见，后一级土地生态系统都是由前一级土地生态系统构成的，这样组成了不同层次水平的各级土地生态系统，最后构成全球的陆地生态系统。

在土地生态系统的层次中，地域生态系统处于承上启下的位置。它是由若干个类型相同或不同的单元土地生态系统组成，即若干个相同或不同的植物群落及其环境构成一个生物地理群落所占的土地。生物地理群落的概念最早是由苏联植物生态学家苏卡乔夫提出，他认为生物地理群落是生物圈的基本结构单元，即在发生学、地理学、营养学上相互关联的植被、动物、土壤、气候和水文的地区组合，或者说，是上述生物地球化学条件相同的陆地或水面的部分。

地球上有各种各样的生物地理群落，其大小、范围变化很大。一个生物地理群落的平面距离由几米(微型盆地、沙丘)到几千米或更远(森林、草原的平坦地区)。垂直距离仅从植被高度看由几厘米到几十米。若包括土壤及其母质层在内，生物地理群落的垂直距离可达一二百米，如我国黄土高原的沟、壑、塬。

由若干个不同或相同地域生态系统所组成的景观地理区为地区生态系统，其大小可从几十平方千米至几百平方千米。

四、土地生态系统的功能

联合国粮食及农业组织（FAO）和环境规划署 1999 年提出了土地的十大功能：储存个人、群体或社会财富；生产人类食物、纤维、燃料或其他生物物质；植物、动物和微生物的栖息场所；全球能量平衡和水循环的决定者之一，提供资源和沉淀温室气体；规定地表水和地下水的储存和流动；人类使用的矿物和原料的储存场所；化学污染物的缓冲器、过滤器或调节器；提供聚集、工业和娱乐空间；保存历史或史前纪录(化石、过去的气候证据、人类遗迹等)；促进或制约动物、植物和人类的迁徙。土地作为一个生态系统，其主要功能体现在净化污染物、无机能转有机能、承载、养育、交换等方面。

1. 净化功能　进入土地生态系统的污染物质在土体中可通过扩散、分解等物理作用逐步降低污染物浓度，减少毒性；或经沉淀、胶体吸附等作用使污染物发生形态变化，变为难以被植物利用的形态存在于土地中，暂时退出生物小循环，脱离食物链；或通过生物和化学降解，使污染物变为毒性较小或无毒性甚至有营养的物质；或通过土地掩埋的途径、发挥土壤的净化功能来减少工业废渣、城市垃圾和污水对环境的污染。据报道，如果处理得当，土地对生化需氧量(BOD)、化学需氧量(COD)、总有机碳(TOC)三项有机污染物指标的净化效率可达 80% 以上。土地上生长的一些植物对大气、土壤中的污染物也有一定的吸收、分解、净化作用。需要注意的是，土地生态系统的净化功能是有限的，必须在其允许的范围内进行。

2. 将太阳能转换为有机能的功能　土地生态系统可将太阳辐射能"转换"为生物有机能。土地生态系统最初的能量来源于太阳辐射能。土地上的绿色植物通过光合作用可将太阳能转化为有机潜能,据有关专家研究,全球土地生态系统每年大约可生产有机物质 1 500亿~2 000亿 t。绿色植物固定太阳能的过程就叫初级生产,初级生产积累能量的比值就是初级生产力。根据能量转化和储存的情况,初级生产力又可分为两个部分,即总初级生产力和净初级生产力。前者是植物光合作用中固定的总太阳能,后者则是初级生产力减去植物自身呼吸消耗后留在有机物质中的储存能量。对土地生态系统来说,其初级生产力是最重要的数量特征,也是衡量一个地区、一个国家乃至整个地球的土地资源能够支撑人口正常生存发展的能力即土地人口承载量的重要依据。据计算,地球初级生产力约为 172×10^9 t 有机物质,其中农田为 9.1×10^9 t,温带草原为 5.4×10^9 t,森林为 84.2×10^9 t,热带稀树草原为 10.5×10^9 t,海洋为 55×10^9 t,湖泊、河流、苔原、沙漠等合计为 7.47×10^9 t。主要土地生态系统的初级生产力如表 2-2 所示。

表 2-2 主要土地生态系统的初级生产力

类型	面积 (10^6 km^2)	平均净初级生产力 [g/(m^2·年)]	总初级生产力 (10^9 t)	年固定总能量 (10^8 J)
林地	50.0	1 290	64.5	1 158.97
农田	14.0	650	9.1	158.18
草地	24.0	600	15.0	251.04
淡水	4.0	1 250	5.0	89.54
荒漠	24.0	1.0	0.002 4	0.42

土地生态系统的光能利用率,地球平均为 0.11%,陆地平均为 0.25%,海洋只有 0.05%,耕地一般为 1%~2%,集约化程度高的耕地可达 2%~3%。人们通常通过改善土地生态系统条件(如灌溉、施肥、引进优良品种等),来提高土地生态系统对太阳能的转换利用效率。例如,原始农业生产力 83.68 kJ/(m^2·年),传统农业为 1 025.08 kJ/(m^2·年),现代农业为 4 184 kJ/(m^2·年)。

3. 承载功能 承载功能是土地生态系统的基本功能之一。植物只有固定在土地中才能保持直立和正常生长;房屋、道路、桥梁等一切建筑物都附着于土地;水培作物及温室生产,通常也必须用铁丝网、钢架等固定于土地中加以支撑;动物及人类的一切活动均离不开土地生态系统的支撑。如果土地生态系统的承载力不够,房屋可能会倒塌,动物及人类的活动会受到限制和影响。土地生态系统的承载功能还体现在它能够赋存矿产、水、生物等其他资源,是这些资源的载体。

4. 养育功能 正是由于土地生态系统具有将太阳能转换为有机能的功能和承载功能,才使动物和人类得以生存,使土地生态系统具有养育的功能。人们把生物生产分为植物性生产和动物性生产。植物性生产是植物通过光合作用,源源不断地生产出植物性产品的过程,又称为第一性生产或初级生产。动物性生产是动物把采食的植物同化为自身的生活物质,使动物体不断增长和繁殖,亦称作第二性生产或次级生产。从食物链的关系来看,次级生产中又可分为若干亚级,每低一级的生产都以其前一级生产的有机质作为食料,整个生物界就是通过食物链繁育衍生而来的。

5. 交换功能 土地生态系统之间及其内部各成分之间,通过各种营养关系,相互联系在一起,其间不断进行着能量流动、物质循环和信息交流,这就是土地生态系统的交换功能。土地生态系统中的能量可以沿着食物链，由一个营养级流向另一个营养级，它是单方向逐级流动的，且在流动中消耗和散失，不会构成循环。土地生态系统的物质则是处于经常不断的循环之中。土地生态系统还发生着各种信息的交换。

五、土地生态过程

土地生态过程主要研究包括多尺度下土地利用变化对土地生态过程及功能的影响，涉及土地利用结构、土壤质量、植物生态、土地气候、水、水土流失等特征变化。

(一)土地生态过程中的生态流

1. 土地生态流及其流动形式　土地生态系统中的能量、养分和物种都可以从一个生态子系统迁移到另一个生态子系统，表现为物质、能量、信息、物种等过程，这一流动过程称为土地生态流。土地生态过程的具体体现就是各种形式的土地生态流，即物流、能流、物种流、人口流、信息流等。

土地生态流有三种最基本的流动形式，即扩散、物质流和运动。扩散是指物质在土地生态系统中的随机运动，如植物花粉的传播。扩散主要取决于土地生态系统中不同生态要素间的温度或空气压力差。物质流是指物质在重力和扩散力作用下沿能量梯度的运动。运动是指物体消耗本身能量从一个地方移动到另一个地方的活动。

一般来说，扩散在土地生态系统中形成最少的聚集格局，物质流居中，而运动可在土地生态系统中形成最明显的聚集格局，如鸟栖息处聚积有大量磷和氮，人类在某个区域里的集中居住。

2. 土地生态流的形成机制　土地生态流是由于媒介物和驱动力的作用而形成的。形成土地生态流的媒介物主要包括风、水、飞行动物、地面动物、人等。形成土地生态流的驱动力主要包括扩散、重力、行为等。

3. 土地生态流的移动模式　土地生态流主要包括连续运动、间歇运动、综合运动。连续运动是指土地生态流的主体在从"源"到"汇"移动的过程中，不存在运动速度为0的状况。间歇运动是指土地生态流的主体从"源"到"汇"移动的过程中，出现过运动速度为0的状况，即土地生态流的主体在某地出现过停歇。对物种来说，间歇运动又可以分为两种：①休息站式，即该物种在某地做短暂停留后再继续运动；②暂住站式，即该物种不仅在某地停留休息，而且在该地成功地生长和繁殖，从而为物种的进一步扩散提供了新的种源。

连续运动和间歇运动的差别在于土地生态结构的异质性。随着土地生态系统异质性的增强，土地生态流运动可以由连续运动变为间歇运动。土地生态流的主体在移动过程中，可以是连续的，也可以是间歇的，这种运动形式即为综合运动。

(二)土地生态系统相邻子系统间的物质流

土地生态系统相邻子系统间的物质流主要包括水流、养分流和空气流，它们往往是联系在一起共同发生作用的，尤其是养分流往往是以溶解质的形式伴随水流运动发生的。

1. 水流　水流在土壤中的传输形式主要有下渗、侵蚀、地表径流、中间径流。水流的方向总是固定的，即"水往低处流"。水流的速度主要取决于水输入量及其时间、土壤结构(特别是土壤孔隙度)以及土壤对水携带物质的过滤作用三方面的因素。

2. 养分流　养分流主要是以溶解质的形式随水流而迁移。在土地生态系统中，最为活跃的养分运动往往发生在水陆间，尤其是河流与陆地间。陆地与河流廊道交汇处异质性最高，可直接利用的自然资源也极为丰富。矿质养分由高地进入河流廊道的途径主要有三个：①养分直接穿越廊道进入河流；②养分可能被机械阻拦，累积在廊道内的土壤中，逐渐淤积于谷底；③养分随植被生长而被廊道植物所吸收，成为生物量的一部分。

3. 空气流　空气流中的风可分为平行流动的层状气流和向上或向下流动的湍流两种风型，不同风型的风对所携带物质的流动会有不同影响。土地生态系统结构特征(如山的形态、植被结构、建筑物等)会对风型和风速造成影响，所以在土地生态系统规划设计中必须考虑到风的运动规律和作用。

(三)土地生态景观下的土地生态流

1. 廊道与流　廊道是某些物种的栖息地；廊道是一些生态流运动的通道；廊道可以起到对生态流的屏障作用或过滤效应；廊道可以成为某些生态流的源或汇。

2. 斑块与流　斑块大小可以影响单位面积内的生物量、生产力、生物多样性等；斑块的形状和走向影响着养分的迁移和物种的运动；斑块密度影响通过景观的"流"的速率；斑块的分布构型影响干扰的传播和扩散。

3. 基质与流　基质连接度高，生态流受到的屏障作用小。土地生态景观之间的阻力可影响景观内各种生态流的速度。土地生态系统中的狭窄地带可以影响各种生态流的运动速度。土地生态系统中高孔隙度的基质可以对生态流通过基质造成影响，影响的大小取决于生态流的性质，以及斑块是否适合流的通过。土地生态系统中同一斑块或结点对不同的生态流可以有不同的影响范围。土地生态系统中半岛交指状景观可以显示物种流的不同格局，物种穿越半岛交指状地区的速度随流的方向而明显不同。土地生态系统中斑块形状对生态流的流动有影响，平行于物种运动方向的扁长斑块对基质内运动个体的拦截可能比与物流方向垂直的斑块少得多；土地生态系统中连接两点间的直线最短距离(几何距离)往往是生态流速度较快的线路。

4. 土地生态过程中的关键点　土地生态过程中的关键点主要有三个：①具有重要内容或源地效应的部位(如大型自然植被)或不寻常的地物(如沙漠中的河流)；②变化较多的区域，特别是生态敏感区以及那些一旦受到干扰就长时期得不到恢复的区域；③各种形式的流交汇的地方。

5. 土地生态景观结构对生态流的影响　土地生态景观结构对生态流的影响主要表现在四个方面：①景观格局的空间分布，如方位(坡向)、母质组成和坡度等，将影响局部空气流动、地表温度、养分丰缺或其他物质(如污染物)在景观中的分布状况；②景观结构将影响景观中生物迁移、扩散、物质和能量的流动；③景观格局同样影响由非地貌因子引起的干扰在空间上的分布、扩散与发生频率；④景观结构变化将改变各种生态过程的演变及其在空间上的分布规律。

从某种意义上来说，土地生态景观结构是各种景观生态过程的瞬间表现。例如，洪水塑造地貌，森林大火后新的斑块-廊道-基质构型等。

(四)土地生态过程中各土地景观元素的相互作用

土地生态系统中景观元素之间的相互作用就是能量流、养分流和物种流等生态流从一种景观元素迁移到另外一种景观元素的过程。

1. 斑块与基质之间的相互作用　此相互作用指斑块与其基质之间发生的能量流、物质流、养分流等生态流的交换。

2. 斑块与斑块之间的相互作用 具有相似群落的斑块之间的相互作用主要由生物动力所致，风的作用很小；一般说来，斑块间能量和养分的传输不重要，而物种的迁移很重要，尤其是动物中的特有种，可以从一个斑块到另一个斑块觅食，斑块中发生物种的局部灭绝时，可以由相邻斑块得到补充。

3. 斑块与廊道之间的相互作用 类似于斑块之间的相互作用，主要的生态流是物种流。廊道有利于伴随着斑块内部物种局部灭绝后的物种再迁移。斑块是廊道的物种源。

4. 廊道与基质之间的相互作用 廊道可分为线状廊道、带状廊道和河流廊道，这三种廊道不仅结构与功能不同，而且与基质间的相互作用也不同。基质气候对线状廊道具有主导性影响，大多数作用的方向都是从廊道到基质，如灰尘、车辆污染会从公路进入农田；廊道对基质具有隔离种群的作用，从而限制流动。带状廊道与基质之间的流数量众多，且互相依赖，这是由于宽度效应使带状廊道可以具备许多开阔区的物种。河流廊道与基质间的相互作用以水流为主要驱动力，流动方向基本是从基质向河流。

(五)土地生态过程中的人文过程

在人类出现以前，土地自然生态系统按照自然规律和变化周期来发展。随着人类的出现与发展，土地自然生态系统的演变在人类活动干扰下逐渐发生着变化，这种变化直接受制于不同的文化背景。在交通便利、文明发达的平川地区，土地自然生态系统更多地被人为破坏、开垦种植农作物，呈现出强烈的人为特征。而在交通闭塞、经济社会发展落后的山地丘陵地区，土地自然生态系统受到的影响和干扰程度较小。目前，随着人口的不断增长和社会经济的高速发展，人类对土地生态系统的干扰越来越大，在全球范围内很难再发现纯自然的土地生态系统。

人类与土地生态系统之间的关系并非仅仅是一种单向的一维生态关系，而是一种双向的相互依赖的复杂关系。人类适度开发利用和合理保护土地生态系统，土地生态系统会源源不断为人类提供各类生活和生产必需品；人类若过度开发、掠夺式利用土地生态系统，不仅会造成土地生态系统供给人类物品的能力下降，而且还会带来诸多自然灾害。因此，在人类及社会发展过程中，不仅要讲物质文明、精神文明，而且还要搞好生态文明建设，使土地生态系统朝着有利于人类健康生存的方向发展。

六、土地生态变化

土地生态变化主要研究土地生态系统稳定性、土地生态变化的驱动因子、土地生态变化的生态环境影响等。

(一)土地生态变化的规律性及其判断标准

1. 土地生态变化的规律性 土地生态系统的生产力、生物量、斑块的形状或面积、廊道的宽度、基质的空隙度、生物多样性、网络发育情况、演替速率、景观要素间的流等参数无时无刻不在发生变化，变是绝对的，不变是相对的。土地生态变化受到自然、社会、人为等驱动因子的影响，而且受到人为的影响越来越大，当今几乎所有土地生态系统都留下了人类活动影响的烙印，人类在某种程度上甚至控制着土地生态系统变化的方向。正是人类的干预影响，才使远古单调、荒凉、寂静的土地景观演变成今天色彩缤纷、复杂的土地生态系统。土地生态变化的结果不仅改变了人类生存的自然环境，而且影响着人类的社会制度、经济体制甚至文化思想。符合自然规律的土地生态变化可以为人类创造巨大财富，而违背自然规律的土地生态变化会给人类造成灾难。对人类而言，最重要的是认识、发现并运用土地生态变化的一般规律，更有效地保护土地生态系统，维持生态平衡，使人类和社会走上一条积极、健康的可持续发展之路。

2. 土地生态变化的途径与判断标准　土地生态变化的途径与判断标准主要有三个方面：①土地生态系统中景观的基质发生变化，一种新的景观要素类型成为景观基质；②几种景观要素类型占景观表面的百分比发生足够大的变化，引起景观内部空间格局的改变；③景观内产生一种新的景观要素类型，并达到一定的覆盖范围。

(二)土地生态系统的稳定性

土地生态系统无时无刻不在发生着变化，绝对的稳定性是不存在的，土地生态系统稳定性只是相对于一定时段和空间而言的。但人们正是通过不同时间、不同空间上土地生态系统稳定性来认识土地生态变化的。人们总是试图寻找或是创造一种最优的、相对稳定的土地生态系统，从中获益最大并保证土地生态系统的稳定和发展。

1. 土地生态系统稳定性的概念　土地生态系统作为生态系统的一种类型，其稳定性可借用生态系统稳定性的概念。自 20 世纪 50 年代生态系统稳定性理论被提出以来，稳定性一直是生态学中十分复杂而又非常重要的问题。有关生态系统稳定性的概念很多，如生态系统稳定性有恒定性、持久性、惯性、弹性、恢复性、抗性、变异性、变幅等相关概念和解释，但总的来看目前还没有一个统一的看法。

土地生态系统稳定性可以看作是干扰条件下土地生态系统的不同反应，即生态系统的恢复性(或弹性)和抗性。恢复性(或弹性)是指系统发生变化后恢复原来状态的能力；抗性是指系统在环境变化或潜在干扰下抗变化的能力。恢复性可用系统回到原状态所需的时间来度量；抗性可用阻抗值即系统偏离其初始轨迹的偏差量的倒数。一般来说，土地生态系统的抗性越强，也就是说土地生态系统受到外界干扰时变化越小，土地生态系统越稳定；土地生态系统的恢复性(或弹性)越强，也就是说土地生态系统受到外界干扰后，恢复到原来状态的时间越短，土地生态系统越稳定。

如果把土地生态系统看作是干扰的产物，那么可以认为土地生态系统之所以稳定，是因为建立了与干扰相适应的机制。不同的干扰频度和规律下形成的土地生态系统的稳定性不同。若干扰的强度很低，而且干扰是规则的，土地生态系统可建立起与干扰相适应的机制，从而保持土地生态系统的稳定性。若干扰比较严重，且干扰经常发生，但可以预测，土地生态系统也可以发展适应干扰的机制来维持稳定性。假如干扰是不规则的，且发生的频率很低，土地生态系统的稳定性就比较差，因为这种土地生态系统很少遇到干扰，不能形成与干扰相适应的机制，也就是说这种土地生态系统一遇到干扰就可能发生重大变化。理论上讲，在干扰经常发生且没有一定干扰规律下形成的土地生态系统稳定性最高，因为这种土地生态系统在形成适应正常干扰的机制的同时也可以适应间或的非预测性干扰。

2. 土地生态系统要素的稳定性　土地生态系统是由气候、地质地貌、水文、土壤、植被、道路、房屋等不同的要素构成，土地生态系统的整体稳定性是由这些要素的稳定性所决定。土地生态系统各要素的稳定性千差万别，各要素的不同变化综合影响着土地生态系统的变化。

作为影响光、温等要素的太阳可认为是稳定的，但大气云团、气流是不稳定的，从而导致地球表面的光照、温度、降水等要素的不稳定。气候要素的不稳定性或变化有两种基本情况：①周期性变化，如春、夏、秋、冬，白天、黑夜等，可认为是稳定性变化；②不规则变化，如偶然出现的高温天气、突发的暴雨等，可认为是不稳定变化。

一般情况下地质地貌要素是稳定的，如山、川、平原、湖泊等，但地质地貌也有不稳定的现象，如火山爆发、地震等。从微观角度分析，微地形、微地貌是在人类社会活动的干扰下不断变化的，而且通常情况下其变化是不规则、不稳定的变化。

土壤要素总体上看是稳定的，如森林里的土壤、草原上的土壤等，但农田里的土壤特别是表层土壤往往会受到人类活动的干扰而变得不稳定。另外，位于坡地上的土壤在遇到强烈降水时会变得不稳定。

地表径流、地下径流等水文要素一般情况下也是比较稳定的，但若受到降水、地震、人类活动等因素的干扰和影响，也会变得不稳定。一般情况下，地下径流的稳定性大于地表径流的稳定性。

道路、房屋、桥梁等地上地下建筑要素一般情况下是比较稳定的。但在受到人类社会活动干扰、自然灾害干扰等情况下也会变得不稳定。

3. 土地生态系统稳定性的尺度问题 土地生态系统的稳定是相对的，不稳定是绝对的，即土地生态系统的动态变化是绝对的，这与土地生态系统稳定性的尺度有关。土地生态系统稳定性的尺度有时间尺度、空间尺度两个方面。

任何土地生态系统都是连续变化中的瞬时状态，这些状态可以看作是时间的函数，看土地生态系统是否稳定首先要假定一个时间尺度或者假定一个时间变化速率，当所分析的土地生态系统的运动速率大于假定的时间变化速率时，可认为土地生态系统是变化的；当分析的土地生态系统的运动速率小于假定的时间变化速率时，可认为土地生态系统是稳定的。土地生态系统的稳定性取决于选择的时间尺度，对于同一个土地生态系统，当时间尺度越长，该系统越稳定；当时间尺度越短，该系统越不稳定。

土地生态系统的空间尺度不同，其稳定性也不同，土地生态系统的空间尺度越大，其稳定性越强；空间尺度越小，其稳定性也越差。这是因为土地生态系统的空间尺度越大，其缓冲能力越大，抗干扰的能力也越强；土地生态系统的空间尺度越小，其缓冲能力越小，抗干扰能力也越弱。例如，对于很小一块面积的植被，当雨季来临时，洪水很容易把这块植被破坏，而且很难恢复；而对于一片大面积的森林，当雨季来临时，洪水很难把这片森林破坏，即使有一部分破坏，也很容易恢复。不同的土地生态系统空间配置会影响其稳定性。

(三)土地生态变化的驱动因子及变化的基本模式

1. 土地生态变化的驱动因子 土地生态变化的驱动因子可分为自然驱动因子和人为驱动因子两大类。自然驱动因子常常是在较大的时空尺度上作用于土地生态系统，它一般可以引起较大面积的土地生态系统发生变化。自然驱动因子主要包括地壳运动、降水、大风、气候变暖、地震等。

人为驱动因子主要包括人口因素、技术因素、政经体制及决策因素、文化因素等。在这些人为驱动因子的影响下，土地生态变化主要表现为土地利用和土地覆被的变化。土地利用本身就包含了人类的利用方式及管理制度，土地覆被是同自然的景观相联系的。

2. 土地生态变化动态与景观变化的空间模式 土地生态变化动态是指土地生态系统变化的过去、现在和未来趋势。它包括土地生态系统空间变化动态和土地生态系统过程变化动态两方面的内容。

土地生态系统空间变化动态主要包括土地生态系统内部地块数量变化、地块大小变化、地块类型变化、廊道的数量和类型变化、影响扩散的障碍物类型和数量变化等。土地生态系统变化空间过程主要包括地块被穿孔、被分割、破碎化、缩小、消失等。土地生态系统变化空间模式主要包括边缘式、廊道式、单核心式、多核心式、散布式等。

土地生态系统过程变化动态主要包括土地生态系统的输入流变化、流的传输率和系统的吸收率变化、系统的输出流变化、能量的分配等。

(四)土地生态变化对生态环境的影响

当前，全球环境问题已成为世界各国政府和科学家所关注的焦点。土地生态系统变化所带来的生态环境影响也自然成为大家关心的问题。1995年国际地圈生物圈计划(IGBP)和全球变化人类影响和响应计划(HDP)两大国际组织共同制定了"土地利用/土地覆被变化科学研究计划"，将其列为全球环境变化的核心项目。土地生态变化结果不仅改变了土地生态系统的空间结构，影响土地生态系统中能量分配和物质循环，而且不合理的土地利用还造成土地退化、环境污染等严重的生态环境问题，对社会和经济产生严重影响。

1. 土地生态变化对区域气候的影响　土地生态变化对气候的影响是相互的。气候的变化会引起土地生态系统的变化；反过来，变化了的土地生态系统又对气候造成一定的影响。土地生态变化对气候的影响是通过土地表面性质的变化、地表反射率的变化以及随土地生态系统变化而改变的温室气体和痕量气体量来实现的。

2. 土地生态变化对土壤和水环境的影响　土地生态变化主要影响土壤系统的能量交换、水交换、侵蚀和堆积、生物循环和农作物生产等有关生态过程。

土地生态变化主要通过对森林变化、草地变化、耕地变化、聚居地、工业用地、其他建设用地的影响而影响水量、水质等水环境。

3. 土地生态变化带来的生态环境问题　土地生态系统的不合理开发利用导致的土地生态变化带来的生态环境问题主要有：造成光化学烟雾、酸雨等问题，使大气质量下降；土壤侵蚀和土地沙化；湿地减少；水资源短缺；非点源污染等。

七、土地生态分异

由于受到光照、降水等自然条件和人类社会经济活动的影响，土地生态系统在空间分布上具有明显的区域差异性。

1. 我国土地生态分异　从区域分布上看，我国主要形成了北方半干旱-半湿润区土地生态系统、西北干旱区土地生态系统、华北平原区土地生态系统、东南沿海区土地生态系统、南方丘陵区土地生态系统、西南山地区土地生态系统、青藏高原区土地生态系统等，其面临的主要生态问题及成因如表2-3所示。

表2-3　中国主要土地生态系统类型及问题、成因

区　域	主要的土地生态问题	成　因
北方半干旱-半湿润区土地生态系统	水土流失、沙漠化、草原退化、土地次生盐碱化、自然灾害频繁	降水少、干旱、水资源不合理利用、水蚀、风蚀、过垦、过牧、矿山开发

（续）

区　域	主要的土地生态问题	成　因
西北干旱区土地生态系统	沙漠化、草原退化、土地次生盐碱化、土地生物量低、干旱和沙尘暴等灾害	干旱缺水、过牧、过垦、植被破坏、风蚀
华北平原区土地生态系统	土地次生盐碱化、土壤肥力下降、风蚀沙化、干旱和洪涝灾害	排水不畅、过量灌溉、沙地耕垦、风沙、风蚀
东南沿海区土地生态系统	土地污染、土地次生潜育化、土壤肥力下降和水涝灾害	污染物排放、排水不畅
南方丘陵区土地生态系统	水土流失、土壤肥力下降、干旱和洪涝灾害	过垦、植被破坏、暴雨侵蚀
西南山地区土地生态系统	水土流失、土地石漠化、土壤肥力下降、滑坡和泥石流等灾害	水蚀、过垦、过伐、植被破坏、土层浅薄、干旱
青藏高原区土地生态系统	风蚀、草场退化、土壤石砾化、土地生物量低、大风和冰雹等灾害频繁	干旱、低温冷害、强风、过牧、过伐

2. 全球土地生态分异　从全球土地生态系统的分布看，主要形成了热带雨林生态带（tropical rain forest ecosystem）、亚热带常绿阔叶林生态带（evergreen broad-leaved forest ecosystem）、落叶阔叶林生态带（deciduous broad-leaved forest ecosystem）、针叶林生态带（coniferous forest ecosystem）等森林生态系统，热带稀树草原生态带、温带草原生态带等草原生态系统，荒漠生态系统，苔原生态系统等（表2-4）。

表2-4　全球土地生态系统类型及分布

主要土地生态系统	生态带	主要分布区域
森林生态系统	热带雨林生态带	赤道及其两侧的湿润区域
	亚热带常绿阔叶林生态带	欧亚大陆东岸北纬22°~40°
	落叶阔叶林生态带	中纬度湿润地区
	针叶林生态带	北半球高纬度地区
草原生态系统	热带稀树草原生态带	热带、亚热带
	温带草原生态带	南北两半球的中纬度地带
荒漠生态系统	荒漠生态带	亚热带干旱区
苔原生态系统	苔原生态带	欧亚大陆、北美大陆的最北部及附近岛屿

第二节 土地生态分类基础

一、土地生态分类概述

土地生态分类是以土地生态系统的特性、土地生态系统的演变特征、人类对土地生态系统的入侵程度和利用保护手段等为标准，以土地生态系统的结构和功能的差异为依据，按系统内各组分要素在空间上的组合特点划分为不同的土地生态系统类型。土地生态系统结构是功能的基础，功能是结构的反映，结构的差异反映在区域地质、地貌、土壤、水文、植被和气候的空间组合上，为土地生态系统的分类提供了依据。通过研究土地生态系统的结构和功能，可将土地生态系统分类，其目的是使研究区域内复杂多变的土地生态系统类型得以条理化、系统化，为后续各项研究奠定基础，为土地资源的合理配置和结构优化提供依据。土地生态分类研究的重要特点是要将土地视为由相互联系的各个要素组成的整体性单位，以阐明各个土地生态系统的独特格局为目的，并在此基础上实现对土地生态管理的分类指导、分类规划、分类开发，提高土地资源的开发管理效率。

可从不同的角度对土地生态系统进行类型划分。如从土地生态系统的占地规模出发，可将土地生态系统划分为小区域（小尺度）土地生态系统、中等区域（中尺度）土地生态系统、大区域（大尺度）土地生态系统、全球土地生态系统等；从人类社会经济活动对土地生态系统的干扰程度出发，可将土地生态系统划分为自然土地生态系统、人工土地生态系统、半自然半人工土地生态系统等。

从有利于土地管理工作开展的角度考虑，为便于与现有土地资源分类系统接轨，可根据目前我国实行的土地利用现状分类，将土地生态系统划分为农用地生态系统、建设用地生态系统和未利用地生态系统三个大的类型。在农用地生态系统中还可以再细分为耕地生态系统、林地生态系统、草地生态系统、水域用地生态系统等；建设用地生态系统又可细分为城市土地生态系统、乡村聚落土地生态系统、独立工矿用地生态系统等；未利用地生态系统又可分为荒草地生态系统、盐碱地生态系统、湿地生态系统等。

二、土地生态分类的研究进展

土地生态分类是在景观生态学思想的影响下发展起来的。早期美国的微奇（Veatch）、英国的泊纳（Bourne）和米纳（Milne）等为土地生态分类做出了重要的贡献。微奇在 20 世纪 30 年代就提出，以土壤类型为制图单位的土壤调查图不能正确反映地表的实际状况。之后，泊纳发展了不同等级土地单位的思想，他提出地文区、单元区和单元立地三级分类术语。1935 年，米纳提出了土壤链的概念，认为链是这样一组土壤，虽然在以基本的发生和形态差异为依据的自然分类系统中它们彼此分离很远，但它们由于地形状况而相互联系，并且在任何地方，只要遇到相同的状况，它们就会依同样的相互关系而重复。

20 世纪 40 年代以后是土地生态分类从理论发展到广泛应用的时期，澳大利亚、英国、加拿大和荷兰等国在这方面都有突出的成绩。澳大利亚的 Christian 和 Stewart 根据土地的格局划分的土地生态分类单位有土地系统、土地单元和立地，土地生态系统分类是其中最具代表性的。加拿大的希尔斯（G. Hills）在土地生态分类中，根据土地水分和生态气候沿梯度方向的位置不同将土地分为正常自然立地类型、近正常自然立地类型、超常自然立地类型和异常自然立地类型。正常自然立地与非正常自然立地是根据不同的土地生态特性，如地方气候、土壤水分状况等有效程度来划分的。纵观几十年的发展历程可以看出，土地生态分类在世界各地应用非常普遍。1981 年，在荷兰曾经召开过一次国际性的林业土地评价讨论会，也做过土地生态分类途径在林业上的发展和应用的讨论。最近，Klinjn 等提出，土地分类应向统一的方向发展，他提出生态地带、生态省、生态地区、生态区、生态地段、生态系列、生态立地和生态要素的 8 级土地生态分类系统。

我国土地生态分类研究起步相对较晚，但近年研究进展非常迅速，取得了可喜的成绩。如乔志和 1992 年以大庆地区为例，以希尔斯的自然立地思想为指导，结合该地区土地形成和分异的基本因素及地方性和局部性的地域分异规律，确定了本区土地生态分类指标，将大庆地区土地生态分为超常自然立地类型（包括低洼地、低地和低平地）、近正常自然立地类型（包括平地）、正常自然立地类型（包括平岗地）、异常自然立地类型（包括沙地和水域）四种类型。王令超、王国强 1999 年将黄土高原地区土地生态分成平地生态系统、坡地生态系统和（沟）谷地生态系统三种基本土地生态类型。平地生态系统包括台地、原地、山前倾斜平地、河流阶地等，其基本特征为地表广阔平坦，坡度较缓，土壤较为肥沃，是黄土高原重要的农业生产基地。坡地生态系统包括山坡地、丘陵坡地、梁峁坡地等，坡面逐渐破碎，土壤肥力逐渐减退，有条件实行坡改梯的可建立准平地生态系统；在坡度较缓但无条件坡改梯的坡地上和坡度较陡不宜耕种的坡地上，建立坡地生态系统。（沟）谷地生态系统有多种类型，如浅沟、切沟、冲沟、平沟等，沟谷是水土流失最集中的地段，建设（沟）谷地生态系统重要的一环就是抬高局部侵蚀基准面。

三、土地生态分类的原则

科学合理的土地生态分类主要应遵循以下几个原则：

1. 可持续发展 土地是人类社会可持续发展的基础，土地为人类社会提供了一切必需的基本物质条件。因此，保证对土地生态利用的可持续性与安全性是人类社会发展的基础。生态性的土地分类系统正是为了满足这一需要而建立的。

2. 实用性与科学性相结合 土地生态系统的分类应该在指导人类改造自然的生产活动和土地生态系统的优化上具有重要的参考价值。为尽量满足当前我国土地管理工作需要、维护土地生态分类的科学性，土地生态系统分类应注意实现分类名词专一化、科学化、城乡分类一体化、部门应用统一化，从而使土地生态分类体系更加规范和完善，并尽可能与其他用地分类系统和国际惯例保持一致。

3. 遵循土地分类的基本原则和考虑现行土地管理法等其他要求 土地生态分类系统的建立要满足土地信息系统建立的需要，要考虑现代科学技术发展、土地管理现代化的要求，使土地生态分类系统与土地管理信息系统有机地结合起来。

4. 综合性 土地生态系统是一个有机综合体，由各组分要素组成的次一级系统单元也是综合的。因此，土地生态分类既要考虑土地的特点，又要考虑生态的属性，是土地属性和生态属性的综合体现。

5. 主导性 无论何种类型的土地生态系统，各要素在系统中所起的作用不同，其生态位亦有差异。因此，在土地生态分类过程中，应强调选择主导的土地生态因素，突出主导因素的作用。

四、土地生态分类与土地分类的关系

(一)土地分类的概念

土地分类是将各个个体土地单位按质地共同性或相似性做不同程度的抽象概括与归并，获得分类级别高低不同的各种土地分类单位。土地分类是土地类型调查制图的基础，可以提示土地类型的发生发展规律和各种土地类型组合的区域性差异，为分析土地类型的自然特性和组成土地类型各要素之间的联系提供依据，为土地的评价、科学的利用改造和管理提供基础。土地分类级别愈低，分类标志的共同性或相似性愈多；分类级别愈高，分类标志的共同性或相似性愈少、愈概括。土地分类包括两个方面：①同级土地类型的划分；②土地类型的分级。同级土地类型的划分和土地类型的分级结果构成土地类型的树枝状结构，即土地的分类系统。例如，中国 1：100 万土地类型图的土地分类标准采用了土地纲、土地类、土地型三级划分。

(二)土地分类系统的类型

从 20 世纪 30 年代开始，各国科学家就已着手土地类型划分的研究工作，并于四五十年代有了长足进展，六七十年代又相继出现了各种土地分类系统，如美国应用遥感资料的土地利用和地表覆盖分类系统、美国的土地潜力分类系统、联合国粮食及农业组织的土地评价系统。纵观各种土地分类系统，归纳起来大致可分为基础性分类和应用性分类两种类型。

1. 土地基础性分类系统　该系统现阶段主要指土地的自然分类，又称土地类型分类，即对土地自然地理属性的划分。它表达出地表形态的结构框架及其土地利用的总体方向，揭示土地自然类型的发生、发展和自然特性及组合分布的地域差异。其目的主要为认识、改造和利用土地及保护自然环境提供基础依据。

有关土地类型的思想源于 20 世纪 30 年代。早在 1931 年，研究现代土地分级系统的先驱，英国学者 R. Bourne 在《区域调查和大英帝国农林资源估计的关系》一文中就提出了地文区(physiographic region)、单位区(unit region)和单位点(unit site)三种等级不同的土地单位。此外，英国学者 S. W. Wooldrudge 和 J. F. Unstead 等在 30 年代初期从地形学角度划分了土地类型，并提出了土地分级的一些术语。与此同时，多数科学家把土地作为景观地理加以划分，如德国学者 S. Passarge 在其《比较景观学》(1921—1930 年)等著作中、苏联著名地理学家 J. C. Berg 在其《苏联景观地理地带》(1931 年)一书中都有比较系统的阐述，但明确提出自然土地类型概念的是美国学者 J. O. Veatch，他在《自然土地类型的概念》(1937 年)一文中认为理想的土地类型应由一切具有人类环境意义的自然要素所组成。进入 40 年代以后，土地类型研究进入了一个新的阶段，即从理论研究发展到广泛应用的时期，许多国家设立专门机构进行有计划的土地调查，并在土地调查中应用土地类型的思想和方法。

我国开始对土地类型进行科学、系统的研究是在 20 世纪 60 年代初期。直至 80 年代中期，在编制的中国 1：100 万土地类型图及其说明书中，把土地类型分为三个级别：土地纲、土地类、土地型。土地纲是分类系统中最高级分类单位，主要是按照水热条件的地域组合类型进行划分的，其主要指标是≥10°的积温、干燥度、无霜期及作物熟制(青藏高原和黄土高原主要根据地貌条件)，据此将全国分为 12 个土地纲，并用英文字母 A，B，C，…表示。土地型是从土地类划分出的第二级土地类型，是上图的基本单位。每个土地型都具有相同的土壤(土类或亚类)和植被(植被型或植被亚型)。在土地类里划分土地型的主要依据是土壤亚类、植被亚型，在山地垂直亚地带划分。土地型的代号是在土地类代号右上角用阿拉伯数字表示。

2. 土地应用性分类系统 该系统主要是为特定的土地利用和管理目的服务的，它反映与特定用途密切联系的土地自然属性和社会经济属性，目前主要有为土地评价服务的土地潜力分类系统、土地适宜性分类系统，为土地利用现状调查服务的土地利用现状分类系统，为城乡地籍管理服务的地籍分类系统等。

土地评价(land evaluation)是指以某种或某些利用类型为目的，对土地性状进行评价的过程。它的发展主要是随着资源调查、环境保护与整治、水土保持、土地利用规划、工程建设、旅游资源开发及军事目的等多项实际需要而发展的。1936年美国土壤保持局开始研究用于水土保持的土地分类，可以说是世界上第一个较为全面的土地评价体系。此后，围绕土地质量鉴定这一土地评价的核心，出现了依据土地生产潜力和土地适宜性进行判别的两种做法，相应地也就形成了土地适宜性分类(land suitability classification)和土地潜力分类(land capability classification)两种不同的土地评价分类系统。土地评价也由早期的纯自然一般目的的评价发展到现在的特殊目的的自然-社会经济属性综合性评价。

土地利用现状分类系统是以土地利用现状的地域差异规律为主要依据划分的。土地利用类型能反映人类长期利用、改造土地而形成的土地利用方式和结构，也能反映土地的用途和生产利用的差异性，预测土地利用方向，编制土地利用现状图，便于开展统计、登记工作。

全国土地利用现状分类系统于1980年初拟定，后经有关部门和专家讨论修改和各土地调查试点县的实践，全国农业区划委员会和土地资源调查专业组于1981年7月提出了《土地利用现状分类及其含义(草案)》规定全国土地利用现状采用两级分类，分为11个一级类型，48个二级类型。经随后的三年实践及更广泛征求的意见后，全国农业区划委员会和农牧渔业部于1984年7月修改和完善了《土地利用现状分类及含义》，并作为一章写进全国《土地利用现状调查技术规程》，将一级分类由11个压缩为8个，二级分类由48个减少为46个。国土资源部于2002年发布了《土地分类》方案，将土地利用现状分为三大类，即农用地、建设用地与未利用地。2017年11月1日，国土资源部组织颁布《土地利用现状分类》(GB/T 21010—2017)，以代替旧版《土地利用现状分类》(GB/T 21010—2007)，将土地分为12个一级类、72个二级类。党的十八大从新的历史起点出发，我国经济社会的不断发展和各项经济社会管理措施的进步与完善，对土地资源管理在广度、深度、精细度及生态用地保护都提出了更高的要求，土地分类作为土地资源管理的基础，也面临着新的形势和需求。据此，为了依法统一科学开展国土调查、摸清我国自然资源基础家底，我国开展了第三次全国国土调查，这是中国特色社会主义进入新时代后的一次重大国情国力调查。并且提出了最新的《第三次全国国土调查工作分类》(表2-5)。

表2-5 第三次全国国土调查工作分类与三大地类分类对应表

一级类		二级类		三大类
编码	名称	编码	名称	
		0303	红树林地	农用地
00	湿地	0304	森林沼泽	农用地
		0306	灌丛沼泽	农用地

（续）

一级类		二级类		三大类
编码	名称	编码	名称	
00	湿地	0402	沼泽草地	农用地
		0603	盐田	建设用地
		1105	沿海滩涂	未利用地
		1106	内陆滩涂	未利用地
		1108	沼泽地	未利用地
01	耕地	0101	水田	农用地
		0102	水浇地	农用地
		0103	旱地	农用地
02	种植园用地	0201	果园	农用地
		0202	茶园	农用地
		0203	橡胶园	农用地
		0204	其他园地	农用地
03	林地	0301	乔木林地	农用地
		0302	竹林地	农用地
		0305	灌木林地	农用地
		0307	其他林地	农用地
04	草地	0401	天然牧草地	农用地
		0403	人工牧草地	农用地
		0404	其他草地	未利用地
05	商业服务业用地	05H1	商业服务业设施用地	建设用地
		0508	物流仓储用地	建设用地
06	工矿用地	0601	工业用地	建设用地
		0602	采矿用地	建设用地
07	住宅用地	0701	城镇住宅用地	建设用地
		0702	农村宅基地	建设用地
08	公共管理与公共服务用地	08H1	机关团体新闻出版用地	建设用地
		08H2	科教文卫用地	建设用地
		0809	公共设施用地	建设用地
		0810	公园与绿地	建设用地
09	特殊用地	—	—	建设用地
10	交通运输用地	1001	铁路用地	建设用地
		1002	轨道交通用地	建设用地
		1003	公路用地	建设用地
		1004	城镇村道路用地	建设用地
		1005	交通服务场站用地	建设用地

（续）

一级类		二级类		三大类
编码	名称	编码	名称	
10	交通运输用地	1006	农村道路	农用地
		1007	机场用地	建设用地
		1008	港口码头用地	建设用地
		1009	管道运输用地	建设用地
11	水域及水利设施用地	1101	河流水面	未利用地
		1102	湖泊水面	未利用地
		1103	水库水面	农用地
		1104	坑塘水面	农用地
		1107	沟渠	农用地
		1109	水工建筑用地	建设用地
		1110	冰川及永久积雪	未利用地
12	其他土地	1201	空闲地	建设用地
		1202	设施农用地	农用地
		1203	田坎	农用地
		1204	盐碱地	未利用地
		1205	沙地	未利用地
		1206	裸土地	未利用地
		1207	裸岩石砾地	未利用地

资料来源：《第三次全国土地调查工作分类》和《土地利用现状分类》（GB/T 21010—2017）。

（三）土地生态分类与土地分类的相互关系

土地分类和土地生态分类都是以一定的标志为依据，对土地进行类型划分。两种分类相互联系，土地分类是土地生态分类的基础，土地生态类型必然要受土地类型本身性质的制约；土地生态分类是土地分类的进一步深化，是在土地分类的基础上，考虑生态系统结构、功能，对土地做进一步的生态类型划分。土地生态分类和土地分类在分类的对象、体系、程序和方法上都有较大的相似性。由于加入了生态系统功能和结构，土地生态分类又表现为不同于土地分类的属性，主要表现在以下几个方面：

1. 分类的目的不同　土地分类的目的一方面是揭示土地类型的发生发展规律和各种土地类型组合的区域性差异，为分析土地类型的自然特性和组成土地类型各要素之间的联系提供基础；另一方面为土地的评价、利用改造和管理提供依据。传统的土地分类的缺陷是只强调根据当前某种应用目的或土地的自然属性进行土地分类，对土地的生态特殊性考虑得不够，缺少从土地生态属性和保护土地的角度考虑。土地生态分类通过阐明各个土地系统的独特格局，以实现对土地生态系统资源管理的分类指导、分类规划、分类开发，提高土地系统的开发管理效率，以土地资源可持续开发利用为最终目的。土地科学研究自身的拓展和可持续发展理论的提出，使人们感到有必要强调对土地进行生态保护，不断完善土地生态分类系统，这有利于指导人们对土地的保护和资源的可持续利用。

2. 人及生物的因素对分类的重要性程度不同　与一般土地分类相比，土地生态分类更注重人类活动对土地生态系统的影响。它以人和生物为中心，是一种重视土地生态条件的单中心的土地分类。土地生态分类更强调人的活动、人与环境的相互作用等因素。人类活动不仅改变了土地生态系统的结构和功能，也大大地改变了土地生态系统的演替过程。作为土地生态系统的特殊生态因子，人类可以主动地适应和改造这个系统。人类活动对生态环境的影响十分明显，近几十年来由于开荒种地，大大加速了水土流失。人口增长加速了森林的砍伐，降低了森林覆盖率，水土流失加剧。随着人类对生态环境认识的提高，通过修建梯田、植树种草，改变土地生态系统的结构，改善区域生态环境，又大大减少了水土流失。

3. 分类所选的因子不同　土地分类所选因子主要包括土壤、植被、地质、水文、气候等自然要素和社会经济因素，是多中心分类，难以突出土地生态系统特征。土地生态分类的研究对象包括土地的自然属性，更强调土地的生态属性。土地生态分类所选因子不但包括土壤、植被、地质、地形地貌等自然因素，而且强调生物与环境的相互作用，重视土地的生态条件，是选用土地的生态指标作为分类依据的单中心的土地分类。土地生态分类要求在多中心的一般土地分类的基础上，强调土地生态类型，增选土地生态指标作为分类依据，强调人类经济活动带来的生态后果对于土地生态管理、土地生态评价、土地生态规划设计和土地生态建设的意义。

4. 土地生态分类更注重与环境及生物的联系　在一般土地分类研究中，大多比较关注不同因素在分类框架中的作用，而很少注意到不同要素在同一个单元中的相互关系。土地生态分类则更强调分类要素之间的相互作用，更注重土地分类单元与人和生物等有机体及周围环境的生态联系。

应当指出，目前关于土地生态分类的研究尚未成熟，土地生态分类与一般土地分类的内涵及外延也缺乏明确的界定。从广义上讲，土地利用现状分类也可称为土地生态分类，土地分类也很难完全排除在土地生态分类之外。因为正如第一章所述，土地本身就是一个生态系统，有关这些分类的严格区分尚待进一步开发研究。

五、土地生态分类与景观生态分类的关系

1. 景观生态分类的概念　景观生态学以人与地表景观作用为基本出发点，研究景观生态的结构、功能及变化规律。景观生态系统是由多种要素相互关联、相互制约构成的，具有有序内部结构的复杂四维地域综合体。不同系统类型具有相异的内部结构和功能。分类是景观结构与功能研究的基础，又是景观生态规划、评价管理等应用研究的前提条件，是景观生态学理论与应用研究的纽带。

景观生态分类主要从生态学的角度，采用生态学的方法对景观进行分类研究，以期为该地区生态环境的改善、自然资源的综合利用、经济的可持续发展提供科学依据。景观生态分类实际上是从功能着眼，从结构着手，对景观生态系统类型进行划分，全面反映一定区域景观空间的分异和组织关联，揭示其空间与生态功能特征，并以此作为景观生态评价和规划管理的基础。景观生态分类的目的和特点就在于综合反映景观的发生和形态两方面的特征。在单元确定中，以功能关联为基础；在类群归并中，以空间形态为指标。

景观生态分类不仅强调土地水平方向上的空间异质性，还力图综合景观单元的过程关联

和功能统一性。景观生态分类包括结构性分类和功能性分类。结构性分类是景观生态分类的主体部分，包括系统单元个体的确定、类型的划分和等级体系的建立，是以景观生态系统的固有结构特征为主要依据，这里结构的含义不只包括空间形态，也包括其发生特征。结构性分类更侧重于系统内部特征性分析，其主要目标是揭示景观生态系统的内在规律和特征。景观生态系统的功能都不是单一的，但却往往具有一个基本体现其自身整体结构特征的主要功能，这是功能性分类的基本立足点。功能性分类主要是划分出景观生态系统的基本功能类型，归并所有单元于各种功能类型中，分类体系是单层次的。景观生态分类体系建立易采取功能性和结构性列制。

2. 景观生态分类的研究进展　景观生态学起源于中欧，早在 1939 年，德国的特罗尔在东非利用航空照片对景观进行解释，创造了"景观生态学"这一术语。但由于当时理论与研究方法还不健全，景观生态学的实际意义也不突出，景观生态学发展比较缓慢。直到工业化带来的人口、资源、环境等问题日趋严重，计算技术及系统思想日趋成熟后，景观生态学才由萧条走向复兴。1981 年在荷兰召开了第一届景观生态学会议，出版了《景观生态学前景论文集》(*Perspective in Landscape Ecology*)，促使景观生态学迅猛发展。景观生态分类是在 20 世纪 70 年代才被提出并发展起来的，其主要特点是在景观法中叠加了发生法的优点。爱兰博格(Ellenberg)(1973 年)建立了景观生态系统的分类，将生物圈作为最大的功能单元，根据 6 个主要的功能标准进一步将生物圈进行划分。他以太阳能作为能源划分自然或近自然的生态系统，以化石能或原子能作为能源划分人造的城市工业生态系统。纳沃(Nven)(1980 年)进一步根据能量、物质和信息从生态系统的输入对景观生态区进行分类，他把能量分为太阳能和化石能，将物质分为自然有机物和人造事物，把信息分为生物-自然信息、自然控制及文化信息、人为控制信息。他根据这些指标划分了自然景观、半自然景观、半农业景观、农业景观、乡村景观、半城市景观及城市工业景观。显然，把能量、物质和信息作为景观生态分类依据，是把握了分类最本质的东西，把景观生态学推向一个更高的水平。英国、澳大利亚等国的土地综合调查和加拿大的生态土地分类在很大程度上已具备了这种特点。

我国的景观生态分类研究起步较晚，尚处于借鉴国外研究思路阶段，根据我国具体实际设计分类体系，对个别区域进行景观生态分类研究。阎传海、宋永昌以地貌和基质为基本线索、以植被为标志，建立山东南部的景观生态分类系统，根据景观生态要素的研究结果，将山东南部的景观划分为稀疏植被景观、常绿针叶林景观、落叶阔叶林景观、旱地作物景观、水旱轮作景观、盐生植被景观、湖泊景观 7 个景观型和 17 个景观亚型。该景观生态分类有二级划分：第一级称为景观型，根据植被（植被型或栽培植被型）划分；第二级称为景观亚型，根据地貌、植被（群系组或栽培植被组合）划分。景观生态分类是土地分类的深化，也是新兴生态研究的组成部分，无论是基础理论、方法，还是应用方面，都有待于进一步地完善。首要的问题是确定分类中应共同遵守的原则、使用的术语及通用方法，构筑一个既符合逻辑又符合要求的景观分类体系。

(三)土地生态分类与景观生态分类的关系

土地生态分类和景观生态分类在指导思想和基本原则上有相似之处，但两者也存在重要差别。与土地生态分类相比，景观生态分类有以下几方面特点：

1. 景观生态分类更强调系统的空间特征与空间分异　景观生态分类揭示其空间与生态

功能特征，强调体现景观生态系统的空间分异和空间组合。景观生态分类是根据土地空间形态相似相异性进行土地类型划分，强调同一类型内部特征的均质性和不同类型之间的异质性，即景观的一致性和差异性，在一定程度上还原了"景观"一词的原始意义。土地生态分类则更强调土地生态功能性分类，主要是区分出土地生态系统的基本功能类型，归并所有单元于各种功能类型之中。景观生态学中将景观视为异质地表的镶嵌体，而土地的概念则不突出区别同质地表和异质地表，同质地表和异质地表都叫土地，从这个意义上说，土地生态系统的概念要比景观生态系统的概念广得多。

2. 景观生态分类更注重遥感图像的分类手段　景观生态分类对空间分异和空间特征形态的强调使得遥感图像成为景观生态分类中最为重要甚至是不可缺少的手段。遥感影像图上的色彩、色阶、图式及组合结构等，能够给研究者提供直观的土地单元及其镶嵌的完整空间概念，尤其适合于土地单元边界的确定。遥感图像也是土地生态分类的重要手段，但由于土地生态分类更强调系统的功能特性，遥感图像难以完成土地生态分类全过程。

3. 景观生态类型边界更趋模糊性　地球表面或其特定区域都是由各级各类景观单元组成的镶嵌体，景观的生态过程一般是连续的，生态要素往往是渐变的。景观生态分类所面对的客体在地表往往是连续的，边界通常是模糊渐变的。因此，景观生态类型只是相对独立地存在，通常具有模糊性和过渡性的特点，对景观生态类型空间范围的界定是景观生态分类的主要内容之一。

4. 景观生态分类更强调地理空间的相邻性　景观生态分类要求在分类时，除最低一级是同质的自然体外，其上的分类是采取邻近相似自然体逐渐合并的方式，强调合并单元空间地理位置的相邻性，分类单位每上升一级，意味着划分的地域单元逐步扩大。土地生态分类重点考虑土地功能属性的类似性，较少考虑地理空间的相邻性，例如，将油松林地和红松林地合并为针叶林土地生态系统，而不管它们在地理上是否相邻。

5. 分类途径不完全相同　土地生态分类按土地固有性质（如气候、土壤、地形和植被及它们的综合）和土地生态功能进行分类，属于土地生态属性分类途径；景观生态分类按照景观的镶嵌特性，采取邻近单元逐渐合并的方式进行分类，属于景观途径分类。

六、土地生态分类与生态系统服务功能的关系

土地生态系统服务功能分类虽然不能等同于生态系统服务功能分类，但是两者的联系是十分紧密的。因此，首先要从生态系统服务功能的概念和分类来理解土地生态系统服务功能分类。

1. 生态系统服务功能的概念　1970 年，国际环境问题研究组（Study of Critical Environmental Problems，SCEP）在《人类对全球环境的影响报告》（*Man's Impact on the Global Environment*）首次提出了生态系统服务功能的"service"一词，并列出了自然生态系统对人类的"环境服务"功能，包括虫害控制、昆虫传粉、渔业、土壤形成、水土保持、气候调节、洪水控制①。这是生态系统服务功能研究的里程碑，标志着生态系统服务功能研究的开端。因此，后来就出现了生态服务功能和生态系统服务功能的概念。

---

① STUDY OF CRITICAL ENVIRONMENTAL PROBLEMS(SCEP)，1970. Man's impact on the global environment [M]. Cambridge：MIT Press.

1997 年，Daily 在其主编的 *Nature's Services：Societal Dependence on Natural Ecosystems* 一书中对生态系统服务功能进行了界定，他提出"生态系统服务是自然生态系统及其物种所提供的能够满足和维持人类生活需要的条件和过程"[①]；认为它不仅为人类提供了食品、医药及其他生产生活资料，还创造与维持了地球生命保障系统，形成了人类生存所必需的环境条件。这一概念是目前被普遍认可的概念。

随着我国对生态系统认识的加深，"生态系统服务功能"一词逐渐为人们所公认和使用。国内学者欧阳志云等认为"生态系统服务功能是指生态系统与生态过程形成和维持的人类赖以生存的自然环境条件与效用"。谢高地等提出"生态系统服务是指生态系统与生态过程形成和维持的人类赖以生存的自然效用"。

2. 生态系统服务功能的分类　从现有的生态系统服务功能的研究成果来看，几乎每个研究都根据研究区域的生态系统状况、数据的可获性及其他因素对生态系统服务进行分类。有诸多国内外学者对生态系统服务的分类进行了探索，早期权威的分类系统是由 Daily 和 Constanza 等完成的，前者将生态系统服务归为 13 类，而后者则分为 17 类。其他分类方案具有代表性的如 De Groot、Marta Pérez-Soba 等和 Helming 等的分类方案。这些分类系统成为 20 世纪末和 21 世纪初生态系统服务价值评估的重要依据。

目前，应用最为广泛的是联合国环境规划署(UNEP)发起的"千年生态系统评估"(Millennium Ecosystem Assessment，MA)中提出的"生态系统服务"的分类[②]。该分类被科学界、联合国粮食及农业组织、联合国环境规划署、联合国欧洲经济委员会、美国农林服务部门广泛运用。《生物多样性公约》的科学、工艺和技术咨询附属机构一直声明，其一些文件所使用的包括生态系统服务在内的术语与千年生态系统评估是一致的。生态系统服务功能的分类方法很多，如联合国发布了 SEEA(System of Environmental-Economic Accounting)分类系统，欧洲环境署发布了 CICES (The Common International Classification of Ecosystem Services)分类系统，联合国环境保护署发布了 FEGS-CS(Final Ecosystem Goods and Services Classification System)分类系统。其中，SEER、CICES 分类系统与 MA 分类系统秉承了相似的分类基础；而 FEGS-CS 分类系统则注重对生态系统提供的终端产品与服务的剥离与解析，突出厘清终端服务与受益者的关系。目前最新的并且得到国际广泛认可的生态系统服务功能分类方法，是由 MA 工作组提出分类方法。

MA 生态系统服务功能分类系统将生态系统主要服务功能类型归纳为供给服务(provisioning services)、调节服务(regulating services)、文化服务(cultural services)和支持服务(supporting services)四大功能组(表 2-6)。

3. 土地生态分类与生态系统服务功能的关系　土地生态系统是一个综合的功能整体，土地利用的可持续性是其功能目标。土地的这些功能并不是独立的，其社会、经济与环境功能往往交织在一起，这使土地具有多功能性。土地生态系统是社会与自然相互作用的复杂产物，对生态系统服务的研究经历了不同的阶段：从强调自然生态研究，发展到将自然生态的概念与理念引入到社会生态研究，再发展到强调自然与社会相互作用的整合型生态系统研

---

① DAILY G C，1997. Nature's services：societal dependence on natural ecosystems [M]. Washington：Island Press.

② MILLENNIUM ECOSYSTEM ASSESSMENT(MA)，2005. Ecosystems and human well-being：a framework for assessment [M]. Washington：Island Press：57.

究。反映到对土地生态系统服务的研究方面，单方面的生态系统服务功能或价值评估是孤立的，虽能一定程度反映社会受益者的支付意愿，但仍无法充分地揭示其与社会生态系统之间的内在联系。因此，有必要建立反映二者之间内在关联的理论与方法体系，揭示土地生态系统服务价值与社会景观的关系，为国土空间规划与社会可持续发展管理提供依据；并通过对地区个案的研究，提取不同类型生态系统服务价值评估的方法体系（参数体系），解读自然生态系统服务价值空间格局及其演进与社会景观变迁的内在联系，进而丰富区域土地生态系统服务研究的理论与方法体系。

表 2-6 生态系统服务功能的分类①

生产功能	调节功能	文化功能	支持功能
·食物	·气候调节	·精神和宗教	·土壤形成
·淡水	·疾病调节	·休闲与生态旅游	·营养循环
·燃料	·水文调节	·美学价值	·初级生产
·纤维	·水质净化	·激励功能	
·生化物质	·授粉	·教育功能	
·基因资源		·社会功能	
		·文化继承	

➤ 生产功能（provisioning services）：生态系统生产或提供产品（显形产品）的功能。

➤ 调节功能（regulating services）：生态系统调节人类生态环境的功能。

➤ 文化功能（cultural services）：人们通过精神感受、知识获取、主观印象、消遣娱乐和美学体验从生态系统中获得的非物质利益。

➤ 支持功能（supporting services）：提供保证其他所有生态系统服务功能正常发挥的必需基础功能。

第三节 土地生态系统分类

根据上一节的土地生态分类基础介绍，这一节将针对上节中土地生态分类与土地利用分类、景观生态分类、生态系统服务功能分类等的关系，进一步探讨目前学术界常见的几种不同分类标准下的土地生态系统分类，主要包括以土地利用现状为基础的土地生态分类、土地生态景观分类、按人类介入土地生态系统程度的分类、以生态系统服务功能为基础的分类、按土地生态承载力进行分类等。下面从这五个类型的分类进行详细的介绍。

一、以土地利用现状为基础的土地生态分类

为便于与目前我国的土地利用现状分类接轨，有利于把土地生态用地调查纳入我国土地资源调查工作中，以第三次全国国土调查的土地利用现状分类为基础进行土地生态分类。目前，第三次全国国土调查的土地利用现状分类系统如表 2-5 所示。

以第三次全国国土调查的土地利用现状分类为基础，可以把土地生态系统分为农用地生

---

① MILLENNIUM ECOSYSTEM ASSESSMENT(MA)，2005. Ecosystems and human well-being: a framework for assessment [M]. Washington: Island Press.

态系统、建设用地生态系统和未利用地生态系统，具体可进一步细分为如表 2-7 所示的土地生态分类系统。本教材后面各章均以这一土地生态分类系统为基础。

表 2-7　以土地利用现状为基础的土地生态分类系统

三大类	一级地类	二级地类
农用地生态系统	耕地生态系统	水田生态系统
		水浇地生态系统
		旱地生态系统
	园地生态系统	果园生态系统
		茶园生态系统
		橡胶园生态系统
		其他园地生态系统
	林地生态系统	乔木林地生态系统
		竹林生态系统
		灌木林地生态系统
		其他林地生态系统
	草地生态系统	天然牧草地生态系统
		人工牧草地生态系统
	交通用地生态系统	农村道路生态系统
	水域及水利设施用地生态系统	水库水面生态系统
		坑塘水面生态系统
		沟渠生态系统
	其他农用地生态系统	设施农用地生态系统
		田坎生态系统
	湿地生态系统	红树林地生态系统
		森林沼泽生态系统
		灌丛沼泽生态系统
		沼泽草地生态系统
建设用地生态系统	商服用地生态系统	商业服务业设施用地生态系统
		物流仓储用地生态系统
	工矿用地生态系统	工业用地生态系统
		采矿用地生态系统
	住宅用地生态系统	城镇住宅用地生态系统
		农村宅基地生态系统
	公共管理与公共服务用地生态系统	机关团体新闻出版用地生态系统
		科教文卫用地生态系统
		公共设施用地生态系统
		公园与绿地生态系统
	特殊用地生态系统	

（续）

三大类	一级地类	二级地类
建设用地生态系统	交通运输用地生态系统	铁路用地生态系统
		轨道交通用地生态系统
		公路用地生态系统
		城镇村道路用地生态系统
		交通服务场站用地生态系统
		机场用地生态系统
		港口码头用地生态系统
		管道运输用地生态系统
	水域及水利设施用地生态系统	水工建筑用地生态系统
	其他建设用地生态系统	空闲地生态系统
	湿地生态系统	盐田生态系统
未利用地生态系统	草地生态系统	其他草地生态系统
	水域及水利设施用地生态系统	河流水面生态系统
		湖泊水面生态系统
		冰川及永久积雪生态系统
	其他未利用地生态系统	盐碱地生态系统
		沙地生态系统
		裸地生态系统
		裸岩石砾地生态系统
	湿地生态系统	沿海滩涂生态系统
		内陆滩涂生态系统
		沼泽地生态系统

1. 农用地生态系统　农用地生态系统是人类在土地这个自然历史综合体中，利用其生物和非生物成分，通过劳动，促进、调整和控制人与自然之间物质交换过程，从而达到一定的经济目的的生态系统。在土地上从事农林牧渔业生产，一方面就是为了使农用地生态系统生产出更多更好的农副产品，满足人类日益增长的需要；另一方面是要因地制宜整治生态循环，不断调整其结构和功能，建立适合于人类需要的生态系统，这两方面是一致的。我国土地辽阔，地貌类型多样，地区间自然环境、地理位置及气候条件的差异较大，生物种类也各不相同。根据这些差异，可以将农用地生态系统进一步分为耕地生态系统、园地生态系统、林地生态系统、草地生态系统、水域及水利设施用地生态系统等。农用地生态系统中的耕地、园地、林地、草地等均属于生态用地。

2. 建设用地生态系统　建设用地生态系统是指人类聚居地的环境与人类、动植物相互作用而形成的生态系统。建设用地生态系统是人工生态系统，相对自然生态系统更具脆弱性和不稳定性。按照建设用地聚居规模，建设用地生态系统可以分为商服用地生态系统、工矿用地生态系统、住宅用地生态系统、公共管理与公共服务用地生态系统、特殊用地生态系统、交通运输用地生态系统、水域及水利设施用地生态系统(水工建筑用地生态系统)、其他建设用地生态系统(空闲地生态系统)、湿地生态系统(盐田生态系统)等。人类生态演替过程大致可以分为三个阶段,即主要靠自然生态系统谋生的游牧生活阶段、主要靠农田生态系统谋生的田园生活阶段及主要靠城市生态系统谋生的工业化、城市化阶段。研究包括人在内的生物与其周围环境之间相互关系的生态科学,正逐渐从以自然生态研究为中心,转向以人类活动为中心,特别是研究占世界人口 56% 和辅助能源消耗超过 80% 的城市区域。城市用地生态系统是一个物质和能量集聚、人类活动密集、环境变化剧烈的区域,已成为当今生态科学研究的重要对象。乡村聚居土地生态系统在某种程度上是简化了的城市用地生态系统,与城市用地生态系统具有许多相似的组分及能量、物质流动过程。建设用地生态系统中的城镇和农村居民点绿化用地、道路绿化用地、水域、污染物处理用地等改善生态环境的用地属于建设用地生态系统中的生态用地。

3. 未利用地生态系统 未利用地生态系统是指人类未曾开发利用土地构成的生态系统,它基本上是一个纯天然的生态系统。绝对意义上未开发利用的土地是几乎没有的,或多或少会受到人类活动的影响。从全球角度看,像地球南极地带就是典型的未利用地生态系统。从一个区域看,人类未曾开垦的土地都属于未利用地生态系统,如原始森林地带、荒山荒坡区、天然湿地等。自然保护区划分是人类有意识地保护自然生态环境的一种重要活动,目的是尽可能不让人类去干扰生态环境。它是指一定的自然地理景观或典型的自然生态类型地区划出一定的范围,把相应受国家保护的自然资源,特别是珍贵稀有濒于灭绝的动物、植物,以及代表不同自然带的自然环境和生态系统保护起来。从这个意义上讲,可认为自然保护区用地生态系统是未利用地生态系统的重要组成部分。

二、土地生态景观分类

1. 土地生态景观分类的概念 以景观为分类标志,按照土地镶嵌的特性,采取邻近单元逐渐合并的方式进行土地生态系统分类,称为土地生态景观分类。土地生态景观分类不仅强调同一土地生态类型内部特征的均质性,还强调不同类型之间的异质性和土地水平方向上的空间异质性。

土地生态景观分类强调从景观的不同要素研究土地生态系统构成、相互作用和变化,把景观的思想落实到大小不同的土地生态单元上,进而开辟了土地生态分类的新途径。这种途径有助于研究不同土地生态单元的结构和格局,阐明各土地生态单元的相互关系,并进一步探讨各土地生态单元共同存在的原则。土地生态景观分类是土地资源调查和规划设计管理的重要工具,土地生态景观分类的不断完善有力地促进了土地资源的调查研究工作和土地资源的可持续利用。近年来出现的流域治理和生态经济沟等概念,充分说明了将一个流域作为一个单位,对分水岭、坡面和沟谷进行综合的规划治理,能充分提高整体的生态和经济效益。而一个流域实质上就是土地生态景观分类系统的一个重要子系统。另外,土地生态景观分类对于景观管理也有重要意义。

2. 土地生态景观分类的特点 土地生态景观分类可以从四个方面进行:空间形态、空间异质组合、发生过程、生态功能。土地生态景观系统的整体综合属性能够通过这四个方面的各种指标综合反映。其中,前两个方面具备直观性和易确定性,可以直接观察,分类上优越性很强。发生和功能方面的特征具有抽象和推断意义,主要反映系统的内在属性,难以直接观察,通常是通过对形态和空间异质关联观察基础上演绎而出的。土地生态景观分类的特点是结合了景观法分类和发生法分类的优点，综合地体现土地生态景观系统的形态、空间组合、发生及功能等多方面特征，具有更高层次意义。

土地生态景观分类有如下具体特点：①随着土地生态分类等级的提高，划分的土地生态单元在面积上是逐步扩大的；②不同的土地生态分类等级与制图比例尺是联系的，高的分类等级采用小比例尺，低的分类等级采用大比例尺；③ 除最低级的土地单元是同质生态系统，其他各级均是不同土地生态系统的镶嵌体，代表着一种特定的格局；④将上一级土地生态单元划分为下一级土地生态单元时，是将一个土地生态系统分为几个土地生态系统；⑤土地空间形态在土地生态景观分类中起的作用最大，因为不同的土地形态最可能代表特定的格局；⑥一般广泛利用航空照片和卫星影像判读来取得土地生态景观分类的地理信息和制图。

除处理的尺度上有一定程度的区别外，土地生态景观分类与土地自然区划在性质上是很接近的。综合自然区划是由上到下的区分或由下到上的合并，土地生态系统按景观途径分类也是如此。自然区划的区域共轭性原则在土地生态景观分类上也得到了体现。土地生态景观分类包括相对一致性和异质镶嵌性两个方面，将下一级的两个单元合并为上一级的一个单元，必然要使上一级这一单元具有镶嵌体的特点。但从某些方面来看，既然把这两个单元合并为上一级的一个单元，二者必然有相对一致性的方面。可见土地生态按景观途径的分类在某种程度上是土地自然区划分类，包括生态系统规律性分布、镶嵌性和连续性等特点。

3. 土地生态景观分类的程序　根据景观的特性，土地生态景观分类体系与指标选取宜采用功能与结构系列制。功能性分类是根据土地生态景观系统类型的整体性特征，主要是景观和生态功能属性来划分归并单元类群，同时要考虑人的主导作用和应用方面的意义。这里的功能至少应包括两个方面的内容：①不同土地生态景观类型单元间的空间关联与耦合，组成更高层次地域综合体的特征；②系统单元针对人类社会的服务能力。相对于功能性分类，结构性分类更侧重于系统内部特征性分析，其主要目标是揭示土地生态景观系统的内在规律和特征。在体系构成方面，功能性分类主要是区分出土地生态景观系统的基本功能类型，归并所有单元于土地生态功能类型中。

以景观为标志的土地生态分类一般可以从两个方面入手，即自上而下的划分和自下而上的组合。在土地生态单元既定的分类中，如果所采用的指标相同，无论是采用划分还是组合，结果应是一致的，两种方式可以分别或结合使用。具体的土地生态景观分类一般包括三个步骤：

第一步：根据遥感影像(航卫片)解译，结合地形图和其他图形文字资料，加上野外调查成果，选取并确定区域土地生态景观分类的主导要素和依据，初步确定土地生态景观单元范围及类型，构建初步的分类体系。

第二步：详细分析各类土地生态景观单元的定性和定量指标，表列各种特征。通过聚类分析确定分类结果，逻辑序化分类体系。

第三步：依据类型单元指标，经由判别分析，确定不同土地景观单元的功能归属，作为功能分类结果。

前两步是结构性分类，第三步属于功能性分类。初始分类的主要指标是：①地貌形态及其界线；②地表覆被状况，包括植被和土地利用状况等。地貌形态是土地生态景观系统空间结构的基础，是个体单元独立分异的主要标志。地表覆被状况则间接代表土地生态景观系统的内在整体功能。两者均具直观特点，可以间接甚至直接体现土地生态景观系统的内在特性，具有综合指标意义。区域不同，土地生态景观系统的单元分异要素就不同，类型特征指标中选择的内容就应有所区别，一般包括地形、海拔高度、坡向、坡度、坡形、地表物质、构造基础、pH、土层厚度、有机质含量、侵蚀程度、植被类型及其覆盖率、土壤主要营养成分含量及管理集约度等。

4. 土地生态景观的基本类型　地球表层生态圈、区域生态综合体是具有不同功能类型的土地生态景观系统的空间镶嵌体，其整体功能是各类土地生态单元异质功能的耦合。在景观尺度上，每一个独立的土地生态系统可看作是一个宽广的镶嵌体，生态学对象如动物、植物、生物量、热能、水和矿质营养等在景观单元间是异质分布的。景观单元的大小、形状、数目、类型和结构方面又是反复变化的，决定这些空间分布的是景观的结构。土地生态景观类型是从景观相互关联的角度出发，对土地生态系统功能分异的识别。

从生产和消费的角度出发，土地生态景观具有生产性、保护性及消费性三种基本功能。人类社会对土地生态景观系统的基本要求是尽可能多地输出产品，土地景观生物生产功能被认为是最重要的功能类型。一定的生产功能的维持是土地生态景观系统自组织调节及其与环境平衡调节的结果，这种调节的作用即为土地生态景观系统的保护性功能。生产性功能与保护性功能相互制约又相互作用。城镇居民点是人类的聚集之所，是各种生物产品的集中消费地，另外还需其他土地生态景观系统提供良好的生态环境，表现出对生物生产和保护性功能的消费过程，具有消费性功能。生产性、保护性及消费性功能在区域土地生态系统的整体特征中所起作用是不同的，但在系统整体平衡中却是同等重要和不可替代的。就农用地而言，生产性功能是主导，保护性功能是基础，消费性功能则具有对前两种功能的调节强化作用。因此，可以以景观功能为分类标志，将土地生态景观系统划分为：生产型土地生态景观系统、消费型土地生态景观系统、保护型土地生态景观系统、调和型土地生态景观系统四种类型。几种功能并重的土地生态系统称为调和型土地生态景观系统。农用地、人工管理的具有经济开发意义的林地与草地是具有生产性功能的土地生态景观系统；自然林地、草地及其他原始自然景观是典型的保护型土地生态景观系统；城镇、居民点及工矿用地等人工建筑物，是消费型土地生态景观系统。

以人类社会的功能需求为立足点，土地生态景观系统可以划分为城镇居住与工矿生态景观系统、农业用地生态景观系统、自然保护区生态景观系统三大类。各类土地生态景观系统的功能特征可以概括为：文化支持功能、生物生产功能及环境服务功能。文化支持功能主要体现在城镇工矿用地生态景观系统中，是各种人类要素的再生场所，依靠来自农业方面的食物、纤维、木材等的供应，也离不开自然保护区生态景观系统中的纯洁空气、水及矿物质的供应，不具备自维持能力，是人类建成并支持的系统，受到人的直接支配。生物生产功能主要体现在各种农业用地生态景观系统中，如农地、经济林地、牧草地、养殖水面等，是人类生物产品的源地，主要依靠自然保护区生态景观系统的矿物质、水、气候的供应，也要使用来自城镇工矿景观中的技术、农药、化肥、除草剂、市场服务等，具有一定的自维持能力，是受自然调节的半自然半人文土地生态系统。自然保护区生态景观系统体现着环境服务功能，包括环境调节和环境资源供应两个方面，是保持地球表层生态圈和区域生态系统整体协调稳定的不可缺少的组成部分，表现为不受人类控制调节的自维持系统。三大功能的异质与相互关联是土地生态景观整体性的基础，能够体现不同类土地生态景观系统的空间镶嵌关联特征，是构成协调稳定地表生态圈和区域土地生态系统的前提条件。

人为干扰作用是巨大的，且在各地分布不均匀，如农业、筑路、建房等干扰都集中在不同的景观中。以人为干扰程度为标志，土地生态景观系统可以分为：①天然土地生态景观系统。指天然产生的植被、没有或极少有人类活动介入的土地生态景观系统。②管理土地生态景观系统。该地区已有人定居，并对当地的天然植被(天然林、草地等)用地进行管理和利用，也可能有部分人为开垦土地。③农地生态景观系统。以农用土地景观为主，也有一部分其他用地的土地生态景观系统。④城郊用地生态系统。除栽培植被用地外，城市居民聚居普遍，是一种由农地、城市用地和栽培植被用地组成的土地生态景观系统。⑤城市用地生态景观系统。这是城市化和工业化本底中存在的不多的栽培植被用地，是高度集约、高度脆弱和不稳定的土地生态景观系统。

三、按人类介入土地生态系统的程度进行分类

人类对土地生态系统的入侵程度或改造程度在不同的土地类型上有不同的表现。按人类入侵的程度，土地生态系统可以依次分为：未利用地生态系统、自然保护区用地生态系统、休养与休闲用地生态系统、农业用地生态系统、居住与工矿用地生态系统、损毁与污染地生态系统六类。人类对六类土地生态系统的破坏程度在不断增强，合理利用和保护土地所采取的措施也就不尽相同。根据以上分类标准，可以把六大土地生态系统类型再分为若干个不同的土地生态系统(表2-8)。针对不同的土地生态类型及其生态特性，采取不同的利用与保护措施。

表2-8　以人类入侵程度为标志的土地生态分类

土地生态系统类型	土地生态亚系统	土地生态系统特性	利用与保护
未利用地生态系统	天然森林 天然草地 天然湿地 天然水域 荒漠 沙漠 冰川与永久积雪 沼泽地	指尚未受到人类影响或受其影响较小的土地生态类型。土地生态系统尚处于天然状态，具有天然生态功能	保护和护理，尽量少利用；利用中要减少人类对自然生态系统的入侵；对入侵造成的破坏要及时进行补偿，对生态脆弱区要进行保护与改善
自然保护区生态系统	自然土地 动植物保护用地 水源保护用地 独特意义土地	指为了自然保护的目的，把包含保护对象的一定面积的陆地和水域或水体划分出来，进行特殊保护和管理的区域	土地保护与护理
休养与休闲用地生态系统	风景区、郊游用地 疗养用地 野外体育用地 生态、观光农业用地 城市绿地	指为维护和促进人类身体健康，维护和合理利用自然景观，在适宜的地区建立休养区	护理与塑造

（续）

土地生态系统类型	土地生态亚系统	土地生态系统特性	利用与保护
农业用地 生态系统	耕地 林地 园地 草地 水产养殖用地	本身具有生态功效	生态建设与塑造、土地整理
居住与工矿用 地生态系统	居住建筑用地 独立工矿用地 交通用地 水库 其他人工建筑物	人为属性极大增强，生态属 性减弱(水库用地除外)	生态建设、塑造与重建
损毁与污染地 生态系统	各种废弃地 水土流失地 盐碱地、污染地 板结地、垃圾地	土地生态属性遭到破坏	生态恢复与重建

四、以生态系统服务功能为基础的分类

生态系统服务功能的分类是研究区域生态系统服务价值及其评估的基础和前提。按照前述生态系统服务功能的分类，本书以生态系统服务功能为基础的土地生态系统分类包括栖息地功能的分类、环境功能的分类、文化和社会功能的分类等。

(一)栖息地功能下的土地生态系统分类

栖息地功能下的土地生态系统主要是为野生动植物提供的栖息地，土地生态系统类型包括湿地生境、林地生境、农田生境和城镇生境。其中，湿地生境和林地生境是野生动植物典型的栖息地，尤其是沿江沿海湿地。

1. 湿地生境　湿地被称为"地球之肾"，同时也是多功能并具有生物多样性的生态系统。湿地具有涵养水源、保持水土、净化空气、调节气候等重要功能，在调节局部气温、增加局部地区的空气湿度、降低大气含尘量中也扮演着不可或缺的角色，影响着地区的气候和环境变化。在河流汛期的时候，河流中的水源便有一部分被湿地吸纳，起到调节洪水的作用。而在旱季，湿地中的水资源便会补给河流，使河流的水量增加，避免了河流干涸导致的各种生态问题，湿地可以说是一个天然的蓄水池。截至目前，中国的湿地面积约为5 360.26 万 hm²，约占我国国土面积的 5.58%，约占世界湿地面积的 10%。其中青海省、黑龙江省、西藏自治区和内蒙古自治区湿地面积占我国湿地面积的 50%，广阔的湿地为众多生物提供了广阔的栖息地。但近几年来，大面积的湿地被用于城市建设，城市和农村的生活污水、工业废水未经处理排到湿地，对湿地环境造成了极大的污染。因此，湿地的保护工作迫在眉睫。

2. 林地生境　林地作为重要的自然资源和战略资源，是森林赖以生存和发展的根基，是生物多样性保护的物质基础，是林业发展和生态建设的载体。现阶段，人类过度消耗资源对生态环境的影响正在逐步恶化，全球范围内都出现了较为严重的气候问题，而做好林地生态保护工作，则能够有效改善全球气候条件，为人类提供一个良好的生存空间。其次，从国家角度来说，林地是我国经济发展的重点，具有较高的生态及社会价值，对于我国林业发展、国土生态安全等多方面都具有良好的保障作用。因此，相关部门应采取措施增加森林覆盖面积，做好林地保护工作，加快形成一个崭新的、完善的林地管理系统。而从区域层面来看，林地对促进区域发展和生态稳定等方面都有着基础性的保障作用，保护好林地对确保未来此地区生态安全及经济发展都至关重要。

3. 农田生境　农田生态系统提供了粮食供给、气候调节、水源涵养、土壤形成与保护、生物多样性保护和娱乐文化等生态系统服务，是全球最重要的生态系统之一。高强度的农业生产也给生态环境带来诸多负面影响，过多化肥施用导致过量的面源污染排放，进而加剧地表水体富营养化风险，同时稻田也是大气 CH_4 和 N_2O 重要排放源之一。2016 年，国土资源部公布中国耕地总面积占国土面积的 14.1%，其中中低产田占耕地面积的 67%；全国第一次污染源调查显示，来自农田面源污染的总氮、总磷分别占对应总排放量的 57.2% 和 67.4%。有研究表明，全球农田生态系统固碳潜力为 0.4～0.9 Pg/年（以 C 计），但我国仅为 182.1 Tg/年（以 C 计）。面对农田生态系统提供的多项生态系统服务及其环境负面效应，如何权衡与优化农田生态系统服务是农业可持续发展面临的重要问题之一。

4. 城镇生境　城镇生态系统是以人为中心的自然、经济与社会复合人工生态系统，具有发展快、能量及水等资源利用率低、区域性强、人为因素多等特征。作为开放系统，城镇生态系统具有外部与内部两大功能。外部功能是联系其他生态系统，根据系统内部需求不断从外系统输入物质、能量，以保证系统内能量、物质流动正常运转与平衡；内部功能是维持系统内部物流与能流循环和畅通，并将信息不断反馈以调节外部功能，同时把系统内剩余的物质与能量输出到其他环境中去。城镇生态系统通过生产、能量流动、物质循环和信息传递等过程，满足居民生产、生活需求。目前较为一致的看法是，城镇生态系统的生物亚系统具有净化空气、调节小气候、降噪、调节降雨与径流、处理废水和文化娱乐价值等 6 种生态服务功能，如植物有防治大气污染、净化空气功能。

（二）环境功能下的土地生态系统分类

土地生态系统的环境功能主要表现为水土保持、水源涵养、土壤改良、气候调节、能量平衡等方面。

1. 水土保持　水土保持功能是指水土保持设施、地貌植被所发挥或蕴藏的有利于保护水土资源、防灾减灾、改善生态、促进社会进步等方面的作用。自然资源虽然是可更新的资源，但就目前开发程度来看，森林、土地等自然资源的更新速度远低于人类索取的速度。因此，过度的开发、利用森林资源、土地资源使水土流失问题不断加剧，水土流失的不可逆性、积累性及广泛性特征也决定了其对经济社会发展和生态自然环境破坏作用的严重性，不仅威胁着区域生态系统安全和农业经济的健康发展，而且已成为全球性生态环境问题。水土保持是现阶段解决水土流失、土地荒漠化等问题最有效的方法，而且其作为一种高效的生态系统功能，对于恢复健康的生态环境具有非常重要意义。科学、准确的评价水土保持功能不仅可为反映各治理措施之间的协调性、整体性及存在的主要问题提供重要的理论依据，而且可为优化水土保持措施决策及保障社会经济发展提供一定支撑。

2. 水源涵养　水为人类生存必需的资源之一，几乎参与所有的人类活动。当今社会，水资源安全受到人们的广泛关注，区域水资源匮乏使社会经济发展受到了严重影响，而且全世界各地都出现了水资源紧缺的问题。森林生态系统在涵养水源方面具有十分显著的作用，其过程发生在土壤层、枯落物层和林冠层，以土壤层和枯落物层为主要活动层，主要是对降雨进行再分配和有效调节，发挥削减洪峰、调节水量、净化水质等作用。因此，森林生态系统又被誉为"绿色水库"，这就意味着森林生态系统在缓解区域水资源压力上具有先天优势，无论降水还是流水，都能被树木通过土壤吸收并利用，增加植被的覆盖率，即能够加强土地涵养水源的能力。暴雨时，水流通过森林地表会大幅降低其流动速度，使水流缓慢地进入溪流，能有效地减少洪水量；在枯水的季节，又能给河流带来些许流量，能起到调节流域水量的作用。

3. 土壤改良　森林群落中植物根网与土壤的物质能量交换，以及枯枝落叶的偿还功能，把太阳能以熵的形式引入成土过程，使土壤生态系统的有序性逐渐增大，土壤向着利于植物生长的方向发育，土壤物理性质不断得到改善。而土壤物理性质的改良可以提高土地生产力，改善生态环境，减少自然灾害的发生。另外，森林能够提高土壤养分和有机质含量，增加土壤肥力。森林土壤肥力是指地壳表层能使树木扎根并具有供应和满足林木生长、发育所需要的水分、养分、空气和温度的能力。这种能力是在森林土壤长期发生、发育和演变过程中获得的，它既是自然界物质循环和能量转换过程的组成部分，又是人类生存环境变化的具体反映。只有先使森林土壤肥力得到保持和提高并实现对它的永续利用，才能最终实现森林资源的永续利用，促进和改善人类生存环境。但是肯定森林的改良土壤功能并非承认造林越多越好，应选择适宜的树种，造林保土改土，使生态系统走向良性循环。

4. 气候调节　气候变化已对自然生态系统和人类社会产生了不利影响，未来气候变暖将持续，并给经济社会发展带来越来越显著的影响，威胁人类经济社会的发展。土地生态系统中各个组成成分都有着相互联系、相互制约的关系，对气候变化具有直接的调节作用，既可以通过调节大气温室气体含量间接地影响全球气候变化，又能直接地通过改变水文条件、热量平衡和云层分布等途径对全球气候变化产生反馈作用。例如，湿地的气候调节功能主要是通过吸收和固定大气中二氧化碳，降低大气中的二氧化碳浓度增加速度，从而起到减缓气候变暖趋势的调节作用。湿地植物能够拦截吸收太阳辐射，蒸腾作用消耗太阳热能，在夏天起到降温作用，而在冬季，郁闭的植物使得热量不易散失，起到保温的作用。再例如，防护林带可以起到降低田间风速、增加周边湿度、降低附近温度等作用，大面积的植物蒸腾作用将提高大气中水分含量，导致降雨、降温等。

5. 能量平衡　能量交换对推动气候变化至关重要，土地生态系统的能量平衡在区域乃至全球气候的调节中都发挥着重要作用，是影响区域气候和水量平衡的重要因素，也是土地生态系统功能评价的重要方面。能量平衡实际上是指发生在地表和大气之间的水热交换过程的平衡，地表的能量通量是陆面与大气能量交换的关键内容。在能量平衡中，主控因子包括水汽和热量。在水热交换过程中，存在能量的传递和物质的转化，并间接影响一定空间尺度上的气候状况。其中，潜热通量和感热通量反映的就是水汽和热量之间的作用过程，潜热通量主要体现在水的相变过程中，感热通量主要体现在湍流式的热交换，这两个分量反映着一定区域内的水热交换状况，影响着区域气候特性，并影响作物生长。

(三)文化和社会功能下的土地生态系统分类

土地生态系统的文化和社会功能主要从文化功能和社会功能两个方面进行介绍。

1. 文化功能　土地生态系统的文化功能是指通过精神满足、发展认知、思考、消遣和体验美感而使人类从土地生态系统获得的非物质收益，主要体现在文化多样性、娱乐和生态旅游及审美价值中。可以看出，相对于调节、支持、供给等生态服务，土地生态系统的文化服务功能是以人的主观感知和需求为核心建立的，更容易被人类直接体验，也显著影响了人类身心健康、精神文化等福祉的增进。随着社会经济的发展，人类对精神层面产品的需求越来越多，文化服务作为一种重要的土地生态系统服务类型，是连接土地生态系统和社会系统的重要桥梁，因此文化服务功能对土地生态系统的重要性也在逐渐增加。

2. 社会功能　土地生态系统是人类赖以生存和发展的物质基础，人类生存和发展所需要的资源归根结底都来自土地生态系统。但是，近年来随着我国经济持续快速发展和人口急剧增加，人类活动和社会活动对土地生态系统也产生了越来越大的不良影响。土地生态系统社会服务功能是指土地生态系统为人们的居住环境、娱乐康体、政策制定、科教发展、社会保障、就业支持等提供的服务，土地生态系统通过其社会服务功能为人类的生存和发展提供必需的物质生产资料和资本基础，支撑着人类社会的发展和进步。土地生态系统的社会服务价值首先体现在娱乐康体的价值上，人们越来越重视旅游娱乐功能的开发，目前国家重点建设的湿地公园、森林氧吧等吸引了越来越多的游客，为人们提供游船、野营、徒步等休闲娱乐、锻炼身体和康健保育的机会。土地生态系统的社会服务价值还体现在教育科研的价值上，湿地、林地、农田等科研投入也越来越大，能为公众教育、科研等提供机会，传递智慧与知识。

五、按土地生态承载力进行分类

(一)土地生态承载力的概念

1. 生态承载力　随着西方学界提出"人地关系论""地理决定论""人口论"等理论议题，承载力的认识也从生产实践提升到了理论概念的高度，揭开了早期对承载力研究的序幕。帕克和伯吉斯就在有关的人类生态学研究中，提出了承载力的概念。生态学是最早运用生态承载力这一概念的学科，将其表示为能够存活的生物个体在某一时期、区域最大的数量。早期研究生态承载力，其实就是对某一承载对象容纳能力大小的分析。但是，随着人们对承载力认识的不断深入以及人类发展方式的改变，生态承载力的概念也出现了变化。其含义为：在人类能够维持某一环境良好的区域内所能承受的最大限度的人口数量。

2. 土地承载力　20 世纪中叶以来，随着经济增长和粮食问题的解决，粮食在限制人口增长上的作用逐渐弱化，对土地承载力的研究重点开始从耕地的粮食生产扩展到了水资源、矿产资源、气候资源等限制因素，实现了土地承载力研究的纵深发展。此时，资源限制是承载力研究的出发点，据此，参照联合国教科文组织对资源承载力的定义，可以将土地承载力定义为，一定区域内，利用本区域所能提供的能源和其他自然资源以及智力和技术等，在保证与其社会文化准则相等的物质生活水平下，所能够供养的人口数量。William Allen 就生态学上的承载力概念做了进一步完善，提出了以粮食生产和消费为标志的承载力计算公式。通过该公式，可以计算通过区域传统的农业生产所能够养活的人口上限。William Allen 将承载力定义为，在不引起土地退化的前提下，区域土地所能持续支撑的最大人口数量，以每平方千米平均人口数表征。70 年代以后，随着科学技术的飞速发展刺激了经济的急速增长，人口膨胀、资源短缺问题成为人类发展的主要障碍。澳大利亚科研人员考虑了土地、水资源、气候等因素对人口增长的限制，对澳大利亚的土地承载力进行了研究，研究结果表明，澳大利亚发展密集型农业，在保证居民最低的生活水平下，最多可以供养 2 亿人；若要使居民在中等以上的生活水平下生活，则最多供养 1 200 万人。1973 年新的土地承载力计算方法——资源综合平衡法被提出。1977 年联合国粮食及农业组织开展有关土地人口承载力研究，首创农业生态区域法。1979 年联合国粮食及农业组织给出了土地资源分析法这种新的土地承载力计算方法。20 世纪 80 年代，帕里斯提出了 ECCO 模型，该模型以系统动力学为理论基础，并在非洲进行实证研究。该阶段，承载力的研究主要是围绕粮食生产、资源供给对人口数量影响这一路线开展的，研究中主要考虑土地面积、耕地面积、耕作要素和资源条件量等要素，并没有考虑人类活动及人口增长对农业生产和生态环境的反馈作用，因此此阶段的研究所得出的结果是对土地承载力的粗略估计。1988 年，中国科学院自然资源综合考察委员会对土地承载力进行定义："在未来的经济、技术与社会发展水平能够满足一国的物质生活水平的基础上，该国或地区凭借自身的土地资源所能供养的最大的人口数量"。

因此，土地承载力是当技术水平有限、投入强度一定时，如果没有趋势证明土地资源数量减少会对国家或地区造成负面影响甚至严重退化，该片土地可以稳定持续地对具有一定社会活动的人类提供最大限度的支撑，以及对具有消费水平的最大人口数量的容纳能力。

3. 土地生态承载力　20 世纪 90 年代，中国科学院自然资源综合考察委员会主持的课题中首次定义了土地生态承载力：在预期设想的经济、技术和社会发展水平下，某一时间点该地区利用自身土地生态资源所能承载的消耗压力。该研究以土地生态潜力区作为基础，分别从土地资源、粮食生产、消耗承载等方面研究了限制土地资源承载与粮食生产的原因。

21 世纪以来，我国学者对土地生态承载力的概念有了新的认识，这对区域乃至全国经济、社会可持续发展产生一定影响，以计算土地食物生产力和人口限度为主的土地承载力研究体系日趋完善，同时也开始了对土地资源所能承载的人类活动的规模和强度的研究，承载力研究对象也由单一的人口容量扩展到不同生态生产性土地的承载力上。孟旭光等提出土地生态承载力是指在一定时期、空间区域和社会、经济及生态环境条件下，土地生态资源能够满足的各种人类活动的开发规模和利用强度。许联芳在"资源节约和环境友好型"理论基础上提出了新的土地生态承载力概念，即一定时空尺度范围内，以确保土地资源合理利用和生态环境良性循环为前提，土地生态资源所能承载的各种人类活动的强度。总之，我国的土地生态承载力研究是以测算耕地生产能力为主，兼顾社会经济效益和生态效益，计算在一定时期和区域范围内的土地可持续供养人口数量所需的耕地资源的研究。近年来，土地承载力的理论研究逐渐深入，大量的数学方法被引入研究，承载力的测算定量研究方法不断增加。

因此，土地生态承载力是指某一区域土地资源中的各类生态用地规模所能提供的生态服务价值和拥有的维持生态性能稳定的能力。

(二)土地生态承载力的分类

目前，有较多研究将生态足迹理论引用到土地生态承载力分类研究当中。生态足迹(ecological footprint，EF)是人类为满足其需求而利用的所有生物生产性土地的总和，是能够持续地提供资源或消纳废物的、具有生物生产力的地域空间，其含义就是要维持一个人、地区、国家的生存所需要的或者指能够容纳人类排放的废物的、具有生物生产力的地域面积。生态足迹估计要承载一定生活质量的人口，需要多大的可供人类使用的可再生资源或者能够消纳废物的生态系统，又称为"适当的承载力"(appropriated carrying capacity)，也称"生态占用"。通过生态足迹的需求与自然生态系统的承载力(亦称生态足迹供给)进行比较，可以定量地判断某一国家或地区目前可持续发展的状态，以便对未来人类生存和社会经济发展做出科学规划和建议。

20世纪90年代初，加拿大生态经济学家 William 和其博士生 Wackernagel 倡导的生态足迹分析法开始流行，同时以 Wackernagel 为代表的"加拿大生态足迹小组"形成了一套概念框架、指标体系和方法。"生态生产性土地"是生态足迹分析法为各类自然资本提供的统一度量基础。生态生产也称生物生产，是指生态系统中的生物从外界环境中吸收生命过程所必需的物质和能量转化为新的物质，从而实现物质和能量的积累。生态生产是自然资本产生自然收入的原因。自然资本产生自然收入的能力由生态生产力(ecological productivity)衡量。生态生产力越大，说明某种自然资本的生命支持能力越强。生态生产性土地(ecologically productive area)是指具有生态生产能力的土地或水体。这种替换的一个可能好处是极大地简化了对自然资本的统计，并且各类土地之间总比各种繁杂的自然资本项目之间容易建立等价关系，从而方便于计算自然资本的总量。事实上，生态足迹分析法的所有指标都是基于生态生产性土地这一概念而定义的。根据生产力大小的差异，地球表面的生态生产性土地可分为六大类[①]：

1. 化石能源地(fossil energy land)　生态足迹分析法强调资源的再生性。理论上来说，为了保证自然资本总量不减少，应该储备一定量的土地来补偿因化石能源的消耗而损失的自然资本的量。但实际情况是并没有做这样的保留。因此，从这个角度来看，人类现在是在直接消费着资本。

2. 可耕地(arable land)　从生态分析来看，可耕地是所有生态生产性土地中生产力最大的一类：它所能集聚的生物量是最多的。根据联合国粮食及农业组织的报告，目前世界上几乎所有最好的可耕地，大约13.5亿 hm^2，都已处于耕种的状态；并且每年其中大约100万 hm^2 的土地又因土质严重恶化而遭弃耕。这意味着，世界上平均每个人所能得到的可耕地面积已不足0.25 hm^2 了。

3. 牧草地(pasture)　牧草地是适用于发展畜牧业的土地。全球目前大约有33.5亿 hm^2 的牧草地。绝大多数牧草地在生产力上远不及可耕地，不仅是因为它们积累生物量的潜力不如可耕地，也因为由植物能量转化到动物能量过程存在着十分之一定律而使得实际上可为人所用的生化能减少了。

4. 森林(forest)　森林是可产出木材产品的人造林或天然林。当然，森林还具有许多其他功能，如防风固沙、涵养水源、改善气候、保护物种多样性等。全球现有森林约

---

①　杨开忠，杨咏，陈洁，2000. 生态足迹分析理论与方法[J]. 地球科学进展(6)：630-636.

34.4亿hm²。目前，除了少数偏远的、难以进入的密林地区外，大多数森林的生态生产力并不高。此外，牧草地的扩充已经成为森林面积减少的主要原因之一。

5. 建成地(built-up areas) 建成地是各类人居设施及道路所占用的土地。这类地的世界人均拥有量现已接近0.03 hm²。由于人类大部分的建成地位于地球最肥沃的土地上，建成地对可耕地的减少具有不可推卸的责任。

6. 海洋(sea) 海洋覆盖了地球上366亿hm²的面积。由于人们喜欢吃的鱼在食物链中排位较高，人类实际能从海洋中获取的食物是比较有限的。具体说来，海洋大约每年人均供鱼18 kg，而其中仅有12 kg最后能落实在人们的饭桌上，其所能保证的仅是人类能量摄入量的1.5%。

2015年，根据全球足迹网络（GFN）和世界自然基金会（WWF）的分类标准，生态足迹组成包括耕地(cropland)、草地(grazing land)、林地(forest)、渔业用地(fishing grounds)、建设用地(built-up land)和碳足迹（即碳吸收用地）(carbon)。生物承载力和生态足迹单位都用全球公顷表达，并且这六种地类相互独立地为人类提供生态产品和服务。

第四节　土地生态系统类型分区

一、生态分区概述

目前，生态保护红线有空间约束类、数量与空间双重约束类以及除此两类约束以外的其他类这三种释义。在空间约束观点下，生态保护红线是对保障区域生态环境安全和维持区域生态平衡具有重要作用，必须实行全面保护和严格管理的关键区域的边界线。这种观点下的概念，将生态保护红线等同于生态保护红线区或重点生态功能区，强调的是需要严格管控的国土空间。持空间与数量双重约束观点的学者对生态保护红线的认识是建立在社会—经济—自然复合生态系统的特殊性上的。这种观点下，生态保护红线除了具有空间约束的作用外，还包括不能被突破的最小阈值这一数量底线上的约束。除此两类约束以外的其他类观点，主要是从风险角度、人文角度及法学角度对生态保护红线的概念做出了界定，这几种角度下的生态保护红线概念更多地带有一种安全标准体系的意味。

本书认为，生态保护红线是指在生态空间范围内具有特殊重要生态功能、必须强制性严格保护的区域，是保障和维护国家生态安全的底线和生命线，通常包括具有重要水源涵养、生物多样性维护、水土保持、防风固沙、海岸生态稳定等功能的生态系统重要区域，以及水土流失、土地沙化、石漠化、盐渍化等生态环境敏感脆弱区域。

土地生态功能分区是根据区域生态环境要素、生态环境敏感性与生态服务功能空间分异规律，将特定区域划分成不同生态功能区，以确定各功能区土地的用途及开发利用方式和途径的过程。

二、土地生态分区

生态保护红线划定是生态保护红线研究体系的核心。生态系统的复杂性使得生态保护红线划定成为生态保护红线研究的热点与难点。已有的生态保护红线划定方式主要有两种：一是以法定生态保护区域为基础，将其范围线在筛选后叠加得到的结果作为生态保护红线；另一种是选取适宜的评价方法进行生态评价，按照评价结果，将评价级别较高的区域作为生态保护红线的范围。

目前，我国生态红线划定的研究已经取得了大量的研究成果，但我国对生态红线划定并没有统一的方法，相关研究大多是依据国家出台的生态红线划定政策，划定空间生态红线。由于生态问题具有尺度和区域差异，不同地区在生态红线划定时，都要充分体现本区域生态环境的指标，国内学者已从不同空间尺度上进行了生态红线划定研究，如鄂州市、重庆市涪陵区义和镇、四川省汶川县、湖南省等的研究。不同地域上，前人从渤海的海洋环境灾害危险性，呼伦贝尔草原的土地沙化敏感性和防风固沙敏感性，喀斯特地区的水土流失和石漠化敏感性，深圳市大鹏新区的环境质量、生态功能保障和资源利用等方面，开展生态保护红线的划定。上述生态红线划定研究成果中，主要借鉴生态安全、生态承载力、生态系统服务功能等方面的理论，从生态功能重要性、生态环境敏感性、生态适宜性等方面构建生态红线评价指标体系，生态环境敏感性评价中较多涉及土地沙化、水土流失、石漠化敏感性等方面。

按照《生态保护红线划定指南》，以下详细介绍土地生态红线的划定原则、划定方法和程序。

(一)划定原则

生态保护红线划定是以保障区域生态环境、景观格局为目的，运用生态环境功能区划相关方法标准，以生态学为理论体系。

1. 科学性原则　以构建国家生态安全格局为目标，采取定量评估与定性判定相结合的方法划定生态保护红线。在资源环境承载能力和国土空间开发适宜性评价的基础上，按生态系统服务功能(以下简称生态功能)重要性、生态环境敏感性识别生态保护红线范围，并落实到国土空间，确保生态保护红线布局合理、落地准确、边界清晰。

2. 整体性原则　统筹考虑自然生态整体性和系统性，结合山脉、河流、地貌单元、植被等自然边界以及生态廊道的连通性，合理划定生态保护红线，应划尽划，避免生境破碎化，加强跨区域间生态保护红线的有序衔接。

3. 协调性原则　建立协调有序的生态保护红线划定工作机制，强化部门联动，上下结合，充分与主体功能区规划、生态功能区划、水功能区划及土地利用现状、城乡发展布局、国家应对气候变化规划等相衔接，与永久基本农田保护红线和城镇开发边界相协调，与经济社会发展需求和当前监管能力相适应，统筹划定生态保护红线。

4. 动态性原则　根据构建国家和区域生态安全格局、提升生态保护能力和生态系统完整性的需要，生态保护红线布局应不断优化和完善，面积只增不减。

(二)划定方法和程序

按照定量与定性相结合的原则，通过科学评估，识别生态保护的重点类型和重要区域，合理划定生态保护红线。

1. 开展科学评估　在国土空间范围内，按照资源环境承载能力和国土空间开发适宜性评价技术方法，开展生态功能重要性评估和生态环境敏感性评估，确定水源涵养、生物多样性维护、水土保持、防风固沙等生态功能极重要区域及极敏感区域，纳入生态保护红线。科学评估的主要步骤：确定基本评估单元、选择评估类型与方法、数据准备、模型运算、评估分级和现场校验。

(1)确定基本评估单元。根据生态评估参数的数据可获取性，统一评估工作精度要求。原则上评估的基本空间单元应为 $250\ \mathrm{m} \times 250\ \mathrm{m}$ 网格，有条件的地区可进一步提高精度。评估工作运行环境采用地理信息系统软件。

（2）选择评估类型与方法。根据本地区生态环境特征和主要生态问题，确定生态功能和生态环境敏感性类型，并结合数据条件，选取适宜的评估方法。

（3）数据准备。根据评估方法，搜集评估所需的各类数据，如基础地理信息数据、土地利用现状及年度调查监测数据、气象观测数据、遥感影像、地表参量、生态系统类型与分布数据等。评估的基础数据类型为栅格数据，非栅格数据应进行预处理，统一转换为便于空间计算的网格化栅格数据。

（4）模型运算。根据评估公式，在地理信息系统软件中输入评估所需的各项参数，计算生态功能重要性和生态环境敏感性指数。

（5）评估分级。根据评估结果，将生态功能重要性依次划分为一般重要、重要和极重要3个等级，将生态环境敏感性依次划分为一般敏感、敏感和极敏感3个等级。

（6）现场校核。根据相关规划、区划中重要生态区域空间分布，结合专家知识，综合判断评估结果与实际生态状况的相符性。针对不符合实际情况的评估结果开展现场核查校验与调整，使评估结果趋于合理。

2. 校验划定范围 根据科学评估结果，将评估得到的生态功能极重要区和生态环境极敏感区进行叠加合并，并与以下保护地进行校验，形成生态保护红线空间叠加图，确保划定范围涵盖国家级和省级禁止开发区域，以及其他有必要严格保护的各类保护地。

（1）国家级和省级禁止开发区域：

➤ 国家公园；

➤ 自然保护区；

➤ 森林公园的生态保育区和核心景观区；

➤ 风景名胜区的核心景区；

➤ 地质公园的地质遗迹保护区；

➤ 世界自然遗产的核心区和缓冲区；

➤ 湿地公园的湿地保育区和恢复重建区；

➤ 饮用水水源地的一级保护区；

➤ 水产种质资源保护区的核心区；

➤ 其他类型禁止开发区的核心保护区域。

对于上述禁止开发区域内的不同功能分区，应根据生态评估结果最终确定纳入生态保护红线的具体范围。位于生态空间以外或人文景观类的禁止开发区域，不纳入生态保护红线。

（2）其他各类保护地。除上述禁止开发区域以外，各地可结合实际情况，根据生态功能重要性，将有必要实施严格保护的各类保护地纳入生态保护红线范围。主要涵盖：极小种群物种分布的栖息地、国家一级公益林、重要湿地（含滨海湿地）、国家级水土流失重点预防区、沙化土地封禁保护区、野生植物集中分布地、自然岸线、雪山冰川、高原冻土等重要生态保护地。

3. 确定红线边界 将确定的生态保护红线叠加图通过边界处理、现状与规划衔接、跨区域协调、上下对接等步骤，确定生态保护红线边界。

（1）边界处理。采用地理信息系统软件，对叠加图层进行图斑聚合处理，合理扣除独立细小斑块和建设用地、基本农田。边界调整的底图建议采用第一次全国地理国情普查数据库或土地利用现状及年度调查监测成果，按照保护需要和开发利用现状，结合以下几类界线勾绘调整生态保护红线边界：

➤ 自然边界，主要是依据地形地貌或生态系统完整性确定的边界，如林线、雪线、流域分界线，以及生态系统分布界线等；

➤ 自然保护区、风景名胜区等各类保护地边界；

➤ 江河、湖库，以及海岸等向陆域（或向海）延伸一定距离的边界；

➤ 森林草原湿地荒漠等自然资源调查、地理国情普查、全国土地调查等明确的地块边界。

（2）现状与规划衔接。将生态保护红线边界与各类规划、区划空间边界及土地利用现状相衔接，综合分析开发建设与生态保护的关系，结合经济社会发展实际，合理确定开发与保护边界，提高生态保护红线划定合理性和可行性。

（3）跨区域协调。根据生态安全格局构建需要，综合考虑区域或流域生态系统完整性，以地形、地貌、植被、河流水系等自然界线为依据，充分与相邻行政区域生态保护红线划定结果进行衔接与协调，开展跨区域技术对接，确保生态保护红线空间连续，实现跨区域生态系统整体保护。

（4）上下对接。采取上下结合的方式开展技术对接，广泛征求各市县级政府意见，修改完善后达成一致意见，确定生态保护红线边界。

4. 形成划定成果　在上述工作基础上，编制生态保护红线划定文本、图件、登记表及技术报告，建立台账数据库，形成生态保护红线划定方案。

5. 开展勘界定标　根据划定方案确定的生态保护红线分布图，搜集红线附近原有平面控制点坐标成果、控制点网图，以高清正射影像图、地形图和地籍图等相关资料为辅助，调查生态保护红线各类基础信息，明确红线区块边界走向和实地拐点坐标，详细勘定红线边界。选定界桩位置，完成界桩埋设，测定界桩精确空间坐标，建立界桩数据库，形成生态保护红线勘测定界图。设立统一规范的标识标牌，主要内容包括生态保护红线区块的范围、面积、具体拐点坐标、保护对象、主导生态功能、主要管控措施、责任人、监督管理电话等。生态保护红线划定技术流程参见图2-1。

三、土地生态分区的类型

一些学者从生态用地功能视角进行分区研究。为了与现实中生态用地管理和现行的土地分类制度相关联，诸多学者从土地利用的特点和主要功能出发，探讨了土地生态分区中生态用地的定义和功能分类。土地生态分区经历了从自然分区到功能分区的发展，研究对象也从以自然要素为基础发展到以生态系统为基础。传统的土地生态功能分区主要考虑生态、地理和气候的空间分异特征。从土地主体功能角度出发，将生态用地内涵界定为相对于生产生活用地，以提供防风固沙、水土保持、水源涵养、维持生物多样性等重要生态服务功能为主，对维持区域生态平衡和可持续发展具有重要作用的土地用地类型。另一些从城市土地生态适宜性分区开展研究。城市土地生态适宜性分区通过研究城市发展与生态保护之间的关系，有助于明确指出在城市区域内适宜于城市开发用地的面积和范围以及适宜于生态保护用地的面积和范围，以最大限度地减少城市发展对生态环境造成的影响。

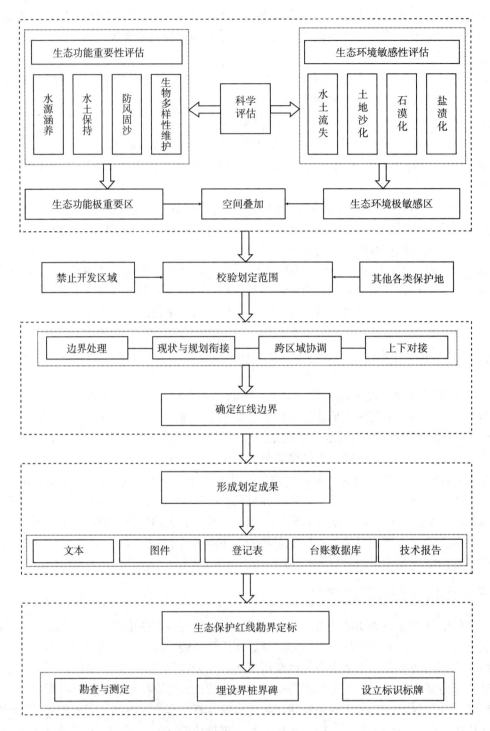

图 2-1 土地生态红线划定的流程图

（资料来源：环境保护部，国家发展改革委，2017. 生态保护红线划定指南.）

本书根据《市县国土空间规划分区与用途分类指南》，将土地生态分区划分为核心生态保护区、生态保护修复区和自然保留区（表2-9）。

表 2-9　市县国土空间规划中的土地生态分区

目标	市域(8类)	县域/市区(15类)	含义
保护与修复	生态保护与保留区		具有特殊重要生态功能、必须严格保护或修复的自然区域
		核心生态保护区	具有特殊重要生态功能或生态环境敏感脆弱、必须强制性严格保护的陆地和海洋自然区域，是陆域生态保护红线和海洋生态保护红线集中区域
		生态保护修复区	核心生态保护区外，需进行生态保护与生态修复的陆地和海洋自然区域
		自然保留区	不具备开发利用与建设条件，也不需要特别保护与修复的陆地自然区域
	海洋特殊保护与渔业资源养护区	海洋特殊保护区	生态保护区外，为了维护国家海洋权益，保护水下文物等，对海洋资源、环境和生态进行严格管控、强制性保护的海域和无居民海岛
		海洋渔业资源养护区	为实现海洋渔业可持续发展，实施资源保护、合理捕捞等措施的海域
	永久基本农田集中保护区	永久基本农田集中保护区	永久基本农田相对集中的区域
	古迹遗址保护区	古迹遗址保护区	以历史文化资源保护为主要功能的大遗址和地下文物埋藏区域

资料来源：自然资源部，2019.市县国土空间规划分区与用途分类指南(试行).

1. 核心生态保护区　核心生态保护区是为了国家要素、构建安全格局划定的须严格保护的区域。该分区以自然资源为主要功能导向，以国家公园、自然保护区等自然保护地为主，其范围原则上应与陆域生态保护红线和海洋生态保护红线集中区域一致。零散分布区无法与陆域生态保护红线和海洋生态保护红线衔接，可分散于其他区内，依据"红线"有关规定进行管制。

2. 生态保护修复区　生态保护修复区是在核心生态保护区外，为了提升区域生态功能划定的，以生态保护、修复为主要功能导向的区域，包括自然保护区(含海洋自然保护区)、海洋特别保护区、森林公园、以自然资源为主的风景名胜区、饮用水水源地等其他需保护修复的生态区域，以及对完善本区域生态格局、提升本区域生态功能具有重要作用的区域。

3. 自然保留区　自然保留区是在核心生态保护区与生态保护修复区之外，规划期内不利用、应当予以保留原貌的陆地自然区域，一般不具备开发利用与建设条件，也不需要特别保护或修复。该区域主要包括陆地较为偏远或工程地质条件不适宜城镇、农业、农村发展的荒漠、荒地等区域。

四、土地生态系统类型分区案例

本书中土地生态系统类型分区以某县的土地生态分区划定为例，下面进行介绍。

(一)生态功能分区

按照某县生态环境功能区规划，全县可以分为四个不同的生态功能区：

1. 禁止准入区　禁止准入区为湿地自然保护小区、饮用水源保护区和风景名胜区等区域。禁止准入区具有重要的生态环境功能，属于严格禁止开发区域，依据法律法规进行强制性保护，禁止一切工业建设项目，其他建设活动要依照相关法规条例、保护区总体规划和旅游规划的规定程序与范围进行，严禁不符合规定的开发活动。着力实施水环境综合整治工程和生态公益林工程，全面维护饮用水源安全，并继续实施各类生态修复及重建工程，实施生态移民，全面维护生态安全。从污染物总量控制来讲，该类区不设置污染物允许排放量，实行全面保护，除保护区自身建设需要外，禁止任何新增排污量的项目和开发活动。

2. 限制准入区 该区域主要覆盖了生物物种保护、自然风景保护、耕地保护等区域。

主要发展方向：该区域在维持和提升主导生态服务功能的前提下，应坚持优先保护，重点实施生态保护和修复，维持重要生态功能保护区域，保障生态安全。加强生态公益林的建设，加强对生物资源的保护，提高生物多样性，增强水源涵养、水土保持等生态功能，因地制宜发展资源环境可承载的资源节约型、环境友好型的生态农业、生态林业和生态旅游业，控制农业面源污染。

用地管制：区内土地主导用途为水源涵养、水土保持等，该区域是对于维持生态安全起到关键作用，具有重要生态服务功能的区域；区内禁止城、镇、村建设，严格控制线型基础设施和独立建设项目用地。

建设开发活动的环境保护要求：禁止发展二、三类工业。矿产资源的开采区，应严格执行矿产资源规划，运用先进技术提高矿产资源综合利用和矿产品深加工水平，促进矿产资源的可持续开发和利用。同时，加强矿山生态环境保护和治理，全面实行矿山生态修复，恢复植被景观，消除灾害隐患。

3. 重点准入区 重点准入区为发展先进制造业提供承载空间，同时承接其他区域的产业和人口转移，将逐步成为支撑全县经济发展和人口集聚的重要载体，以及"高密度、高效率、节约型、现代化"的发展空间。

主要发展方向：全县今后城镇建设和产业发展的重点区域。重点准入区实行重点开发，加强环境基础设施建设，引导产业集聚发展，在加快发展工业经济的同时，加强环境保护和建设，严格实行产业准入要求和环保准入要求。重点准入区的项目应是发展前景较好、有较高的技术含量、有利于节约资源、有利于已有产业群的提升。通过统一规划、整合提升、集约开发，促进产业集中开发和资源的集约利用。该区域优先发展临港先进制造业，加快发展海洋服务业，以高新技术改造传统产业。加快城镇、工业园区和工业集聚区等发展平台的建设，实现基础设施和资源共享，促进生态工业园区的建设，提高原材料等资源的利用率。

用地管制：区内土地主导用途应当符合主要发展方向，具体土地利用安排应与依法批准的相关规划相协调；区内新增城乡建设用地受规划指标和年度计划指标约束，应统筹增量与存量用地，促进土地节约集约利用；区边界的调整，须报规划审批机关审查批准。

建设开发活动的环境保护要求：加强重点污染源的治理和监管，推行清洁生产，严格控制污染物排放总量，禁止高耗水耗能、工艺落后、污染的企业进入。

4. 优化准入区 该区是某县经济基础相对较好、工业发展历史较久、人口较为密集、开发活动对生态环境的影响程度相对较深的区域。

主要发展方向：加强环保基础设施建设和人居环境建设，一方面加快城市化进程，加强人口集聚，加快农业人口的转移，大力发展现代服务业，进一步提升第三产业在国民经济中的比重，促进工业化和城市化联动发展，增强城市核心区的集聚辐射功能；另一方面引导产业聚集，优化产业布局，推进产业升级，通过产业结构调整，削减污染物排放总量。

用地管制：区内土地利用要符合主要发展方向，达标准入，具体土地利用安排应与依法批准的相关规划相协调；区内新增城乡建设用地受规划指标和年度计划指标约束，应严格控制增量用地，盘活存量用地，促进土地节约集约利用；区边界的调整，须报规划审批机关审查批准。

建设开发活动的环境保护要求：合理控制工业企业类型、规模和数量，优先发展无污染、科技含量高的加工型工业企业，禁止发展高耗水、高污染产业项目，禁止高污染化工产品生产，禁止发展某省工业污染项目(产品、工艺)禁止和限制发展目录和某产业发展导向目录中规定的禁止类产业项目，严格控制限制类产业项目。

（二）生态用地识别

从自然生态用地与人工生态用地的角度，结合某县的实际情况，根据人类活动与土地利用方式之间的关系，把全县生态用地分为自然生态用地(包括半自然人工生态用地)和人工生态用地两大类。其中，自然生态用地包括自然保护区、水源涵养型生态用地、湿地型生态用地和荒地型生态用地4个子类；人工生态用地包括防护型生态用地、城市绿化用地、农田林网和人工湿地4个子类（表2-10）。通过自然生态用地与人工生态用地的分类，便于规划实施管理和生态补偿机制的建立。

表2-10 某县生态用地分类识别

生态用地类型	生态用地子类型	主要功能	构成要素	保护目标
自然生态用地（包括半自然半人工生态用地）	自然保护区	保护特殊的生态系统和物种	国家和地方各级自然保护区的野生动植物	以森林、湿地、荒漠和湖泊等为主体的各类生态系统以及生活于系统内各种野生动植物保护
	水源涵养型生态用地	涵养水源、保护水质	乔、灌、草结合的林地生态系统	拦蓄径流、涵养水源、净化水质
	湿地型生态用地	保护物种多样性和其他功能	天然或半天然湖泊、水体和水生及水陆过渡地带的滩涂	湿地型生态用地保护
	荒地型生态用地	保持野生的生态系统	野生动物，盐碱荒地	盐碱荒地，盐碱荒地上发育着特殊的生态系统，对生物多样性的保护和气候调节，水源保护
人工生态用地	防护型生态用地	主要是防护功能	人工培育的乔、灌、草植被	沿江防护林，为防治土壤沙化人工培植的防风固沙林
	城市绿化用地	绿化功能，防护功能，休闲娱乐	人工培育的乔、灌、草植被	城市气候变化，减碳
	农田林网	防护功能	人工培育的乔、灌、植被	形成的具有防护功能的林地
	人工湿地	调节气候、净化污水、调丰济枯等	人工湖泊、水库、河道及其周围的生物	城市气候变化，减碳

(三)生态红线划定的类型

生态红线划定与其类型密切相关。生态红线主要分为重要(点)生态功能区、生态脆弱/敏感区和生物多样性保育区三大类。对于重要生态功能区而言,生态红线划定的指标主要是水源涵养、水土保持、洪水调蓄和防风固沙等生态系统服务功能。对于生态脆弱/敏感区而言,基本划定指标是生态敏感度指数、生态弹性度指数和生态压力度指数,以及土壤侵蚀敏感性、土地沙漠化敏感性、土地盐渍化敏感性和石漠化敏感性等。生物多样性保育区划定的主要指标有三项:关键物种及其栖息地,即珍稀濒危、受保护或具有区域特有性、代表性和重要资源价值的动植物物种及其栖息生境;关键生态系统,即珍稀濒危、受保护或具有区域特有性、不可替代性的生物群落及其环境;生物多样性维系区,即自然生态环境良好,生物资源丰富,对于维系基因、物种和生态系统多样性具有重要意义的地理区域。

在某县土地利用生态用地分类识别的基础上,通过与某县生态环境功能区规划(修编)、某县地质灾害防治规划等相关部门规划相衔接,确定某县生态红线划定的类型包括以下四种:①水源保护区(根据生态环境功能区规划确定的饮用水源保护区);②生态公益林(包括国家级生态公益林、省级生态公益林等);③湿地区(主要包括沿海滩涂、境内河流、水库等);④地质灾害敏感区(根据地质灾害防治规划确定的重点防治区)。

📝复习思考题

1. 什么是土地生态系统?它与生态系统的主要区别是什么?

2. 土地生态过程、土地生态变化和土地生态分异之间的关系是什么?

3. 什么是土地生态分类?土地生态分类的方法或途径有哪些?

4. 划定土地生态红线的方法有什么?划定土地生态红线的基本程序有哪些?

5. 结合实际案例,分析土地生态分区分类的方法。

第三章 耕地生态系统

耕地生态系统、林地生态系统、草地生态系统和湿地生态系统是农用地生态系统的主要类型。耕地生态系统也称农田生态系统，它是在人工干预和管理下形成的土地生态系统。耕地生态系统不仅保障人类粮食供给，并且提供多种生产原料，是最重要的农业生产资料，对保障国家粮食安全和农业可持续发展具有十分重要的作用。

第一节 耕地生态系统概述

一、耕地生态系统的定义

由于自然条件的差异和农业生产习惯的不同，不同研究领域或区域对耕地的定义存有差异。如维基百科中认为耕地是能够用于种植农作物的土地，包括所有已种植农作物的土地、临时性的草地、园地及暂时休耕的土地（低于 5 年）；联合国粮食及农业组织对耕地的定义中，还包括永久性的或者长期耕作的土地，如果园、永久性的牧场等。以上两个定义均将草地、园地等用于植物生长的土地归为耕地范畴，这与我国对耕地的定义存在一定差异。我国标准《土地利用现状分类》(GB/T 21010—2017)中对耕地的解释：耕地为以种植农作物为主，间有零星果树、桑树或其他树木的土地，分为水田、水浇地和旱地三种。耕地包括熟地，新开发、复垦、整理地，休闲地，以及平均每年能保证收获一季的已垦滩地和海涂；南方宽度＜1.0 m，北方宽度＜2.0 m 固定的沟、渠、路和地坎（埂）；临时种植药材、草皮、花卉、苗木等的耕地，临时种植果树、茶树和林木且耕作层未破坏的耕地，以及其他临时改变用途的耕地。

可以看出，我国耕地的定义强调人工种植和农作物收获。因此，可将耕地生态系统定义为：在一定的地域范围内，以农作物种植活动为目的，在人工调节与控制下，生物要素与非生物要素之间相互影响形成的有机整体，是一个人类主导的人工与自然复合生态系统。与自然生态系统类似，耕地生态系统也是由耕地环境因素、农作物及各种微生物等要素构成的物质循环与能量流到系统，因此同样具备生产性、层次性和动态性等特征。

二、耕地生态系统的功能

耕地生态系统作为一个人工与自然复合的生态系统，既具有生态系统的传统功能，还具有社会服务和经济支持功能，具体包括生产、供给、生态和社会经济功能[①]。

1. 生产功能 生产功能即初级生产能力，这是耕地生态系统形成和维持的基础。耕地

---

① 陶金，2013. 中国耕地生态系统运行效应与响应［D］. 北京：中国地质大学(北京).

生态系统的生产力以自然环境及人工管理等社会经济水平共同决定的。自然环境包括气候（光、温、水）、土壤和地学等农作物生长所必需的物质和能量，人工管理等社会经济因素则指通过劳动力、机械动力、化肥、农药、燃料等输入方式维持生态系统的养分平衡。

2. 供给功能 基于生产功能，耕地生态系统可生产粮食作物、经济作物及其他农作物，对保障粮食安全、提供工业原料等方面具有供给功能。该功能的大小不仅受耕地生态系统生产功能影响，同时还受耕地面积、农作物种类及人均农作物产量等因素的影响。

3. 生态功能 耕地生态系统虽为人工干扰下的生态系统，但系统内存在大量自然生态系统中的生产者和分解者，因而具有自然生态系统对生态环境的净化功能，即生态功能。耕地生态系统通过其生物成分与土壤、水、气候等环境之间的物质循环和能量流动来维持和促进生态平衡、空气净化、水资源储存以及调节气候等。

4. 社会功能 耕地生态系统的社会功能主要指维持农村居民生活与解决农民就业的能力。目前，我国接近一半农村劳动力从事种植业生产活动。因此，耕地生态系统在促进社会稳定发展方面具有重要的保障作用。

5. 经济功能 耕地生态系统生产的农产品一部分用于劳动者自身消费，另一部分可通过市场交易转化为经济收益，从而提高农村居民的收入和生活水平。因此，耕地生态系统具有经济功能，其一方面与区域经济发展水平和耕地生产功能等相关，另一方面与所种农作物的售价、供需等市场因素相关。

第二节　耕地生态系统的组成和结构

一、耕地生态系统的组成

与自然生态系统一样，耕地生态系统也是由生物和非生物环境两部分组成。非生物的环境部分可分为自然环境组分和人工环境组分（包括电力、机械、肥料、农药、除草剂、防护林和水利设施等）。生物部分同样包括生产者、消费者和分解者。但他们在个体植物特征、群体特征和能量学特征等方面有明显的不同（表3-1）。

表3-1　耕地生态系统与自然生态系统的生态过程比较

	特性	耕地生态系统	自然生态系统
	是否有利用目的	有	没有
	控制主体	主要是人	主要是生物
个体植物特征	遗传可变性	低	高
	生命史策略	机会主义	保守的
	生命周期	短	混合或者长
	能量向再生产的分配	大	小
群体特征	总有机物	低	高
	植物结构	简单	复杂
	物种多样性	低	高
	食物链	简单、短	复杂、长
	物种水平	波动	相对稳定
	反应时间	相对快	慢

（续）

特性		耕地生态系统	自然生态系统
能量学 特征	单位生物量的净生产	高	低
	现存生物量	低	高
	元素循环	开放	闭合

资料来源：PEARSON C J, 1992. Ecosystems of the world——field crop ecosystems [M]. New York：Elsevier Science Publishing Company.

由于人类对收获农作物的期望，为保证农作物可以获取充足的养分且不被其他动物采食，耕地生态系统很多本土的植物和动物物种都被消灭。但在不同的经营模式和管理措施下，耕地生态系统的动植物组成具有很大的区别。常规的耕地生态系统中，由于使用了大量的杀虫剂和除草剂，对妨碍农作物正常生长发育的其他生物种群予以抑制或消灭，使耕地生态系统的物种单一。这样的生态系统生物多样性匮乏，自我调节能力很差，容易受到外界不良环境的影响。因此，人类必须对耕地生态系统实施强度干扰，采取有效的防治和保护措施，增强系统的抵抗能力，保持系统的平衡和稳定。而未施用杀虫剂和除草剂的耕地生态系统，除人类种植的农作物外，其他生物种群丰富，即生产者和消费者的种类多样。杨国贤等（1991）调查湖南洞庭湖畔稻—稻—绿肥耕作制的晚稻田（不喷洒农药），共获昆虫、蜘蛛90种，其中植食性昆虫29种、捕食性昆虫21种、寄生性昆虫27种，另外有蜘蛛13种。但在耕地生态系统中，不管是否采用控制其他物种的管理措施，最终的消费者是人类。

农作物是耕地生态系统的主要生产者，具体种植哪一类型农作物由最终消费者人类决定。与自然生态系统一致，生产者的生长发育受环境影响，而在耕地生态系统中不仅包括自然环境，还包含人类在自然环境的基础上进行管理的人工环境。因此，需要根据当地的自然环境以及现有科技水平和社会经济现状，选择适合的农作物。

二、耕地生态系统的结构

虽然耕地生态系统在人类的管理下，其组成与自然生态系统具有很大的区别，但该生态系统结构与自然生态系统一样，具有垂直结构、水平结构、时间结构和营养结构。

1. 垂直结构　生态系统的垂直结构主要指群落的分层现象，即群落的成层性。在传统的耕地生态系统中，其动植物组成成分较为单一，主要为人类种植的农作物，因此垂直结构并不明显。但在间作模式的耕地生态系统中，如禾豆间作、粮菜间作等，由于农作物种类增加，其形态上的垂直结构比较明显。另外，在缺乏管理的耕地生态系统中，杂草丛生、田鼠昆虫等动物活动频繁，也形成了一定的垂直结构。近年来，以生态农业为经营模式的耕种得到普遍推广，如稻鱼共生、稻鸭共生等种养结合的生态系统，比传统农业的动植物物种更为丰富，不仅使生态系统具有较为明显的垂直结构，并且增强了系统的稳定性。

2. 水平结构　生态系统的水平结构主要指群落的水平空间分布状况和动态。对耕地生态系统来说，主要体现在不同农作物、或不同的经营模式和管理措施造成的水平空间上斑块相间的镶嵌性水平结构。

3. 时间结构　时间结构即垂直结构和水平结构的时间变化。随着农作物的种植、生长、成熟、收割，耕地生态系统的形态在一个生长季中发生变化。在一年或多年的时间尺度中，耕地生态系统的形态会随着复种和轮作等种植模式发生变化。

4. 营养结构　营养结构主要指生态系统内的食物链和食物网结构。虽然耕地生态系统的组成相对简单，并且人类通过收获农作物成为主要的消费者，但该系统也存在较为明显的食物网结构(图3-1)。

图3-1　耕地生态系统食物网

第三节　耕地生态系统的能量流动

一、能量输入

耕地生态系统的主要功能与耕作制度密切相关。如稻—稻—麦和稻—稻—紫云英两种不同的耕作体制，其能量流动和物质循环有较大的差别。因此，在阐述耕地生态系统的能量流动和物质循环之前，必须了解主要的耕作体制。可参考国土资源部2012年发布的《农用地分等定级规程》中我国不同地区的主要耕作制。

不管是哪一种耕作制度，耕地生态系统的能量来源有太阳辐射能和人工辅助能。

1. 太阳辐射能　作物在生长期内对到达地面的太阳总辐射的利用效率叫作作物的光能利用率。公式为：

$$f = (e \times Y \times 1\,000)/(Q \times 666.7 \times 100^2) \times 100\%$$

式中：f 为作物光能利用率；e 为形成 1 g 干物质所需要的能量(即燃烧热)；Y 为作物单位面积产量；Q 为作物生育期内太阳总辐射；常数 1 000 和 666.7×100² 分别为作物产量单位换算系数(kg 换 g)和太阳总辐射单位换算系数。

当 Y 取作物的经济产量时，则计算结果为经济产量的光能利用率。

浙江衡州十里丰农场(年均太阳辐射 397.1 kJ/cm²)11 年间小麦、早稻和晚稻的光能利用率平均值分别是 0.45％、0.72％ 和 0.68％（吕军等，1990）；近年来，太湖流域杭嘉湖地区早稻和晚稻的光能利用率普遍已超过 2％，有的已高达 2％ 以上。然而，两地年均太阳辐射值率相差无几（后者为 413.8kJ/cm²）。

2. 人工辅助能　人工辅助能的输入不但对农作物转化太阳能的效率产生决定性影响，同时也控制着这些化学能的进一步转化和分配。因此，研究耕地生态系统能流时应着重放在辅助能量上。辅助能量包括两部分，无机能和有机能。有机能是指有机农业时代的主要能量投入形式，包括劳力、畜力、种子、有机肥等；无机能是指石油农业时代的主要能量投入形式，包括农机具、燃油、农用电、化肥、农药等。如果人工辅助能输入中的绝大部分是无机能源，则该系统的自给能力很差；如有机能输入占总输入的比例较高，则说明该系统的自给能力较强。

二、能量输出

耕地生态系统的能量输出主要是农作物的净初级生产力，通常以单位面积的生物量计算。

三、输入、输出物质的能量折算

从以上的能量输入、输出清楚地看出，系统内外物质流量的计量单位各不相同。但它们都可以转换为其本质属性——能量，使各种物质用统一的能量单位来表示，这样就容易对特定的系统进行定量研究。表 3-2 是吕军等（1990）根据农业出版社《农业技术经济手册》和王华仁（1986）的资料编写的农田投入产出物质能量折算标准。

表 3-2　农田投入产出物质能量折算标准

农田投入		农田产出	
物质	能量(10^4 kJ/kg)	物质	能量(10^6 kJ/kg)
农机具[①]	210.0	大、小麦	16.3
柴油	45.0	稻谷	15.1
农用电	12.5	玉米	16.3
化学氮肥(N)	91.0	油菜籽	26.3
化学磷肥(P_2O_5)	13.0	花生	23.0
化学钾肥(K_2O)	9.0	稻草	13.8
农药(纯)	102.0	麦秸	14.6
劳力[②]	3 500.0	玉米秸	14.6
畜力[③]	21 000.0	油菜秸	14.6
种子	16.0	花生秧	15.0
有机肥(干)	13.5	麻类	16.3

资料来源：吕军，俞劲炎，张连佳，1990. 低丘红壤地区粮食作物光能利用率和农田能流分析[J]. 生态学杂志（6）：13-17.

注：① 将马力机械的马力折算为千克再乘以 0.1（折旧系数）；

　　② 劳力以每年工作 300d 计，其能量单位为 J/人；

　　③ 畜力以每年工作 250d 计，其能量单位为 J/头。

第四节　耕地生态系统的物质循环

生态系统的物质循环是指化学元素在生态系统内从环境到生物体、再从生物体到环境的转化循环过程，按照循环路径可以分为水循环、气态型循环和沉积型循环，以生态系统为参照可以概化成输入和输出两个过程。耕地生态系统的主要功能为生产农作物，因而营养物质（养分）的输入和输出对耕地生态系统具有非常重要的作用。

由于耕地生态系统是人工管理下形成的生态系统，其养分的输入和输出不仅受自然因素的影响，更多取决于人类的管理方式。耕地生态系统的养分输入途径主要包括施肥、降雨与灌溉和生物固氮；养分的输出途径包括收获物带出、地表径流、淋失和挥发损失等。

一、养分输入

1. 施肥　由于耕地生态系统的地上部生物量约85%被带出系统，即使秸秆全部回田，也还有约50%的收获物被带出系统，系统必须通过施肥来补充被带走的养分，从而维持其生产力。通过对中国21个长期定位试验点观测发现，施肥作物产量比不施肥产量显著提高，玉米、小麦和水稻的增产率分别为78%～93%、193%～219%和60%～75%[1]。这是由于在耕地生态系统中，重要养分氮、磷、钾的输入主要来自施肥。如徐琪总结了太湖地区主要耕地生态系统的物质循环特点，认为对于氮、磷、钾三要素来说，物质输入中分别有79.5%、98.0%和36.0%来自施肥。

化肥是目前较为普遍施放的肥料类型，由于其养分含量高、肥效快等特点，可以迅速将养分供给农作物。为提高农作物产量，我国化肥施用总量与化肥施用强度均呈逐年递增趋势（图3-2），化肥施用总量由1979年的1 086万t增长至2015年的6 023万t，施用强度由73 kg/km² 增长至362 kg/km²。

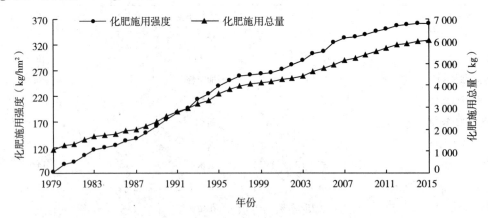

图3-2　我国1979—2015年化肥施用总量和施用强度

① 李忠芳，徐明岗，张会民，等，2009. 长期施肥下中国主要粮食作物产量的变化[J]. 中国农业科学，42（7）：2407-2414.

由于不同区域的土壤养分含量不同，加之不同农作物对养分的需求不同，我国地区间的化肥施用情况存在差异，另外社会经济水平及农业技术推广对化肥的施用也有一定的影响。据统计，我国东北、西南和西北地区在1979—2015年的化肥施用强度最低，华东和华南地区的化肥施用强度最高，华北和华中地区的化肥施用强度居中（表3-3）。

表3-3　我国不同地区化肥施用情况

地区	说明	化肥施用总量(10^4t)	播种面积(10^4hm^2)	化肥施用强度(kg/hm^2)
东北	辽、吉、黑	338.10	1 803.717	187.45
华北	冀、鲁、豫、蒙、晋、京、津	1 123.96	4 297.262	261.55
华中	鄂、湘、赣、皖	697.55	2 954.453	236.10
华东	苏、浙、闽、沪	465.23	1 470.435	316.39
华南	粤、桂、琼	349.04	1 178.467	296.18
西南	川、渝、黔、滇、藏	451.88	2 398.893	188.37
西北	陕、甘、宁、青、新	283.75	1 339.850	211.78
全国	（台湾未计入）	3 709.51	15 443.077	240.21

注：化肥施用量和播种面积均取1979—2015年平均值。

化肥可以大量补充由于收获物带出而损失的营养物质，但过量施用化肥容易造成土壤的酸化、非营养物质积累、重金属渗入等有损耕地生态系统平衡和人类健康的问题。有机肥可以在一定程度上解决这个问题，有机肥主要来自生态系统中的植物或动物，不仅营养物质齐全，有利于土壤微生物群生长，并且可以提高化肥的利用率。但有机肥养分含量相对较低，难以满足耕地生态系统对养分的需求，因而目前多采用化肥有机肥配方施肥的方式。

2. 降水　降水也是物质输入的途径。从世界范围来看（表3-4），雨水供给的养分量有较大差异。每年带入的氮量低的到5.0 kg/hm^2（以N计）；高的达到17.0 kg/hm^2（以N计）；每年带入系统的磷量变化于0.2～1.0 kg/hm^2；钾变化于2.8～5.0 kg/hm^2。

表3-4　国外降雨中每年带入的养分量(kg/hm^2)

国家	氮	磷	钾
英国	17.0	0.3	3.0
荷兰	14.0	1.0	5.0
日本	5.0	0.2	4.0
美国*	7.0	0.2	2.8

资料来源：FRISSEL M J, 1978. Cycling of mineral nutrients in agricultural ecosystems [M]. New York：Elsevier Scientific Publishing Company.

*　美国的印第安纳、阿肯色、堪萨斯、缅因和加利福尼亚五个州的平均值。

测定表明（表3-5），我国降雨中带入的氮要比国外略高，研究认为这可能是由于我国大量施用挥发性很高的碳铵，特别在施肥季节，挥发到空气中的NH$_3$是很多的，这不能不影响雨水中的氮含量。通过降雨带入的钾量也比国外的值高些。

表 3-5　我国南方降雨带入的养分量（kg/hm²）

地区	氮	磷	钾	资料来源
浙江	18.0～24.0	0.12～0.23	7.2～10.1	鲁如坤等，1996
云南、福建	3.5～12.8	0～0.08	2.1～9.8	刘崇群等，1984
江苏	13.6	0.50	8.6	刘元昌等，1984
广东	42.0	0.38	4.8	方炜等，1993
辽宁沈阳	17.4	0.06	4.7	罗国良等，1999

可见，各地雨水带入生态系统的养分量是有变化的。因此，如果要准确地了解当地耕地生态系统的物质循环状况，必须详细测定当地降雨对系统的养分贡献量。如果仅仅为了了解物质循环的基本情况，建议采用鲁如坤等（1996）提出的我国各地区雨水带入的养分量的参数（表 3-6）。

表 3-6　我国部分地区雨水带入的养分量（kg/亩）

项目	松嫩平原	华北地区	华南地区
氮	1.3	0.3	0.6
磷	0.04	0.002	0
钾	0.57	0.2	0.4

资料来源：鲁如坤，刘鸿翔，闻大中，等，1996. 我国典型地区农业生态系统养分循环和平衡研究Ⅱ. 农田养分收入参数[J]. 土壤通报（4）：151-154.

注：亩为非法定计量单位，1 亩≈666.7m²，后同。

3. 灌溉　灌溉水中的养分是水田某些重要营养元素的来源之一。灌溉带入耕地生态系统的养分量主要取决于灌溉水中的养分浓度和灌溉水量。根据各地的测定结果，灌溉水中的养分浓度变化很大（表 3-7），如氮素的浓度范围为 0.3～5.42 mg/L；钾的浓度变化于 0.24～5.82 mg/L；灌溉水中磷的浓度相对较低，变化于 0.002～0.13 mg/L。

灌溉水量与耕地类型、熟制、作物种类和当地的气候条件等因素有关，例如水田、旱地和菜地，其需水量完全不同；水田的不同熟制、不同作物种类的需水量有很大的差别；两熟制与三熟制的稻田的灌溉需水量也不一样；降雨对稻田水分的补充一定程度上减少了农田的灌溉需水量。各地灌溉水中养分浓度的差异及灌溉水量的差异，使得灌溉水带入生态系统的养分量各地区之间有很大的差别（表 3-7）。比如，对氮素来说，沈阳每年带入农田的量达到 28.2 kg/hm²，而陕西延安却只有 1.8 kg/hm²；磷和钾也有相同的情况，不同地区的灌溉水输入量有很大的差异。因此，研究不同地区的耕地生态系统的养分循环，必须针对当地的灌溉水养分含量和实际灌水量计算灌溉水的输入量。

表 3-7　灌溉水中的养分浓度、通过灌溉水的养分输入量和占总输入量的百分比

地区	浓度（mg/L）			输入量（kg/hm²）			占总输入量的百分比（%）			资料来源
	氮	磷	钾	氮	磷	钾	氮	磷	钾	
沈阳				28.2	0.5	11.8				罗国良等，1999
延安	0.83	0.06	2.39	1.8	0.1	6.3	1.1	0.5	46.3	杨学云等，2001

（续）

地区	浓度(mg/L)			输入量(kg/hm²)			占总输入量的百分比(%)			资料来源
	氮	磷	钾	氮	磷	钾	氮	磷	钾	
扶风	5.42	0.04	1.97	20.4	0.1	0.5	5.0	0.1	4.7	杨学云等，2001
汉中	1.96	0.05	3.70	22.1	0.5	41.7	5.2	0.7	52.0	杨学云等，2001
常熟				10.2	0.5	37.3	1.8	1.0	39.1	秦祖平等，1989
封丘	2.10	0.007	1.32	9.4	0.03	6.0				鲁如坤等，1996
鹰潭	1.40	0.002	0.24	19.0	0.02	3.3				鲁如坤等，1996
太湖	0.30	0.13	5.82				2.1	0.4	30.9	徐琪等，1989

4. 种子　种子带入的养分是指播种和插秧时种子或秧苗带入耕地生态系统的养分量。它与作物种类、播种量有关。鲁如坤等（1996）总结了南方主要作物种子带入的养分量（表3-8）。总的来说，通过种子带入的养分在三要素中以氮最高，而磷、钾的带入量很少。而且，在所有的输入中，通过种子途径输入生态系统的养分量是最少的。徐琪等（1992）对太湖地区稻田生态系统的研究表明，种子带入的氮、磷、钾在总输入量中分别只占1.1%、0.9%和1.8%。

表3-8　南方主要作物种子带入的养分量(kg/hm²)

作物	播种量	带入养分		
		氮	磷	钾
水稻	180	2.25	0.6	0.45
小麦	187.5	3.15	0.6	0.90
花生	187.5	9.45	1.05	1.35
玉米	45	0.75	0.15	0.15
油菜	1.05	0.045	0.015	0.015

5. 生物固氮　自然界中，有些微生物等能将空气中的氮气还原成氨，为植物或微生物的生长发育提供氮源，这种现象称为生物固氮。按固氮菌与植物之间的相互关系，可将生物固氮分为以下几类：共生固氮、自生固氮和联合共生固氮。共生固氮体系有根瘤菌与豆科植物共生和弗兰克氏菌与非豆科植物共生等，其中以根瘤菌与豆科植物共生体系固氮能力最强，年固氮量占生物固氮总量的60%以上（陈文新等，2002）。因此，在耕地生态系统的耕作制中，如果有种植豆科绿肥或作物的环节，对耕地氮素营养循环将起重要作用，如南方的紫云英、西北的苜蓿和东北的草木樨、大豆等。根据鲁如坤等（1996）的研究，我国豆科作物的年固定氮量如表3-9。

表3-9　我国豆科作物的共生固氮量(kg/hm²)

作物	平均单产	固氮量
豆科绿肥	22 500	60
大豆、花生	4 500	195
其他籽用豆科作物	3 450	120

自生固氮在氮素循环中也是不可忽视的。它是通过土壤中某些细菌和蓝绿藻的作用来固定空气中的氮素的,但我国这方面的资料很少。国外一些结果认为自生固氮菌的固氮量在 $4.95\sim19.95\ kg/hm^2$,蓝绿藻的固氮量在 $10.05\sim49.50\ kg/hm^2$ 范围内。国内有人估计旱地固氮量为 $15\ kg/hm^2$,水田为 $30\sim45\ kg/hm^2$。

二、养分输出

1. 收获物　耕地生态系统是开放性系统,人们收获作物产品并把它带出系统的同时也带走了系统中的营养元素,这是系统养分输出的最主要部分。收获物带走的养分总量可以用以下公式计算:

$$T_i = Cs_i \times Bs_i + Cp_i \times Bp_i$$

式中:T_i 为收获物移出系统外的营养元素 i 总量(kg/hm^2);Cs_i 为秸秆中营养元素 i 的浓度(%);Bs_i 为移出系统的秸秆总量(kg/hm^2);Cp_i 为收获的经济产品中营养元素 i 的浓度(%);Bp_i 为移出系统的经济产品总量(kg/hm^2)。

从公式可以看出,收获物养分移出量取决于收获物的养分含量及其移出量。

作物养分浓度受很多因素影响。因此,同一作物的养分含量变幅是相当大的。鲁如坤等(1996)统计了主要作物的养分含量变化(表3-10)。从表3-10可以看出,不管是籽粒还是秸秆,氮、磷、钾养分含量的变化幅度都比较大。因此,采用平均养分浓度估计一定地区的作物收获物养分移出量时,要充分估计由此带来的误差。

表 3 - 10　主要作物养分含量的变幅

作物	样本数	站点	部位	养分	幅度(%)
水稻	144	鹰潭	籽粒	氮	1.09~1.80
				磷	0.22~0.40
				钾	0.23~0.50
			秸秆	氮	0.34~1.12
				磷	0.06~0.20
				钾	0.80~3.00
小麦	25	封丘	籽粒	氮	1.23~3.04
				磷	0.14~0.47
				钾	0.31~0.50
			秸秆	氮	0.27~0.86
				磷	0.013~0.183
				钾	0.70~2.42
玉米	21	海伦	籽粒	氮	1.11~1.45
				磷	0.26~0.41
				钾	0.31~0.41
			秸秆	氮	0.49~0.77
				磷	0.06~0.18
				钾	0.63~0.80

生物产品的移出量取决于生物量和生物物质的开放度。生物量主要指地上部生物量。根据傅庆林等（1994）的研究，我国亚热带三个稻区耕地生态系统生产的生物量分别为：华东与华中稻区 3.20×10^4 kg/(hm²·年)（"两水一旱"）与 2.21×10^4 kg/(hm²·年)（"两旱一水"），华南稻区 4.33×10^4 kg/(hm²·年)（"两水一旱"）与 3.78×10^4 kg/(hm²·年)（"两旱一水"），西南稻区 3.31×10^4 kg/(hm²·年)（"两水一旱"）与 2.93×10^4 kg/(hm²·年)（"两旱一水"）（表3-11）。因此，耕地生态系统生产的生物量华南稻区最大，其次为西南稻区，华东与华中稻区最小。

生物物质的开放度是指移出系统的生物量占总生物量的百分数。我国目前生物物质的开放度很高，都在 70% 以上（表 3-11）。也就是说，人们除了收获作物的经济产品部分，同时也移走了大部分的非经济产品部分，如秸秆等。

表 3-11　中国亚热带主要稻作制农田生物量及其开放度

稻区	耕作制	生物量［10^4 kg/(hm²·年)］	开放度（%）
华东与华中	小麦—稻—稻	3.20	78.7
	小麦—稻—豆	2.21	84.4
华南	小麦—稻—稻	4.33	88.2
	小麦—玉米—稻	3.78	90.0
西南	紫云英—稻—稻	3.31	86.8
	紫云英—玉米—稻	2.93	72.4

通常，人们希望通过研究一定行政范围如一个县、一个市或一个省的养分平衡状况，为职能部门对耕地质量的宏观管理提供决策依据。这种情况下，经济产品总量可以从统计年鉴中获取，秸秆和经济产品的养分浓度也可以从相关资料中取得或抽样分析，而耕地生态系统的秸秆总量可通过下式计算：

$$Bs = R \times Bp$$

式中：Bs 为系统的秸秆总量（kg/hm²）；R 为草籽比；Bp 为经济产品总量（kg/hm²）。

关于草籽比，国内的研究不多。鲁如坤等（1996）引述的国外的一些研究结果（表 3-12）具有一定的参考价值。

表 3-12　某些作物的草籽比

作物	草籽比
冬小麦	1.25~2.0
春小麦	1.6
玉米	1.07~2.0
大麦	1.4~1.62
荞麦	1.5
豌豆	1.5
水稻	1.2
棉花	1.3

根据以上的关系，可以计算营养元素随收获物的移出量。从我国现有的资料看，计算收获物移出量有两种途径：①根据实验资料计算；②根据统计资料估算（表3-12）。可见，根据不同数据源计算得到的收获物移出量差别很大。值得注意的是，通过统计资料计算收获物养分移出量时，如果计算参数取值不当，可能会导致结果与实际情况有较大的偏差（表3-13），钾的移出量很大，且高于氮的移出量，而我国其他的一些研究结果表明，钾的移出量低于氮的移出量（秦祖平等，1989；鲁如坤等，1996；徐琪等，1992）。

表3-13　小麦—稻—稻三熟制水田不同数据来源的收获物移出量

稻区	数据来源	收获物移出量（kg/hm²)			资料来源
		氮	磷	钾	
常熟		207.5	29.1	99.4	秦祖平等，1989
无锡	实验	260.2	47.8	125.2	秦祖平等，1989
武进		286.4	55.3	180.2	秦祖平等，1989
华东与华中	统计	394.4	157.1	604.7	傅庆林等，1994
华南		455.4	184.8	489.8	傅庆林等，1994

2. 径流和渗漏损失　径流和渗漏是耕地水循环的一个关键环节，也是养分输出的一个重要途径，但遗憾的是我国这方面的资料比较少。根据中国科学院南京土壤研究所的研究结果（表3-14）（鲁如坤等，1996），不同地区氮的渗漏、径流损失为 $1.5 \sim 6.9$ kg/hm²，钾为 $1.95 \sim 16.95$ kg/hm²，比氮高些，磷最少，只有 $0.015 \sim 0.45$ kg/hm²。总体上看，渗漏导致的养分输出量要大于田面径流，特别是氮、钾这种趋势更明显。

土壤渗漏和径流养分损失受施肥影响很大。施肥量大的地区渗漏和径流损失的养分量大，施肥量小的地区渗漏和径流损失的养分量小。

表3-14　南方水稻田渗漏和径流的养分损失（kg/hm²)

地区	水流	氮	磷	钾
山区	渗漏	5.10	0.15	16.95
	径流	3.90	0.45	10.20
冲积稻区	渗漏	6.90	0.15	12.15
	径流	1.95	0.30	3.15
酸性红壤区	渗漏	6.75	0.06	9.60
	径流	1.50	0.015	1.95

熟制也影响着渗漏和径流养分移出量。一般来说，两熟制系统水循环移出养分要小于三熟制系统（表3-15）（秦祖平，1989）。

3. 气态损失　氮的气态损失主要有两条途径：反硝化损失和氨的挥发损失。反硝化损失是土壤中氮素损失的一条重要途径，它是由微生物在特定条件下进行的。土壤中有多种微生物在缺氧时能推动反硝化作用，从这一过程取得氧，以供自身的呼吸作用。反硝化作用不仅会造成肥料损失，形成的含氮氧化物也会污染大气。研究结果表明，氮反硝化损失量较大。

表 3-15　太湖稻田生态系统养分渗透和径流移出量

排水方式	熟制	移出量[kg/（hm²·年）]		
		氮	磷	钾
渗漏	麦—稻	1.86	0.25	10.66
	麦—稻—稻	2.61	0.34	14.40
径流	麦—稻	1.64	0.24	4.74
	麦—稻—稻	2.33	0.28	6.71

注：移出量为常熟、无锡和武进三个点的平均值。

即使在较为适宜的氮肥用量和使用技术下，化肥氮的反硝化损失仍达 33%～45%（张绍林等，1989）；鲁如坤等（1996）在封丘和鹰潭的实验结果表明，化肥氮的表观反硝化损失（在氮的淋溶损失很小的情况下，用氮的总损失减去氨挥发损失作为表观反硝化损失）在 16%～33%。因此，在生产中尽量减少这一部分损失是提高氮肥利用的关键。影响反硝化损失的因素很多，有土壤类型、肥料品种、土壤水分条件、温度等。但起决定作用的因素是土壤水分条件，干湿交替的环境比较有利于反硝化作用的进行。因此，一般情况下，水田的反硝化损失要比旱地高。

　　氨挥发量高低与施肥方法密切相关。氮肥表施，氨的挥发损失高达 30%～40%（鲁如坤等，1996）。并且会随温度、土壤 pH、地表残留氮量的增加而增加。许多研究已经证明，将肥料条施或穴施比与土壤混施的效果好，可以提高作物产量和氮素吸收量。

　　从上面对输入和输出各分项对养分循环的分析可以得出：施肥是氮、磷最主要的养分输入途径；而对于钾素营养来说，由于我国目前总体施钾水平较低，同时也由于灌溉水中钾素含量较高，除了施肥外，灌溉水也是钾素输入的重要途径之一。从输出项来看，磷、钾有90%以上是通过收获物的方式移出系统的；而对于氮来说，收获物携出和气态损失是两个最重要的输出方式。有时氮的挥发损失量超过收获物的移出量。图 3-3 是太湖地区平田稻田

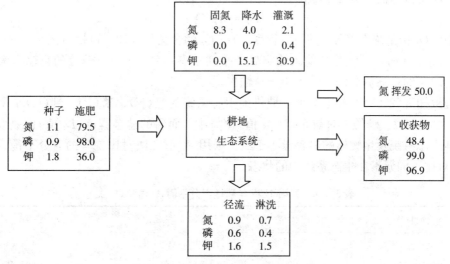

图 3-3　太湖地区平田稻田生态系统营养元素循环（单位：%）

（资料来源：徐琪，刘元昌，陆彦椿，等，1992. 稻田生态系统的特点及其分区—以太湖地区为例[J]. 农村生态环境（2）：31-36.）

生态系统营养元素循环框图(徐琪,1989)。由图 3-3 可见,输入项中,肥料氮占 79.5%、种子氮占 1.1%,降水和灌溉带入氮量分别占 4.0% 和 2.1%,而生物与非生物固氮量占输入氮量的 8.3%;肥料磷占 98%、种子磷占 0.9%,降水和灌溉带入磷量分别占 0.7% 和 0.4%;肥料钾占 36.0%、种子钾占 1.8%,降水和灌溉带入钾量分别占 15.1% 与 30.9%。输出项中,收获物氮占 48.4%,径流与淋洗水中氮占 1.6%,氮挥发达 50%;收获物带走钾 96.9%、径流与淋洗水中钾 3.1%;收获物带走磷 99.0%、径流与淋洗水中磷 1.0%。

三、养分平衡

1. 水田生态系统养分平衡的指标 水田生态系统是指用于种植水稻等水生作物的耕地生态系统,一般筑有用于蓄水的田坎,在降雨充沛的地区可通过降水蓄水,也可通过灌溉设施进行蓄水。因而,水田生态系统的水循环路径相对活跃。

系统养分盈亏量和盈亏程度是说明耕地生态系统养分平衡状况的两个指标。系统养分盈亏量指系统养分的总输入量与总输出量之差,可表达为:

$$A_i = I_i - O_i \qquad\qquad (3-1)$$

式中:A_i 为系统中养分 i 的盈亏量;I_i 为系统中养分 i 的总输入量;O_i 为系统中养分 i 的总输出量。

因此,系统某养分的总输入等于总输出时,A_i 等于 0,系统中该养分的总储量不变;当 $A_i \geqslant 0$ 时,该养分的总输入大于总输出,系统中该养分的总储量增加;当 $A_i < 0$ 时,该养分的总输入小于总输出,系统中该养分的总储量减少。

系统养分的盈亏量可以很直观地告诉人们营养元素绝对盈亏量,但不同元素在生态系统内的转移量存在较大的差别,绝对亏盈量很难直观地反映不同元素之间的亏盈程度的差异。盈亏程度可以反映营养元素的相对盈亏情况,从而为不同营养元素平衡程度的比较提供方便。盈亏程度指总输入量与总输出量的比值。可表达为:

$$D_i = I_i / O_i$$

式中:D_i 指系统中养分 i 的盈亏程度;I_i、O_i 的含义与式(3-1)相同。

当 D_i 等于 1 时,系统养分输入输出处于平衡状态;$D_i > 1$ 时,养分的总输入大于总输出;当 $D_i < 1$ 时,该养分的总输入小于总输出。

如赖致知等(2002)对我国 7 个区域耕地生态系统的氮(N)、磷(P)、钾(K)平衡情况的研究中(表 3-16),磷的绝对盈余量(A_i 值)比氮小,而磷的盈余程度(D_i 值)比氮大,这是由于耕地生态系统及生物体的磷含量小于氮,采用 A_i 值无法对比二者的养分平衡,需要通过 D_i 值对比不同元素在生态系统中的状态。

表 3-16 我国 1998 年耕地养分平衡 A_i 值和 D_i 值

项目	氮	磷	钾
输入量(kg/hm²)	3 739.47	1 211.19	1 166.04
输出量(kg/hm²)	2 802.04	563.75	1 365.48
A_i 值(kg/hm²)	937.43	647.44	−199.44
D_i 值(-)	1.25	1.54	0.83

2. 水田生态系统的养分平衡　目前，我国水田生态系统的氮和磷的 D_i 值一般表现为正数，呈现盈余状况，而钾为亏缺状况。如徐琪（1989）研究了太湖地区平田两种熟制养分平衡状况（表3-17），可以看出就太湖地区而言，不论两熟制还是三熟制，氮和磷均为呈现盈余，而钾均为亏缺状况。

表 3-17　太湖地区平田两种熟制养分平衡状况（kg/hm^2）

熟制	项目	氮	磷	钾
两熟	输入	441.8	71.2	66.0
	输出	381.8	42.0	150.0
	平衡 A_i 值	60.0	29.2	-84.0
三熟	输入	576.0	72.0	79.5
	输出	423.8	48.0	141.0
	平衡 A_i 值	152.2	24.0	-61.5

由于水田生态系统的农业生产特性，其养分平衡受人工管理的影响较大。分析我国多年来水田的养分平衡状况（表3-18）表明，我国水田养分平衡历史可以分为三大阶段：

表 3-18　我国农田养分平衡的历史变化（D_i 值）

年份	氮	磷	钾
1949	0.56	0.64	0.61
1957	0.55	0.54	0.51
1965	0.79	0.82	0.55
1975	1.03	1.06	0.58
1983	1.46	1.28	0.54
1991	1.39	1.32	0.60

资料来源：鲁如坤，刘鸿翔，闻大中，等，1996. 我国典型地区农业生态系统养分循环和平衡研究Ⅱ. 农田养分收入参数[J]. 土壤通报（4）：151-154.

20 世纪 60 年代以前为第一阶段。在这一阶段的基本特征是氮、磷、钾三大养分全面出现赤字。60 年代中期以后，在氮、磷方面大约有 80% 的养分已经依靠施肥获得，只有 20% 依靠消耗土壤养分。情况已经大大缓和了。

20 世纪 70 年代中期为第二阶段。这一时期是我国农田养分平衡的重大转折期，即氮、磷养分由全面赤字转向基本平衡。这一重大转变，为我国农业生产发展奠定了良好的物质基础。因为农业上依靠养分赤字增产，在大部分情况下是不长久的。

20 世纪 70 年代中期至今为第三阶段。在这一阶段中氮、磷有盈余，但是钾继续亏缺。钾的亏缺不但导致了我国南方缺钾已成为现实，而且北方缺钾面积也在不断扩大。

如前所述，20 世纪 70 年代中期以来，我国稻作区氮、磷营养处于盈余状态，也即 $D_i > 1$。当 D_i 大到一定程度时，即可能引起营养元素对环境产生潜在威胁。比如氮，$D_N > 1.2$ 时，盈余的相当部分并未用来增加在土壤中的积累，而是进入了环境，造成对环境的污染。磷平衡的问题和性质与氮有所不同。尽管磷的平衡也是普遍盈余的。但盈余磷的绝大部分积累在土壤中，在一定意义上提高了土壤磷的供应潜力。当然这种积累也存在一定的潜在危险。我国农田钾一般都是亏缺的，就是说我国土壤钾含量大部分是处于退化之中。

3. 旱地生态系统的养分平衡 旱地生态系统是指无灌溉设施，主要靠天然降水种植旱生农作物的耕地生态系统。该类生态系统的养分平衡与水田生态系统的最大区别在于：养分输入项少了灌溉的环节；养分输出项中多了水土流失（径流）引起的养分损失项，而且占了一定的比例，如堪萨斯的小麦田，通过径流输出的氮、磷、钾分别占总输出量的 10%、30% 和 31%；阿肯色的大豆田通过径流输出的氮、磷、钾分别占总输出量的 12%、23% 和 21%。堪萨斯和阿肯色的农田坡度平缓，通过径流移出系统的养分比例尚且如此之高。我国大部分旱地分布在山坡地上，坡陡且水土保持措施不完善，可以想象，由水土流失带走的养分是很大的，特别是磷和钾。

表 3-19 是王兴祥等（1999）研究在江西省余江县中国科学院鹰潭红壤生态实验站发育于第四纪红黏土的普通红壤上的旱地不同轮作体系的氮、磷、钾的平衡状况。花生-绿肥（萝卜菜）、玉米＋大豆-荞麦-油菜、大豆＋红薯-油菜三种不同轮作体系的土壤流失量分别为 1 090.7 t/(km² · 年)、1 080.0 t/(km² · 年) 和 58.7 t/(km² · 年)，属于轻度和微度侵蚀。在基础肥力不高的情况下（有机质 7.2 g/kg、全氮 0.58 g/kg、全磷 0.18 g/kg、全钾 11.6 g/kg），轻度侵蚀引起的磷、钾输出分别占总输出的 20%～23% 和 39%～53%。相反，只有轻微水土流失的大豆＋红薯-油菜轮作体系，由水土流失输出的氮、磷、钾分别只占总输出量的 0.9%、0.8% 和 0.5%。可见，做好旱地的水土保持对系统的养分平衡意义重大。

表 3-19 **旱地生态系统的氮、磷、钾平衡状况**（1992 年 4 月至 1996 年 4 月）（kg/hm²）

项目		花生-绿肥（萝卜菜）			玉米＋大豆-荞麦-油菜			大豆＋红薯-油菜		
		N	P₂O₅	K₂O	N	P₂O₅	K₂O	N	P₂O₅	K₂O
养分输入	有机肥	317.3	202.5	337.5	317.3	202.5	337.5	317.0	202.5	337.5
	化肥	276.0	360.0	360.0	1492.7	540.0	2 520.2	782.9	540.0	1 500.0
	雨水	94.1	0	23.5	94.1	0	23.5	94.1	0	23.5
	种子	35.1	8.7	4.6	18.2	3.9	10.9	16.8	3.9	12.6
	生物固氮	332.6	0	0	95.2	0	0	171.4	0	0
养分输出	水土流失	72.5	52.9	604.0	77.7	56.8	667.2	7.2	4.0	74.4
	淋失	176.8	0	17.6	153.2	0	154.1	84.8	0	44.0
	氮气损失	69.7	0	0	167.0	0	0	110.2	0	0
	收获移出	721.0	234.7	510.3	557.9	281.1	902.5	615.3	481.7	1 481.0
	水土流失输出占总输出(%)	7	23	53	8	20	39	0.9	0.8	0.5

资料来源：王兴祥，张桃林，张斌，1999. 红壤旱坡地农田生态系统养分循环和平衡[J]. 生态学报（3）：47-53.

4. 菜地生态系统的养分平衡 菜地在土地利用分类中被划分到水浇地类型，菜地生态系统是有灌溉设施用于种植蔬菜的耕地生态系统。与水田生态系统相比，该生态系统的养分循环速度很快（表 3-20）。特别是氮、钾，菜地的输入量为 285 kg/(hm² · 年)、220 kg/(hm² · 年)，水田只有 178 kg/(hm² · 年)、118 kg/(hm² · 年)，而输出分别是

$269\,kg/(hm^2 \cdot 年)$、$257\,kg/(hm^2 \cdot 年)$ 和 $187\,kg/(hm^2 \cdot 年)$、$154\,kg/(hm^2 \cdot 年)$；另一个明显不同是菜地的氮、钾淋失强度比水田大得多。

表 3 - 20　日本菜地和水田生态系统的养分平衡状况

项目		菜地[kg/ (hm² · 年)]			水田[kg/ (hm² · 年)]		
		氮	磷	钾	氮	磷	钾
养分输入	有机肥	—	—	—	20	2.6	13
	化肥	258	79.9	206	96	45	74
	雨水	5	0.2	4	5	0.2	4
	种子	—	—	—	—	—	—
	生物固氮	20	—	—	40	—	—
	灌溉	2	0	10	17	0.3	27
	合计	285	80.1	220	178	48.1	118
养分输出	径流	0	0.1	62	1	0	1
	淋失	77	0.1	62	20	0.9	22
	氮气损失	30	—	—	70	—	—
	收获移出	168	22.7	193	96	21.9	131
	合计	275	22.9	317	187	22.8	154
A_i 值		10	57.2	—97	—9	25.3	—36

我国菜田仍多是"肥大水勤，肥随水走，一水一肥"的传统施肥模式，过量的化肥导致土壤板结，进而加剧农村生态环境的恶化。这也是蔬菜种植中的难点，既要保证蔬菜对养分的需求，又要减少化肥在土壤中的剩余量。近年来，有机蔬菜和无公害蔬菜的种植模式在我国推广开来，在保证蔬菜产量的前提下，对耕地和农村环境起到了保护作用。郭瑞华等（2014）采用有机、无公害、常规 3 种模式种植茄子，研究氮素的平衡和盈余情况（表 3 - 21）。其中，有机模式指只施用有机肥，不使用化肥、农药等；无公害模式指按照无公害标准施用化肥和农药，化肥施用量为常规模式的 50%，其余为有机肥；常规模式指采用常规的化肥和农药施用量。从表 3 - 21 中看出，有机模式的农作物的产量和氮素含量最高，且氮在土壤中的剩余量最少，当然氮的损失仍是需要解决的问题。

表 3 - 21　不同施肥模式下茄子种植中氮平衡

施肥模式	氮输入量	氮输出量	其中茄子氮含量	茄子产量	氮盈余量
有机模式	1 150	178	98.26	93 458	971
无公害模式	1 182	135	98.11	93 320	1 046
常规模式	1 433	116	94.85	90 209	1 317

资料来源：郭瑞华，杨玉宝，李季，2014. 3 种蔬菜种植模式下土壤氮素平衡的比较研究[J]. 中国生态农业学报，22 (1)：10 - 15.

四、土壤生物对养分平衡的作用

土壤动物是耕地生态系统的重要组成之一，作为消费者和分解者通过生存、取食等活动维持生态系统中的能量传递和养分循环，并且通过这些活动对土壤结构、土壤孔隙度、土壤透气性及含水量等方面具有有利作用。比如，蚯蚓不仅可以提高土壤肥力、改良土壤结构，还对重金属和有机污染物方面起到一定的净化作用。其中，土壤微生物的作用最为显著，参与土壤中 $80\% \sim 90\%$ 的代谢过程。土壤微生物通过对土壤养分的分解和转化，在维持生态系统整体服务功能方面发挥着重要作用，不仅促进土壤碳、氮、硫、钾等养分形态的转化，并且在转化循环过程中净化土壤中的污染物。另外，由于土壤微生物在土壤质量和土壤肥力演变的重要作用，土壤微生物的种群和数量、群落结构及其功能、酶活性等可以作为土壤有机质层的生物活性显示指标。

1. 土壤微生物的作用

(1)维持养分平衡。一方面，土壤微生物参与土壤的发生发育过程，影响土壤的物质组成及物理结构，从而提高土壤肥力。另一方面，土壤中各种来源和形态的有机质最终需要经过微生物的分解矿化过程才能重新进入土壤生物地球化学循环，不仅释放养分保障植物生产，并且存储养分维持生态系统健康。虽然土壤微生物可以维持生态系统的养分平衡，但是对硝态氮存在两种截然相反的作用：微生物通过同化性硝酸还原作用将硝酸盐 NO_3^- 还原为 NH_4^+ 再同化为氨基酸，如氨氧化细菌、氨氧化古菌和细菌等；反硝化作用也称脱氮作用，指微生物以 NO_3^- 或 NO_2^- 代替 O_2 进行无氧呼吸，将 NO_3^- 转换为气态的 N_2O 和 N_2，从而造成氮元素流失的情况，如脱氮小球菌和脱氮硫杆菌等。因此在农业活动时，应增加中耕松土减少气态氮损失。

(2)促进农作物生产。土壤微生物可以提高土壤中有机质含量，促进土壤中难溶性或不溶性元素的释放，从而促进植物根系对营养元素的吸收利用，缓解养分匮乏对植物生长的限制。因此，土壤微生物有利于生态系统的初级生产，增加农作物的产量。

(3)净化土壤污染。外源污染物进入土壤后，在土壤微生物的作用下发生形态转化和降解，改变污染物的移动性、毒性和最终归趋[1]，如砷、汞、镉等土壤重金属和多环芳烃等有机污染物。

2. 微生物菌剂　由于土壤微生物对耕地生态系统的作用，近年来对微生物菌剂 [microbial agent，又称微生物菌肥 (microbial fertilizer)] 的研究和应用取得了较好的进展。微生物菌剂是含有特定人工培植的有益微生物菌群，经加工制成的微生物活菌制剂。微生物菌剂不仅可以维持养分平衡、农作物增产、净化污染等，并且通过特定培植有益的活性菌株，可以拮抗土壤中有害微生物菌群，抑制病原菌增殖、防治或减轻病虫害[2]。李超等 (2017)通过对稻田中添加不同用量的微生物菌剂，研究微生物对土壤养分、水稻产量和重金属吸收等问题(表3-22)，可以看出施用微生物菌剂后，早晚稻单产和土壤养分均有增加，并且对降低植物体内镉含量也具有显著效果。

---

① 宋长青，吴金水，陆雅海，等，2013. 中国土壤微生物学研究 10 年回顾[J]. 地球科学进展(10)：1087-1105.

② 李金花，2019. 球毛壳 ND35 微生物菌剂对楸树幼苗抗旱性及土壤肥力的影响[D]. 泰安：山东农业大学.

表 3 - 22　不同用量微生物菌剂对双季稻生产的影响

季别	微生物菌剂施用量(kg/hm²)	稻谷产量(kg/hm²)	土壤养分含量(mg/kg)			植物体镉含量(mg/kg)	
			碱解氮	有效磷	速效钾	平均值(根、茎叶、果实)	糙米
早稻	0	5 736	182.9	3.15	52.6	19.45	0.73
	30	5 886	203.4	3.24	53.2	18.16	0.68
	60	6 053	204.1	3.27	53.8	15.08	0.64
	90	6 474	210.2	3.31	55.2	13.94	0.61
	120	6 554	214	3.36	55.8	12.36	0.57
晚稻	0	6 981	194.3	3.11	53.4	21.34	0.79
	30	7 040	206.9	3.18	53.6	19.09	0.74
	60	7 343	207.2	3.22	54.2	17.01	0.69
	90	7 859	209.3	3.25	55.7	15.64	0.64
	120	7 926	212.7	3.29	56.9	13.81	0.60

资料来源：李超，肖小平，唐海明，等，2017. 种植型微生物菌剂对双季稻植株产量、土壤养分及重金属 Cd 的影响[J]. 中国农学通报，33（29）：1-6.

第五节　耕地生态系统的退化及保护

一、耕地生态系统的退化

耕地是人类赖以生存的基本资源和条件，我国耕地面积总量多、人均少、地区分布不平衡，且后备耕地资源匮乏。农业部在 2014 年 12 月 17 日发布的《全国耕地质量等级情况公报》中显示我国耕地退化面积超过 40%，具体包括南方土壤酸化，华北平原耕层变浅，西北地区耕地盐渍化、沙化，土壤污染和土地农膜残留等耕地质量退化的问题。

1. 耕地数量减少　在城市化和工业化进程中，社会经济发展需要空间，使得大量耕地被建设占用，导致耕地面积减少，这也是耕地生态系统退化的一种表现。近年来，国家对控制耕地面积实施了强制措施，这一情况得到缓解，因此我国耕地质量退化方面的问题更为迫切。

2. 地力下降　耕地地力是指土地用于农作物栽培使用时，在一定时期内单位面积耕地的物质生产能力，受土壤肥力、降水及农田设施等因素的影响。耕地的地力下降直接导致农产品的产量下降，威胁国家粮食安全。根据《全国耕地质量等级情况公报》，可高产、稳产的一至三等耕地仅占全国耕地的 27.3%；四至六等耕地的自然条件和农田设施条件较好，障碍因素不明显，是今后粮食增产的重点区域，约占全国耕地的 44.8%；剩余 27.9% 为七至十等耕地，此类耕地障碍因素突出，短时间内较难得到根本改善，需持续改进。

耕地生态系统是在人工管理下的生态系统，其退化的主要原因是人类对该生态系统的不合理经营和管理，在我国较为普遍的是：掠夺式的粗放经营、减少养分输入，导致耕地生态系统的养分亏缺、肥力下降；过量施用化肥，土壤难以吸收过剩的养分，从而导致土壤板结；在干旱和半干旱地区，由于风力侵蚀导致的土壤沙化；南方地区的土壤 pH 普遍较低，加之酸雨作用，使土壤酸化；陡坡开垦耕地或田间水土保持工程的缺失导致的水土流失等。

3. 土壤污染　土壤污染是指大量有害物质进入土壤，使生态系统的自我调节能力过载，最终导致土壤理化性状恶化以及有害物质富集的过程。土壤污染不仅会造成耕地生态系统失调、地力下降，并且污染物还会经由农作物进入人体从而影响人类健康。根据污染物的类型，可以将土壤污染分为无机污染和有机污染。

无机污染主要指由有害金属、酸、碱、盐等无机物质对土壤造成的污染。有些重金属污染对农作物产量的影响不太显著，但对人体健康的危害巨大。如镉大米、镉小麦容易导致人体骨骼软化和高血压等症状，铅中毒会影响儿童的智力发育，铬、锰、镍、砷等会引起不同部位的癌症等。有机污染主要指由碳水化合物、蛋白质等有机物质引起的土壤污染。有些有机污染物在环境中降解过程缓慢，毒性强，且可通过食物链富集放大，不仅对人类个体具有伤害，而且对后代具有永久性伤害。如农药滴滴涕、多环芳烃，对人体的新陈代谢、生长发育及生殖功能产生影响。

二、耕地生态系统的保护

"十分珍惜和合理利用每一寸土地，切实保护耕地"是我国的基本国策。耕地生态系统的可持续发展关系到社会经济的可持续发展。随着社会经济发展，针对不同阶段的耕地利用矛盾，我国先后出台了不同耕地保护政策：从严守耕地红线，只注重耕地数量忽视质量；当耕地质量危机加重，中央逐步调整耕地质量监管政策，由"占一补一"转为"占一补一，占优补优"；近几年由于耕地生态环境日益恶化，中共中央、国务院又出台《关于加强耕地保护和改进占补平衡的意见》强化耕地数量、质量、生态"三位一体"全方位保护[①]。

对耕地生态系统的保护需要从数量、质量及生态环境三个方面考虑。

1. 耕地生态系统的数量保护 我国对耕地数量的保护主要体现在基本农田保护区制度，基本农田保护区具体是指依据土地利用总体规划和依照法定程序，以乡（镇）为单位进行划区界定，由县人民政府土地行政主管部门会同同级农业行政主管部门组织实施确定的特定保护区域。划定进此特定保护区域的耕地称为基本农田，基本农田的数量是维持我国粮食安全的临界面积，只有经国务院批准后，才可占用基本农田。

2. 耕地生态系统的质量保护 耕地生态系统的生产功能是其第一性，因此，狭义的耕地生态系统质量是指耕地的农作物生产能力，即耕地地力。目前，我国主要通过对监测点耕地的土壤理化性状和生产能力进行动态监测，从而实现对耕地地力的保护。对于地力已下降的耕地生态系统，可通过休耕、群落演替、堆肥等方式恢复地力。

3. 耕地生态系统的生态环境保护 对耕地生态环境的保护主要包括使耕地免受污染以及污染后耕地的恢复。由于水体污染和大气污染均会随物质循环路径进入土壤，耕地生态系统很容易受到污染。因此，对耕地生态系统的环境保护应该以预防为主，防治结合。对于已被污染的耕地，可以通过钝化技术降低污染物的活性和可迁移性，从而降低污染物对耕地生态系统的作用；另外，也可通过客土或换土等技术将污染物移出生态系统，彻底消除污染物对耕地生态系统的威胁。

4. 耕地生态系统的"三位一体"保护 近年来，我国已经形成了数量、质量、生态"三位一体"的耕地保护格局。三位一体保护实质是各级政府相关部门通过法律法规、政策

---

① 祖健，郝晋珉，陈丽，等，2018. 耕地数量、质量、生态三位一体保护内涵及路径探析[J]. 中国农业大学学报，23（7）：84－95.

制度、经济奖励、管理技术等手段，在保证耕地数量的基础上，引导耕地的集约化、绿色化利用，使耕地的农作物生产能力稳定且生态环境保持一个良好状态，促进农田生态系统发挥生态功能，进而保护和提高耕地生态系统的生产、生态和生活功能，保障区域和国家粮食安全、生态安全和社会稳定。

复习思考题

1. 简述耕地生态系统的概念。
2. 试述耕地生态系统的组成和结构。
3. 耕地生态系统养分输入和输出的途径有哪些？
4. 如何评价耕地生态系统的养分平衡状况。
5. 耕地生态系统的退化类型与保护措施途径有哪些？

第四章 林地生态系统

林地生态系统是农用地生态系统的主要类型之一，具有非常高的生态系统服务价值，是实现全球可持续发展战略的不可或缺的自然资源。林地一方面对维持生态系统平衡、改善生态环境、保护物种多样性起着决定性的作用；另一方面，林地具有较高的生物生产能力，对社会和经济可持续发展具有极其重要的战略意义。

第一节　林地生态系统概述

全球林地生态系统的总面积占陆地表面积 1/3 左右，但其年生长量占全部陆地生态系植物生产量的 65％以上，因此，森林不仅是陆地生态系统的主体，更是巨大基因库和资源库，是维持生物圈稳定、气候稳定和生态平衡的重要因素之一。

一、林地生态系统的定义

林地生态系统，又称森林生态系统，是以乔木为优势种群的生物与环境在物质循环和能量转换过程中形成的功能系统[①]，可分为天然林生态系统和人工林生态系统。天然林生态系统是经过很长的历史阶段，经过反复的自然选择与生存竞争形成的和谐稳定且物种丰富的陆地生态系统。与其他陆地生态系统相比，天然的林地生态系统的生态过程最活跃、生态效应最强。具体包括以下几个特点[②]：

1. 分布广阔，生长周期长　林地在水平尺度上分布面积大，在垂直尺度上分布范围 4 000 m 以上，低纬度地区高达 4 200～4 300 m。并且，林地生态系统的优势种群乔木植物高于其他植物群落，在稳定的系统内约为 70～80 m，而草本植物只有 20～200 cm，农田植物多在 50～100 cm。这与木本植物较长的生长周期有关，其寿命长达几十年，甚至几百年。虽然收获周期长，但对生态环境的影响范围广、持续时间长[③]。

2. 物种丰富，结构复杂　林地生态系统为湿润气候下演替所形成的顶级平衡状态，生物种类及其生活型较为丰富。系统最基本的组成群落为乔木和其他木本植物。林地生态系统具有较为复杂的层次结构、层面结构和营养结构，食物链纵横交错构成极其复杂的食物网，环境空间及营养物质利用充分。

3. 生态过程复杂，生态系统服务功能完整　林地生态系统是陆地生态系统的主体，具

---

① 李俊清，牛树奎，刘艳红，2010. 森林生态学[M]. 2 版. 北京：高等教育出版社.
② 尹少华，2010. 森林生态服务价值评价及其补偿与管理机制研究[M]. 北京：中国财政经济出版社.
③ 孔海南，吴德意，2015. 环境生态工程[M]. 上海：上海交通大学出版社.

有结构层次复杂、服务功能繁多的特点。而服务功能的多样性也决定了其形式的多样性，特别是对自然环境具有很强的调节作用，如调节气候、涵养水源、净化空气、保持水土、防风固沙、吸烟滞尘、改变区域水热状况等方面，有着突出的作用。此外，对人类生产和生活也具有重要意义。

虽然林地生态系统是和谐稳定且物种丰富的陆地生态系统，但是当采伐或自然灾害等外界干扰超过系统承受范围时，这个生态系统也会失衡发生不同程度的退化。人工林生态系统是恢复或重建林地生态系统的主要方式，它是指通过人工栽种和管理等措施形成的林地生态系统，包括林地生物群落和林地生态环境两个方面，目前我国人工林面积居世界第一位。与天然林生态系统相比，人工林生态系统具有以下几个特点[①]：

1. 目的性强　在人工林建造之初就已经明确了该林地生态系统的社会经济目的，如防护、采伐等。而天然林是在自然规律的导向下形成的。

2. 人工干预　与天然林的自然规律导向性相反，人工林的分布和生长过程则完全受人类的栽种和管理等的控制。因此，人工林生态系统的成功与否完全取决于人工干预。

3. 周期短暂　由于建造人工林具有较为明确的目的性，因此要加快其生长过程，使其在相对较短的时间内建成，从而为人类提供服务功能。

4. 植被演替的跳跃性　天然林地生态系统的形成要经过草—灌—乔的基本演替过程，进化过程缓慢。而人工林的建造一般要跳过多个演替过程，从而加快生态系统的建造过程。

二、林地生态系统的功能

林地生态系统是地球上最重要的陆地生态系统类型之一，具有较高的生态服务功能和生物生产能力。根据联合国粮食及农业组织在《2018 年世界森林状况——通向可持续发展的森林之路》[②]中指出的林地生态系统对可持续发展的贡献，该生态系统具有以下 4 种功能。

1. 生计和粮食安全　森林和树木在为世界上许多农村贫困人口提出生计和食品安全上起着十分重要的作用。据统计，约 40% 的农村极端贫困人口生活在森林和草原地区。其中，约 1.6 亿生活在非洲，8 500 万在亚洲，800 万在拉丁美洲。一项研究表明，森林和树木为发展中国家农村家庭提供约 20% 的收入，来自森林的收入对最贫困家庭来说比例更高也更为重要。非木质林产品为 20% 的世界人口提供食物、收入和多元化营养，尤其包括妇女、儿童和其他处于脆弱状态的人群。

2. 获得负担起的能源　约 33% 的世界人口(约 24 亿)利用木材为做饭、烧水和取暖等活动提供基本能源。依赖薪柴和木炭生活的人口从非洲的 63%，亚洲的 38%，到拉丁美洲的 16% 不等。对全球而言，8.4 亿人为自用而采集薪柴和获取木炭。木材在 29 个国家提供了国家主要能源的一半以上，其中 22 个在撒哈拉以南的非洲。总的来说，森林以木质能源的方式提供了约 40% 的全球可再生能源，与太阳能、水力发电和风力发电的总和相当。

3. 可持续消费和生产　木质加工部门在提高木材使用率上已经取得了可喜的进步。2000—2015 年，尽管锯木和人造板产量每年增长 8.2%，但是其所有的工业原木只增长了

①　云正明，刘金铜，1998. 生态工程[M]. 北京：气象出版社.

②　联合国粮食及农业组织，2018. 2018 世界森林状况——通向可持续发展的森林之路 [Z]. 罗马：联合国粮食及农业组织.

1.9%。同期，人均人造板(在木材利用上更为有效率)消费增长了80%，锯木消费保持稳定。在纸业部门，废弃物也有所下降，废纸回收率从1970年的24.6%升至2015年的56.1%。而且经FSC和PEFC认证来自可持续管理森林的木质产品所占比例也有所增加，现在约占全球工业用原木产量的40%。

4. 减缓气候变化 森林在减缓气候变化上的作用已逐步被广为人知。根据政府间气候变化专门委员会，农业、林业和土地利用部分仅占主要来自森林砍伐及畜牧、土壤和养分管理农业的温室气体排放的1/4。拥有最高森林覆盖率的25个国家都将基于森林的气候变化减缓措施纳入国家自主贡献中。这些措施包括造林、减少毁林和森林退化及促进森林碳储、森林保护和农林间作(尤其是在这一措施可以减缓森林被侵占状况的地区)。

第二节　林地生态系统的组成与结构

一、林地生态系统的全球分布

气候、土壤、地形及历史(如人类的利用模式和冰期等)等因素决定了植被的类型。大的空间尺度上的植被类型分布主要决定于降水和温度；而区域性的植被类型差异主要受土壤、地形和历史因素的影响(图4-1)。因此，森林在全球的分布是不均匀的，主要集中于热带地区和北纬35°与北极圈之间，环大陆分布，具有典型的纬度地带性。南半球热带以南地区主要分布在澳大利亚、新西兰和南美洲等地，因为南半球陆域面积小，所以其热带以南地区森林面积不大[①]。

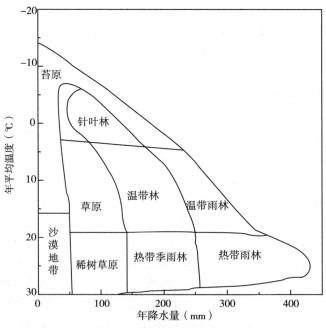

图4-1　年平均温度和年降水量与植被类型之间的关系

(FAO, 2016)

---

① 孙洪烈，2000. 中国资源百科全书[M]. 北京：中国大百科全书出版社.

　　与之对应的是林地生态系统的净初级生产力(NPP)在全球的分布特征：一般来说，净初级生产力最高的是热带雨林，并向极地逐渐降低。亚洲、欧洲和北美洲森林生态系统的净初级生产力比较接近，而南美洲森林生态系统的净初级生产力明显高于亚洲、欧洲和北美洲的森林生态系统[1]。

　　从1981—2017年中国各地区的平均状况来看[2]，全国林地生态系统单位面积净初级生产力空间分布的基本特点是南高北低，其中西南林区单位面积净初级生产力最高，东北林区和东南林区次之，西北林区最低。如表4-1所示，福建林地与东北林地中，不同类型林地生态系统的净初级生产力存在较显著的差异，这说明气候和植被类型对净初级生产力大小的影响。

表4-1　不同地区各类型林地生态系统净初级生产力

地区	福建林地[1]					东北林地[2]			
植被类型	竹林	阔叶林	杉木	马尾松	平均值	针阔混交林	落叶阔叶林	针叶林	平均值
净初级生产力[g/ (m² · 年)]	788.6	780	519.8	437.3	631.4	401.2	354.2	333	346.4

资料来源：

① 江洪，汪小钦，孙为静，2010.福建省森林生态系统NPP的遥感模拟与分析[J].地球信息科学学报，12(4)：580-586.

② 陈智，2019.2000—2015年中国东北森林生产力和碳素利用率的时空变异[J].应用生态学报，30(5)：1625-1632.

二、不同类型林地生态系统的组成与结构

　　不同类型林地生态系统的组成和结构具有较为显著的差异，气候是影响林地生态系统类型和分布的主要因素，因此这一部分针对不同气候带的林地生态系统进行阐述。

(一)热带林地生态系统

　　热带林地生态系统包括热带雨林、季雨林，分布在赤道及其两侧的湿润地区。其中，热带雨林生态系统集中分布区域包括美洲热带雨林区、印度-马来西亚林区和非洲热带雨林区；季雨林生态系统主要集中分布在印度、东南亚、非洲西部和东部、南美洲、西印度群岛和澳大利亚北部等地。

　　热带林地生态系统是目前地球上面积最大、对维持人类生存环境起作用最大的林地生态系统[3]。同样是热带地区，年降雨量和季节分布有很大的不同。一年中有些地区有明显的旱季。在旱季里，树木以落叶的方式保存水分。由于不同地区旱季持续时间不同，从几个星期到几个月不等。因此，树叶在树上的存留时间也不同。Walter(1985)根据树叶在树上的存留时间及森林景观的变化，把热带森林植被划分为四种类型：常绿热带雨林(evergreen tropical rain forests)、季雨林(seasonal rainfall)、热带半常绿林(tropical semievergreen forests)、热带落叶林(deciduous tropical forests)。

---

① 焦翠翠，于贵瑞，展小云，2014.全球森林生态系统净初生产力的空间格局及其区域特征[J].第四纪研究，34(4)：699-709.

② 赵俊芳，曹云，马建勇，等，2018.基于遥感和FORCCHN的中国森林生态系统NPP及生态系统服务功能评估[J].生态环境学报，27(9)：1585-1592.

③ 李俊清，牛树奎，刘艳红，2010.森林生态学[M].2版.北京：高等教育出版社.

在很潮湿的热带地区一年中出现短暂旱季的地方，植物落叶、发芽和开花同时进行。因此，虽然森林总体特征保持不变，但实际上植被外表特征会表现一定的季节性变化，这就是季雨林。如果旱季持续更长时间，森林类型发生了变化，上层树冠由落叶树种组成，而下层仍然是常绿，这就是热带半常绿森林。随着雨量的进一步减少和旱季的延长，乔木树种全部落叶，这就是热带落叶林。如果旱季持续六个月，热带地区就产生了热带稀树草原。

（二）温带林地生态系统

温带森林（temperate forest）主要分布在北纬 30°～50°，其中绝大部分集中分布在北纬 40°～50°。温带森林分布区气候温和，很少有极端温度出现，年降水量通常在 650～3 000 mm。温带森林包括温带雨林、温带落叶林和温带常绿林等类型。土壤条件对温带落叶林的物种构成也有很大的影响，肥沃的土壤有更高的物种多样性。现存结构和物种构成与植被的发展历史密切相关。东亚的温带落叶林的植物群落最为多样化，北美次之，欧洲最低。

1. 温带雨林　温带雨林是地球上中高纬度高雨量地区的针叶林或阔叶林。这类林地大部分位于海洋气候区，主要集中分布在北美洲南部、欧洲西北部、智利南部、澳大利亚东南部及新西兰南岛西岸；亚热带湿润气候区也有少量分布，如黑海东南岸、南非、日本和中国台湾。

温带雨林的植被种类以针叶树或阔叶树为主，地表也长满了潮湿环境里常见的蕨类、藓类等小型植物。温带雨林乔木较为高大，在世界最大的太平洋温带雨林里，许多树木都很高大，有的甚至超过 90 m，树围 6 m 以上，而且寿命也长。在加利福尼亚海岸，受益于夏季雾气带来的湿润空气，生活着世界上最高的树——海岸红杉，高度能达到 100 m。温和湿润的环境滋养着这里的 2 000 多种真菌，而且据科学家估计，尚有许多种类的真菌没有被人类发现。南美洲温带雨林更是南极洲植物的庇护所，保护生物类群度过了重大灾变[①]。

目前，全世界温带雨林的总面积只有约 30 万 km²，大规模的砍伐使得北美洲的温带雨林只余下了不到最初面积的 10%，大洋洲温带雨林仅残余了原始面积的 3%。全世界未受侵扰的温带雨林，仅占温带雨林总面积的 1%～2%。随之而来的是，栖息在温带雨林的鸟类、哺乳动物、两栖动物等都丧失了栖息地，不少面临灭绝的危险，如中国的华南虎、北美洲的大灰熊、白灵熊等珍贵的野生动物[①]。

2. 温带落叶林　人类活动已经改变了原始的温带落叶林植被群落，如森林的消失、森林用于薪材或商业木材的采伐、放牧、取走枯枝落叶、江河调洪和土地灌溉引起的水分条件的改变、外来物种的引入、人造林的出现等。近几十年来，工业和交通引起的空气污染变成影响生态系统构成和动力机制的重要因素。结果使现存的植被极大地偏离了原始的植物群落结构。当然原始植被结构也不是一成不变的，气候波动、土壤条件的不断改善、树种的迁徙和遗传的变化等都会引起生态系统的不断进化。由于自然植被常常不容易确定，而且现在的植被可能与主导的生态条件没有密切的关系，罗瑞格（Rohrig，1991）使用潜在自然植被（potential natural vegetation）的概念来描述森林群落，其含义是人类的影响停止后，出现的植被群落状态。

3. 温带常绿林　温带常绿林多自然分布于温带气候带中较湿润的海洋性气候条件下，

---

① 段玉娜，2018. 为温带雨林撑起保护伞（科技大观）［N］. 人民日报，03 - 22（22）.

以常绿阔叶树种为主的森林[①]。常绿阔叶林分布在南北纬 25°～35° 的大陆东部，如中国的长江流域、日本的南部和美国的东南部、澳大利亚的东南部、非洲东南部及南美洲的东南部。分布区气候四季分明，年均温在 15 ℃ 以上，一般不超过 22 ℃。冬季温暖，最冷月平均温度不低于 0 ℃；夏季炎热潮湿，最热月平均温度为 24～27 ℃。年降水量大于 1 000 mm，主要集中在夏季。由于雨热同期，特别有利于植被的发育。冬季降雨虽少，但不存在明显的旱季。雨量充沛使得空气的湿度大，平均相对湿度为 75%～80%，蒸发量小于降水量，全年都比较湿润。

常绿阔叶林主要由壳斗科、樟科、山茶科、木兰科等的种类组成，以上四个科也可以作为常绿阔叶林的一个重要标志。常绿阔叶林种类丰富，我国亚热带常绿阔叶林中有维管束植物 1 000 多种。常绿林的群落结构比热带雨林简单，乔木层可以分为 2～3 个亚层，第一亚层林冠多相连续，以壳斗科和樟科的种类占优势；第二亚层树冠多不连续，常见有樟、山茶科和木兰科的种类，林内常混有落叶阔叶树。灌木层多为常绿种类，在我国常有杜鹃属、乌饭树属、山矾属等。草本层按高度可以分为 2～3 个亚层，一般以蕨类植物为主，其次是莎草科和禾本科的种类。藤本植物比热带雨林少，基本攀缘于林下，而达不到林冠的上层。附生植物的种类较热带雨林大为减少，主要是兰科植物和苔藓地衣。

(三)寒温带针叶林生态系统

北方针叶林(boreal forest)，也称泰加(Taiga)林，即寒温带针叶林。主要分布于北纬 45°～57°，覆盖了地球表面 11% 的陆地面积，构成了地球表面针叶林的主体。北方针叶林分布区以大陆性气候为特点，冬季寒冷漫长，年降水量约 300～600 mm。北方针叶林群落结构非常简单，由于乔木层种类不同，群落的外貌结构略有不同，通常由云杉属和冷杉属树种组成的针叶林，其树冠呈圆锥形和尖塔形，同时由于其郁闭度高、林下相对光照低于 10%，故称为阴暗针叶林；由松属组成的森林，其树冠近圆形，落叶松形成的森林其树冠呈塔形且稀疏，同时松属和落叶松属组成的针叶林分郁闭度低，相对光照强度可达 20% 左右，故称为明亮针叶林。

第三节　林地生态系统的养分循环

生态系统的物质循环在空间尺度上通常包括地球化学循环、生物地球化学循环和生物化学循环。林地生态系统的营养物质循环又称养分循环，关系到系统结构和功能稳定，是林地生态系统物质循环的重要组成部分。最早对森林生态系统营养物质循环进行研究的是德国学者 Ebermayer，他于 1876 年对德国主要树种的枯枝落叶进行了生物量和化学成分的测定，并在其著作中第一次强调了凋落物在养分循环中的重要性。到 1930 年，国际上大量关于森林或林地生态系统养分循环的研究推进了养分循环的研究方法和研究技术发展。生态系统的物质循环在空间尺度上，通常包括生物养分循环与养分的输入和输出。

一、林地生态系统的养分循环

生物养分循环过程是指森林植物与物理环境之间的养分循环，主要包括植物养分吸收、

---

① 周国林，袁正科，等，1982. 常用林业技术术语[M]. 长沙：湖南科学技术出版社.

养分留存、养分归还。生物循环平衡公式：吸收＝存留＋归还[①]。林地生态系统内部的养分循环首先是通过生产者从环境中获取养分，一部分用以建造植物组织，同时又通过食物链将养分传递给动物，每年又以凋落物、动物排泄物等方式将部分养分归还给土壤，再经由还原者分解释放返回环境，这些养分又被生产者吸收，进行再循环。林地生态系统内的养分循环包括以下几个过程：

1. 养分吸收 从吸收途径上看，可以将森林植物养分吸收分为地上部分吸收和地下部分吸收。具体来说，林地植被所需要的基本元素碳、氢、氧主要来自大气和水，而其余元素则主要来自土壤，其中大部分元素为可以循环利用的矿质元素。地上部分的养分吸收主要依赖于植物叶片对二氧化碳的吸收，通过光合作用将二氧化碳和水合成糖类。森林中的碳几乎完全通过叶片吸收。森林植物地下部分吸收基本有两种形式：一种是从土壤溶液中吸收，另一种是靠植物根系与土壤微生物之间的互利共生关系来吸收养分，最常见的就是菌根这种形式，大多数林木都具有菌根，菌根营养一直被认为是林地生态系统物质循环的关键。除了以上两种基本形式以外，森林植物还能从风化母岩上直接吸收养分。研究表明，森林生态系统土壤养分自然输入的主要来源是凋落物、根周转与根系分泌物[②]。

2. 养分的存留与分配 当养分通过各种途径被吸收后，就会通过输导组织运送到植物体内的各部分，参与各种生理代谢过程或暂时被储存起来。

3. 养分的归还释放 林地生态系统中养分的归还释放主要有四种方式：①林地地上部分经雨水的淋失和地下部分经土壤水的淋溶；②草食动物的取食；③繁殖器官的营养消耗；④凋落物损失的养分。表4-2是中国不同地带森林的年凋落物量和年养分归还量。

表4-2 中国不同地带森林的年凋落物量和年养分归还量（2019 年）

	气候森林类型	年凋落物量 [t/(hm²·年)]	年养分归还量 [t/(hm²·年)]	主要归还养分	资料来源
热带	红树林，海南	13.88	—	—	张乔民，2003
南亚热带	木麻黄防护林，福建	13.18	0.25～0.28	N、Ca	谭芳林，2003
	马尾松林，贵州、广西三峡库区、广东福建	3.31～11.43	0.045～0.385	N、K、Ca	葛晓改等，2014
	尾巨桉，福建	6.75	0.212	N、Ca、Na	林宇等，2014
中亚热带	硬头黄竹林，四川	5.87	0.385	N、Si	漆良华等，2013
	苦竹林，四川	5.47	0.295	N、Si、Ca	漆良华等，2013
	毛竹，四川	4.56	0.142	N、Si	漆良华等，2013
	麻栎次生林，四川	4.46	0.179	N、Si、Ca	漆良华等，2013
北亚热带-暖温带	巴山冷杉天然林主要乔木有红桦和紫枝柳，湖北神农架	6.22	0.078	N、K	崔鸿侠，2017
	巴山冷杉人工林，湖北神农架	4.83	0.054	N、K	崔鸿侠，2017

---

① 田大伦，2005．马尾松和湿地松林生态系统结构于功能[M]．北京：科学出版社．

② HANSON P J，EDWARDS N T，GARTEN C T，et al.，2000. Separating root and soil microbial contributions to soil respiration：a review of methods and observations[J]. Biogeochemistry，48：115-146.

（续）

气候森林类型		年凋落物量 [t/(hm²·年)]	年养分归还量 [t/(hm²·年)]	主要归还养分	资料来源
暖温带	刺槐林，太行山	5.37	0.287	N、Ca	赵勇等，2009
	侧柏，太行山	7.49	0.337	N、Ca	赵勇等，2009
寒温带	落叶松原始林，内蒙古大兴安岭	2.55	0.253	N、K	赵勇等，2009

资料来源：倪惠菁，苏文会，范少辉，等，2019. 养分输入方式对森林生态系统系统土壤养分循环的影响研究进展[J]. 生态学杂志，38（3）：863-872.

在林地生态系统中，林下凋落物层不是单一组成，而是由多种乔木、灌木及杂草等凋落形成，构成多样，凋落物组成的变化导致其分解环境发生变化。同时，凋落物中的养分或者某些次级代谢产物亦会转移，产生混合效应，进而影响分解。不同种类凋落物的叶表面微环境不同，导致混合凋落物具有更高的空间异质性和更利于分解者作用的小生境，使分解者丰富度提高，混合凋落物中的营养元素丰富，可以通过淋溶作用在不同凋落物间转移，提高微生物对养分元素的利用，抵消了单一凋落物分解的营养限制[①]。

二、林地生态系统的养分输入

外界向林地生态系统的养分输入主要通过三条途径：①大气输入，包括降水和降尘；②原生矿物风化；③固氮（Perry，1994）。其中，降水是所有途径中最为主要的方式，降水中含有大量的化学物质和有机物质，经过林地乔木林冠截留、吸收和淋溶，再通过不同的径流形式进入土壤，形成林地生态系统养分循环的重要输入部分。

1. 大气输入　大气输入主要通过三条途径实现：干沉降（包括土壤和冠层对尘埃和气体的吸收）、云沉积（通过水气和云雾中所含化学物质在冠层的沉积）、湿沉积（通过雨雪增添的营养和其他物质）。

如果大气中含有污染物或较高的尘埃量，那么通过干沉降输入生态系统的营养元素量也不能忽视。钾、钙和镁是温带和热带森林的主要组成（Perry，1994）。以氮元素的干沉降为例，森林中氮元素的干沉降主要以颗粒态的 NH_4^+、NO_3^- 和气态的 NH_3、HNO_3、NO_x 等为主。对江西鹰潭森林的大气氮沉降进行研究，在降水量小于 10 mm 的时段内大气氮的干沉降总量为 55.81 kg/(hm²·年)，其中 NH_3-N，沉降量占干沉降总量的 82.0%，其次为 NO_2-N（11.8%）。在全部大气氮沉降中干沉降的贡献率最大，达到 67%[②]，并与 Goulding 在 1998 年研究的结论相吻合。

通过水气和云雾中所含化学物质在冠层的沉积方式向系统输入元素的定量研究目前还很少。一般来说，其输入量不多，但在某些特殊的环境条件下，云雾输入也可能占一定的比例。例如，Lovett 等（1982）对亚高山针叶林的研究结果表明，每年通过云雾输入冠层的氮和硫是降水的 4~5 倍。

与耕地生态系统一样，林地生态系统的降水输入取决于降水量和降水中营养元素的浓度。进入林地生态系统的湿沉积可能通过林冠作为穿透雨降到地表，也有一部分成为茎流顺

① 熊勇，许光勤，吴兰，2012. 混合凋落物分解非加和性效应研究进展[J]. 环境科学与技术，35（9）：56-60.
② 樊建凌，胡正义，庄舜尧，等，2007. 林地大气氮沉降的观测研究[J]. 中国环境科学，27（1）：7-9.

着树干流下，降雨后养分含量变化，林内雨和树干流营养元素含量增加，因此，湿沉积是植物生长过程中一个重要的养分源。经常发生在热带地区的森林大火以及附近农田和沙漠的扬尘，使得空气中含有一定量的营养元素，这些元素必然随着降水输入系统中。

在一次降水过程中，各金属元素含量从大气降雨到最终的枯透水均有不同程度的升高。大气降雨中各金属元素含量从大到小依次为 Ca^{2+}、Na^+、K^+、Mg^{2+}、Fe、Zn^{2+}、Cu^{2+}、Mn、Pb^{2+}，经过林冠层变为穿透雨、树干径流后，排序变为 $Ca^{2+} > Na^+ > K^+ > Mg^{2+} > Mn > Fe > Zn^{2+} > Cu^{2+} > Pb^{2+}$。由于 K^+ 极易溶解迁移[①]，经过灌木层后 K^+ 及 Zn^{2+} 含量略有升高，分别超过 Na^+ 和 Fe 含量，位列第 2 及第 6 位，其他元素排序不变。最后经过枯落物层，各元素含量发生较大变化，由高到低依次为 Ca^{2+}、K^+、Mg^{2+}、Na^+、Fe、Mn、Pb^{2+}、Zn^{2+}、Cu^{2+}。其中，K^+、Ca^{2+}、Mg^{2+}、Fe、Cu^{2+} 及 Pb^{2+} 含量均表现为枯透水中最高，Na^+、Mn 及 Zn^{2+} 则在树干径流中浓度最高。

2. 原生矿物风化输入　除氮素以外，在年轻或中年的土壤中，岩石的风化是非污染林地生态系统元素的主要输入途径。新罕布什尔州（New Hampshire）的哈伯德布鲁克（Hubbard Brook）实验林的研究表明，风化输入的钾、钙、镁和铁元素占年输入量的 85%～100%，而硫的输入量却只占 4%。因为该系统大量的硫通过酸雨的途径输入（Bormann et al.，1979）。在高度风化的土壤，如亚马孙的土壤，植物根区很少、甚至没有未风化的岩石，元素的输入主要来自大气。我国暖温带半湿润地区森林土壤的养分或钾素，主要来源于矿物质的风化和土壤有机质的分解。向师庆等（1994）对正长岩和花岗岩森林土壤矿物质的钾素释放进行研究，结果表明长石质岩类森林土壤矿物质所释放的钾素，完全可以满足这一地区主要造林树种松、栎纯林及其混交林吸收利用的需要。

通过风化释放的元素量取决于岩石中的元素含量、岩石的风化速度和土壤的年龄。风化速度与岩石的类型、大小和环境密切相关；而土壤越老，可风化的新鲜岩石的量相对较少。

3. 生物固氮输入　陆地生态系统初级生产力通常受到氮素限制，固氮类植物可以有效地缓解这种限制。估计树木通过共生固氮输入系统的氮量变化于 $10\sim300$ kg/$(hm^2 \cdot$ 年)。由于共生固氮是一个高度耗能的过程，共生固氮量与寄主植物固定太阳光能的能力密切相关（Perry，1994）。叶面积大的森林，共生固氮量就大，反之则小。任何降低寄主植物光合效能的因素都会影响根瘤的营养供应，从而影响其固氮效率。此外，结瘤和固氮还需要钙、钴、铜、铁、硼和钼等元素，至少对于豆科植物来说是如此。

曾经提到，豆科植物是最重要的共生固氮生物。然而，在温带地区，只有几个种属具有结瘤固氮能力，而且主要是草本植物，所以在适宜的环境条件下，草本豆科植物是温带森林的主要共生固氮植物。而豆科树种在热带森林很普遍，通常是干旱热带森林和稀树草原的优势种群。在酸性的森林土壤上，通常必须施用钙、钾和磷等以促进豆科植物的共生固氮（Perry，1994）。

放线菌根植物是温带和针叶林生态系统最重要的结瘤植物。已知的放线菌根植物分属于不同的种属，但它们仍然有共同点。放线菌根植物都是被子植物，都是木本灌木和乔木。它们常常是先锋树种，在新形成的土壤中的氮和碳循环占有重要位置。在亚洲、欧洲和中美洲，放线菌根植物常被当作土壤改良者而应用于农林复合系统。而在西北太平洋地区，由于

---

① 马雪华，1993. 森林水文学[M]. 北京：中国林业出版社.

它争水肥，林场主并不喜欢这些树种的出现。

总的来说，在氮素缺乏的地区，固氮植物可以提高土地生产力，但这种作用对于几十年树龄的生态系统来说，其效果就不明显了；另外，在氮素供应比较充足的地方，固氮作用的效益就不明显了。

三、林地生态系统的养分输出

林地生态系统中营养物质大部分处在植被和枯枝落叶层及土壤之间的循环中，同时也有少量的养分输出到系统以外。林地生态系统的养分输出与其受扰动程度有很大的关系。因此，这一部分将分为未扰动和扰动林地生态系统的养分输出两部分论述。

1. 未扰动林地生态系统的养分流失　一般来说，未扰动林地生态系统的养分流失量很小。只有在可移动元素的含量超过生物的需求量时才可能发生明显的养分流失。例如，如果森林土壤是发育于富含盐基的石灰岩幼年土壤，那么钙和镁就很容易从系统中淋失；对于固氮树种比例较高的生态系统，硝态氮的淋失数量也可能较大。这样的淋失反映了元素的富余。只要森林是健康的，需求量较大的元素会被固定在系统中。必需营养元素的淋失程度是衡量生态系统健康与否的一个指标，就像体温可以作为度量人体是否健康的指标一样。

土壤中营养元素的淋失量取决于两个因素：从土壤流入江河的水量和水中营养元素的含量。未扰动的林地在控制水分流出量和水中营养元素的含量方面发挥了巨大的作用。植被的蒸腾作用降低了水分向溪流的输出量；植被和土壤微生物的营养需求降低了水中的营养元素含量。快速增长的微生物群体，成为生态系统中重要的营养储存体。甚至在原始森林，在树木的养分吸收低潮期，微生物体在固定养分方面的作用也是至关重要的。例如，北美阔叶林地，早春树木的氮吸收量比较低，这时微生物对氮的吸收降低了氮的流失（Zak et al.，1990）。

2. 扰动林地生态系统的养分流失

（1）流入江河的营养元素。营养元素通过地表径流和土壤渗漏流入江河的路径是林地生态系统养分输出的主要方式，包括溶液和固体颗粒两种形式：前者指溶于水的阴、阳离子，后者主要是一些难溶的离子和有机结合态的氮、磷、硫等。在未扰动的林地生态系统中，通过枯枝落叶、根的腐烂及降雨输入系统的量要高于输出的量，因而处蓄积状态；而在扰动的林地生态系统中，树木死亡或者活力逐渐丧失，树木对营养元素的控制能力减弱，营养元素通过淋失和土壤侵蚀的方式流失，养分的输出量大于输入量，处于养分的亏损状态[①]。

在不同的林地类型中，溶液与固体流失的相对重要性有很大的区别，而且与干扰的性质有密切的关系。在氮相对较高（如温带落叶林）和受酸雨影响的森林，以溶解态养分淋失为主；在非污染的针叶林，营养元素随有机颗粒而流失；滑坡和土壤侵蚀把矿物和有机颗粒带入江河，这对陡坡和不稳定地区的元素输出有重大影响。

（2）森林大火引起的元素损失。森林大火引起某些养分的挥发损失，特别是氮和硫；不容易挥发的元素可以通过灰的飞失而输出系统。表4-3是不同元素的挥发温度。火的温度在600～1 100 ℃。很容易判断，森林大火时，哪些元素容易挥发损失。

---

① 水建国，柴锡周，卢庭高，2001. 红壤地区降水对林地养分输入与土壤侵蚀的作用[J]. 浙江农业学报，13（1）：19-23.

表 4-3　不同元素的挥发温度

元素	温度(℃)	资料来源
氮	<200	White et al.，1972；Weast，1982
硫	444	Weast，1982
无机磷	774	Raison et al.，1985
有机磷	360	Raison et al.，1985
钾	760	Weast，1982；Wright et al.，1982
钠	880	Wright et al.，1982
镁	1 107	Wright et al.，1982
钙	1 240~1 484	Weast，1982；Wright et al.，1982；Raison et al.，1985
锰	1962	Weast，1982

资料来源：PERRY C A, 1994. Effects of reservoirs on food discharges in the Kansas and the Missouri river basins [D]. Reston：United States Geological Survey.

（3）生物过程引起的氮的气态损失。有些微生物会把硝态氮转化成为 N_2 和 N_2O 而挥发损失。但相对于淋失和森林大火损失的氮来说，气态损失的氮仅占很小的比例。

（4）收获和整地损失。营养元素会随着收获和整地而移出系统，这主要取决于收获物的组成、收获后植物体的残留量和整地方式。由于叶和小枝条的养分含量一般要比树干高很多，整树收获要比仅仅收获树干带走的养分元素要多，特别是树冠大的林地生态系统（表 4-4）。但是，有些树种的树皮养分含量最高（如桉树，树皮钙含量约 2%），如果仅收获树干也可能引起某些元素的耗竭。

表 4-4　整树比树干收获引起生物量和营养元素输出增加的比例

树种	氮(%)	磷(%)	钾(%)	钙(%)	生物量(%)	资料来源
Douglas fir(High site)	52	71	45	—	23	Cole，1988
Douglas fir(Low site)	102	107	73	—	15	Cole，1988
Hemlock/Cedar	165	117	77	95	43	Kimmins et al.，1976
Lodgepole Pine	53	54	14	15	15	Kimmins et al.，1976
Loblolly Pine	80	90	82	64	27	Johnson，1983
Oak	186	214	233	166	159	Johnson et al.，1983
Spruce	288	367	236	179	99	Weetman et al.，1972
Spruce and Fir	232	283	103	97	38	Smith et al.，1986

注：增加的比例＝(整树收获带走养分量－树干收获带走养分量)/树干收获带走养分量×100%。

整地也会引起营养元素的损失，特别是对植物残体的焚烧会导致营养元素的大量损失，比如氮。相对常规的措施是用拖拉机或推土机把残体堆积起来，这将导致植物残体、地被物和表层土壤的再分配，留下大片养分耗竭的土壤。

收获和整地对林地生态系统的生产能力的影响较为复杂，总的来说有四个基本结论：整树收获和过热焚烧等高强度的管理措施可能会降低生产力；甚至相当小的处理，如果他们引起元素的损失多于输入，那么就可能引起生产力的降低；任何管理措施的长期影响取决于收获的频率；短期轮作使得地力不能恢复，甚至微小的负面影响累积结果都可能产生严重的后果。

第四节　林地生态系统的退化及其恢复

我国第九次全国森林资源清查结果显示，全国森林面积 2.20 亿 hm²，其中，天然林面积占 64%，人工林面积占 36%。与上一次清查结果相比，总面积增加 0.12 亿 hm²，全国森林覆盖率由 21.63% 增长为 22.96%，森林蓄积由 151.37 亿 m³ 增长为 175.60 亿 m³。虽然我国森林面积和森林蓄积分别位居世界第 5 位和第 6 位，但人均面积和人均蓄积仍处于较低水平，并且由于长期不合理的利用，存在大量的林地生态系统退化现象。

一、林地生态系统的退化

林地生态系统的退化最主要的是植被退化，也就是以植被类型为分类依据的森林退化。

1. 森林退化的定义　世界范围内的森林退化（forest degradation）已是一个十分严峻而不争的事实。森林退化的定义很多，大体上可理解为森林潜在效益的全面、长期降低，包括木材、生物多样性和任何森林产品或服务功能的降低。但是，如何界定森林潜在效益的全面、长期降低，仍具有很大的模糊性（朱教君等，2007）。森林退化的定义是一个比较复杂而模糊的概念，许多国际组织对森林退化进行过定义（张小全等，2003；朱教君等，2007）：

（1）联合国粮农组织将森林退化定义为：由人类活动（如过牧、过度采伐和重复火干扰）或病虫害、病原菌以及其他自然干扰（如风、雪害等）导致的森林面积减少，或者变成疏林等现象（FAO，2000）。

（2）国际热带木材组织（International Tropical Timber Organization，ITTO）将森林退化定义为：森林潜在效益（木材、生物多样性和其他产品或服务功能）的全面、长期降低（ITTO，2000）。

（3）联合国生物多样性保护公约组织（United Nations Convention on Biological Diversity，UNCBD）将森林退化定义为：由人类活动导致原有天然林正常的结构、功能、物种组成或生产力丧失的次生林（UNEP/CBD/SBSSTA，2001）。

国际组织对森林退化定义的基本内涵是一致的，即指林木产品和生态服务功能的逆向改变。朱教君等（2007）将其总结归纳为：森林退化的动力是人为干扰（人类活动）和自然干扰（异常性自然灾害），其中最主要的是人为因素（强度干扰）；自然干扰作用远远小于人为干扰对森林退化的影响。森林退化的表现为森林面积减少、结构丧失、质量降低、功能下降。

2. 森林退化的原因　生态退化是由生态系统内在的功能因素和外在的干扰共同作用的结果，自然因素和人为活动干扰是生态系统退化的两大驱动力（Whisenant，1999）。

（1）自然因素[①]。土地的退化与自然因素密不可分。驱动林地退化的自然因素主要集中表现在林地所在区域的立地条件上，如土壤质量、海拔高度、气温、降雨量等。例如，位于青藏高原的青海省，自然条件恶劣，气温低，风沙大，降水稀少，原生林地覆盖度低，具有相对贫瘠的土壤，该区域的林地具有较高的退化敏感性。在这种条件下进行人工林建设，存活率相对较低，林分质量无法保证，成林也较晚，比较容易产生森林退化。据统计，青海省因自然立地因素造成的退化林面积高大 7.79 万 m²，占青海省退化林总面积的一半以上。

---

① 中国植被编辑委员会，1980. 中国植被[M]. 北京：科学出版社.

(2)人为因素。国内外研究表明,森林采伐/毁林是造成森林面积减少的最主要原因,有关森林采伐/毁林引起的森林退化研究主要集中在森林退化的后果、国家/国际政策的影响、加强全球性合作及寻求解决途径等方面。世界范围内的森林退化的原因和可能致衰的风险主要源于森林利用过程中的决策失误、人为干扰(环境破坏)与异常自然干扰(全球变化)的频发和营林过程中技术不当(朱教君等,2007)。臧润国等认为除少数大型自然干扰事件外,采伐、刀耕火种、农业开发利用等人为干扰是造成当前热带森林植被大面积退化的主要原因(臧润国等,2008)。据统计,35%的美洲热带林、70%的非洲热带林和49%的亚洲热带林年消失量来源于刀耕火种(Whitmore,1998)。就造成当前常绿阔叶林生态系统退化而言,人为干扰则是主要原因和普遍现象,人为活动影响和自然灾害叠加加剧了区域内生态景观的退化(宋永昌,2007)。由于漫长的历史过程和众多的人口,中国平原盆地的森林早已被开发成为农业用地;其周围丘陵山地的森林也受到严重破坏,但有较大的面积的人工林(包括竹林)。气候比较干旱和陡坡地形上的森林,一经破坏,就引起严重的水土流失,使山地土层瘠薄或基岩毕露,成为荒山。

二、林地生态系统的恢复与重建

林地生态系统的恢复和重建,对于维护区域生态环境和促进当地社会、经济的可持续发展是十分必要的。自20世纪50年代起,中国科学院在广东热带沿海侵蚀台地上开展植被恢复重建及其效益研究以来,国内众多学者陆续对森林退化的成因、恢复重建技术、模式及恢复效益评价等进行了相关的研究。张厚华等认为林地生态系统的恢复重建应基于环境的动态变化,以现实的气候和环境条件为基础,从恢复生态系统的功能角度,构建和恢复与现实的气候和环境条件相一致的功能生态系统,而不是恢复过去曾经存在的生态系统(张厚华等,2004)。

1. 林地生态系统恢复和重建的理论基础 恢复生态学是林地生态系统恢复和重建的重要理论基础,而恢复生态学最主要应用的还是生态学理论。这些理论主要有:限制性因子原理(寻找生态系统恢复的关键因子)、热力学定律(确定生态系统能量流动特征)、种群密度制约及分布格局原理(确定物种的空间配置)、生态适应性理论(尽量采用乡土树种进行生态恢复)、生态位原理(合理安排生态系统中物种及其位置)、演替理论(缩短恢复时间,极端退化的生态系统恢复时,演替理论不适用,但具有指导作用)、植物入侵理论、生物多样性原理(引种物种时强调生物多样性,生物多样性可能恢复生态系统的稳定)、斑块—廊道—基底理论(从景观层次考虑生境破碎化和整体上的土地利用方式)等(任海等,2001)。恢复生态学的理论基础可分为5个方面,即土壤学、种群生物学、群落生态学、生态系统生态学和景观生态学(任海等,2004)。举例来说,对于长江上游干旱、干热河谷地区林地的恢复与重建,土壤水分状况是生态系统恢复的关键因子(李贤伟等,2001)。中国科学院华南植物园在小良站光板地上重建人工森林生态系统是成功地运用生态演替理论进行恢复工作的一个典范。国际著名植被生态学家、日本横滨国立大学教授宫胁昭(Prof. Akira Miyawaki)创造和倡导的环境保护林重建法(method for reconstruction of environmental protection forest)—宫胁生态造林法(Miyawaki's ecological method to reforestation)(简称"宫胁造林法"),依据潜在自然植被和演替理论,提倡和强调用乡土树种重建乡土森林植被(native forest with native trees)(Miyawaki,1998),目的是能够在较短的时间内恢复当地的森林植被。用宫胁造林法重建环境保护林,在日本已经有600多个成功的例子,在马来西亚、泰国、巴西、智利和中国等国家用该方法重建热带雨林、常绿阔叶林、落叶阔叶林，也有 10 多个成功实例(王仁卿等，2002)。

2. 中国林地生态系统恢复与重建的实践　几十年来的生态恢复实践和研究对象涉及了森林、农田、草原、荒漠、河流、湖泊和废弃矿地等，并在退化生态系统类型、退化原因、程度、机理、诊断及退化生态系统恢复重建的机理、模式和技术上做了大量研究(任海等，2004)。中国森林类型丰富，处在不同地理位置上的各种森林植被类型在受到不同程度的外界干扰时，将导致服务功能的发挥受阻，如何因地制宜进行森林植被的恢复和重建是一项极为现实的问题，并且森林植被的恢复是许多退化生态系统恢复的首要工作。本章仅以热带雨林和常绿阔叶林生态系统的生态恢复为例介绍我国林地生态恢复的实践情况。

(1)热带雨林生态系统的恢复(彭少麟，1998)。20 世纪 50 年代后期，中国科学院小良热带人工林生态系统定位研究站(东经 110°54′，北纬 21°27′)就开始了植被重建试验的基本建设和研究工作，这也是我国最早开展这方面研究的站点之一。试验地所在原始林由于近百年的砍伐和开垦已基本消失，水土流失严重，土壤极度贫瘠，是极度退化的生态系统。研究人员采用工程措施和生物措施相结合的办法在环境恶劣的小良光板地分四个阶段进行整治和森林的恢复。在植被恢复过程中环境效应不断优化，土壤理化性质得到改善，并有效地控制了水土流失，人工阔叶混交林对水土的保持能力基本接近天然混交林。同时，植物多样性发展很快，小良 30 年林龄的人工混交林，其多样性指数已接近自然林。

(2)常绿阔叶林生态系统的恢复(宋永昌，2007)。常绿阔叶林是我国湿润亚热带地区的林地生态系统，长期以来由于人们对常绿阔叶林认识不足，注重短期效应，常将其视为"杂木林"进行砍伐，导致常绿阔叶林严重退化。研究人员选取了分布广泛的次生马尾松林作为研究对象，开展了加速退化植被的生态恢复实验。其实施方案和具体步骤如图 4-2 所示。

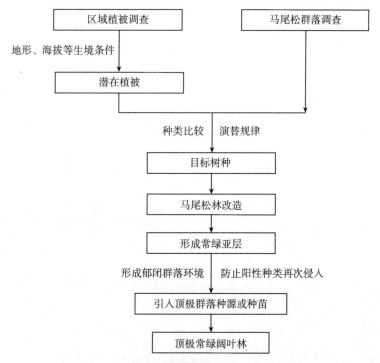

图 4-2　马尾松林恢复为常绿阔叶林流程

(资料来源：宋永昌，2007. 中国东部常绿阔叶林生态系统退化机制与生态恢复[M]. 北京：科学出版社.)

宋永昌等研究人员通过设置固定样地进行长期跟踪调查，比较了群落组成结构和土壤养分变化特点，通过近10年的恢复进程，该群落已经形成了一个较典型的常绿阔叶树种组成的层片；群落改造后短时间内土壤养分有所增加，但此后土壤养分反而逐渐降低，并低于典型常绿阔叶林土壤养分含量。

复习思考题

1. 林地生态系统的结构和功能是什么？
2. 林地生态系统养分输入和输出的途径是什么？
3. 试述林地生态系统的分类及分布区域。
4. 林地生态系统退化的原因是什么？

第五章 草地生态系统

草地生态系统是一定草地空间范围内以各种多年生草本占优势的生物群落与其环境之间不断进行着物质循环、能量流动和信息传递的功能综合体。草地生态系统是地球上最重要的陆地生态系统类型之一。全球草地面积约占陆地总面积的 1/4，主要分布在气候干旱的温带。草地生态系统与人类活动和环境有非常密切的关系，其形成和发展受自然规律的支配，也受人类活动的影响。

第一节　草地生态系统的组成和结构

一、草地生态系统的组成

草地生态系统是由生物、非生物组分及人类生产或经济活动构成的开放系统。其中，非生物组分包括岩石、土壤、太阳能、水、二氧化碳、氧、氮和无机盐类等，为生物生存提供基质与环境。生物组分包括植物、动物和微生物，按其营养特性，可分生产者、消费者和分解者三类。

1. 非生物环境　非生物环境指无机环境，是草地生态系统的能量与物质基础，包括：草地土壤、岩石、砂、砾和水等，构成植物生长和动物活动的空间；参加物质循环的无机元素和化合物（如碳、氮、二氧化碳、氧、钙、磷、钾）；连接生物和非生物成分的有机质（如蛋白质、糖类、脂肪和腐殖质等）；气候或温度、气压等物理条件。

2. 生产者　生产者主要指生活在草地生态系统中的绿色植物，包括禾本科、豆科牧草及其他绿色植物如莎草科、杂类草和灌木等。其中优势植物以禾本科为主，如针茅属具有"草原之王"之称。禾本科植物的叶片能够充分利用太阳光能，能忍受环境的激烈变化，对营养物质的要求不高，还具有耐割、耐旱、耐放牧等特点。这些草本植物是草地生态系统中其他生物的食物来源，也是草地生态系统进行物质循环和能量流动的物质基础。

气候对草地生态系统的生产者组成有明显的影响。温带草原生态系统以耐寒、耐旱的多年生草本植物占优势，如针茅属、羊茅属等，并混生耐旱的小灌木；高山高原草地生态系统，以非常耐寒的矮生草本植物占优势，并经常混生一些垫状植物和其他高山植物；热带亚热带稀树草原生态系统，以黍系禾草为主，并混生一些耐旱的乔木和灌木。

3. 消费者　消费者主要为草地生态系统中的异养生物，它们不能利用太阳能生产有机物质，直接或间接依赖于生产者生产的有机物质。按其在营养级中的地位和获得营养的方式不同可分为：①草食动物。是直接采食草类植物来获得营养和能量的动物，如一些草食性昆虫（蝗虫、草地毛虫）、啮齿类动物（黑线仓鼠、达乌尔鼠兔、莫氏田鼠、五趾跳鼠等）和大型食草哺乳动物（野兔、长颈鹿、黄牛、牦牛、绵羊、山羊、野马、野驴、骆驼、斑马等）。食草动物又被称为一级消费者或初级消费者。②肉食动物。是以捕食草食动物来获得营养和能量的动物，以捕食为生的猫头鹰、狐狸、鼬、蛙类、狼、獾等占优势。这些以草食动物为食物的动物又被称为二级消费者或次级消费者。

4. 分解者 分解者亦为异养生物，其作用是把动植物尸体的复杂有机物分解为简单无机化合物供给生产者重新利用，并释放出能量。草地生态系统中的分解者是一些细菌、真菌、放线菌和土壤小型无脊椎动物如蚯蚓、线虫等。它们可将生态系统中死亡生物有机体内的复杂大分子物质分解为简单的无机物质，释放归还到环境中去，并再次为系统内的其他生物有机体所吸收利用。

草地生态系统是系统中生物与生物、生物与环境相互作用、相互制约，长期协调进化形成的相对稳定、持续共生的有机整体，各组分之间的相互作用如图 5-1 所示。

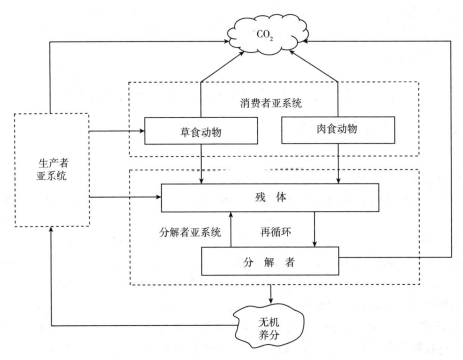

图 5-1　草地生态系统各组分之间的相互作用模型

（资料来源：孙儒泳，1992. 动物生态学原理[M]. 3 版. 北京：北京师范大学出版社.）

一般地，草地生态系统的生产者不是高大的乔木，而是禾本科、菊科植物为主的草本植物，其地上部分现存量较低，地下部分有发达的根系，且以细根为主。地下部分现存量是地上部分现存量的 5 倍以上。草地生态系统的消费者在野生动物中以啮齿动物为主，草地是啮齿动物的天堂。而分解者以真菌、细菌、放线菌为主。草地生态系统的非生物环境也很具特色，一般降水量较低，在我国都低 450 mm。

二、草地生态系统的结构

生态系统结构包括垂直结构、水平结构、时间结构，草地生态系统也同样具有上述三种结构。

1. 垂直结构　草地生态系统的垂直结构主要指群落的分层现象，也称为群落的成层性。例如，松嫩平原上比较复杂的羊草＋杂类草草甸，其地上部分可分为 3 个亚层：第一层高50～60 cm，主要由羊草、野古草、牛鞭草、拂子茅等中生根茎禾草组成；第二层高 25～35 cm，主要由水苏、通泉草、旋复花等中生杂类草组成；第三层高 5～15 cm，主要由葡枝委陵菜、寸草苔和糙隐子草等组成。群落的垂直结构不仅表现在地上部分，地下的根系也有明显的分层性。不同种类的根系可分布在不同的土层深度。在干旱的荒漠草原或沙地草地群落中，某些植物的根系可达数米深。但是，最大根量仍主要分布在土壤的表层，这与土壤养分主要分布在土壤表层有关。

2. 水平结构　群落的水平结构是指群落的水平空间格局。环境资源分布的不均匀性、植物传播种子的方式差异、动物的行为影响等原因使种群个体在其生活空间中的位置状态或布局有所不同，种群的水平空间格局大致有三种类型：均匀型、随机型和成群型。

草地生态系统中由于环境条件的不均匀性，如小地形或微地形的起伏变化、土壤湿度、盐碱度、人为影响、动物影响（如挖穴）及其他植物的积聚性影响（如草原上的灌木）等，草地植物群落往往在水平空间上表现出斑块相间的镶嵌性分布现象，即群落的镶嵌性。每一个斑块是一个小群落，他们彼此组合形成群落的镶嵌性水平结构，是成群型分布的一个典型体现。灌丛化的草原就是群落镶嵌性分布的典型例子。在这些群落中往往形成直径 1～5 m 的圆形或半圆形的灌丛丘阜，在灌丛内及周围伴生有各种禾草或双子叶杂类草，组成小群落。这些小群落内部具有较好的养分和温湿条件，形成一种优越于周围环境的局部小生境。因此，小群落内的植物往往返青早，生长发育好，植物种类也较周围环境丰富。

3. 营养结构　草地生态系统中，各种成分之间最主要的联系是通过营养关系来实现的，即通过营养关系把生物与非生物、生产者与消费者连成一个整体。初级生产者（植物）通过光合作用将太阳能和无机物转化为有机物存留于草地生态系统中。转化的有机物被各级消费者（草食或肉食动物）摄取，并在转化、呼吸和排泄等生理过程中不断地被消耗掉。有机物还可通过人类的收获、水分的流出等方式从系统中输出。生态系统中的分解者（土壤微生物、土壤动物）又把生态系统中的动植物尸体分解并转化为无机物，归还给草地，供植物再利用。

草地生物组分之间通过取食与被取食的关系所联系起来的链状结构称为草地生态系统的食物链。以营养为纽带，把草地生物与环境、生物与生物紧密联系起来的结构，即为草地生态系统的营养结构或食物链结构。草地生态系统中存着复杂的食性关系，每个物种都可能与一个或者多个物种存在能量上的交换关系。例如，草地上的牧草可以为牛羊吃，也可为马吃，天然草地上黄羊也吃牧草，鼠类和一些昆虫也采食牧草。鹰可以捕食鼠，也可捕食兔；鼠类可被鹰吃，也可被狐狸吃。草地生态系统中多种长短不等的食物链相互交织在一起，构成复杂的网状结构，称为食物网。图 5-2 显示的是青藏高原高寒草甸生态系统的食物链和食物网。草地作为一个开放的生态系统，肉食动物、草食动物与草地资源之间通过捕食与被捕食作用形成食物链（网）结构。肉食动物在草原生态食物链中通常占有顶级捕食者的地位，其种群的规模和动态，对草食动物具有控制作用，并在一定程度上调节着草地生态系统的结构和功能。肉食动物、草食动物与草地资源之间相互制约、相互作用，共同维护自然草原生态系统的动态平衡[1]。

---

[1]　韩建国，2007. 草地学[M].3 版．北京：中国农业出版社．

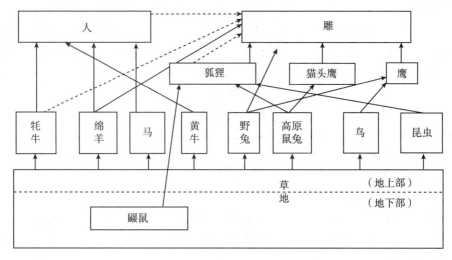

图 5-2　青藏高原高寒草甸生态系统的食物链和食物网

（资料来源：韩建国，2007. 草地学［M］. 3 版. 北京：中国农业出版社.）

　　一般地，食物链和食物网的多少、种类和结构随着不同地区、不同草地类型而不同。植物—植食性鸟类是一类链条最短的食物链。在天然、人工草地中存在着长短不同的多种食物链，如我国北方天然草地中的草本植物—食草昆虫—蛙—蛇—鹰，青藏高原天然草地中的牧草—鼠—猫头鹰，牧草—鼠类—狐狸，牧草—牲畜(如牛、羊)—人等[1]（图 5-3）。

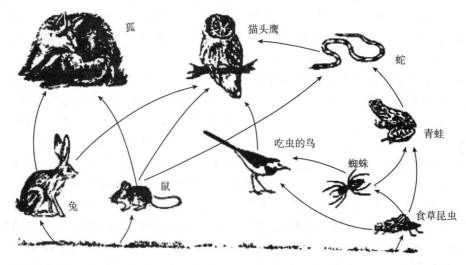

图 5-3　草地生态系统中典型的食物链和食物网

（资料来源：尚玉昌，蔡晓明，1992. 普通生态学：上册［M］. 北京：北京大学出版社.）

---

　　① 尚玉昌，蔡晓明，1992. 普通生态学：上册［M］. 北京：北京大学出版社.

从食物链的组成来说，食物链上每一环节称为营养级。第一营养级为生产者，即绿色植物，通过光合作用生长；第二营养级为食草动物，以植物为食；第三营养级为一般食肉动物，以食草动物为食；第四营养级为顶级肉食动物（如猛禽），以食草动物、一般食肉动物为食。各类食物链不能无限增长，通常只有以上四个营养级。

食物网是草地生态系统中物质循环、能量流动和信息传递的主要途径。分析食物网，探讨生物之间食物、能量的链锁关系，进而利用食物网上生物之间的相互克制，凭借天敌来控制草地有害生物有重要实践意义。例如，在草原上保护鹰类，建立鹰桩和鹰墩，加强鼠类—鹰的食物链，有利于草原鼠害的防控。

4. 时间结构　生态系统形态结构的另一表现是时间变化，即时间结构。在不同的时期或不同季节，同一个生态系统存在着有规律的形态变化。草原生态系统也不例外。

在温带草原群落中，由于温带气候四季分明，其外貌形态变化也十分明显。早春，气温回升，植物开始发芽、生长，草原出现春季返青景象。盛夏季节，水热充沛，植物开始繁茂生长，百花盛开，色彩丰富，出现五彩斑斓的华丽景象。秋末冬初，植物地上部分开始干枯休眠，呈红黄相间的景观。冬季则是一片枯黄，或是被白雪覆盖。草原上的动物随季节变化也十分明显。例如，大多数典型草原上的鸟类在冬季来临都向南方迁徙；热带草原上的角马在干旱季节要跋涉上千里向水草丰美的地方迁移；一些草原啮齿类动物在冬季要进入冬眠。

第二节　草地生态系统的物质循环

草地生态系统是地球表层生物圈的组成部分，是生物圈功能单位之一。草地生态系统参与生物圈的生物地球化学循环，融入整个地球物质循环的水循环、气态型循环、沉积型循环及有毒有害物质循环之中。在这些物质循环中，草地生态系统与森林生态系统、荒漠生态系统、湿地生态系统、海洋生态系统等密切相连，并相互作用。联系的媒介就是空气的流动、水的流动和动物的活动。空气流动及风，携带着无机物、有机物、植物的花粉、营养体从一个系统到另一个系统；水流也把无机物、有机物、生物体从陆地带到河流海洋，也可从一个系统带到另一个系统。动物的活动也把草籽、植物营养体、低等植物孢子等，在不同生态系统之间进行物质和能量的交流。在草地生态系统中，伴随着能量的不断流动，物质是不断循环的，能量流动和物质循环是草地生态系统的两个基本功能，正是这两个功能使草地生态系统各个营养级之间和各种成分之间组成一个完整的功能单位。草地的物质循环功能按物质在生态系统中的作用可区分为水循环功能、碳循环功能和营养循环功能。

一、草地生态系统的水循环

草地生态系统水循环是全球水循环的重要组成部分，除遵循水循环的一般规律外，也受到其自身特殊的环境条件及其组分和结构的制约。世界上主要的草地生态系统——温带草原和热带稀树草原都分布在干旱、半干旱和半湿润环境中，水分不足是系统中水循环和物质生产的主要障碍。而低湿地和沼泽草地的过湿环境对草地资源的功能产生影响，高寒草地受低温的影响限制了草地的水分利用率。可见，草地生态系统的形成都与水分条件有密切的关系。

水循环对草地生态系统的影响是多方面的，其中水在植物个体、种群和群落中的循环，以及水与生物生产的关系最为重要。在一定的气候条件下，草地植物每生产 1 kg 干物质，平均需要蒸腾 100 kg 水。也就是说，从土壤进入植物体内的水，只有 1％用于生物量生产，其余 95％～97％通过蒸腾损失掉，同时还有少部分通过细胞壁排出。按此计算，若想得到 20 t 干重的牧草，则需要 2 000 t 水。因此，若要保持草地生态系统的稳定和较高的生产力，首先要维持其水量平衡，即降落输入的水量与流失、蒸发所输出的水量大致相等。

草地生态系统中水的循环可通过几个途径：截留、渗透、蒸发、蒸腾、渗入地层深处、地表径流和排水。稠密的草层可截留一部分未到达地面的降水，并通过蒸发回到大气中。下小雨时截留量最多，在降水不太多的温带地区，草层的截留量可达总降水量的 25％，降水的绝大部分通过牧草植株到达地面，然后渗入土壤或形成地表水流。在干旱半干旱草原地区，由于土壤贫瘠、植被稀少，这种地表面只能储存少量的降水，这时发生径流的速度是很快的，并且与湿润地区相比径流很少受到限制。因此，在降雨停止时，径流会很快结束，这导致了径流汇集形成短暂洪水的现象。草地凋落物通过对降水的吸纳，使地表径流减少，并增加对土壤水的补给。渗入地下的一部分水可能保留在土壤之中，土壤内的胶体物质（腐殖质及黏土）越多，持水能力越强。仅仅浸湿地表浅层（20～30 cm）的那部分水，除可被植物吸收一部分外，其余的通过毛细管作用还将重新上升到地面。地下水的分布很不均匀，潜水面的深浅差别也很大，这种情况对天然草地类型和生物群落的分布具有重要而明显的影响。

植物的根从土壤中吸收水分，通过茎和叶片在蒸腾流中水分重新回到大气之中。草本植物根一般分布在 20～30 cm 的土层中，一些湿润地带和荒漠中的短命植物仅在 5～7 cm 的土层中吸收水分，而在干旱地区生长的草地植物根量较多，入土较深，甚至可以达到 1 m 左右。当渗入地下的降水超过了草地土壤的最大持水量时，这部分降水将渗漏到地下含水层中，从而增加对土壤地下水的补给。

二、草地生态系统的碳循环

碳循环是地球大气圈、水圈、生物圈、岩石圈和土壤圈之间碳元素的迁移转化和周转循环过程，同时也是生态系统中物质循环和能量流动最核心和最重要的过程。草地生态系统是陆地生态系统的一个重要子系统，草地植被通过吸收大气中的二氧化碳，储存了陆地生态系统中近 1/3 的有机碳，并维持着大约 30％的净初级生产力。草地生物体中的 45％～50％的干物质是由碳组成，每年草地生态系统净固定碳量在 6.7×10^9 t 以上，约占陆地生态系统年固定碳量的 14％，其转化为生态系统净次级生产力的碳达 2％，远高于森林生态系统的碳净转化率（不到 0.5％）。草地生态系统的碳动态不仅深刻影响着草地生态系统的生物多样性和稳定性，同时也对生态系统结构和功能也产生着重要作用。

草地生态系统的碳循环是在大气、草地植被、草食动物和土壤这几个系统中进行的（图 5-4）。草原植物通过光合作用的形式，从大气中吸收二氧化碳，将无机碳合成转化为有机碳储存在生物体内（根、茎、叶和枝条等），形成生态系统的总初级生产力。同时，在植物正常的生命活动过程中，植物通过凋落物的形式向地表返还能量，在微生物的分解作用下，向土壤中释放有机碳。同时，在根系的生长、衰老及死亡过程中，植物可以通过根系分泌物以及根系周转等活动形式向土壤中释放碳，与土壤中的有机质合成形成有机碳，从而形成土壤碳库。土壤微生物在土壤形成、物质代谢及养分转化等生物地球化学循环过程起着重要作用。尽管土壤微生物碳仅占土壤有机碳的 1％～5％，但却是土壤有机质和养分的重要驱动者，同时也是综合评价土壤碳动态、土壤质量和土壤肥力的重要指标。草原地下碳库通过土壤呼吸的形式向大气中释放碳，土壤呼吸主要由植物根系的代谢呼吸（自养呼吸）和根际微生物分解土壤有机质和凋落物释放二氧化碳的呼吸作用（异养呼吸）组成。家畜等食草动物是草原生态系统最活跃的生物干扰因子，可通过取食、践踏等活动改变草原中植被的时间和空间分布格局及土壤的理化微环境，直接或间接地参与调控草原生态系统碳循环过程（周贵尧，2016）。

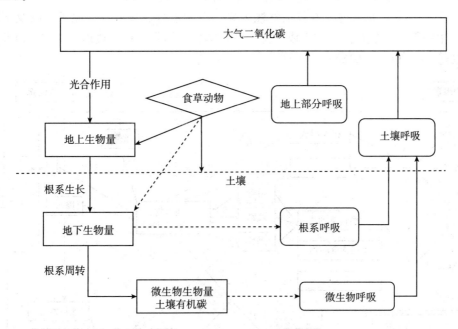

图 5-4　草地生态系统的碳循环过程

（资料来源：周贵尧，2016. 放牧对草原生态系统碳-氮循环的影响：整合分析［D］. 镇江：江苏大学.）

净初级生产力是碳向系统内部输入的主要途径，草地植物通过光合作用吸收大气中的二氧化碳，将碳转化为有机化合物并储存在植物体内。地下净初级生产力在整个草地生态系统生产力中占很大比例，如我国内蒙古羊草草原和大针茅草原根系生物量占总生物量的81%和73%。而从全球尺度看，草地的地下净初级生产力占总净初级生产力的24%～87%。

草地生态系统具有复杂性和多样性的特点，不同类型草原植被、土壤和气候均存在时空差异性。因此，影响不同尺度植物固碳的环境要素也有较大差异，其中降水、温度、大气二氧化碳浓度、土壤质地和群落结构是草地植被净初级生产力的主要影响因素，这些因素通过影响植物的生理生态特性进而影响其生长过程来控制碳向系统的输入。放牧和开垦等人为因素对草地植被覆盖、植物生长特性及土壤养分周转都有不同程度的干扰，进而直接影响草地净初级生产力。

植物初级生产固定的碳一部分被草食动物采食利用，另一部分则进入土壤以有机质的形式储存起来。被草食动物采食的碳，一部分用于维持体能代谢和完成次级生产，另外一部分以粪便的形式返还到土壤中。草食动物的采食量可以通过载畜量、放牧时间、放牧强度等人为管理措施进行调节。草食动物的采食是草地净初级生产力的重要影响因素。典型的如温带草地，放牧强度显著地影响着总初级生产力，适牧＞无牧＞重牧。无牧地产生大量的枯落物，草地植物的分蘖和再生相对较少，可能导致无牧较适牧的总初级生产力低。重牧严重地降低绿色生物量、立枯体和凋落物，进而减少总初级生产力。

草地生态系统中未被动物采食的植物地上部分，通过形成枯枝落叶层然后被分解向土壤输入碳，地下部分通过形成植物残根向土壤输入碳，枯枝落叶和植物残根统称凋落物。凋落物是草地土壤有机质的主要来源，植物所吸收的营养物质大部分以凋落物的形式返回地表，并在分解者的作用下使其归还土壤。影响凋落物积累与分解的因素分为非生物因素和生物因素(图5-5)。其中，非生物因素包括气候因素，诸如水分、温度、光照等，以及土壤理化性质等。生物因素则包括植物的组成和生产力，草食动物的采食、践踏、粪尿，以及土壤微生物活性等（王仲南，2018）。

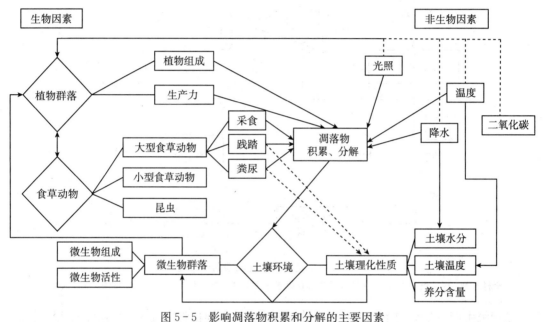

图 5-5 影响凋落物积累和分解的主要因素

（资料来源：王仲南，2018. 羊草枯落物对草食家畜放牧与生境的响应机制［D］. 长春：东北师范大学．）

草地生态系统碳释放的主要途径是土壤呼吸，包括土壤微生物呼吸、根系呼吸、土壤动物呼吸及含碳物质的化学氧化作用。影响土壤呼吸的直接因素有降水、温度、土壤质地，它们通过影响根系的生理生态特性和土壤微生物的活性来影响土壤呼吸，而开垦和放牧等人为因素则通过影响土壤质地、土壤容重、土层结构、土壤养分等理化性质来间接地影响土壤呼吸强度。

草地生态系统碳循环主要涉及碳的固定、碳的储存及碳的释放这三个过程。绿色植物通过光合作用将大气中的二氧化碳转变为有机碳，成为草地生态系统碳的主要来源，即为碳固定的过程。生态系统将固定的碳以各种形式储存其中，称为碳储存过程。草地生态系统的碳释放过程包括土壤的呼吸代谢、凋落物层异氧呼吸及植物的自养呼吸，其中草地生态系统二氧化碳释放的重要途径是土壤呼吸。植物、凋落物、土壤腐殖质构成了草地生态系统的三大碳库，而各碳库储量及碳库间碳流量的大小及其变化则是整个草地碳循环的核心。据估算，全球草地生态系统碳总储量约占陆地生态系统碳总储量的12.7%，约为266.3 Pg，其中草地土壤碳储量占世界土壤有机质碳储量的 15.5％，生物部分碳储量占世界的 6％；净初级生产力占世界陆地净生产力的 14.2％；呼吸量占世界陆地土壤净呼吸量的 5.6％。受气候、降水等因素的影响，世界不同地区主要类型草地群落的年碳固定量存在较大差异（表 5-1）。热带草原年碳固定量可达 1 000 g/m² 左右。在温带草原区，以欧洲和俄罗斯草地群落的年碳固定量水平较高，约 800 g/m²，我国典型草原的年碳固定量水平最低，仅 230 g/m²。这种变化趋势与降水量的变异基本一致[①]。

表 5-1　世界主要类型草地群落的年碳固定量（g/m²）

草地类型		地上部分	地下部分	总量
温带草原	北美温带草原	114.7±13.6	270.6±36.1	408.8±45.7
	欧洲中部温带草原	446.2±127.4	245.3±39.9	796.1±200.3
	东欧温带草原	252.1±53.3	288.6±52.7	572.3±70.4
	俄罗斯温带草原	180.0±16.8	611.0±143.6	813.5±132.4
	中国温带草原	59.6±14.7	164.1±48.4	230.6±64.9
	澳大利亚草原	376.0	550.8	973.8
热带草原	印度热带草原	394.4±114.9	334.2±62.7	1002.7±203.4
	非洲热带草原	178.4±49.2	672.7	988.2
	南美热带草原	348.1±20.8	430.0	782.1

资料来源：钟华平，樊江文，于贵瑞，等，2005. 草地生态系统碳蓄积的研究进展[J]. 草业科学（1）：6-13.

我国草地生态系统碳储量为 44.09 Pg，草地碳主要储存在土壤中，是植被层的 13.5 倍。草地 85％以上的有机碳分布于高寒和温带地区。草原和草甸类型草地蓄积了全国草地有机碳的 2/3，而其他类型草地的碳储量很低。高寒地区草地拥有丰富的碳储量，占全国草地生态系统的 48.0％。在高寒草地中，95％的碳储存在土壤中，约占全国土壤碳储量的 49.4％（表 5-2）。

表 5-2　我国不同类型草地的碳密度和碳储量

草地类型	面积 （10⁶hm²）	可利用面积 （10⁶hm²）	干草产量 （kg/hm²）	植被碳密度 （kg/m²）	土壤碳密度 （kg/m²）	植被碳储量 （Pg）	土壤碳储量 （Pg）	总碳储量 （Pg）
温性草甸草原	14.52	12.83	1 465	1.50	11.20	0.19	1.44	1.63
温性草原	41.10	36.37	889	1.00	12.30	0.36	4.47	4.83
温性荒漠草原	18.92	17.05	455	1.00	8.70	0.17	1.48	1.65
高寒草甸草原	6.87	6.01	307	1.00	18.20	0.06	1.09	1.15
高寒草原	41.62	35.44	284	1.00	17.00	0.35	6.02	6.37
高寒荒漠草原	9.57	7.75	195	0.80	17.00	0.06	1.32	1.38
温性草原化荒漠	10.67	9.14	465	0.60	8.00	0.05	0.73	0.78
温性荒漠	45.06	30.60	329	0.40	6.20	0.12	1.90	2.02
高寒荒漠	7.53	5.59	117	0.05	17.00	0.00	0.95	0.95
暖性草丛	6.66	5.85	1 463	1.00	13.00	0.06	0.76	0.82

---

① 钟华平，樊江文，于贵瑞，等，2005. 草地生态系统碳蓄积的研究进展[J]. 草业科学（1）：6-13.

（续）

草地类型	面积 （$10^6 hm^2$）	可利用面积 （$10^6 hm^2$）	干草产量 （kg/hm²）	植被碳密度 （kg/m²）	土壤碳密度 （kg/m²）	植被碳储量 （Pg）	土壤碳储量 （Pg）	总碳储量 （Pg）
暖性灌草丛	11.62	9.77	1 769	1.60	13.00	0.16	1.27	1.43
热性草丛	14.24	11.42	2 463	1.00	14.00	0.11	1.60	1.71
热性灌草丛	17.55	13.45	2 527	1.60	14.00	0.22	1.88	2.10
干热稀树灌草丛	0.86	0.64	2 719	1.60	7.30	0.01	0.05	0.06
低地草甸	25.22	21.04	1 730	1.50	11.20	0.32	2.36	2.68
山地草甸	16.72	14.92	1 648	1.00	18.20	0.15	2.72	2.87
高寒草甸	63.72	58.83	882	1.00	18.20	0.59	10.71	11.30
沼泽	2.87	2.25	2 183	3.00	12.30	0.07	0.28	0.35
合计	355.31	298.97	21 890			3.05	41.03	44.09
平均值				1.15	13.16			

资料来源：钟华平，樊江文，于贵瑞，等，2005. 草地生态系统碳蓄积的研究进展[J]. 草业科学（1）：6-13.

在草地生态系统中，不同植物、不同季节、不同生境条件下及不同人为干扰下，其含碳量、光合固定碳的能力及呼吸排放碳的量是不同的[1]（表5-3和表5-4）。

表5-3　羊草围栏样地和围栏外的几种植物的含碳量（干重）（％）

植物名称	围栏内	围栏外	植物名称	围栏内	围栏外
羊草	44.23	41.44	糙隐子草	40.81	40.04
大针茅	41.25	39.98	菊叶委陵菜	37.27	34.23
冰草	39.47	43.61	星毛委陵菜	39.89	35.79
冷蒿	39.55	38.41	平均值	40.35	39.07

资料来源：陈佐忠，汪诗平，2000. 中国典型草原生态系统[M]. 北京：科学出版社.

表5-4　典型草原不同群落不同季节的碳平衡 [g/(m² · d)]

月份	项目	羊草群落	大针茅群落	克氏针茅群落
5	总光合	56.40	34.21	36.46
	暗呼吸	−2.36	−2.43	−3.20
	土壤呼吸	−14.83	−14.83	−12.40
	平均值	16.96	16.95	21.22
6	总光合	25.53	38.84	
	暗呼吸	−2.64	−0.52	
	土壤呼吸	−27.00	−14.44	
	平均值	−4.41	23.88	

---

① 陈佐忠，汪诗平，2000. 中国典型草原生态系统[M]. 北京：科学出版社.

（续）

月份	项目	羊草群落	大针茅群落	克氏针茅群落
7	总光合	86.21	63.70	60.49
	暗呼吸	−3.11	−3.66	−5.41
	土壤呼吸	−40.56	−34.19	−29.72
	平均值	42.54	25.85	25.36
8	总光合	34.57	32.39	21.90
	暗呼吸	−6.56	−2.85	−4.43
	土壤呼吸	−22.21	−16.78	−22.38
	平均值	5.80	12.78	−4.81

资料来源：陈佐忠，汪诗平，2000. 中国典型草原生态系统[M]. 北京：科学出版社.

三、草地生态系统的营养物质循环

草地生态系统的营养物质是多样的，其中包括占生物体干重1%以上的氮和磷；占生物体干重在0.2%～1%的硫、氯、钾、钙、镁、铁和铜等元素，共20多种；还有占生物体干重一般不到0.2%的元素，如铝、硼、溴、碘、氟、锰、钼、硒、锌等约10种。上述这些元素以各种化合物的形式，在草地生态系统中经岩石风化→水分溶解→土壤植物和动物吸收→有机质合成、代谢、分解过程，连续不断地进行着物质循环。草地资源营养物质循环功能中，氮循环、磷循环和硫循环是最具有代表性的三种营养物质循环。

1. 氮循环　氮循环主要指氮在生物圈、岩石圈、水圈、土壤圈和大气圈等五大圈层之间的转化和迁移过程。氮是蛋白质、叶绿素和核酸的重要组成成分，同时也是生态系统初级生产力的重要限制因子。草地，尤其是天然草地，几乎没有人工氮的输入，因而氮的供应对草地第一生产力的影响巨大。尽管在大气中存在着大量的氮气，土壤中也存在着一定量的有机氮，但绝大多数植物可以利用的氮仅限土壤的无机氮，因而氮在草地生态系统中的循环状况，对草地的合理利用具有十分重要的意义。

在草地生态系统中，氮的生物地球化学途径主要在大气、土壤、植物、动物、微生物等之间进行，可分为内循环和外循环（图5-6）（闫钟清等，2014）。外循环指以大气（N_2）为储存库，由固氮作用将N_2转化为无机氮，然后经反硝化细菌作用使氮以N_2的形式返回大气，即氮在大气向草地系统的输入和输出过程。内循环指植物从土壤中吸收无机氮以合成蛋白质，然后再经动物采食作用进入食物链，其中动物的一些排泄物如尿素、尿酸经细菌作用分解释放N_2，而整个过程最终的生物残体都经微生物的分解作用转化为硝酸盐返回循环体，即氮在不同储存库间的流转过程。在此过程中，氮的流转存在形式主要包括可被植物直接利用的无机氮（$NO_3^- - N$和$NH_4^+ - N$）、有机氮和微生物氮。

草地生态系统氮循环主要涉及氮的固定、储存及释放三个过程：

（1）氮的固定。在外循环过程，大气中的N_2主要通过以下三种固氮作用进入草地生态系统：①生物固氮，是指由固氮菌（如某些细菌和蓝绿藻）将N_2变成NH_4^+的过程，是大气中的氮进入生物圈的最主要方式，大约占地球固氮的90%，为100～200 kg/($hm^2 \cdot$年)；②高能固氮，即由闪电、火山爆发等自然活动形成含氮化合物，然后随降雨到达地面，高能

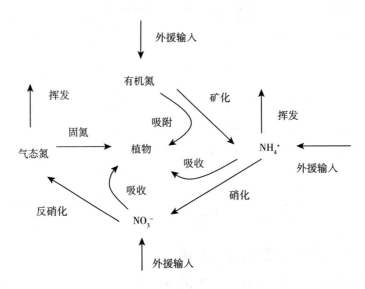

图 5-6 土壤中氮循环转化简图

(资料来源：闫钟清，齐玉春，董云社，等，2014. 草地生态系统氮循环关键过程对全球变化及人类活动的响应与机制[J]. 草业学报（6）：279-292.)

固定的氮大约 8.9 kg/(hm² · 年)；每年进入草地系统的高能固氮量约 23×10⁶ t。其中 2/3 为铵态氮，1/3 为硝态氮。③人类活动合成含氮化合物的过程，如工业化肥的生产、燃烧等。在内循环过程中氮的固定即无机氮的生物固定，指植物从土壤中吸收无机氮合成蛋白质的原料（氨基酸）的过程。

（2）氮的储存。草地生态系统的氮循环中，大气是氮储存最大的库，但土壤-植被系统中的氮大部分储存在土壤库中，在植物亚系统中氮则主要储存于根系。此外，草地动物采食转化氮使草地土壤-植被系统中的氮流转到食物链的其他营养级形成特殊的库，长期以来导致草地土壤-植被系统的氮流失。土壤微生物氮数量仅占全氮的 1%～5%，却是土壤中最活跃的有机态氮库。

土壤是草地生态系统的一个巨大的养分储备库和供给源。草地植物吸收养分绝大部分要通过土壤供给才能实现。表土含氮量多数为 0.1%～0.6%，主要存在于腐殖质中，98% 为有机态，无机态仅占 2.0%。每年经由草地土壤库的氮流通量约 3 720×10⁶ t，占其总储量的 7% 左右。每年直接供给牧草生长的约 1 610×10⁶ t。草地群落可给态氮的淋溶、挥发损失都较低，特别是在植被茂密、土壤排水良好的土壤中，氮的淋溶和挥发损失可忽略不计。相反，在高水肥人工草地中，这种损失可达到 50% 以上。

（3）氮的流转释放。草地生态系统中氮流转的主要过程是土壤无机氮（主要包括外循环固定和土壤有机氮经矿化作用转化的两部分）被植物吸收转化进入食物链，然后动植物残体以有机氮的形式返回草地土壤，也有经食草动物流转到其他系统的有机氮和动物排泄物释放的氮，最终经微生物的作用将有机氮转化为无机氮。草地土壤氮输出的途径主要有：①土壤、植物、动物排泄物和肥料等氨挥发；②生物和化学反硝化作用；③由土壤侵蚀和淋溶作用引起的系统释放；④动植物残体和动物排泄物的燃烧。氮损失的过程会加速一些其他元素的流失，造成土壤酸化，这些变化又会间接降低草地生产力[①]。

积累于牧草植物量中的氮，其中约 65%～80% 以枯枝落叶残根的形式返回到土壤，仅 35% 左右被草食家畜采食。家畜采食后，仅有小部分作为畜体组分沉积下来，80%～90% 随粪便排泄物进入草地。就总量而言，世界草食家畜对牧草积累氮的转化率为 4.2%。对于特定的家畜，体内沉积氮在很大程度上随采食牧草氮含量的高低而发生明显变化。例如，生长中年青羯羊，在采食含氮量为 3.13%、1.43%、0.08% 和 0.57% 的饲草时，每只每日体内沉积量分别为 3.35 g、2.04 g、−1.86 g 和 −1.91 g。排泄物中氮占 40%～70%，且 90% 为尿素和铵态氮，植被丰茂的草地中，能被当季牧草植物直接利用，而植被稀疏的草地上，绝大部分则因挥发损失逸出草地。草食畜粪中的氮类似于牧草凋落物氮，多被矿化用于下一季牧草生长，很少有结合于腐殖质中的，特别是在那些大于零年 ≥0℃ 积温 4 000 ℃ 以上、年降水量 600 mm 以上、植物量低于 1kg/m² 且利用强度大于 50% 的温暖潮湿草地类型中更是如此。由于粪堆露地散置的经久性比植物材料更耐分解，实际上氮的损失比尿更高，沉积入土的量一般仅 20%～35%。一般地，随草产品及畜产品流出草地的氮虽然比重很小，但对草地基况却有着根本性影响，如不及时给予补偿，氮的收支必会出现失衡，因而极不利于草地的持续生产。

植物、凋落物和土壤是草地生态系统的三大氮库。对于大多数草地生态系统，氮是限制草地生产力的重要因素之一。不同植物对氮的生物积累的贡献是不同的。例如，羊草草原中，地上部分储存的氮有 62.7% 在禾本科植物中，在莎草科、菊科和百合科植物中的储量分别为 4.96%、10.2% 和 11.1%。草地植物地上、地下部分的氮储量相差较大。例如，羊草草原群落地上部分的氮储量在 24～32 kg/hm，地下部分的氮储量可高达 140 kg/hm。草地生态系统中土壤氮以有机态为主，通常占表层土壤氮的 90% 以上。草地土壤硝态氮和铵态氮主要来源于有机物质的矿化分解。温度和水分是控制这一过程的重要因子。草原凋落物归还的氮是土壤中有机质的重要来源，草原凋落物的产量在不同类型草原中差异较大，我国北方草原从西到东凋落物量的变化范围在 10～350 g/m。

2. 磷循环 磷是草原生态系统中物质循环的重要载体之一，它对草地牧草产量、品质和家畜生产均有重要作用，磷还可促进植物的氮吸收，并与钾、钙和硫等元素相作用，对草地生态系统营养元素的循环产生不同的效应。磷在草地生态系统中的循环是一个典型的沉积循环，不存在任何气体形式的化合物。磷循环的起点源于岩石风化，终于水中的沉积。岩石风化或人类开采使磷被释放出来，以可溶性磷酸盐形式存在，经由植物、食草动物、食肉动物在生物间流动，待生物死亡后被分解，又返回到环境中。溶解性磷酸盐可随水流进入江河湖海，在海底沉积，并将长期留在海底，脱离循环，只有发生地质变迁，海底变为陆地后，这部分磷才有可能因岩石风化而再次进入磷循环，因此磷循环是不完全循环[②]（图 5-7）。磷只能在酸性溶液和还原情况下才能自由溶解。在土壤中，磷易与钙和铁结合形成磷酸盐类，不能为植物吸收。草地中施用过磷酸钙，也会迅速转成植物不能利用的无机盐类，因此，磷的缺乏具有普遍性。

① 王建安，韩国栋，鲍雅静，等，2007. 我国草地生态系统碳氮循环研究概述[J]. 内蒙古农业大学学报（自然科学版），4：254-258.

② 王辉珠，1997. 草地分析与生产设计[M]. 北京：中国农业出版社.

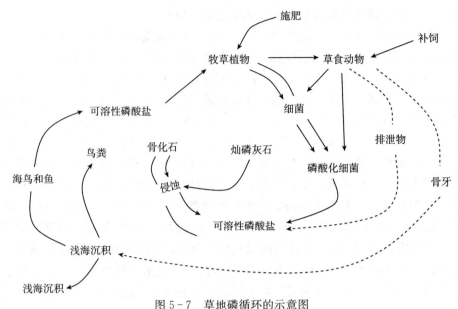

图 5-7 草地磷循环的示意图

（资料来源：王辉珠，1997. 草地分析与生产设计［M］. 北京：中国农业出版社.）

草地生态系统中磷的来源主要有大气沉降、施肥、补饲及原生矿物风化几种途径。多数情况下，沉降补充的磷较为有限，每年每公顷不超过 0.04～0.08 kg。由土壤矿物风化物提供的可给态磷也极少。土壤有机质和动、植物遗体分解、矿化所提供的磷为磷循环中可给态磷的最大来源，其次是施肥和给家畜补饲所提供的磷。

施肥和补饲是补充草地磷的主要手段。每施 1kg 磷肥可增加饲料干物质 10～17 kg，磷肥的利用系数可提高到 16%～26%。我国草地主要的磷输入形式为放牧家畜的粪尿。家畜粪便中磷占其排泄量的 15%，牛马尿中不含磷，猪尿中含磷较高达 15%。在英国 Osage 实验站，每年以粪便形式归还给草地的磷量大约为 0.008 2 kg/hm²，数量相当可观。补饲可使放牧地中磷显著增加。按 1 kg 精料含 8 g 磷、1 kg 棉籽饼含 11 g 磷计，如能经常补饲，就能持续补充草地所需的磷营养。

根系吸收磷是草地磷循环过程中的关键环。草地生态系统中植物大多是多年生草本植物，其根系每年从土壤中吸收无机磷酸盐，满足植物生长所需。每年一部分根系死亡后，与地上活体枯死一同归还到土壤有机磷库中，另一部分磷则作为贮藏组织内的营养，供下一年新植物生长，归还到有机库的物质供给微生物能量，分解后变成有效成分。草地植物各器官磷含量的季节变化较为明显。在草萌发初的旺盛生长期，呈现一个从营养贮藏组织向地上植物部分大量输送和从土壤中吸收磷元素的高峰，随着植物成熟衰老，植株体内的磷则主要向着种子及地下营养贮藏组织转移，为下一季的萌发做准备。

草地植物地上部分积累的磷，除正常的生理转移外，部分通过淋洗和枯枝落叶，归还土壤，部分被草食动物采食。其中，枯枝落叶是提供下一季生长的主要含磷材料，在一个土壤水土保持良好、淋溶微弱的草地中，估计至少 77% 的死地被物中的磷和死根中的磷，会变成下一年植物生长可利用的磷。在封闭型的自然草地系统中，土壤-植被的磷循环主要依靠这一形式维持。植物对土壤速效磷的转化率可达 5.3%～28.2%。

磷从草地生态系统中输出的主要形式是刈割牧草和放牧家畜采食。据估计，东北羊草草地每年以干草或放牧采食从系统中移出的磷量为 1.25 kg/(hm² · 年)。家畜粪中磷的含量比牧草高，通过家畜的采食牧草磷有 95% 以上是从粪中排出，而粪中的无机磷比例较高，约占 20% 且易为牧草所利用。此外，反刍家畜的唾液中含有较多的磷，牛羊采食牧草和反刍活动将大量的磷转移到瘤胃中，当瘤胃微生物被转移到肠道后，就发生大量有机磷的矿化，从而提高了有机磷的分解度和溶解度。一般地，牧草所含的磷通过家畜，尤其是通过牛羊后有 80% 被矿化。在高放牧率下，牧草被频繁采食，加快了磷循环，同时也将会在土壤的 0～15 cm 处形成磷的积累。但过度的采食又会使牧草的地上和地下部分生长停滞，降低根吸收营养元素的能力，从而导致牧草中含磷量减少，降低磷的循环。

对一个草地放牧生态系统而言，磷在系统土-草-畜界面上的循环，决定着系统内磷的亏缺和平衡。草地生态系统中土壤转化阶段，包括不稳定的供植物根系吸收的有效养分库，牧草残留物中的营养，以及无效态的(无机和有机)养分组成的动态平衡系统。植物根系从土壤的有效养分库中吸收营养，并把它们输送到植物体内。而放牧家畜所消耗的牧草养分，既可以被家畜利用，也可以以粪或尿的形式排出体外，返回到土壤中。当养分从排泄物中释放出来进入土壤的有效养分库时，养分已经进行了再循环。在放牧草地生态系统中草地生产所必需的磷从土壤到牧草再到家畜，然后再返回到土壤中进行循环。磷素返回到土壤有效营养库的程度和速度，在很大程度上影响放牧草地的磷肥需要。磷的输入部分可以来自无机肥、厩肥、大气、土壤、矿物质和有机物质。而磷的损失则通过家畜产品的收获、营养物质在土壤中的固定、沉淀、挥发、渗漏、土壤侵蚀和地表径流等途径进行。磷主要在土壤、牧草和家畜这三大营养库之间进行循环。库与库之间磷流动的速度和数量及其输入与输出可以在地区内和草地生态系统中进行，也可以在土壤、植物和动物库中进行。

3. 硫循环　硫是草地生态系统土壤-牧草-畜体循环的必需元素及生态畜牧业生产中的重要限制元素。草地生态系统硫循环指硫以各种途径输入、输出生态系统，以及硫在系统内部植物与土壤之间、各营养级生物之间、生物体内和土壤内部的迁移转化，大致可以划分为大气硫库、植物硫库、土壤硫库和凋落物硫库(图 5-8)(刘淼等，2009)。

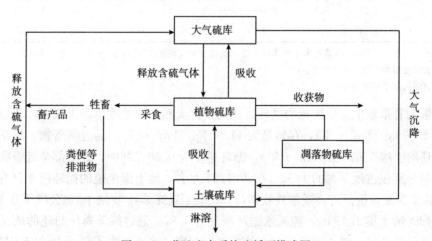

图 5-8　草地生态系统硫循环模式图

(资料来源：刘淼，梁正伟，2009. 草地生态系统硫循环研究进展[J]. 华北农学报 (S2)：257-262.)

在草地生态系统中，硫主要以可溶性硫酸盐的形式被植物吸收后，参与氨基酸、蛋白质的合成，被放牧家畜所采食。家畜粪尿、植物残体或动物尸体等经细菌分解后，将硫归还于土壤、水体、大气中，继而参与再循环。土壤中硫的淋溶损失是放牧系统中硫的主要输出形式。同时，家畜粪尿中硫的损失也影响着放牧系统硫的平衡状况。

大气中的硫化物通过沉降进入土壤或被植物直接吸收，其通量对土壤-植物生态系统中的硫循环有重要影响。大气硫源可分为自然硫源和人为硫源两部分，草地生态系统中的自然硫源主要指土壤及植物释放的含硫气体，而二氧化硫是主要的人为硫源。而大气中的含硫气体则通过降雨向土壤和植物中扩散，或以硫酸盐颗粒的干沉降等方式重新进入硫循环。植被系统是草地生态系统中的重要独立硫源。

植物体内的硫分为有机硫化合物和无机硫酸盐两种形态，大部分有机硫以蛋白质形式出现，少量以含硫氨基酸形式存在，形态和含量比较稳定。植物体内硫酸盐的同化包括硫酸盐的吸收、转运、活化、还原及半胱氨酸的合成。植物还可以从大气中吸收硫化氢、二氧化硫等满足生长发育的需要，但这仅占植株总硫含量的 $10\%\sim20\%$。

土壤-植物生态系统是硫生物地球化学循环中的重要组成部分。土壤中的硫也可分为有机硫和无机硫，其比例随土壤类型、pH、排水状况、有机质含量、剖面深度的变化而不同。有机硫是土壤硫的主要储备库，但需经微生物分解转化为有效态的无机硫酸盐后，才能被植物利用。无机硫在土壤中以水溶态、吸附态和不溶态存在，在 pH ＞ 6.0 的土壤中无机硫大部分为水溶态。土壤也是含硫气体释放的主要来源，温度升高可使土壤含硫气体释放量增大，释放气体种类增多[1]。

硫在草地生态系统各组分中的分配并不相同。以内蒙古天然草原放牧生态系统硫循环为例，95.6%的硫储存于土壤亚系统中，是营养元素的主要储存库和流通枢纽；植物亚系统中硫元素储量为4%；动物亚系统仅占0.4%。其中植物亚系统根中的硫含量占93.72%，地上活体、立枯体和凋落物硫含量较少（表5-5）（吕达仁，2005）。

表5-5　硫在草原放牧生态系统各分室中的分配

	地上活体	立枯	凋落物	根系	植物亚系统之和	羊群	土壤	系统之和
全硫量（kg/hm²）	1.29	0.80	0.50	37.43	40.02	3.97	959.32	1 003.31
比例（%）	3.03[1]	2.00[1]	1.25[1]	93.72[1]	4.00[2]	0.40[2]	95.60[2]	100.00

资料来源：吕达仁，2005. 内蒙古半干旱草原土壤—植被—大气相互作用[M]. 北京：气象出版社.

注：① 表明在植物系统中的百分比。

　　② 表明占整个系统的百分比。

放牧影响着草地生态系统硫的循环。在内蒙古天然草原放牧生态系统中，草原每年硫的吸收量为 19.9 kg/(hm²·年)，存留量为 11.93 kg/(hm²·年)。通过凋落物、根系周转和绵羊粪尿归还给土壤 8.02 kg/(hm²·年)，循环速率为 0.40。其中，地上部全硫吸收量、存留量和归还量分别仅占地下部的 1/6、1/4 和 1/24 左右，地上部全硫的循环速率只有地下根系的 1/4。就家畜亚系统而言，暖季放牧期（113d），4 只绵羊（5 岁羯羊）每公顷采食 1.5 kg 硫，通过粪尿归还给土壤 1.45 kg，硫元素循环速率为 0.97。通过绵羊粪尿归还的硫元素量约为凋落物归还量的 6 倍。地下部是硫元素的主要储存库。放牧加大了硫元素的归还量，但因家畜全硫的采食量占整个系统的比例只有 7.54%，故对硫的循环速率影响不大（表 5-6）。

---

① 刘淼，梁正伟，2009. 草地生态系统硫循环研究进展. 华北农学报(S2)：257-262.

表 5-6　天然草原放牧系统硫元素的生物循环

项目	吸收 （kg/hm²）	存留 （kg/hm²）	归还 （kg/hm²）	循环速率 （kg/hm²）
地上	2.59(13.02)	2.34(90.35)	0.25(9.65)	0.10
绵羊采食	1.50(7.54)	0.05(3.33)	1.45(96.67)	0.97
地下	15.81(79.45)	9.49(60.03)	6.32(39.97)	0.40
总量	19.90(100)	11.88(59.70)	8.02(40.30)	0.40

资料来源：吕达仁，2005. 内蒙古半干旱草原土壤—植被—大气相互作用[M]. 北京：气象出版社.
注：地上现存量不包括绵羊采食部分；绵羊采食为 113d（暖季）。

第三节　草地生态系统的能量流动

草地生态系统是能量储存与散逸的系统。能量传递服从热力学基本定律，该系统的能量既不能创造，也不能消灭。草地生态系统的能量流动是能量输入与输出的过程。

1. 能量输入　草地生态系统的能量输入，对于自养生物来说，就是太阳辐射能；对于异养生物来说，就是食物中的化学能。但从整个系统来说，所有输入的能量都来自太阳能。草地植物是草地生态系统的生产者，通过光合作用将进入系统的太阳能转化为化学能固定储存在植物体内。植物被食草动物采食，肉食动物捕获草食动物，食草动物或小型的肉食动物又被大型肉食动物捕获，能量则沿着草地生物之间的食与被食的关系所形成的有机链条即食物链而传递，从一个营养级传递到下一个营养级。

2. 能量输出　能量在沿食物链传递的过程中，并不是所有的能量毫无损失地从一个营养级转移到下一个营养级上。每一个营养级的生物体维持自身的生命过程，不间断地进行着新陈代谢，需要消耗大量的能量。因此，输入每一个营养级的能量更多地被用于呼吸作用而耗散。能流沿食物链越来越细，直到以废热形式全部散失。

以一个由植物、田鼠和鼬 3 个营养级组成的食物链的能流分析为例，草地生态系统中的能量的输入主要来源于太阳辐射。据科学估算，太阳每秒辐射的光能相当于每秒燃烧 115 亿 t 标准煤所发出的热量。其中只有 1% 左右被绿色植物所利用。绿色植物通过光合作用把太阳能转变成有机分子中的化学能储存于植物体内，即初级生产力。初级生产力中的 99.7% 并未被田鼠利用，其中包括未被取食的（99.6%）和取食后未被消化的（0.1%），而田鼠本身又有62.8%（包括从外地潜入的个体）没有被食肉动物鼬所利用，其中包括捕食后未消化的1.3%。能流过程中能量损失的另一个重要途径是生物体的呼吸消耗，植物的呼吸消耗比较少，只占总初级生产力的 15%，但田鼠和鼬的呼吸消耗却相当高，分别占各自总同化能量的 97% 和 98%，也就是说，被同化的能量绝大部分都以热的形式消散掉了，只有很小一部分被转化成了次级生产力，最后在微生物分解动植物残体时，归还到环境中。

在草地生态系统中，植物通过光合作用所固定的太阳能，因植物枯死，大部分以枯枝落叶的形式储存在地表。分解者以枯枝落叶作为能源进行分解代谢活动，其中一部分能量积累在分解者体内，大部分释放到环境中。枯枝落叶和分解者之间的能量流动是草原生态系统整体能量流动过程的一个重要环节，它把生产者亚系统和分解者亚系统联结起来，也是能量释放的一个主要途径。以东北羊草草原为例，每年因植物枯死输入分解者亚系统的能量占地上部生产量的 62.75%，大部分以枯枝落叶形式储存在地表。其余的 37.25%，可能一部分被各种昆虫及野生小动物所消耗掉，另一部分在生长末期伴随着营养物质向地下部运输而转移地下部。进入枯枝落叶中的能量，并不完全积累在地表，其中一小部分在输入过程中被分解者所利用，这部分损失的能量为 174.37 kJ/(m^2·年)，占年输入量的 4.42%，其余部分储存在地表为 3 769.42 kJ/(m^2·年)，占年输入量的 95.58%，即能量的年积累量。分解者以枯枝落叶作为能源进行代谢活动，一部分能量因呼吸作用释放到环境中，一部分能量积累在体内，用于维持自身活动所需。如果将枯枝落叶中能量作为 100%，经过一年分解后有 33.34% 的能量被分解者所利用，在分解者所利用的能量中大部分用于代谢活动，仅 28.13% 用于形成生物量，分解者中的能量绝大部分储存在土壤微生物中，土壤微生物的能量占总积累量的 96.5%。土壤动物体内能量仅占很小的比例，为总积累量的 3.5%。分解者用于呼吸作用所消耗的能量占 71.87%。

第四节　草地生态系统的信息传递

草地生态系统中，各组分(植物、动物或微生物)之间及其与环境之间不断地进行着物质和能量的交换，系统中各生命成分之间也存在着信息传递，通常以"信息流"来定量表述其强度。草地生态系统的信息流往往是双向的，有从输入到输出的信息传递，也有从输出向输入的信息反馈，从这一信息流动功能，使草地生态系统形成了一个动态的、可以实行反馈调控的体系，能够协调生态系统每一个组分内各成员及各组分之间的联系，使之共同进行功能运转，形成一个统一体。按草地生态系统信息传递性质的不同，可分为物理信息传递、化学信息传递、营养信息传递和行为信息传递。通过信息的输出、接收、存储、处理和反馈等，使草地生态系统各组分之间紧密相连，形成一个有机的整体。

1. 草地植物种群之间的信息传递与联系　草地植物生态系统中植物种群之间发生着复杂的信息联系。在这些信息联系中，植物根和芽、叶、花等排放出的生物化学物质对其他植物的生长和发育产生抑制作用或者有益作用，即植物的他感作用，这是植物间信息间接传递的重要方式。植物的信息物质是多种多样的，这些物质通过多种途径向另外一些植物提供信息，大量的植物信息通过大气、水体和土壤等介质进行散发，以此来实现各种植物间的密切联系[1]。

许多草地植物都含有化感物质(脂肪族化合物、脂肪酸及不饱和内酯、萜类化合物、芳香族化合物等)。例如，冷蒿植株体内含有挥发物质单萜或者倍半萜烯及含氧衍生物如桉油精、β-月桂烯等，其茎叶水浸提液使羊草(*Leymus chinensis*)、克氏针茅(*Stipa krylovii*)和糙隐子草(*Cleistogenes squarrosa*)种子的发芽指数降低，平均发芽时间延长，抑制克氏针茅和糙隐子草幼苗的生长。草地植物可通过分泌化感物以提高自身对不良环境的适应性和竞争性。典型的如入侵植物紫茎泽兰的叶挥发物、叶淋溶物及根分泌物中产生的化感物质，可抑制伴生植物的种子萌发和幼苗生长，为进一步入侵和扩张创造有利的环境。此外，草地植物的根和根茎能接受小生境营养源的信息流，从而通过变长或变短、分枝或改变方向等搜索

---

① 张玉娟，唐士明，邵新庆，等，2012. 植物化感作用在草地生态系统中的研究进展[J]. 安徽农业科学，40(2)：958-961.

行为吸收养分，保证植物体的生长发育。这一行为反应已被植物种群生态学家认为是与动物一样的搜索行为。

2. 草地动物种群之间的信息传递与联系 草地动物代谢产生的物质，如生长素、性引诱剂等化学物质可用于传递信息。化学信息对动物物种间和种内的关系具有重要影响。在草地动物个体内，通过激素或神经体液系统协调各器官的活动；在种群内部通过种内信息素协调个体之间的活动，以调节动物的发育、繁殖、行为，并可提供某些情报储存在记忆中。

草地动物的特殊行为可对同种或异种生物传递某种信息。如草地生态系统中同一动物种群的两个个体或不同种之间相遇时，表现出具有识别、威吓或挑战的行为信息。例如，草地生态系统中地雀发现"敌情"时，雄雀急速起飞，扇动两翼，给孵卵的雌雀以信号。不同种之间，也有同样的行为信息，如在非洲的某些干旱草地生态系统中，豹隐藏在茂密的草丛处，经常夜间活动。一旦发现由汤姆斯瞪羚和格兰特瞪羚发来的行为信息时，便独自潜近瞪羚进行捕获。猎狗出没在平坦地方，常常拂晓和黄昏时活动，它们成群结队，如果从很远处发现汤姆斯瞪羚、大羚羊和斑马类被捕食者发来的行为信号，便能以极快速度前往捕杀被捕食者。

3. 草地植物与动物之间的信息传递与联系 草地植被群落中的草食动物或食草哺乳动物与植物之间所存在的食物链（网）关系，使动物与植物之间的信息联系，尤其是营养信息变得错综复杂。在草地生态系统中，动物采食会导致植物个体的形态改变进而影响到个体功能（如营养摄取与利用效率，植物体组织的氮含量等）的发挥。草食动物通过采食草食动物，影响着植被的地上地下分配、植物群落组成等。放牧采食减少地上生物量，促进更多的碳分配到地下，有利于根的生长、呼吸及根系分泌物的产生。放牧通过粪便影响草地的营养循环，进而改变草地土壤化学成分。此外，放牧通过践踏影响土壤紧实度及渗透率等物理结构。草地的土壤物理结构的变化与土壤化学成分的变化相互作用，共同影响着草地土壤环境。

在植物与动物的信息传递过程中，草地植物并不是完全被动地被动物侵袭或吞食，而是通过形态、生理、生化等方面所发出的信息，抵御植食性动物的危害。在一些贫瘠的草地生态系统中，植物产生大量的次生代谢物，这些次生代谢物能有效地防御动物采食且具有很强的抗菌性，使得草地植物生产的枯落物较难分解。在此类生态系统中，动物由于更偏重采食高营养植物，从而为产生难分解枯落物的低营养植物创造了良好的生境，在这种生境中，高质量植物不再适合生存。相反地，在一些富饶的草地生态系统中，植物为了适应采食会提高自身的营养摄取效率与利用效率，从而产生补偿生长和超补偿生长现象，大量的营养分配给地上部分，使植物个体变得鲜嫩富含营养，也使得枯落物更易分解，加快了系统的营养循环[①]。

第五节 草地生态系统的退化

草地是地球上分布面积最大的一个陆地生态系统。世界草地总面积为 52.5 亿 hm²，约占地球陆地总面积的 40.5%（不包括格陵兰岛和南极），储存了陆地生态系统总碳量的 34%，其中，约 71%的碳储存在植物根系和土壤中。草地生态系统不仅为人类提供了肉、奶、皮、

---

① 王让会，游先祥，2000. 荒漠生态系统中生物的信息联系特征[J]. 生态与农村环境学报(4)：7-10.

毛等具有直接经济价值的产品，同时具有维持大气组分的相对恒定、改善气候、维系生物基因库、固定二氧化碳、保持水土、抚育和传承多民族文化等极其重要的服务功能。长期以来，世界许多地区畜牧业生产中普遍存在着过度利用草地的生产功能，而忽视草地的生态功能的现象，造成了超载过牧、人-草-畜关系失衡和草地的大面积退化，并诱发了沙尘暴、荒漠化等生态灾难。草地退化已成为当今世界面临的一个极为严峻的生态问题。

从生态学的演替理论角度看，草地退化是指一定生境条件下的草地植被与该生境的顶级或亚顶级植被状态的偏离，是草地生态系统背离顶级状态的一切逆行演替过程，这种过程的结果打破了原有草地生态系统的平衡，使其原有的结构、功能遭到破坏或丧失，稳定性和生产力降低，抗干扰能力和平衡能力减弱。从草地经营学角度看，草地退化是指草地生产力降低、质量下降和生境的劣变等一切不利于草地生产的演变过程。草地退化强调在一定生境条件下草地植被逆行演替，表现为当前草地植被较其顶级植被的质量和可食产量的下降，致使草地的利用价值降低和生境条件变坏，是整个草地生态系统的退化。因而，草地退化可做如下定义：由于自然因素、人为因素或二者的共同作用引起的草地质量衰退，生产力、经济潜力和服务功能降低，环境恶化及生物多样性或复杂程度降低，恢复功能减弱等生态要素和生态系统整体发生的不利于生物和人类生存的量变和质变，即称为草地退化。实质上，草地退化是草地生态系统逆行演替的一种过程，而退化草地是这一逆行演替过程的某一相对稳定的阶段。

草地生态系统的变化过程总是伴随着相关的地理、气候、土壤、火害等各种自然因素的作用，有时一二种自然因素（如火或洪水）就可能造成生态系统的退化。草地的鼠害、虫害也是造成草地退化的重要原因。草地退化的另一方面原因是人为活动，主要有草地开垦、超载放牧、频繁割草等。此外，草地的经营机制、激励机制不健全，草地保护和建设的投入不足或低投入等，也是导致草场超载、草地退化的因素。

草地也是我国陆地上面积最大的生态系统类型。全国草原、草山、草地的总面积达4亿 hm² 以上，约占全国土地总面积的 42%，全国 90% 的草原存在不同程度的退化、沙化和盐渍化等问题，并且每年以草地可利用面积 1.9% 的速度加速退化，而半干旱地区天然草地退化面积已经占到 75%～95%。自 21 世纪初国家相继推行"退耕还草""围栏封育""禁牧舍饲"等草地保护与限制利用措施，草原地区的家畜的过度放牧和大面积草原的退化现象有所遏制，但草地生态环境形势仍然严峻，需要采取有效的措施对退化的草地进行恢复或重建。

对退化的草地进行恢复是一个长期、复杂的生态过程。退化草地恢复的首要目标是对草地生产能力（包括草地植被与家畜生产力）的恢复与提高；其次，草地本身也作为家畜生产及草地周围地区人类生存生活的环境，恢复退化的草地又体现对生态环境的恢复与提高。无论是草地生产力的恢复，或者草地环境的恢复，必须同时基于草地的生物组成（植物、动物或微生物）、植被和土壤结构与功能，包括生物多样性，水平与垂直结构，能量流动、物质循环与信息传递等营养功能的良性改变和发展。如果采用各种技术措施经过一定时间，草地生态系统的各种主要评价指标都得到相应的改善，如草地植被的盖度、净初级生产力、土壤肥力（有机质）、家畜的采食效率等，草地就会从总体上恢复与改善。

对退化草地进行恢复所采用的技术主要有：①围栏封育。围栏封育是将退化草原封闭一定时期，禁止放牧和割草，给牧草得以休养生息的机会，为植物充分生长发育创造条件。多年来的实践证明，对退化草原实行封育后，草原植被结构发生显著变化，植株的高度，植被的密度、盖度、频度，植物的种类组成，植被多样性和地上生物量都显著提高。②松土改良。松土改良是通过不同程度的机械化疏松土壤，通过改变土壤的理化性质和刺激植物根系两方面的作用来使原生植被恢复。长期研究证明，经浅耕翻、机械化松土方法处理后的中度退化草地，土壤的理化状况改善，土壤的水分和肥力有所提高。③补播。草地补播是在草群中播种一些适应性强、有价值的优良牧草，以便增加草层的植物种类成分、草地的盖度及提高草层的产量和品质。人工补播是改良退化草地的一项重要措施，补播牧草的种类以羊草和豆科牧草的增产改良效果较好，补播后草地的产草量明显提高，草群品质得到改善。④施肥。施肥是补充植物缺乏的营养元素的有效途径，速度快、效果好，对草地质量和草群结构改善较好，增产幅度较大。⑤其他措施。划破草皮可以增加土壤通气透水性，促进土壤有机质分解，为植物提供更多的营养物质，促进牧草生长、发育。灌溉可改善土壤水分，有利于牧草对无机盐的吸收，促使牧草生长发育，从而大幅度地提高草地生产力[①]。

复习思考题

1. 什么是草地生态系统，有何特点？
2. 试述草地生态系统能量流动的特点。
3. 简述草地生态系统中氮素流动的主要途径。
4. 试绘制草地生态系统磷循环过程的图式，并简述磷分配的特点和影响因素。
5. 草地退化的原因有哪些？可通过哪些措施防治草地退化？

---

① 马莉，张娜，2014. 草地退化的研究进展[J]. 上海畜牧兽医通讯（4）：23-25.

第六章 湿地生态系统

　　湿地（wetland）是地球生态系统中一种极为重要的生境类型，以占8％的地球表面积支持着地球上20％已知物种的存在，它在调节气候、调蓄洪水、净化水质、保护生物多样性和维护区域生态平衡等方面发挥着不可替代的作用。然而，人口的急剧增加以及人类认识的片面性，造成对湿地的破坏和不合理的开发利用，致使全球湿地面积减少、生物多样性丧失、功能和效益衰退，严重危及湿地生物的生存，制约人类社会经济的发展。因此，保护、恢复和合理利用湿地成为全球广泛关注的课题，特别是特大洪水的发生和鸟类濒危灭绝的事实，进一步强化了大众的保护意识，为全面深入开展湿地保护与恢复工作打下了坚实的基础。保护我国湿地资源，对于构建生态屏障、维护生态平衡、改善生存环境、促进人与自然和谐、实现我国生态文明建设战略具有十分重要的意义。

第一节　湿地生态系统概述

一、湿地定义与分类

　　湿地是地球上具有多种功能的生态系统，与森林、海洋并称为地球三大生态系统，是自然界生物多样性最丰富和人类社会赖以生存发展的生态系统，被科学家誉为"地球之肾""生命摇篮"和"物种基因库"。

　　1. 湿地定义　由于湿地有许多特征，不同的学科对湿地有不同的理解。目前，湿地有50种以上的定义，在我国被广泛接受的湿地定义有三个：《湿地公约》中的定义、《国际生物学计划》中的定义和林业部的定义。

　　(1)《湿地公约》中的定义。1971年在伊朗的拉姆萨尔召开的"湿地及水禽保护国际会议"上签订了《关于特别是作为水禽栖息地的国际重要湿地公约》(简称《湿地公约》)。

　　此公约将湿地定义为：天然或人工、长久或暂时的沼泽地、湿原、泥炭地或水域地带，带有静止或流动的淡水、半咸水、咸水水体，包括低潮时水深不超过6 m的水域，还包括邻接湿地的河湖沿岸、沿海区域以及位于湿地范围内的岛屿或低潮时水深不超过6 m的海水水体。按此定义，湿地包括湖泊、河流、沼泽(森林沼泽和草本沼泽)、滩地(河滩、湖滩和沿海滩涂)、盐湖、盐沼及海岸带区域的珊瑚滩、海草区、红树林和河口等类型。该定义是一种广泛的定义，也是国际公认的、具有高度科学性的定义。

　　(2)《国际生物学计划》中的定义。《国际生物学计划》(International Biological Programme，IBP)，在1964—1974年有54个国家参加该项研究计划，主要研究自然生态系统的结构、功能和生产力等，计划实施取得了重要进展，是人类大规模研究自然生态系统的开端。

该计划认为，湿地是陆地和水域之间的过渡区域或生态交错带，由于土壤浸泡在水中，湿地特征类的植物得以生长。该定义特指生长有挺水植物的区域[1]。

该湿地定义是一个狭义的概念，将紧密联系的开阔水体和湿地分割开来，对于湿地的管理和保护有所不便，但为湿地生态系统结构、组成等方面的研究提供了一些便利。

(3)林业部的定义。为了对全国的湿地进行科学普查，林业部根据以上两种国际上广泛接受的定义，结合我国实际，在 1997 年提出：湿地为常年或者季节性积水地带、水域和低潮时水深不超过 6 m 的海域，包括沼泽湿地、湖泊湿地、河流湿地、滨海湿地等自然湿地，以及重点保护野生动物栖息地或者重点保护野生植物的原生地等人工湿地。

2. 湿地分类　由于现今国际上并没有形成统一的湿地定义，相关机构对湿地分类也不尽相同，目前较为有影响的湿地分类是《湿地公约》中所做出的湿地分类。

(1)《湿地公约》分类。在《湿地公约》第四届缔约方大会上，与会代表提议并通过了关于湿地分类的标准(表 6 - 1)，这一分类适用于全球范围内水禽栖息地的管理、保护以及国际交流与合作。按照规定，《湿地公约》各缔约国和执行机构在统计所属各类湿地数量和面积时必须要采用该分类标准。这一分类标准为世界湿地保护工作提供了重要基础，在全球性的湿地保护交流与合作中起到了积极作用，但是由于其属于国际性的湿地分类标准，界定范围太广，几乎把陆地上所有水体都包括在内，且涉及海洋学、湖泊学、河流学等诸多学科领域，因此无法从单一学科角度对湿地进行研究。

表 6 - 1　《湿地公约》中的湿地分类

湿地系统	湿地类	湿地型	代码	说　　明
天然湿地	海洋/海岸湿地	浅海水域	A	低潮时水位在6m以内的水域，包括海湾和海峡
		海草床	B	潮下藻类、海草、热带海草植物生长区
		珊瑚礁	C	珊瑚礁及其邻近水域
		岩石海岸	D	海岸岛礁与海边峭壁
		沙滩、硕石与卵石滩	E	滨海沙洲、沙岛、沙丘及丘间沼泽
		河口水域	F	河口水域和河口三角洲水域
		滩涂	G	潮间带泥滩、沙滩和海岸其他淡水沼泽
		盐沼	H	滨海盐沼、盐化草甸
		红树林沼泽	I	海岸咸、淡水森林沼泽
		咸水、碱水潟湖	J	有通道与海水相邻的咸水、碱水潟湖
		海岸淡水潟湖	K	淡水三角洲潟湖
		海滨岩溶洞穴水系	ZK(a)	海滨岩溶洞穴

① 　MITSCH W J，JAMNES G G，1986. Wetlands［M］. New York：Van Nostrand Reinhoid.

（续）

湿地系统	湿地类	湿地型	代码	说　明
天然湿地	内陆湿地	内陆三角洲	L	内陆河流三角洲
		河流	M	河流及其支流、溪流、瀑布
		时令河	N	季节性、间歇性不规则性小河、小溪
		湖泊	O	面积大于 8hm² 淡水湖泊，包括大型牛轭湖
		时令湖	P	季节性、间歇性淡水湖，面积大于 8hm²
		盐湖	Q	咸水、半咸水、咸水湖
		时令盐湖	R	季节、间歇性咸水、半咸水湖及其浅滩
		内陆盐沼	Sp	内陆盐沼及泡沼
		时令碱、咸水盐沼	Ss	季节性盐沼及其泡沼
		淡水草本沼泽	Tp	草本沼泽及面积小于 8hm² 生长植物的泡沼
		泛滥地	Ts	季节性洪泛地、湿草甸和面积小于 8hm² 的泡沼
		草本泥炭地	U	藓类泥炭地和草本泥炭地，无泥炭地不在此列
		高山湿地	Va	高山草甸、融雪形成的暂时水域
		苔原湿地	Vt	高山苔原、融雪形成的暂时水域
		灌丛湿地	W	灌丛为主的淡水沼泽、无泥炭积累
		淡水森林沼泽	Xf	淡水森林沼泽、季节泛滥森林沼泽
		森林泥炭地	Xp	森林泥炭地
		淡水泉	Y	淡水泉及绿洲
		地热湿地	Zg	温泉
		内陆岩溶洞穴水系	ZK(b)	地下溶洞水系
	人工湿地	鱼虾养殖塘	1	鱼虾养殖池塘
		水塘	2	农用池塘、蓄水池塘，面积小于 8 hm²
		灌溉地	3	灌溉渠系与稻田
		农用泛洪湿地	4	季节性泛滥农用地，包括集约管护和放牧草地
		盐田	5	采盐场
		蓄水区	6	水库、拦河坝、堤坝形成的大于 8 hm² 的蓄水区
		采掘区	7	积水取土坑、采矿地
		污水处理场	8	污水场、处理池和氧化塘等
		运河、排水渠	9	输水渠系
		地下输出系统	ZK(c)	人工管护的熔岩洞穴水系等

　　（2）中国的分类。为了促进湿地保护工作顺利开展，避免湿地分类标准过于繁杂而带来负担，国家林业局 1999 年在云南召开的全国湿地资源调查工作会议上正式提出一个与《湿地公约》分类接轨的中国湿地调查分类体系，该体系共分为 5 大类 28 种[①]。

　　① 刘子刚，马学慧，2006. 湿地的分类[J]. 湿地科学与管理(1)：60-63.

经过第一次全国湿地资源调查(1995—2003 年),在调查结果及前期研究的基础上[①],《湿地分类》(GB/T 24708—2009)于 2009 年 11 月发布,并于 2010 年 1 月正式实施,指导了第二次全国湿地资源调查(2009—2013 年),具体分类见表 6-2。

表 6-2 中国湿地分类

1级	2级	3级
自然湿地	近海与海岸湿地	浅海水域
		潮下生水层
		珊瑚礁
		岩石海岸
		沙石海滩
		淤泥质海滩
		潮间盐水沼泽
		红树木
		河口水域
		河口三角洲/沙湖/沙岛
		海岸性咸水湖
		海岸性淡水湖
	河流湿地	永久性河流
		季节性或间歇性河流
		泛洪湿地
		喀斯特溶洞湿地
	湖泊湿地	永久性淡水湖
		永久性咸水湖
		永久性内陆盐湖
		季节性淡水湖
		季节性咸水湖
	沼泽湿地	苔藓沼泽
		草木沼泽
		灌丛沼泽
		森林沼泽
		内陆盐沼
		季节性咸水沼泽
		沼泽化草甸
		地热湿地
		淡水泉/绿洲湿地

---

① 唐小平,黄桂林,2003. 中国湿地分类系统的研究[J]. 林业科学研究,16(5):531-539.

（续）

1级	2级	3级
	水库	
	运河、输水河	
	淡水养殖场	
	海水养殖场	
	农田池塘	
	灌溉用沟、渠	
人工湿地	稻田/冬水田	—
	季节性泛洪农业用地	
	盐田	
	采矿挖掘区和塌陷积水区	
	废水处理场所	
	城市人工景观水面和娱乐水面	

二、湿地功能

湿地广泛分布于世界各地，是自然界生物多样性最丰富的生态景观，从苔原带到热带，湿地无处不在。湿地不仅在环境与生物多样性保护等方面发挥着独特的作用，而且是人类赖以生存和持续发展的重要基础，与人类的生存、发展、繁衍息息相关。湿地这种实际或潜在支持与保护生态系统和生态环境、人类活动和生命财产的作用，就是湿地的功能[①]，主要包含生态功能、经济功能与社会功能三个方面。

(一)生态功能

湿地生态系统是由系统中各种动物、植物、微生物、细菌以水体及永久性或间歇性处于饱和状态的基质为依托，通过物理的、化学的分解、吸收、转化而构成。湿地生态系统具有调蓄洪水、调节气候、净化水体、保护生物多样性等多种作用，故被称为"地球肾脏""天然水库""天然物种库"。在世界自然保护联盟(UCN)、联合国环境规划署和世界自然基金会编制的世界自然保护大纲中，湿地和森林、海洋一起并列为全球三大生态系统。

1. 调蓄洪水 湿地在蓄水、调节河川径流、补给地下水和维持区域水平衡中发挥着重要作用。湿地一般位于本地区的低凹处，含有大量持水性良好的泥炭土、植物及质地黏重的不透水层，使其具有巨大的蓄水能力。它能在短时间内蓄积洪水，然后用较长的时间将水排出。湿地还是蓄水防洪的天然"海绵"，在时空上可分配不均的降水，通过湿地的吞吐调节，避免水旱灾害。湿地调节地球表面的水平衡、物质交换。如果湿地被破坏，物质循环和生物多样性都将遭受破坏。

2. 净化水质 湿地具有很大的吸附能力，像天然过滤器，而且湿地中的植物有助于减缓水流的速度，便于净化过程的完成。其过程是：当洪水或含有毒物和杂质的污水(农药、生活污水等)或含重金属的工业废水流经湿地时，其水流速度将减缓，并沉降和排出水流中

---

① 湿地国际-中国项目办事处，1999. 湿地经济评价[M]. 北京：中国林业出版社.

的沉积物，排除附着在沉积物颗粒上的有毒物质。也就是说，湿地像地球的肾一样，对水流中的有毒物质和杂质进行了沉淀和过滤。

如湿地芦苇可以净化陆地上污染水体里的铅、锰等重金属，经过芦苇过滤后的水会变得很干净。据有关资料统计，污染水经过沼泽可降解98％的氮、97％的磷，富集许多重金属，是普通水体的10万倍[①]。

随着工农业生产和人类其他活动以及径流等自然过程带来农药、工业污染物、有毒物质进入湿地，湿地的生物和化学过程可使有毒物质降解和转化，流水中营养物质被植物有效吸收，或者积累在湿地泥层之中，既为下游净化了水源，又通过物质循环养育了湿地生态系统中众多的次级生产者和更高食物链营养等级的消费者，使当地和下游区域受益。

3. 净化空气 湿地内丰富的植物群落，能够吸收大量的二氧化碳气体，并放出氧气，沼泽还能吸收空气中的粉尘及携带的各种细菌。而且湿地中的一些植物还具有吸收空气中有害气体的功能，能有效调节大气成分，从而起到净化空气的作用。

例如，世界上海拔最高、面积最大的城市天然湿地——西藏拉萨拉鲁湿地，其平均海拔为3 645 m，保护区面积12.2 km²，2010年核心区面积为6.6 km²，占拉萨市总面积的1.7％，区域内以沼泽草甸为主的植被覆盖率达到95％以上，拉鲁湿地是拉萨市重要的氧气补给源，通过光合作用，拉鲁湿地每年可以吸收7.4万t二氧化碳，产生537万t氧气[②]。它同时也是市区最大的空气净化器，对增加市区的湿润度、调节气候、美化环境及维持生态平衡方面都起到十分重要的作用。

4. 调节气候、维持生态平衡 湿地中生长了茂密的植物，其下根茎交织，残体堆积，具有很强的持水能力，它能保持大于本身绝对干重3～15倍的水量。湿地还能通过植物蒸腾和水分蒸发，把水分源源不断地送回大气中，从而增加空气湿度、调节降水，在水的自然循环中起到良好的作用。同时，气候变暖会导致红树林、珊瑚礁的萎缩，泥炭、冻土的融化、流失，湿地因此成为气候变化的指示器。此外，湿地还是重要的碳库，沼泽森林、灌丛、红树林都能够把碳储存起来，降低空气和大气中的二氧化碳浓度等。

5. 维护生物多样性 湿地的生物多样性占有非常重要的地位，被誉为动植物的基因库。湿地复杂多样的植物群落，为野生动物尤其是一些珍稀或濒危野生动物提供了良好的栖息地，是鸟类、两栖类动物繁殖、栖息、迁徙、越冬的场所，是生物多样性丰富的重要地区和濒危鸟类、迁徙候鸟及其他野生动物的栖息繁殖地。因此，保护湿地就是保护生物的多样性。

(二)经济功能

湿地的类型是多样的，无论是库塘、水田、沼泽、湖泊、河流，还是红树林、珊瑚礁及海岸线浅水水域，都是以土壤、水、植物和动物等基本要素的相互作用为基础。正是由于湿地这些基本要素的相互作用过程才能提供被人类所利用的各类产品、服务，湿地价值可采用不同的方式进行衡量，湿地的经济功能可以从其直接利用价值、间接利用价值、潜在利用价值与非利用价值等方面来衡量。

---

① 彭有轩，2008. 湿地的功能探析[J]. 鄂州大学学报(1)：29-32.

② 杨在乾，2004. 保护湿地资源维护生态平衡[C]//浙江省科学技术协会，上海市科学技术协会，江苏省科学技术协会. 首届长三角科技论坛——水利生态修复理论与实践论文集. 杭州：浙江省科学技术协会.

1. 直接利用价值　湿地的直接利用价值即从湿地利用派生的有形的、相关的产品与效益，如食物、原材料和娱乐等用途。

湿地除了可以直接提供水产品、肉食、皮毛、羽绒、木材、药材、造纸材等，还有独特的泥炭资源及其他产品。河口、红树林、海滩涂是丰富的鱼、虾、贝、蟹、藻产地或养殖基地，湿地动植物资源的利用还间接带动了加工业的发展。另外，湿地是人类发展工、农业生产用水和城市生活用水的主要来源，同时它还有各种矿砂和盐类资源。最后湿地中还蕴藏着巨大的水能和潮汐能等清洁能源。

2. 间接利用价值　湿地的间接利用价值可以被看作服务，或由于湿地的存在，提供现有的活动或资源而获得效益。例如，通过调节洪水而使已有的财产受到保护等。湿地可采用不同的方式衡量其价值。最易于理解的概念是用货币衡量这些湿地的经济价值。据英国《自然》杂志公布的研究成果，全球生态系统价值为 33 万亿美元，其中只占地球表面积 6% 的湿地生态系统的价值估计为 14.9 万亿美元，比值达到 45%[①]。

2002 年，瑞士拉姆沙研究会(Ramsar Convention)的一项研究也认为，全球每年的湿地价值总计约为 15 万亿美元[②]。另据美国科学家研究，每公顷湿地生态系统每年创造价值 4 000～14 000 元，分别是热带雨林和农田系统的 2～7 倍和 45～160 倍[③]。因而湿地是陆地生态系统中最具有经济价值的生态系统。

3. 潜在利用价值　湿地的潜在利用价值即今后对湿地某一产品或服务，或湿地的可利用性不确定，因此有必要估算出为达到此目的而保护湿地所带来的效益。例如，通过调节洪水保护未来的财产、通过调节气候来保护世界环境等。

新的科学证据表明，全球很多生态系统正在向危险的临界接近，给决策者造成更加紧迫的问题；世界观察研究所的研究人员说，北极地区的冰盖已减少了 42%，全球 27% 的珊瑚礁遭到破坏，这意味着地球上一些主要生态系统正在退化；最新的气候模型表明，除非人们大大减缓对矿物燃料的使用，否则到 2100 年，地球温度将比 1990 年的水平上升 6℃，这样的温度提高会导致水资源极度缺乏，食品生产减少和诸如疟疾、登革热之类的致命疾病广为扩散[④]。

4. 非利用价值　湿地的非利用价值与湿地的基本属性有关，是由特殊的利益相关群体(农民、自然保护者和当地居民等利益相关者)所赋予的，归属于湿地的不同属性。例如，湿地具有的观光功能、求知功能、康体功能和度假功能等都是湿地的非利用价值的体现。湿地中生长的部分动植物极具观赏性，同时湿地动植物种类丰富，是天然的自然历史博物馆，能够最生动地向人们进行有关湿地和湿地保护的教育和宣传，增加人们的自然科学知识，提高人们保护湿地生物多样性和生态环境的意识。

湿地中还含有古生物化石、古生物遗骸、古地址遗迹，对研究古地理和古生物有着重要意义，此外由于湿地良好的生态环境，空气和饮用水质量都要大大高于城市，所以湿地旅游深受人们的欢迎[⑤]。

---

① 谢屹，温亚利，2005. 中国湿地保护中的利益冲突研究[J]. 北京林业大学学报(社会科学版)，4 (4)：60 - 63.
② 刘军，2004. 中国湿地现状综述[J]. 中国环境管理干部学院学报(2)：64 - 67.
③ 凌玉梅，2005. 浅谈湿地生态系统的建设与保护[J]. 北京水利(3)：49 - 51.
④ 克里斯托弗，2001. 全球环境处于危险的十字路口[R]//世界情况报告. 华盛顿：世界观察研究所：4 - 21.
⑤ 丁季华，吴娟娟，2002. 中国湿地旅游初探[J]. 旅游科学(2)：11 - 14.

（三）社会功能

湿地的社会功能主要表现在观光与旅游、教育与科学研究、文化遗产方面：

1. 观光与旅游　湿地具有自然观光、旅游、娱乐等美学方面的功能。有许多重要的旅游风景区都分布在湿地区域，湿地旅游资源品种多、分布广，有着极大的开发利用潜力。

例如，中国地域辽阔、湿地类型丰富，湿地植被茂盛、地形多样，因而具有开展生态和特种旅游的天然条件，能进一步丰富和完善旅游产品结构，如森林考察、探险、狩猎、溪江漂流、龙舟竞渡、河湖垂钓等形式。

再如，中国的湿地生物类型众多，其间生长着多种多样的生物物种。如中国湿地共有500 多种淡水鱼类及 300 多种鸟类，约占全国鸟类总数的 1/3；世界 15 种鹤类在中国湿地有记录的就有 9 种；在亚洲 57 种濒危鸟类中中国湿地内有 31 种，占到 54%；40 余种国家一类保护的珍稀鸟类约有一半生活在湿地[1]。

此外，湿地原始、自然、多样和奇特的生态环境、自然景观，为人类提供了丰富多彩的审美对象，也为人类智力、精神、艺术进步和深化开拓了无限源泉。如滨海沙滩海水是重要的旅游资源，还有不少湖泊因自然景色壮观秀丽而吸引人们向往，为旅游和疗养胜地。如滇池、太湖、洱海、杭州西湖等都是著名的风景区，除可创造直接的经济效益外，还具有重要的文化价值。这些城市中的水体，在美化环境、调节气候、为居民提供休憩空间等方面有着重要的社会效益。

随着社会经济的快速发展，越来越多的人渴望回归自然，到环境优美、空气清新的自然保护区去旅游观光、科学考察、度假疗养等，这已成为一种新的旅游时尚。

2. 教育与科学研究　湿地是重要的遗传基因库，对维持野生物种种群的存续、筛选和改良具有商品意义的物种，均具有重要意义。湿地生态系统有多样的动植物群落、濒危物种等，在科研中都有重要地位，它们为教育和科学研究提供了对象、材料和试验基地。一些湿地中保留着过去和现在的生物、地理等方面演化进程的信息，在研究环境演化、古地理研究方面都有重要价值。位于浙江省杭州市西溪国家湿地公园的中国湿地博物馆是国家林业局批复同意建设的中国唯一一座国家级湿地博物馆，集收藏、研究、展示、教育、娱乐于一体，向人们介绍全球湿地资源状况、特征及湿地与可持续发展的关系，在湿地资源教育与研究方面起到积极作用。

3. 文化遗产　世界上有些种族的文化和宗教与湿地不可分割，如菲律宾的棉兰老岛。我国太湖发现了新石器时期的文化遗址数百处。

第二节　湿地生态系统结构

生态系统的结构决定功能，湿地生态系统功能的有效发挥也取决于结构特征。湿地的群落结构、食物链结构和营养结构是湿地生态系统结构的重要方面[2]。

---

① 安树青，2002. 湿地生态工程[M]. 北京：化学工业出版社.

② 李玥璠，吴婷婷，朱卫红，2018. 不同类型湿地植物群落结构特征变化及影响因子分析[J]. 安徽农学通报，24（15）：130－135.

一、湿地群落结构

湿地是动植物物种完成生命过程的重要生境，具有丰富的生物多样性。例如，湖南省东洞庭湖国家级湿地自然保护区，面积 1 900 km²，水生植物生长繁茂，已记录水生植物 131 种；有中华鲟、白鲟、白鳍豚、江豚等珍稀濒危物种，已记录经济鱼类 100 余种；是迁徙水禽极其重要的越冬地，已记录鸟类 120 类。

1. 湖泊湿地　以高等湿生植物为初级生产者，因而具有较高的生产力，并为消费者鱼类和其他水生动物提供了丰富的饵料和优越的栖息条件。例如，江西省鄱阳湖有湿地植物种类 38 科 102 种，地面高程由高到低分布着芦苇、苔草群落、水毛莨和蓼子草群落及水生植物群落；消费者有鱼类 21 科 122 种，其中鲤科鱼占 50%，鸟类 280 种，属国家一级保护的动物有白头鹤、大鸨等 10 种，属二级保护的有 40 种。

2. 沼泽湿地　沼泽湿地是由水、土壤和生物要素耦合作用形成的特殊自然综合体。它具有 3 个基本特征：①受淡水或咸水的影响，地表常年过湿或有薄层积水；②生长沼生或部分湿生、水生或盐生植被；③有泥炭积累或无泥炭积累而仅有草根过腐殖质层，但土壤剖面中均有明显的潜育层。

沼泽湿地生态系统的生产者为沼泽植物，最多的科是莎草科、禾本科，其次为毛莨科、灯芯草科、杜鹃花科等约 90 科，包括乔木、灌木、小灌木、多年生草本植物及苔藓和地衣；沼泽消费者有涉禽、游禽、两栖类、哺乳类和鱼类，包括珍贵的或经济价值高的动物，如黑龙江省扎龙和三江平原芦苇沼泽中的世界濒危物种丹顶鹤，三江平原沼泽中的白鹤、白枕鹤、天鹅、水獭、麝鼠，以及两栖类的花背蟾蜍、黑斑蛙等哺乳动物。

3. 红树林湿地　红树林生态系统是热带和亚热带地区海岸潮间带的一种常绿阔叶林生态系统。红树林主要是生长在隐蔽海岸，因风浪较微弱、水体运动缓慢、泥沙淤积多而适合生存，它和珊瑚礁一样能帮助形成海岛和扩展海岸。红树林生态系统的潮滩土壤颗粒精细无结构，水分盐分较高，缺氧，含有丰富的植物残体和有机质。红树林淤泥中含有大量钙质，含盐量 0.2%～2.5%，pH 为 3.5～7.5，由于厌氧分解产生大量的硫化氢，土壤带有特殊的臭味[①]。

红树林生态系统主要初级生产者为红树科的木榄、海莲、红海榄、红树茄，还有海桑科的海桑、杯萼海桑，紫金牛科的桐花等；消费者有浮游动物、底栖动物、游泳动物、昆虫以及陆生脊椎动物。红树林动物物种十分丰富，种类多样性高，占优势的海洋动物是软体动物，如汇螺科、蜒螺科、滨螺科和牡蛎科等，以及多毛类、甲壳类和一些鱼类；陆地动物包括栖息在红树林上、林下及林外滩生活的微型、大型底栖动物。

二、湿地食物链和营养结构

1. 湿地生态系统的生产者　湿地植被不仅是湿地生态系统的生产者，也是湿地其他生物类群生长和代谢所需能量的主要来源。不同类型湿地植被的种类组成、分布特征具有一定的差异。在南北纬 25°之间，红树林通常是海岸湿地主要的植被。中国红树林的主要植物有 16 科 19 属 30 种，由于受人类活动干扰，多为次生林，仅在海南岛和广东、广西沿海地区

---

① 何斌源，范航清，王瑁，等，2007. 中国红树林湿地物种多样性及其形成[J]. 生态学报(11)：4859-4870.

可见高达 8～15 m、胸径 10～30 cm 的大树。红树林可在护堤、防浪等方面发挥作用，在海产养殖方面也有一定的经济效益。

淡水草泽在不同地区具有不同的优势种，但是在温带的不同地区却有较多的共有物种。常见种类包括禾本科、莎草科的不同种类，以及部分双子叶植物和蕨类植物。同一区域中，随着淹水梯度，分布种有一定的差异。如莎草科的蔓草属分布在浅水区，草属（如水葱）分布在较深区域。除了挺水植物，通常也分布有浮叶植物和沉水植物，后者生长的水深受光线透射深度的限制。典型的浮叶植物包括睡莲、萍蓬草等，沉水植物包括眼子菜、苦草等。受潮汐影响的水草泽，其植被沿高程梯度也具有一定的成带分布特征，并从沉水植物逐渐过渡到挺水及湿生植物。除了维管束植物，浮游植物和底栖藻在淡水湿地，特别是淡水潮汐沼泽中十分丰富。

2. 湿地生态系统的消费者　湿地生态系统的消费者主要有具飞翔能力的鸟类和昆虫，适应湿生环境的哺乳类、两栖类和爬行类，以鱼类为代表的水生动物，以及种类繁多的底栖无脊椎动物。

湿地为各种鸟类，特别是水禽提供了适宜的栖息条件。许多湿地鸟类都具有迁徙特性，它们通常在高纬度地区繁殖，而在中低纬度地区越冬。海岸湿地沼泽还会吸引各种迁徙鸟类在区域中停栖、觅食，而成为中途迁徙的驿站，如中国的黄河口[①]和长江河口[②]等湿地的鸟类主要以湿地中的底栖动物为食，部分鸟类也摄食植物种子、球茎等，如在长江口地区越冬的雁鸭类往往取食海三棱蒲草的果实、地下球茎和根茎。部分雀形目鸟类，如沼泽鹪鹩、大苇莺等，也在沼泽中摄食、营巢。许多捕食性鸟类，包括白耳锥尾鹦鹉、伯劳等也会在湿地区域停栖、觅食。

由于对水的适应性不同，不同鸟类沿高程（淹水深度）梯度的分布不同。如在北方淡水草泽中，普通潜鸟通常占据沼泽中水深较深的区域，因为那里拥有更丰富的鱼类种群；鸊鷉则更喜欢柔软的地区，尤其是在筑巢的季节；某些鸭类如绿头鸭通常在高地上筑巢，在浅水区取食，而牙买加硬尾鸭在水面上筑巢，通过潜水捕食鱼类；涉禽如苍鹭和大白鹭通常在湿地中集群筑巢，并在浅水区捕食鱼类。

在湿地生境中，特别是湿地植被上，还有各种吸汁、嚼叶昆虫，如蚜虫和鳞翅目幼虫等。在盐沼湿地中，它们通常被认为是主要的植食性消费者（初级消费者）。

底栖动物也是湿地生态系统重要的消费者，底栖生境中主要有原生动物、线虫、浮游桡足类、环节动物、轮虫和大型无脊椎动物等动物类群。在沼泽表面的大型无脊椎动物主要有两类，一类是沉积食性，另一类是滤食性。一般认为它们是水生生物，因为它们大部分都具有水中过滤氧气的器官。多毛纲、腹足纲、甲壳端足目中的种类在沉积物表面搜寻食物，主要取食藻类、碎屑和中小型底栖动物；滤食性种类如巨牡蛎，主要滤食水体中的颗粒物。底栖生境中相应动物类群的种类、数量常因环境条件的不同而具有明显的差异，即使在同一区域，由于生境条件不同，底栖动物的空间分布也具有明显差异。如长江口的崇明东滩盐沼湿地中，低位盐沼（草滩前缘）底栖动物优势种为河蓝蛤、钩虾亚目的一种；中位盐沼优势种为谭

---

① 赵延茂，吕卷章，2001. 浅谈黄河三角洲国家级自然保护区土地资源的保护利用[J]. 山东林业科技(S1)：191-192.

② 童富春，2004. 河口湿地生态系统结构、功能与服务——以长江口为例 [D]. 上海：华东师范大学.

氏泥蟹、光滑狭口螺和拟沼螺；高位盐沼优势种为拟沼螺、天津厚蟹和无齿相手蟹。而在整个长江河口，沿着河口梯度由口门向上，盐沼湿地底栖动物功能群发生明显变化，固着生活和以触手摄食的功能群迅速消失，功能群类型下降。

有很多湿地，特别是海岸湿地，主要能量输运途径以碎屑食物链为主，相应底栖生境中的动物类群则成为至为重要的环节。在部分沿江地中，大部分初级生产者通过碎屑物的形式被底栖动物摄食，进而向更高营养的生物类群输送。

3. 湿地生态系统的分解者

(1)主要类群。细菌是湿地生态系统最主要的分解者类群，属于原核生物。根据细菌形态可将其分为球菌、杆菌和螺旋菌。细菌的大小在 $1\sim8\ \mu m$，球菌的直径在 $0.75\sim1.25\ \mu m$，杆菌长度在 $2\sim5\ \mu m$，螺旋菌长 $5\sim15\ \mu m$，由于细菌的个体非常小，因此通常难以直接观察。

由于化学反应速率受温度的影响，细菌的代谢也受温度的影响。细菌在最适生长的温度繁殖最快。细菌和其他生物一样，其最适生长温度是长期演化的结果。一般而言，温血动物致病菌的最适温度在 37 ℃左右，土壤中的腐生菌在 25～30 ℃，海水中的细菌最适温度与室温相仿。根据细菌生长所需温度，可将其分为嗜冷菌（−5～20 ℃）、嗜温菌（20～40 ℃）和嗜热菌（40 ℃以上）。

氧气不仅限制了分解反应的速度，也决定了分解反应的类型。根据细菌对氧气的需求可将其分为五类：好氧菌要有氧气存在才能生长；微好氧菌只能生存于氧气含量较低的环境，氧气浓度过高则因酶无法作用而死亡；绝对厌氧菌若生存于无氧环境，因不具有超氧化物歧化酶和过氧化氢酶，将无法代谢有毒产物而死亡；耐氧性厌氧菌不使用氧气作为最终的电子受体（发酵），因此不需要氧气，但由于具有超氧化物歧化酶和过氧化氢酶，在有氧条件下可以代谢有毒产物，对氧具有一定的耐受性；兼性厌氧菌有氧时进行有氧呼吸作用，无氧时进行发酵作用。

(2)分布格局。不同生境中微生物类群的分布具有明显差异。细菌是水体、沉积物和沉水植物包括海草生物量的重要组成部分，而真菌在一些衰老和死亡的大型植物中占明显优势。在一些沉积物中，原生动物生物量与细菌生物量相等，但在其他生境中，它们不如其他微生物种类重要。

一般来说，单位体积湿地沉积物中的细菌数要比水体中的细菌数多，与表层浮游生物或大型植物相接触的表层水体中细菌密度通常也很高。水体中固体悬浮物的增加，往往会导致黏附性细菌的大量生长。湿地水文过程及其所导致的水体物化性质的改变，会对细菌数量及其组成的时空变化产生极大的影响。

在湿地沉积物中，不同的深度通常具有不同的微生物类群的组成。如盐沼湿地中，沉积物表面富含植物残体和碎屑，真菌是其中主要的分解者；表层沉积物中，需氧细菌是分解被腹足类和端足类动物撕碎的已腐烂的植物碎屑的主要生物类群；深层的缺氧沉积物中，厌氧细菌数量明显增加，它们以硫酸盐为主要电子受体，分解大部分衰老的根系和地下茎生物量[1]。

---

① 鞠美庭，王艳霞，孟伟庆，等，2009. 湿地生态系统的保护与评估[M]. 北京：化学工业出版社.

第三节　中国湿地资源概况

一、中国湿地资源调查

1. 中国湿地资源情况　为了查明我国湿地资源的现状，满足我国湿地保护管理需要，更好地履行《湿地公约》，2003 年我国完成了首次全国湿地资源调查，初步掌握了单块面积 100hm² 以上湿地的基本情况。随着经济社会发展，我国湿地生态状况发生了显著变化，为准确掌握湿地资源及其生态变化情况，制定加强湿地保护管理政策，编制重大生态修复规划，国家林业局于 2009—2013 年组织完成了第二次全国湿地资源调查。

按照《湿地公约》，第二次全国湿地资源调查确定起调面积为 8 hm²（含 8 hm²）以上的近海与海岸湿地、湖泊湿地、沼泽湿地、人工湿地以及宽度 10 m 以上、长度 5 km 以上的河流湿地，开展了湿地类型、面积、分布、植被和保护状况调查，对国际重要湿地、国家重要湿地、自然保护区、自然保护小区和湿地公园内的湿地，以及其他特有、分布有濒危物种和红树林等具有特殊保护价值的湿地开展了重点调查，主要包括生物多样性、生态状况、利用和受威胁状况等。

调查结果显示：全国湿地总面积 5 360.26 万 hm²（另有水稻田面积 3 005.70 万 hm² 未计入），湿地率 5.58%。其中，调查范围内湿地面积 5 342.06 万 hm²（不含港澳台地区），其中自然湿地面积 4 667.47 万 hm²，占 87.37%；人工湿地面积 674.59 万 hm²，占 12.63%。自然湿地中，近海与海岸湿地面积 579.59 万 hm²，占 12.42%；河流湿地面积 1 055.21 万 hm²，占 22.61%；湖泊湿地面积 859.38 万 hm²，占 18.41%；沼泽湿地面积 2 173.29 万 hm²，占 46.56%。

按照全国水资源区划一级区统计，各流域湿地分布分别为：西北诸河区湿地面积 1 652.78 万 hm²，西南诸河区湿地面积 210.81 万 hm²，松花江区湿地面积 928.07 万 hm²，辽河区湿地面积 192.20 万 hm²，淮河区湿地面积 367.63 万 hm²，黄河区湿地面积 392.92 万 hm²，东南诸河区湿地面积 185.88 万 hm²，珠江区湿地面积 300.82 万 hm²，长江区湿地面积 945.68 万 hm²，海河区湿地面积 165.27 万 hm²。

调查结果显示，我国已初步建立了以湿地自然保护区为主体，湿地公园和自然保护小区并存，其他保护形式为补充的湿地保护体系。从分布情况看，青海、西藏、内蒙古、黑龙江等 4 省区每个湿地面积均超过 500 万 hm²，约占全国湿地总面积的 50%。我国现有 577 个自然保护区、468 个湿地公园。受保护湿地面积 2 324.32 万 hm²。两次调查期间，受保护湿地面积增加了 525.94 万 hm²，湿地保护率由 30.49% 提高到 43.51%。

2. 中国湿地分布特征

（1）面积总量大、分布类型多。中国湿地无论面积和类型均在世界上居于重要地位，中国的湿地除了拥有《湿地公约》分类系统的所有湿地类型外，还有独特的青藏高原湿地，是亚洲湿地类型最齐全的国家之一。青藏高原湿地是世界上海拔最高的湿地，这些湿地分布着许多大江大河和跨国河流的源头，具有重要的地理意义。

（2）分布范围广、区域差异大。中国湿地分布广泛，但由于自然环境的差异，湿地区域差异性也很显著，表现出集中分布与分散分布相结合的特点，以及同一地区多种类型和一种类型分布多个地区的特点。总体上看，东部地区以河流湿地、湖泊湿地、红树林湿地、热带亚热带人工湿地为主，东北地区则以沼泽湿地为主，西部地区湿地较少（主要有青藏高原的咸水湖湿地和高原沼泽以及西北干旱地区的盐湖湿地)。

(3)生物多样性丰富。中国湿地类型众多,复杂的自然地理环境致使湿地生境类型丰富,有利于各种湿地动植物生长发育,生物多样性十分丰富。据初步调查统计,全国内陆湿地已知的高等植物有1548种,高等动物有1500种;海岸湿地生物物种约有8200种,其中植物5000种、动物3200种。在湿地物种中,淡水鱼类有770多种,鸟类300余种。特别是鸟类在我国和世界都占有重要地位。据资料反映,湿地鸟的种类约占全国的1/3,其中有不少珍稀种。世界166种雁鸭中,我国有50种,占30%;世界15种鹤类,我国有9种,占60%,在鄱阳湖越冬的白鹤,占世界总数的95%。亚洲57种濒危鸟类中,我国湿地内就有31种,占54%。这些物种不仅具有重要的经济价值,还具有重要的生态价值和科学研究价值。

二、中国湿地资源存在问题及保护建议

1. 中国湿地资源存在问题　中国湿地资源十分丰富,但由于过去政府对湿地环境功能和生态效益认识不足,使得在湿地利用过程中出现盲目开垦、过度开发和忽视保护等一系列问题,主要体现在以下几个方面[①]:

(1)湿地面积日渐萎缩,湿地污染日益加剧。第二次全国湿地资源调查结果(2009—2013年)显示,我国湿地面积减少了339.63万hm^2,其中自然湿地面积减少了337.62万hm^2,减少率为9.33%。一方面是由于围海造地致使沿海滩涂湿地急剧减少,另一方面是盲目开垦和改造,使大量天然湿地转变成农用耕地或城市建设用地,造成内陆地区天然湿地面积萎缩。此外,由于工农业建设和居民生活对湿地水源的截留和利用,也使湿地水资源急剧减少,导致湿地供水不足而退化、萎缩,这也是造成中国湿地面积减少的重要原因之一。

湿地污染主要由大量工业废水、生活污水的排放,油气开发等引起的漏油、溢油事故,以及农药、化肥引起的面源污染等原因所致,尤其在东部沿海、长江中下游湖区、东北油区及东部人口密集区的库塘湿地表现得最为明显。

(2)湿地生态系统功能下降,生物多样性有所减退。从第二次全国湿地资源调查中重点调查湿地对比情况来看,威胁湿地生态状况主要因子已从污染、围垦和非法狩猎三大因子,转变为现在的污染、过度捕捞和采集、围垦、外来物种入侵和基建占用五大因子,威胁因子出现频次增加了38.72%。主要威胁因素增加,影响频次和面积都呈增加态势。

这都导致湿地生态系统功能下降,生物多样性减退。仅从湿地鸟类资源变化情况看,两次调查记录到的鸟类种类呈现减少趋势,超过一半的鸟类种群数量明显减少。特别是在开发利用湿地过程中,由于缺乏统一规划管理,导致湿地动植物生存环境被人为改变,使湿地原有生态系统的稳定性和有序性被破坏。其中,湿地上游大型水利工程建设,不仅要淹没数以万计的农田,而且使江河天然生态系统被打破,导致某些生物丧失其生存场所,濒临灭绝。

(3)湿地保护工作滞后,资金投入不足。到目前为止,各地方人大、政府也都制定了具有针对性的湿地保护法规,如《北京市湿地保护条例》《黑龙江省湿地保护条例》《海南省珊瑚礁保护规定》等地方法规。但从国家层面来讲,对湿地概念和全部生态系统类型的概念目前还没有法律条文上的明确定义,还缺少一部专门的湿地保护法来对这一珍贵的自然资源进行统一的法律保护,目前仅有国家林业局颁布的《湿地保护管理规定》(2017年国家林业局令第48号修改)。

---

① 王宏新,2017. 土地政策学[M]. 北京:北京师范大学出版社.

由于国家尚无湿地保护和利用的总体规划，湿地保护管理、恢复改造、开发利用和执法监督等存在多头管理、责任不清等问题，不同地区、不同部门因在湿地保护、利用和管理方面的目标不同、利益不同而各自为政、各行其是，造成许多部门之间的矛盾，出现问题也难以协调和解决，严重影响了对湿地的保护和合理利用。

另外，在湿地调查、保护区及示范区建设、污水治理、湿地监测、湿地研究、人员培训、执法能力与队伍建设等方面都缺乏专门的资金支持。由于全国湿地保护经费投入严重不足，致使保护管理工作举步维艰，严重地制约了保护工作的开展。

2. 中国湿地资源保护建议　总体来看，我国湿地保护形势依然严峻，湿地生态保护与经济社会发展之间的矛盾十分突出，需要全国上下更加重视和支持湿地保护。2018 年 3 月，第十三届全国人民代表大会第一次会议批准《国务院机构改革方案》，决定组建自然资源部，其职责之一就是统一履行全民所有土地、矿产、森林、草原、湿地、水、海洋等自然资源资产所有者职责和所有国土空间用途管制职责，实现山水林田湖草整体保护、系统修复、综合治理，推动各类自然资源的有效保护和合理利用。

按照党的十九大提出"五位一体"的总体布局，紧紧围绕生态文明建设的总体要求，积极推进湿地立法工作，健全湿地保护管理制度，完善湿地保护管理体系，加强湿地保护宣传教育，进一步扩大湿地保护面积，充分发挥湿地在维护生态安全、应对气候变化、改善生态环境中的重要作用，提出以下建议：

(1)加强法规和制度建设。国家应尽快出台湿地保护法，明确湿地保护职责权限、管理程序和行为准则，制定湿地保护红线，完善湿地生态补偿制度，实行湿地分类管理。

(2)实施生态修复工程。实施《全国湿地保护工程"十三五"实施规划》(林函规字〔2017〕40 号)，加强重要区域湿地保护恢复和综合治理等，扩大湿地面积。在候鸟迁飞路线和国家重点生态功能区范围内的重要湿地，优先开展重大生态修复工程。

(3)完善湿地保护体系。完善和建设以湿地自然保护区为主体，湿地公园和自然保护小区并存的湿地保护体系。加强各级湿地保护管理机构建设，强化湿地保护管理的组织、协调、指导、监督工作，提高湿地保护管理能力。

(4)加大科技支撑和经费投入。开展重点领域科学研究，研究湿地保护和恢复的关键技术，为大规模开展重大生态修复工程服务。建立科学决策咨询机制，为湿地保护决策提供技术咨询服务。

(5)提高全社会保护意识。在全社会开展湿地保护和资源忧患意识宣教活动，增强全民生态保护意识，形成全社会共同参与和支持保护湿地的良好氛围，逐步将湿地保护纳入各级党委和政府的政绩考核范围。

✏️ 复习思考题

1. 湿地生态系统的种类和功能有哪些？
2. 湿地生态系统的食物链和营养结构是什么样子的？
3. 我国湿地资源分布特征如何？
4. 我国湿地资源保护面临哪些困境？
5. 你认为我国乃至全球湿地资源应该如何保护？

第七章　建设用地生态系统

建设用地是指用于建造建筑物、构筑物的土地，包括城乡住宅和公共设施用地、工矿用地、交通水利设施用地、旅游用地、军事设施用地等。建设用地生态系统是人类聚居地的环境和人类、动植物相互作用而形成的人工生态系统，与人类的生产和生活等息息相关。本章重点围绕城镇土地生态系统、乡村建设用地生态系统及工矿用地生态系统 3 个子系统讲述。

第一节　城镇土地生态系统

一、概述

城镇是以空间和环境资源利用为基础，以人类社会进步为目的的一个集约人口、经济、科学文化的空间地域系统，它是一个经济、社会、政治、科学文化和自然环境实体的综合体，是一个地区的政治、经济和文化中心。城镇又是一定空间内组织生产力、实现社会分工和联系、推动社会生产力发展的空间存在形式。它集中了一个地区生产力最先进、最重要的部分，代表着一个国家或一个地区国民经济的发展水平与方向，因而城镇的发展状况可以作为一个国家或一个地区社会经济发展水平的重要标志。

城镇作为人类集中的居住地，也是一种土地生态系统，可称之为城镇土地生态系统，是人类生态系统的主要组成部分之一。它既是自然生态系统发展到一定阶段的结果，也是人类生态系统发展到一定阶段的结果。城镇土地生态系统指城镇空间范围内以城镇居民为主体，与自然环境系统和人工建造的社会环境系统相互作用而形成的统一体，属于人工生态系统。它是以人为主体的、人工化环境的、人类自我驯化的、开放性的生态系统。城镇居民是城镇土地生态系统的核心组成部分，是由居住在城镇中的人的数量、结构和空间分布（含社会性分工）三个要素所构成。自然环境系统指原先已经存在的或在原来基础上由于人类活动而改变了的非生物的无机环境和其他生物环境。非生物环境包括大气、水体、土壤、岩石、矿产资源、太阳能等非生物系统。生物环境指城镇土地生态系统中除人以外的生物系统，包括动物、植物、微生物等生物。人文环境系统（社会环境系统）包括人工建造的物质环境系统（包括各类房屋建筑、道桥及运输工具、供电、供能、通风和市政管理设施及娱乐休憩设施等）和非物质环境系统（包括城镇经济、社会、文化服务系统与群众组织系统、科学文化教育系统等）。

二、城镇土地生态系统的组成与结构

(一)城镇土地生态系统的组成

虽然由于西方和东方的地理与人文环境、习惯的不同，城镇土地生态系统的发展在形态

结构上有一定的差异，但其系统组成和功能是基本一致的。

以人为主体，按城镇生态系统的基本组成来划分，城镇土地生态系统由城镇人群和除城镇人群以外的环境系统组成。环境系统又可分为自然环境（生物环境和非生物环境）和人文环境（图7-1）。它们在城镇土地生态系统中表现出各自的特点和发展变化规律，其综合作用决定着城镇土地生态系统的结构和功能。

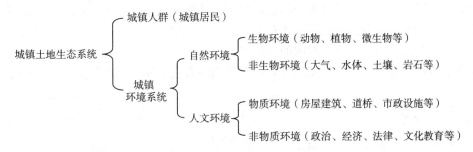

图7-1　城镇土地生态系统的组成

1. 城镇人群　城镇人群即是指居住在城镇规划区域及建成区内的一切人口，包括在城镇土地生态系统内从事各行业工作、享受着城镇公共设施的城镇居民。

城镇是人类社会经济发展的必然产物。城镇土地生态系统作为一种重要的人工生态系统，它是由城镇居民与其生存环境相互依赖、相互联系、相互作用而形成的一个整体。显然，城镇人群是城镇土地生态系统的核心，是城镇的操纵者和生产者，城镇人群的发展代替或限制了城镇其他生物的发展。从生物学的角度讲，城镇人群又是城镇土地生态系统的顶级消费者。此外，城镇人群在城镇土地生态系统中既是调节者又是被调节者，城镇人群根据自己的生存需要创造并不断加工着城镇生态环境，同时又要不断地从心理、生理、精神和观念及行为等方面进行自我调节，以适应自己所创造和加工的城镇生态环境（赵运林等，2005）。

2. 生物环境　城镇土地生态系统的生物环境组分包括除城镇人群以外的一切城镇生物，如城镇植物、城镇动物、城镇微生物等。城镇植物是城镇里生长生活的植物，城镇人群在城镇建设过程中，一边破坏着城镇原生植物一边引进其他植物，城镇植物是以人工植被为主的特殊植被类群；城镇动物是栖息和生存在城镇化区域的动物；城镇微生物是存在于城镇空气、水体和土壤中的菌落。在城镇土地生态系统中，虽然生物环境所占的比例非常小，但城镇生物尤其是绿化植被的生态服务功能和景观功能对城镇人群的生存环境和城镇土地生态系统的稳定来说是至关重要的。

3. 非生物环境　城镇非生物环境指城镇土地生态系统中除生物成分以外的一切自然环境组成要素的总称。根据非生物环境要素的性质、来源和作用不同，可将城镇非生物环境组成分为城镇气候、城镇大气、城镇水源、城镇土壤、城镇地貌和城镇噪声六大类。

4. 人文环境　城镇人文环境是指以文化积淀为背景，以物质设施为载体，以人际交往、人际关系、文化氛围为核心的城镇社会环境，这是高度人工化的城镇土地生态系统区别于自然生态系统的特有组分。总体来看，人文环境较之自然环境更具有复杂性、变动性和可塑性。城镇人文环境是使整个城镇活跃起来的灵魂。

按构成城镇土地生态系统的主要功能要素来划分，城镇土地生态系统由自然、经济和社会三个子系统组成。

1. 自然系统 自然系统包括城镇居民赖以生存的基本物质环境，如太阳、空气、淡水、森林、气候、岩石、土壤、动物、植物、微生物、矿藏及自然景观等。

2. 经济系统 经济系统涉及生产、分配、流通与消费的各个环节，包括工业、农业、交通、运输、贸易、金融、建筑、通讯、科技等。

3. 社会系统 社会系统涉及城镇居民及其物质生活与精神生活诸方面，如居住、饮食、服务、供应、医疗、旅游，以及人们的心理状态，还涉及文化、艺术、宗教、法律等上层建筑范畴。社会系统是人类在自身活动中产生的非物质性的环境，主要存在于人与人之间的关系上，存在于意识形态中，具有鲜明的时代特点。

城镇土地生态系统中三个子系统及其相互作用的有机整体示意图如图 7-2 所示。

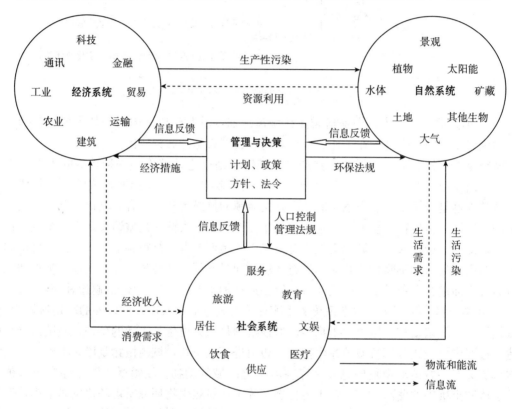

图 7-2 城镇土地生态系统中的三个子系统及其相互作用

（资料来源：杨小波，吴应书，2000. 城市生态学[M]. 北京：科学出版社.）

(二)城镇土地生态系统的结构

城镇土地生态系统不仅在组成上与自然生态系统有较大差异，结构上也在很大程度上区别于自然生态系统。除了与自然生态系统本身的结构存在很大程度的区别外，城镇土地生态系统还具有自然生态系统中不存在的以人类为主体的社会结构和经济结构。

1. 空间结构 城镇的物理空间由各类建筑群、街道、绿地等构成，形成一定的空间结构。最常见的城镇土地生态系统的空间结构布局有三种类型：同心圆、辐射(扇形)和镶嵌结构。三种结构布局可能在不同的城市出现，也可能在同一城市的不同区域出现，也就是说，一个城镇的空间布局可能是属于上述某一种结构类型，也可能是上述几种类型在不同区域分别出现的混合结构。这主要取决于城市的地理条件、社会制度、经济状况等因素。如依照自然条件（或依山或傍水）而发展起来的房屋建筑和城市基础设施决定了城市空间结构的外观，又如不同的种族形成多中心的镶嵌结构等。

2. 时间结构　随着时间的变化，城镇在发生着不同程度的发展和变化，即城镇土地生态系统的时间结构。城镇在不同的发展阶段，其面积规模、建筑、基础设施、人口数量、经济水平、科技水平、文化环境等均会发生改变，甚至是翻天覆地的变化，城镇的外貌形态作为这些变化的载体也因此随着时间的推移而改变。

3. 营养结构　消费者在城镇土地生态系统中是占绝对优势的组成成分。消费者生物量大大超过了初级生产者的生物量，系统内初级生产者的生产力远远不能满足各营养级的物质和能量需求，微生物数量少，分解功能不完全。因此，城镇土地生态系统不能维持自给自足的状态，需要从系统外部大量补充物质和能量，从而形成了与自然生态系统相反的倒金字塔营养结构（图7-3）。

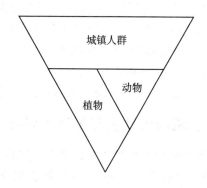

图7-3　城镇土地生态系统的倒金字塔营养结构
（资料来源：康慕谊，1997. 城市生态学与城市环境［M］. 北京：中国计量出版社.）

4. 经济结构　城镇是一个以人为中心的自然、经济与社会复合的人工生态系统。经济系统是城镇土地生态系统重要的核心组成结构之一，主要由生产系统、消费系统、流通系统三大部分组成（表7-1），各部分的比例因城镇的性质和职能不同而异。

表7-1　城镇土地生态系统的经济结构

生产系统		流通系统	消费系统
物质生产	非物质生产		
	科学	财政	
农业	教育	金融	生活服务
建筑业	文化	物资	物资供应
能源产业	新闻	交通	医药卫生
矿业	出版	商业	
	印刷	外贸	

资料来源：康慕谊，1997. 城市生态学与城市环境［M］. 北京：中国计量出版社.

城镇土地生态系统的经济结构是在一定历史条件与环境地域条件下形成的，其中物质生产部门的结构和布局与城市的经济发展、环境质量及居民生活等关系十分密切。随着现代化工业与社会的发展及城镇居民生活水平的提高，人们开始追求更加丰富多彩的精神生活，同时对居住、生活环境的要求也逐渐提高，这就推动了非物质生产部门的不断发展和消费系统的不断完善。

5. 社会结构　社会结构包括人口、劳动力和智力结构。城镇人口是城镇土地生态系统的主体，城镇的规模和等级往往取决于城镇人口的数量。城镇人口结构包括人口的年龄、性别、职业、文化等。劳动力结构是指城镇中不同职业的劳动力各自所占总劳动力的比例，它反映出该城镇的性质和主要职能。如工业城镇产业工人多，商业城镇从商人群多，文化城镇从事科技和教育的人群多等。智力结构是指具有一定专业知识和一定技术水平的那部分劳动力，它反映出城镇的文化水平和现代化程度，也是影响城镇经济发展速度的重要因素。

在城镇土地生态系统的结构研究中，城镇人口特点、城镇经济活动和城镇土地利用最能反映系统内部运动规律，是结构研究的关键因素。其中土地利用尤其重要，它是城镇空间结构布局的实际体现，更是城镇社会经济活动规模与水平的综合反映。

6. 生命和环境相互作用结构　城镇土地生态系统以城镇居民为主体，人与环境的关系至关重要。城镇环境受人为干扰很大，在人的干预下，生物群落发生重要变化，群落单一、结构简单、分布规则。这种变化容易引起城镇生态环境问题。

三、城镇土地生态系统的特征

城镇土地生态系统作为高度人工化的生态系统，明显区别于一般的自然生态系统（如森林、草原等）或半自然生态系统（如农田等），表现为人居主导性、高度人工化、不完整性、高度开放性、脆弱性及多层次和复杂性等主要特点。

1. 人居主导性　城镇土地生态系统是以人为主导的生态系统，人是这个系统的核心组成部分和决定因素。这个系统的一切都是按照人的意志来建造的，其规模、结构和性质都是由系统的创造者——人决定的，如城镇的规模、面貌、建筑风格、结构布局等。至于这些决定是否合理，将通过整个生态系统的作用效力来衡量，最后再反作用于人类。在这个生态系统中，人既是主宰者又是被主宰者，人的各种社会经济活动主导着城镇土地生态系统的发展，同时人仍然是生物大家庭的一员，仍然要受生物学规律的制约、受资源环境的制约；人既有作为生物学上人的属性，又有作为社会学上人的属性。因此，在这个生态系统中，人具有自然和社会的双重属性。

2. 高度人工化　城镇土地生态系统是高度人工化的生态系统。城镇土地生态系统是人在自然环境基础上，按人的意志加工改造而形成的适于人类生存和发展的人工生态系统。系统中的能流、物流、人流和信息流等高度集中和活跃。系统的结构和功能不同于简单的自然生态系统，人类主导的各种经济、社会活动构成系统的结构和功能的主体。

3. 不完整性　在城镇土地生态系统中，消费者是占绝对优势的组成成分。消费者生物量大大超过了初级生产者的生物量，系统内初级生产者的生产力远远不能满足其上各营养级的物质和能量需求，需要从系统外部大量补充。

城镇土地生态系统中，作为物质循环关键环节的分解功能不完全，物质分解不充分。较之其他的自然生态系统，城镇土地生态系统资源利用效率较低，物质循环基本上是线状的而不是环状的，大量的物质以资源和能源的形式输入，而以废物形式输出，需借助外部环境或环保措施来分解，常造成严重的环境污染。同时，城镇在生产活动中把许多自然界中深藏地下的或者甚至本来不存在的（如许多人工化合物）、难以分解的物质引进城镇土地生态系统，加重了环境污染。

4. 高度开放性　系统的不完整性必然导致系统的高度开放。城镇土地生态系统中的生物量结构呈倒金字塔形，且分解功能不完全，这就需要有大量的辅加能量和物质的输入和输出，相应地需要大规模的运输。因此，系统对外部环境有着极大的依赖性，系统的维持和运行需要大量资源和能源的输入，同时，大量物质能源以废物的形式输出系统。城镇对外部系统有着强烈的辐射力，它从外部引入能源与物质，产出的产品只有一部分供城镇中居民使用，而其余大部分的产品则向外部输送，包括新型能源和物质、人力、资金、技术信息等。可以想象，如果切断城镇土地生态系统与外部的联系，系统将很快陷入混乱、瘫痪状态。

5. 脆弱性　由于城镇土地生态系统是高度人工化的不完整的开放生态系统，其自我调节和自我维持能力非常薄弱。自然生态系统的生物组成及生物与环境的相互作用是长期自然竞争与选择的结果，生物种类较多，食物链、食物网结构复杂，对外界干扰的抵抗能力相对较强。而人工化的城镇土地生态系统中，除人以外的其他生物大多是经人工选育或引进的，且种类相对于自然生态系统大大减少，食物链单一且层级减少；城镇土地生态系统不是一个自给自足的系统，具有高度的开放性，需要外力才能维持，系统的自我稳定、自我调节能力因而明显减弱。生态平衡很容易受到外界干扰，只有通过人的正确参与才能维持。

6. 多层次和复杂性　城镇土地生态系统由自然、经济和社会三大要素组成，各部分相互联系、相互制约，形成一个不可分割的复杂的有机整体。与自然生态系统主要受自然生态规律支配不同，城镇土地生态系统更多地受社会经济多种因素的制约。我国学者马世骏和王如松等提出了"复合生态系统"的概念，他们认为，城镇是由人类社会、经济和自然三个子系统构成的复合生态系统。另一些学者则把这种复合系统称为"城镇生态经济系统"。作为这个生态系统核心的人，既具有自然属性，又有社会属性，即人首先是自然界生物中的一员，人的生存和发展服从生物学规律；人的活动和行为准则又取决于社会生产力和生产关系以及与之相联系的上层建筑。人的这种双重属性使以人为主体的城镇土地生态系统形成了一个自然、社会和经济相互交织联系、相互制约的复杂生态系统。

四、城镇土地生态系统的基本功能

城镇土地生态系统的结构和功能是统一的，结构是功能的基础，而功能则是结构的表现。城镇土地生态系统最基本的功能是生活和生产，具体表现为城镇的物质生产、物质循环、能量流动及信息传递等，正是这种循环流动把城镇土地生态系统内的生活、生产、资源、环境、时间、空间等各个组分以及外部环境联系了起来，共同完成城镇土地生态系统的新陈代谢。

(一)生产功能

城镇土地生态系统的生产功能是指城镇土地生态系统能够利用城镇内外系统提供的物质和能源等资源，生产出产品的功能，包括生物生产与非生物生产。

1. 生物生产　城镇土地生态系统的生物生产功能是指城镇土地生态系统所具有的，包括人类在内的各类生物交换、生长、发育和繁殖的过程，包括初级生物生产和次级生物生产。

生物的初级生产是指绿色植被的光合作用过程。城镇土地生态系统中的绿色植被包括农田、森林、草地、果园、园林和苗圃等的人工或自然植被。在人工的调控下，它们生产粮食、蔬菜、水果和其他各类绿色植物产品。由于城镇的产业结构是以第二产业、第三产业为主的，城镇消费的粮食、蔬菜和水果等主要靠系统外部输入，故城镇土地生态系统的植物生产处于次要地位。应该指出的是，从城镇土地生态系统的稳定性、宜人性等角度考虑，虽然城镇土地生态系统的绿色植物的物质生产和能量储存不占主导地位，但城镇植被尤其是绿化植被的景观功能和生态服务功能对城镇土地生态系统来说是至关重要的。因此，尽量提高城镇土地生态系统的绿化率，即尽量大面积地保留城镇土地生态系统的森林、草地等植被的面积是非常必要的。城镇土地生态系统的次级生物生产的主体主要是人。城镇土地生态系统的初级生物生产物质与能量的储备远远不能满足其次级生物生产的需要。因此，城镇土地生态系统所需要的次级生物生产物质主要从系统外部输入，表现出明显的依赖性。此外，由于人是城镇土地生态系统次级生物生产的主体，故次级生产过程主要受人的行为的影响，具有明显的人为可调性。为了维持一定的生存和生活质量，城镇土地生态系统的次级生物生产在规模、速度、强度和分布上应与城镇土地生态系统的初级生产能力、物质和能量的输入能力相协调。

2. 非生物生产　城镇土地生态系统的非生物生产是人类生态系统特有的生产功能，是指城镇土地生态系统具有创造物质与精神财富以满足城镇人口的物质消费与精神需求的功能，包括物质的与非物质的非生物生产。

城镇土地生态系统的物质生产是指满足人们的物质生活所需的各类有形产品及服务，包括各类工业产品、设施产品，即城镇正常运行所需的各类城镇设施产品，城镇是一个人口与经济活动高度集聚的地域，各类设施产品为人类活动及经济活动提供了必需的支撑体系；服务性产品，指服务、金融、医疗、教育、贸易、娱乐等各项活动得以进行所需要的各项设施。

城镇土地生态系统的物质生产产品不仅仅为城镇土地生态系统内的人群服务，还为系统以外的其他人群服务。因此，城镇土地生态系统的物质生产量是巨大的，其所消耗的资源与能量也是惊人的；同时，对城镇土地生态系统及外部区域生态环境的压力也是不容忽视的，这些惊人数量的物质生产过程以及消费后以废物形式在环境中的留存往往造成严重的环境污染问题。

城镇土地生态系统的非物质生产是指满足人们的精神生活所需的各种文化艺术产品及相关的服务。城镇中有各种各样的精神产品生产者，如作家、诗人、雕塑家、画家、演奏家、歌唱家、表演家、剧作家等，也有难以数计的精神文化产品不断出现，如小说、绘画、音乐、戏剧、电影、雕塑等。可见，城镇土地生态系统的非物质生产实际上是城镇文化功能的体现。城镇的诞生就是人类文明发展到一定阶段的产物，既是人类文明的结晶和人类文化的荟萃地，又是人类文化的集中体现。从城镇的发展历史看，城镇起到了保存与保护人类文明与文化进步的作用。

(二)能量流动功能

1. 城镇土地生态系统能量的传递与转换　宇宙间一切物质都具有能量，物质循环与能量流动是相伴的、共生的、不可分割的。能量的传递与转换是物质运动的一个基本属性。地球上的一切能量来源于太阳，能量在自然生态系统中的传递途径是食物链与食物网。每个营养级之间能量的传递与转换符合林德曼定律，即只能传递 10% 左右。能量的流动是单向的、不可逆的。城镇土地生态系统的能量流动基本过程如图 7-4 所示。其中，原生能源指直接从自然界获取的能量，主要包括煤炭、石油、天然气、太阳能、生物能、矿物燃料、核能、风能、海洋能、地热能等。原生能源中有少数可以直接利用，如煤、天然气等，但大多数都需要加工经转化后才能利用。次生能源即是原生能源经过加工转化的能量形式，如电力、柴油、液化气等。有用能源指将原生能源或次生能源转化为直接使用的能量形式，如电灯的光能、马达的机械能等。最终能源是能量使用的最终目的，其中有一部分被储存在产品中，一部分投入环境中，变为热能耗散掉。

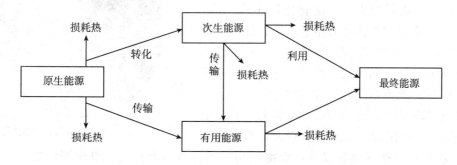

图 7 - 4　城镇土地生态系统能量流动的基本过程

（资料来源：康慕谊，1997. 城市生态学与城市环境[M]. 北京：中国计量出版社.）

从生态学角度进行评价，各种能源的主要利弊如表 7 - 2 所示。

表 7 - 2　从生态学角度比较各种能源的利弊

能源种类	主要优点	主要缺点
太阳能	数量大，无污染，可再生，可充分利用	地区差异大，不稳定，难以储存
风能	可自由利用，无污染，可再生	不连续，没有规律，难以储存
地热能	不产生大气污染，较安全可靠	潜能资源有限，费用高，可产生热污染
水力能	无污染，可再生，可综合利用	储量有限，限于局部地区利用
潮汐能	数量大，无污染，可再生	设备、工程、投资、技术均有较高要求
煤	储量较大，使用方便	开采费用较大，形成大气污染
石油	用途广泛，使用方便	储量有限，价格昂贵，导致污染
天然气	用途广泛，使用方便，污染很轻	运输困难，限于局部地区利用
泥炭	开采容易	储量有限，面积分散，低值能，污染大气
核能	高值能，不污染空气	设备和技术要求高，易导致辐射污染
木材	用途广泛，污染轻，可再生	能值较低，产量有限，体积大
沼气	废物生产沼气潜力大，污染轻，可再生	不宜用于工业生产，运输储存困难

资料来源：宋永昌，由文辉，王祥荣，2000. 城市生态学[M]. 上海：华东师范大学出版社.

在城镇土地生态系统中，能量的传递大体上通过农业部门、采掘部门、能源部门、运输部门的途径，通过社会再生产的生产、交换、分配、消费各个环节，为生产和生活服务，最后以"废弃物""余热"的形式耗散掉。城镇能源的消耗主要是工业生产（燃烧、转化为电能、热能、机械能以及化工原料的形式）、民用能源（食物、生活燃烧）及交通运输。

2. 我国城镇能源利用状况及未来发展趋势　我国资源具有总量较丰、人均较低、分布不均、开发困难的特点。我国能源消费以煤炭为主，且消费结构在未来一段时间内不会变化，故城镇土地生态系统的大气污染也比较严重。但如今能源结构显著优化。2018 年，我国煤炭消费首次降至60%以下，非化石能源占比14%（图7-5）。因此，我国能源利用大有潜力可挖。如果充分利用能源、开展综合利用，不仅可以缓解能源紧张问题，也可以减少城镇大气污染。

"十三五"规划中提出：优化能源生产结构，提高能效水平，建立现代能源生态系统；加大环境综合治理力度、有效控制温室气体排放。从生态学观点和可持续发展的角度看，城镇土地生态系统能源利用的未来发展有以下几个方面的趋势：

提高能源利用率，充分利用能量资源，减少浪费。能源生产结构向清洁化转变，能源消费结构持

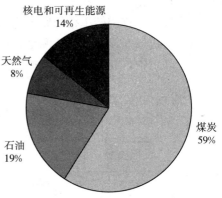

图7-5 2018年能源消费结构图

续优化。能源装备技术迅猛发展，能源利用水平得到显著提高。单位国内生产总值能耗2018年已降至每万元0.52t标准煤。但传统能源产能结构过剩问题仍然突出，发展质量和效率亟待提升。发展生物能源。发展沼气是缓解能源紧张的重要途径，是废物再利用的一个典型例子。沼气可代替煤、石油等不可再生能源用于烧饭、照明、汽车动力等多种用途，且清洁无污染。城镇垃圾和污水处理厂的污泥产量巨大，不仅污染环境，而且占用大量土地，是城镇土地生态系统的一大公害。垃圾和污泥中含有大量的有机废弃物，若将垃圾分类处理后作为生产沼气的原料，即开发垃圾能源、实现废物资源化，将有着广阔的应用前景。

开发无污染的可再生能源。太阳能是清洁的、取之不尽、用之不竭的可再生能源，加强太阳能的开发转化和利用科技，充分利用太阳能，不仅可以解决能源问题，而且能大大减轻能源利用带来的城镇生态环境污染的压力。研究表明，地球表面3d内接受的太阳能相当于全世界煤、石油、天然气的总探明储量。水能、风能亦是清洁无污染的可再生能源，大力发展水力、风力发电也是缓解能源短缺和环境污染问题的重要途径。我国水利资源丰富，已经开发的尚不足5%，具有非常大的开发潜力。但在开发时也应注重水资源生态保护，不可顾此失彼。

(三)物质循环功能

城镇是自然、社会、经济三要素复合的生态系统，在城镇土地生态系统中，物质的运动依然必须遵循"物质不灭"的规律。物质的来源依然要依赖自然生态系统的生物地球化学循环，依赖绿色植物的光合作用和食物链网的流动与循环，依赖采矿部门和能源部门的开采、挖掘、运转和循环。由于城镇土地生态系统的高度开放性，其物质循环基本上是线状的而非环状的，更多的是物质在系统与外界间的输入与输出，因此，通常用"物质流"来描述城镇土地生态系统的物质循环。

城镇土地生态系统的物质流按其动力性质的不同，可分自然驱动的物质流和人工驱动的物质流。前者如空气、大部分水及其中含有的物质的流动；城镇中物质部门从原材料、生产资料的输入，到生产、交换、分配、消费的各个环节，就是人工驱动的物质流。前者通常称为资源流，后者通常称货物流。此外，由于人是城镇土地生态系统的主体，除了上述两种形式的物质流动外，人口的流动也构成了城镇土地生态系统中重要的物质流动形式，即人口流。

1. 资源流 资源流是由自然力驱动的物质流，主要包括大气和水体的运动，与自然生

态系统的物质循环是一致的。虽然不如自然生态系统的循环稳定，但其数量巨大，流动的速率和强度直接影响着城镇的生产和生活及城镇污染物的传播，从而影响到城镇的环境质量。因此，研究资源流的规律，是研究城镇土地生态系统物质流的重要组成部分，也是研究和控制城镇环境质量的重要内容。

2. 货物流 在城镇土地生态系统的物质流中，以货物流的流动过程最为复杂，因为它不仅仅是简单的物质输入和输出，其中还经过生产加工（形态、功能的转变）、消耗、消费、累积及废弃物排放等一系列过程。从原材料的采掘开发起始，经生产、交换、分配、消费等过程中的各个环节，构成城镇土地生态系统物质流动的主体。与此同时，生产与消费过程中产生的"三废"，又返回到环境中去，完成城镇土地生态系统的物质（和能量）代谢（图 7-6）。

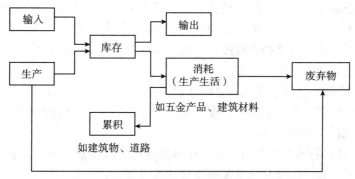

图 7-6 城镇土地生态系统中货物流的流程途径

（资料来源：宋永昌，由文辉，王祥荣，2000. 城市生态学[M]. 上海：华东师范大学出版社.）

不同规模和性质的城镇，其输入、输出的规模、性质、代谢水平也不同。例如，工业城镇的输入以原材料、能源资源为主，输出以加工产品为主；风景旅游城镇的输入以消费品为主，输出则以废弃物、垃圾为主；交通与港口城镇的输入与输出以中转物资为主等。

城镇物质流输入和输出的收支平衡非常重要。一个城镇的输入输出状况可反映该城镇的发展状况和趋势。例如，输入接近或略大于输出的城镇，其规模、内部积蓄量变动较小，维持着相对的动态平衡；输入比输出大得多的城镇是发展型的城镇；输入比输出小得多的城镇，表明该城镇的代谢能力、城镇的整体规模已经开始衰落。

3. 人口流 人口流是一种特殊的物质流，包括时间上和空间上的变化，前者体现在城镇人口的自然增长和机械增长上；后者体现在城镇内部的人口流动和城镇与相邻系统之间的人口流动上。人口流通常分为常住人口流和流动人口流两类。

影响城镇常住人口流的有关因素一般包括：①人口的出生率和死亡率。前者受国家的人口控制政策、人口的年龄结构、婚姻状况、风俗习惯影响；后者与社会经济发展水平、社会安定程度、生活条件、医疗水平、遗传因素等有关。②人口的迁入和迁出。与城镇的性质、规模、布局、对周围地区的吸引力有关，也与城镇的人口政策和户籍管理有关。③人口的系统内流动。人口的系统内流动是人口流动的一个重要方面。人们从住宅到工作（学习）单位的往返行动是有规律的人口流动，它使城镇交通在上班、下班、上学、放学时间形成高峰。合理的城镇布局可以使居民上下班的时间缩短，也会使居民生活感到方便。人们因购物、游乐、看病、访友而走动，是无规则的人口流动，多在节假日或下班、放学之后，往往造成节假日期间城镇交通、公园及游乐场所、商店、市场的拥挤。

由于我国现阶段的经济发展水平，城乡之间的人口流（主要是由外地进入城镇的流动人口所形成）在城镇土地生态系统人口流中占有较大比例。他们或是旅游、探亲、过境、出差，或是经商、务工。流动人口同样参与城镇的物流与能流，消耗的物质与能量常常超过常住人口的水平，从而加剧城镇环境和交通问题。据报告显示，2017 年国内旅游人数达 50.01 亿万，同比增长 12.8%。旅游人数逐年增加，带动经济发展的同时也造成了城镇污染，加剧了城镇生活压力。

4. 城镇碳循环 长期以来，对碳循环过程的研究多侧重于自然系统，较少涉及城镇碳循环领域。随着城镇碳循环过程对全球和区域气候变化的影响日益增强，开展城镇系统层面碳循环研究十分迫切和重要（赵荣钦等，2009）。

城镇土地生态系统是一个自然、经济、社会复合系统，与自然生态系统明显不同，其碳循环过程具有较大的复杂性、不确定性和空间异质性等特征。城镇土地生态系统碳循环是一个包括自然和人工过程、水平和垂直过程、地表和地下过程、经济和社会过程在内的复杂生态系统碳循环，具有如下特征：

（1）城镇系统碳循环包括水平和垂直碳通量两部分，水平碳通量以能源、含碳产品、废弃物和地下管网的溶解碳的输送为主，垂直碳通量既有人为过程（化石燃料燃烧等），也有自然过程（植物和土壤等的呼吸作用）；

（2）能源、原料和各种含碳产品的流通和消费带来的碳排放构成了碳循环的主体，各种人流和物流等交通工具的碳排放是系统碳排放的重要部分；

（3）城镇系统碳循环具有较大的空间异质性，城市碳通量的强度、范围和速率取决于城镇发展模式、城镇功能、产业类型、经济结构、能源结构及其使用效率等；

（4）城镇是一个动态扩展的系统，随着城镇扩展及经济发展，系统碳循环的规模、强度和空间范围也将随之改变（赵荣钦等，2013）。

城镇土地生态系统具有较强的碳蓄积能力，从总体来讲，可以分为自然碳库和人为碳库。人为碳库包括人体和动物碳库、建筑物碳库、家具和图书碳库、城市植被碳库和城市垃圾碳库；自然碳库包括城市土壤碳库和城市水域碳库。

碳通量是指一定时间内系统的碳输入量和输出量，包括输入通量和输出通量，两者又可以再分为水平通量和垂直通量。水平碳通量和垂直碳通量的方向和载体不同，水平碳通量主要以碳水化合物形式进行流通的，垂直碳通量是以气态形式进行流通的（赵荣钦等，2013）。

碳输入通量包括：①煤、石油和天然气等化石能源，这是目前主要能量来源，也是最主要的城市碳输入通量；②工业及建筑木材；③建筑材料无机碳；④食物链，包括食物及食物原料的输入，这部分碳较为活跃、循环速度快，通过消费会很快释放到大气中；⑤其他含碳产品的输入；⑥有机肥投入，绿肥或其他含碳肥料施用后，一部分分解为二氧化碳，另一部分转变为土壤碳库的一部分；⑦植物光合作用；⑧水域碳吸收，包括水体光合作用、水体底泥有机物的沉积、降水的碳沉降等；⑨河流（或地下输水管网）的碳输入（赵荣钦等，2013）。

碳输出通量是指各种途径的碳排放，主要途径包括：①植物与土壤呼吸，这是自然过程的碳输出途径，碳输出强度取决于植被生产力大小、土壤类型和人类活动干扰；②人类及其他动物呼吸作用，这部分碳来源于食物碳消费，以二氧化碳的形式排放到大气中；③化石燃料燃烧，这部分是最主要的垂直碳输出通量类型；④工、农业生产过程中的碳释放；⑤地下管网的碳输出，路网和地下水网促进了水平碳输出，在碳循环中占有重要地位①。

各种碳储存方式的周期不同。碳循环过程的生命周期见图7-7。各种途径碳通量的生命周期也不同，大体上可分为食物消费型、碳储存型、工业生产型、建筑材料型和废弃物排放型。食物消费型一般很难长时间存储，周转过程最快。对碳管理而言，结合各种碳通量的生命周期和周转速率来考虑提高城市土地生态系统碳循环速率，同时尽可能促进自然及人为碳储存，一定程度上增强城市应对全球变化的能力。

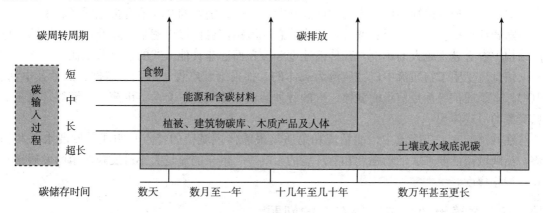

图7-7 碳循环过程的生命周期

（资料来源：赵荣钦，黄贤金，2013. 城市系统碳循环：特征、机理与理论框架[J]. 生态学报，33（2）：358-366.）

城镇土地生态系统在全球碳循环中发挥着重要作用。随着世界范围内城镇用地的扩张，特别是发展中国家城镇化进程快速发展，迫切需要深入认识这种转化对区域甚至全球变化的影响（罗上华等，2012）。中国正处于城镇化快速发展中，开展碳循环研究，也为土地生态学研究提供了一个契机。

（四）信息传递功能

1. 信息的作用 信息是对某一事物不确定性的度量，或者说是对某事物知道、了解的程度。信息与材料、能源共同组成社会物质文明的三大要素。信息虽然无形，但却具有价值，其作用表现为：①传递知识。通过消息、情报、指令、数据、图像、信号等形式，传播知识，把知识变成生产力。当今世界每年发表的科学论文高达2 000万篇以上，每小时就有20项发明创造，被称为知识爆炸的时代。知识就是力量，科学技术就是生产力，信息正是科学技术与生产力之间的桥梁与纽带。②传递情报。战争时代的军事情报、和平时代的政治经济与科技情报及城镇管理中的决策依据等，都要依靠灵通的信息传递。③节省时间，提高效率。"时间就是生命，效率就是金钱"，信息能节省时间，信息能提高效率。据国外资料报道，交通部门采用调度通讯，可使运输能力提高50%以上；基建部门利用电信指挥，可以提高劳动生产率15%以上；通过电话及电报传真进行业务联系，可节约交通能源60%。

2. 城镇的信息功能 城镇既是现代政治、经济、文化的中心，又是信息的中心，对周围地区具有辐射力与凝聚力。

城镇的重要功能之一是输入分散的、无序的信息，输出经过加工的、集中的、有序的信

---

① 赵荣钦，黄贤金，2013. 城市系统碳循环：特征、机理与理论框架[J]. 生态学报，33（2）：358-366.

息。城镇有现代化的信息技术以及使用这些技术的人才，如包括激光排版在内的印刷技术，包括卫星接收与发射的无线电通信技术，以及电报、电话、计算机、激光全息技术等。

城镇有完善的新闻传播网络系统，有现代化的通信基础设施，如报社、电台、电视台、出版社、杂志社、通讯社及党、政、军的决策机关等，能够以信息系统连接生产、交换、分配各个领域和环节，高效地组织社会生产和生活，因此城镇有大容量的信息流。

邮电通信是现代城镇的基础设施之一，为人们的政治、经济、文化、科学技术提供必不可少的信息，把城镇社会再生产的生产、交换、分配、消费四个环节有机地联系起来。

随着计算机技术的发展和普及，网络信息在城镇信息传播中越来越普及，并在城镇信息流结构中占有越来越大的比例，其传播速度和覆盖面远非其他形式的信息所能比。

信息流是附于物质流中以物质流为载体的，如报纸、广告、书刊、信件、照片及电话、电视、电子通信等都是信息的载体；人的各种活动，如集会、交谈、讲演、表演等，也是信息交流的形式体现。

在城镇的三大功能流中，能量流和物质流最能体现城镇的特点、职能、发展水平和趋势，反映城镇的要求、活动强度和对环境的影响等。信息的流量大小可反映城镇的发展水平和现代化程度。

五、城镇土地生态系统存在的问题

城镇土地生态系统是高度人工化的生态系统，是经济活动和社会活动的核心载体，是人口、资源、能源、产业、科学技术和信息高度密集的区域，同时也是各种生态环境问题集中的焦点。

(一)自然生态环境遭到破坏

城镇土地生态系统是由人加工改造而形成的适于人类生存和发展的人工生态系统，系统中的一切都是按人的意志建造的，原有的自然植被几乎被破坏殆尽，原有的野生动物也因生境的消失而消失，取而代之的是人工引进或培育的生物品种，呈现的是由密集的建筑物和人工植被构成的完全人工化的外貌和景观。系统的结构和功能不同于自然生态系统，人类主导的各种经济、社会活动构成系统结构和功能的主体，系统中的能流、物流、人流和信息流等高度集中和活跃。

(二)土地的变化和土壤污染

1. 土地的变化 城镇化的土地利用方式和目的发生了重要的变化，由原来的未利用地、耕地、草地等转变为以建筑用地为主的建设用地。随着土地利用条件和过程的变化，城镇土壤的结构和性质也发生改变。随着城镇建筑物密度增大以及大规模排水系统和其他地下建筑的增加，在很大程度上阻止了雨水向土壤中的渗透，从而影响土壤的结构和性质。由于水泥和灰浆残渣混入土壤，导致土壤溶液的 pH 升高，这种现象通常在道路两侧表现明显；北方道路两侧土壤还表现出明显的高导电性，原因在于冬季为了防滑而撒在路面上的盐粒溶化渗入土壤，这种影响可达到 2 m 深的土层。此外，由于车辆和行人行驶和践踏频繁，城镇土壤紧实度增加，土壤通气性变差，这些都会影响植物根系的正常生长与代谢。

2. 土壤污染 城镇土地生态系统中的土壤还是城镇环境污染物的主要受纳体之一，系统中的物质生产、流通、消费过程中产生的大量废弃物往往造成城镇土壤的严重污染。城镇生活垃圾、工业废渣、污泥等各种固体废弃物含有各种有机、无机污染物质，进入土壤后使土壤受到污染；利用城镇工业废水、污水灌溉农田将污染物带进土壤，造成土壤污染；城镇大气污染形成的酸雨降落到土壤中，使土壤酸性增加，pH 下降，影响植物的生长发育及土壤生物的活性和多样性；此外，铅在汽油防爆添加剂中的使用，使得汽车排放的尾气中含有大量的铅，造成车辆流通较多的城镇道路两侧的土壤含铅量显著增高。

(三)气候变化和大气污染

1. 气候变化　城镇土地生态系统内的气候与周围地区的气候相比发生了明显的变化，虽然这种变化不足以改变城镇所在区域原有的气候类型，但在许多具体气候要素上表现出了明显的城镇气候特征。城镇气候特征主要表现在：年平均温度和最低温度普遍高于周围郊区，即"热岛效应"；风速小，静风多；年平均相对湿度和冬夏季相对湿度较低；多尘埃和云雾，太阳辐射减少；降雨日数和降雨量增加等。城镇气候特征主要是受人为环境影响而形成的，概括起来主要有以下三个方面的因素：①城镇土地生态系统特殊的下垫面。下垫面是影响气候形成的主要因素，它与近地面层空气间存在着复杂的物质交换和热量交换，又是空气运动的界面，因而对空气温度、湿度、风向、风速等都有很大影响。而在城镇化地区，下垫面的性质几乎发生了完全的改变，主要由道路、广场、建筑物等构成，且高低不平，造成地面风速减小；构成下垫面的材料主要是坚硬、密实、不透水、不透气的钢铁、水泥、沥青等，热传导率和热容量都较自然生态系统大，造成城镇地区的蒸发减少，径流增加，空气湿度降低等。这是导致城镇气候不同于周围郊区和乡村气候的主要原因之一。②人为热量的产生。由于城镇居民的生活和生产活动，如家庭炉灶、取暖、工厂生产、公共交通及人、畜的新陈代谢和其他各种能源燃烧所排放的热量，使城镇比郊区增加了许多额外的热量收入。这种人为的热量在某些中高纬度城镇可以接近或超过太阳辐射热量。③大气成分的改变。工厂生产、交通及民用耗能，向大气中排放大量的污染物质，导致大气成分改变，甚至形成雾障，使城镇大气的透明度降低，辐射热能收支发生变化。

2. 大气污染　大气污染指大气中污染物质的浓度达到有害的程度，以致破坏生态系统和人类正常生存、发展的条件，对人类造成危害。空气污染分为面源污染和点源污染两部分，工业污染源多为点源污染，农业生产过程排放污染物都是面源污染。城镇中的大气污染物主要分为两大类：颗粒状污染物和气态污染物。

(1)颗粒状污染物。主要来自燃料燃烧和工业生产排出的粉尘废弃物。粉尘粒径大小不一，按照重力沉降作用下的下降速度，可分为直径大于 10 μm 的降尘和小于 10 μm 的飘尘。降尘能很快降落到地面；飘尘在大气中停留时间长，扩散范围广，且能直接进入人体的呼吸道系统，对人体的健康危害较大。粉尘的化学组成非常复杂，有各种金属如铅、镉、铬、锰、铜等，还有非金属氧化物和各种盐类及有机化合物。二氧化硫、二氧化氮等气体还会贴附在粉尘上氧化后再与水滴结合形成硫酸、硝酸等。飘尘还能吸附苯并芘等致癌物质，增大其危害性。

(2)气体污染物。气态污染物主要来自燃料燃烧。我国各城镇燃煤量在整个能源结构中占80%以上，燃煤排放大量的二氧化硫、二氧化氮等气体。随着人类经济社会的发展，城镇汽车数量急剧增加，汽车尾气排放逐渐成为城镇大气污染的主要污染源，主要污染物质为氮氧化物(NO_x)和一氧化碳(CO)。

二氧化硫(SO_2)是城镇大气中分布最广、影响最大的污染物质，在研究城镇大气污染时常以二氧化硫的浓度作为大气污染的指标。根据北半球的平均值，二氧化硫由燃煤排出的占

72%，燃油和炼油排出的约占 19.9%，有色金属冶炼排出的约占 8.1%。二氧化硫在日光促进下氧化成三氧化硫时，易吸湿形成 H_2SO_4 并聚集周围空气中的水蒸气进一步构成硫酸烟雾，最终以酸雨的形式降落地表，酸雨对城镇地表水体、土壤、生物和建筑等有严重的污染和破坏作用。

二氧化碳(CO_2)与一氧化碳(CO)都是正常大气中近地面层空气中原有的痕迹气体组成成分，自然浓度很小，但在城镇工厂和汽车排出的废气中占的比例却很大。工业社会以来，由于人类活动的影响，二氧化碳的浓度有越来越增大的趋势，被认为是全球气候变暖的主要污染气体。

氮氧化物(NO_x)中对大气造成污染的主要是一氧化氮(NO)和二氧化氮(NO_2)。它们在阳光作用下会发生光化学反应，形成含过氧乙酰基硝酸酯(PAN)等剧毒物质的光化学烟雾，危害人体健康。19 世纪 50 年代，美国洛杉矶因汽车尾气和工业废弃排放大量积累而发生了光化学烟雾事件，被列为世界著名的"八大公害事件"之一。该事件造成了因呼吸系统衰竭死亡的 65 岁以上的老人达 400 多人；约有 75% 以上的市民患上了红眼病；造成的直接经济损失达 15 亿美元。

大气污染物中，有些是直接由污染源排放出来的物质，通称为一次污染物或原生污染物，如二氧化碳、一氧化氮等。有些污染物是一次污染物排入大气后经化学或光化学反应形成的一种新的污染物，称为二次污染物，如二氧化硫氧化成的三氧化硫，再吸水形成的硫酸；又如，由汽车尾气中的氮氧化物和碳氢化合物经太阳光线照射，通过光化学作用而生成的一种浅蓝色光化学烟雾，其主要成分为臭氧、过氧乙酰基硝酸酯等。

(四)淡水短缺和水污染

1. 淡水短缺 淡水短缺是全球面临的生态问题之一，在城镇中表现更为严重，世界上许多城镇正在面临缺水危机。城镇化过程中常常由于城镇区域地下水位下降和城镇水体污染而导致城镇淡水资源短缺加剧。造成城镇地下水位降低的主要原因在于：民用和工业用水需求量不断增加；城镇地表不透水的下垫面大面积存在，大部分降水无法通过土壤向地下渗透，无法完成自然的水循环过程，而是以地表径流形式流失，使地下水得不到补偿。

我国是一个严重缺水的国家，水资源总量共约 2.8 万亿 m^3，排在世界第 6 位。但人均占有水量仅有 2 400 m^3，大约仅相当于世界人均水平的 1/4，居世界第 109 位。我国已经被联合国列为世界 13 个人均水资源贫乏国家之一。我国 660 多个城镇中，有 300 多座城镇缺水相当严重。

2. 水体污染 城镇每天排放大量的工业废水和生活污水。在发达国家，工业排放的废水约占城镇废水总量的 3/4，是城镇水污染的主要来源，以金属原材料、化工、造纸等行业的废水污染最为严重。这些废污水含有重金属、有机污染物、放射性污染物、细菌、病毒等各种污染物质，如不经过处理或处理不完全而排入周围水体，很容易造成城镇水体的污染。此外，城镇地面、屋顶、大气层积聚的粉尘、污染物质及工业废渣，被雨水冲刷带入径流，而城镇径流速度的增大又加大了悬浮固体和污染物的输送量，同时也加强了地面、河床冲刷，使径流中悬浮固体和污染物含量增加，水质恶化。我国每年约有 1/3 的工业废水和 90% 以上的生活污水未经处理就排入水域，造成全国 1/3 以上河段受到污染，90% 以上的城镇水域污染严重。近 50% 的重点城镇水源地不符合饮用水标准，降低了城镇的供水能力。日趋加剧的水污染已对人类的生存安全构成重大威胁，成为人类健康、经济和社会可持续发展的重大障碍。发达国家耗费大量资金，采用各种技术措施，减少排放废污水并进行污水处理取得了一定成效，但发展中国家城镇化地区水污染问题仍十分严重。

(五)绿地缺乏

城镇土地生态系统中，人口高度密集，土地的经济价值大大增加，为追求眼前的经济效益，原有的自然植被被大量破坏，代之以各种建筑用地，造成城镇绿地缺乏，生态环境质量恶化。联合国规定的城镇人均绿地标准为 $50\sim60$ m²，达到或超过这一标准的城镇为数不多。据报告，2017 年城镇绿地面积 292.1 万 hm²，人均公园绿地面积达 14.0 m²。近年来，人们逐渐认识到经济、生态效益的协调发展是城镇可持续发展的基础，城镇建设中逐渐重视城镇绿地的建设，人均绿地面积逐年增加，增速逐渐变缓。此外，我国城镇人均绿地面积虽然有所增加，但由于过分追求绿化面积而忽视长远的生态效益，多种植草皮而忽视林木的种植，生态效益差，这也是新的问题。

第二节　乡村建设用地生态系统

一、概述

1. 乡村建设用地与农村居民点　乡村建设用地是指由乡村集体经济组织和农民个人投资的各项生产、生活和社会公共设施及公益事业建设所需的建设用地。乡村建设用地包括宅基地与集体建设用地，集体建设用地又可分为经营性建设用地与公益性建设用地。

农村居民点是乡村地域人地相互作用最强烈的表征形式(张佰林等，2014)，是村民用于建造住房及居住生活有关的建筑物和设施的用地，满足农户对居住和生产的需求是农村居民点的首要功能。农村居民点是一个复杂的土地利用综合体，是我国农村土地利用的重要组成部分。农村居民点是一个特殊的生态系统。

2. 乡村建设用地生态系统　乡村建设用地生态系统，是城镇土地生态系统之外的另一种类型的人类聚居空间，也是由自然、经济、社会组成的一种复合生态系统，各子系统之间相互制约与互补。与城镇土地生态系统相比较而言，其特征也很明显：以土地为中心，生产活动大都围绕土地进行；人口聚居程度低于城镇，政治、经济、文化中心功能较弱，自然作用力明显，受自然环境影响大，更接近自然；植被覆盖率高；生物多样性复杂等。

二、乡村建设用地生态系统的组成与结构

(一)乡村建设用地生态系统的组成

按生态系统的基本组成来划分，以人为主体，乡村建设用地生态系统由乡村人群和除乡村人群以外的环境系统组成，环境系统又可分为自然环境(生物环境和非生物环境)和人文环境。

1. 乡村人群　乡村人群是指居住在农村或农村聚落的人口，以农民为主，包括从事各行业工作的人员。随着经济工业化的发展，乡村人口正不断流入城镇，乡村的经济结构、生活方式、社会意识也不断受到城镇的影响，城镇化已成为我国经济及社会发展的必然过程。

2. 生物环境　乡村建设用地生态系统中的生物环境，包括绿色植物、作物、动物、家畜、微生物等。

3. 非生物环境　非生物环境是农业生物赖以生存、发育、繁殖的环境，包括农田土壤、农业用水、空气、日光和温度等。

4. 人文环境　乡村人文环境以乡村文化为背景，属于乡村社会环境。乡村文化以乡村社会生产方式为基础，以农民为主体，是农民文化素质、价值观、交往方式、生活方式的反映。它与生态环境相融合，对乡村社会、经济发展和生态环境建设具有重要的支撑作用。

按构成乡村建设用地生态系统的主要功能要素来划分，自然、经济和社会三个子系统组成了乡村建设用地生态系统。

1. 自然系统　自然系统是由水、土、气、生物、矿产及其之间的相互关系构成人类赖以繁衍的生存环境，是村镇一切活动的基础。乡村建设用地自然系统为人类生产生活提供能源、资源和空间，为社会和经济活动提供保障。

2. 经济系统　经济系统是为满足自身发展的需要，人类自主地进行生产、流通、消费、还原和调控活动，它直接决定了村镇经济实力与技术水平的高低。经济系统是复合系统内人类与自然系统之间的重要纽带，一方面是人类的经济活动是从大自然获取能源与资源，也对环境造成了影响；另一方面经济发展水平的提升促进了人民更好地处理人类社会与自然环境的关系。

3. 社会系统　社会系统能够维持复合生态系统的协调与平衡。一是人与人、地区与地区之间的平衡，二是人类社会与自然环境之间的平衡。村镇向现代化、可持续化和生态化转变需要社会系统为其提供动力和保障。

(二)乡村建设用地生态系统的结构

乡村建设用地生态系统作为人工化的土地生态系统，与城镇土地生态系统类似，同样具有空间结构和时间结构、营养结构、社会和经济结构、生命和环境相互作用结构等。但乡村建设用地生态系统人口聚居程度、土地集约利用程度远低于城镇土地生态系统，政治、经济、文化中心效应不像城镇土地生态系统突出，即人工化程度远低于城镇土地生态系统，因此在结构上受自然因素、区域环境特征影响更大。

三、乡村建设用地生态系统现状与存在问题

(一)乡村人口的变化

2007—2015 年，我国农村常住人口数量持续减少，农业户籍人口数量先增后减，在2010 年达到峰值。农业户籍人口数量大致可分为增长期和衰退期：2007—2010 年，年均增加 271 万，年均增长率 0.31%；2011—2015 年，年均减少 240.5 万，年均减少率 0.27%。农村常住人口数量呈线性减少趋势，从 2007 年的 71 496 万减少至 2015 年的 60 346 万，共减少 11 150 万，年均减少率 1.95%。我国的人口自然增长率在 5‰左右，但由于农业户籍人口转移的速度较快，2010 年农业户籍人口数量不增反减(刘继来等，2018)。

随着我国工业化、城镇化的持续发展，又由于存在自身经济产业发展落后、交通不便、生存环境恶化等原因，乡村发展逐渐呈现出诸多问题，加速了农民的非农就业倾向，乡村人口出现空心化现象(段德罡等，2017)。为了寻求更好的发展机会和经济利益，大量农村青壮年劳动力前往城镇工作和生活，使得乡村实际人口更少，这是造成农村常住人口数量持续减少的重要社会经济因素。

(二)乡村建设用地的变化

随着城镇化水平的不断提高，农民大规模转变为城镇居民，理论上城镇建设用地随之增加，乡村建设用地随之减少，宅基地与集体经营性建设用地总量也应呈下降趋势，但实际情

况却并不如此。

1. 乡村建设用地面积增大 根据《中国城乡建设统计年鉴》，1998—2015 年，乡村建设用地面积从 $1.372\ 6\times10^7\ hm^2$ 增加至 $1.401\ 3\times10^7\ hm^2$，其间乡村人口减少了 2.29 亿，总体呈现出人减地增的特征。根据 2015 年数据的统计，我国乡村人口数（6.03 亿）与乡村建设用地面积（$1.401\ 3\times10^7\ hm^2$），计算可得乡村人均建设用地面积约为 232.21 m^2，远远大于《镇规划标准》（GB 50188—2007）中人均建设用地面积控制在 140 m^2 以内的标准。人均建设用地面积大，土地低效利用明显，浪费现象十分严重。

2. 宅基地空心化现象严重 宅基地空心化现象日益突出，人均宅基地面积不断增大。一方面，"离乡不离户"，进城务工人员在城镇买了房，也不愿意退出宅基地，导致城乡双重占地；另一方面，农民生活水平不断提高，新建住宅而不拆旧，一户多宅，甚至未批先建、少批多建，导致乡村建设用地无序扩张，这些都是造成宅基地空心化的重要影响因素。根据调查结果显示，2011 年全国范围内乡村宅基地的空心化率平均为 10.15%（宋伟等，2013）。乡村宅基地空心化现象，造成乡村建设用地利用效率低下，严重影响到社会经济的可持续发展。

3. 集体土地低效建设增多 乡村经营性建设用地效益低下。乡村经营性建设用地使用与管理无序，乡镇企业违规占地现象明显，占地面积大，经营规模小，产出效益低，造成经营性建设用地效益低下。乡村公益性建设用地浪费严重。我国乡村大量建设用地被用于乡村公益性设施建设，极易出现公益性设施占地面积大而使用率不尽如人意的现象，造成乡村公益性建设用地的低效利用（段德罡等，2017）。

4. 农村居民点功能的变化 农村居民点是农村人口生产和生活的承载体，具有生活功能、生产功能、生态功能及文化功能等。随着经济社会的发展，农村居民点的生产功能逐渐被弱化，生活功能日益显著，生态功能受到重视。这些变化促进了农村居民点土地利用类型变化，改变了农村居民点内部用地结构（马雯秋等，2018）。

（三）乡村建设用地生态系统缺乏规划、低效利用

我国乡村建设用地低效利用现象明显，不符合生态文明建设的发展目标。长期以来，我国农村居民点缺少规划，村庄布局散乱、基础设施建设不完善、公共服务设施缺失等问题严重。分析乡村建设用地低效利用的原因，把握其内在逻辑，对后续优化土地利用具有重要的指导意义。

近年来，我国乡村人口数量仍在不断下降，但乡村数量基本维持稳定，乡村建设用地总量略有上升。乡村数量与乡村建设用地总量变化趋势相似。由于我国乡村建设长期缺乏控制和引导，村庄分布十分零散，乡村数量的变化需要规划指导。我国开展乡村规划时间较短，城乡规划也只关注城市，不能有效指导乡村发展。对于乡村迁并工作，由于缺少社会保障机制，导致村民不愿意搬迁。乡村数量不能减少，是阻碍乡村建设用地使用效率的一大难题（段德罡等，2017）。

乡村宅基地规划缺失。乡村缺少土地使用规划，在已编制的乡村规划中，对宅基地的规划管理也处于一种消极的态度，村庄建设放任自流，布局散乱，宅基地星罗棋布，且存在大量的空闲地，由此造成乡村建设用地利用效率极低[①]。探索宅基地的腾退为问题的解决提供

---

① 段德罡，王瑾，王天令，等，2017. 基于生态文明的村庄建设用地规划策略研究[J]. 中国工程科学，19（4）：138-144.

了思路。但由于宅基地腾退机制不完善，实践过程中存在很多问题，甚至会产生连带效应，因此该机制还需进一步完善。

四、乡村建设用地生态系统发展战略

改革开放以来，我国经济增长和社会发展取得了巨大的成就，城乡关系出现了显著变化。但以经济增长、城市建设为核心的"重城轻乡"发展导向，引发和加剧了城乡差距拉大、农村空心化等问题。城市与乡村地域相连，城乡关系是最基本的经济社会关系(刘彦随，2018)。城镇土地生态系统和乡村建设用地生态系统是空间镶嵌、结构互补、功能耦合、相互作用的复杂生态系统，只有二者可持续发展，才能相互支撑。

生态文明建设正处于压力叠加、负重前行的关键期，针对重城轻乡、农村居民点空心化等乡村建设用地低效利用的问题，应进一步强化规划的引导功能，统筹城乡一体化规划与建设，提出宅基地、集体建设用地的合理规划方法，调整和优化土地利用结构，促进土地资源高效利用，加强乡村基础设施建设，改善乡村生态环境，构建城乡一体化的建设用地生态系统。同时，建立健全相关的保障制度，促进生态文明发展。

(一)乡村建设用地规划策略

1. 减少总量　由于乡村数量缺少规划，乡村建设用地总量不断增加。对此，应减少乡村数量，合理地进行村庄迁并整合，并选取中心居民点。落实相关规划中涉及乡村建设用地发展的要求，结合区域生态安全格局等，确定一定范围内不适应发展的村庄，并考虑居民点集中度等因素划定撤并村庄；再结合人口、资源、交通、产业等因素，对保留型的村庄进行综合评价从而选取中心居民点。

2. 优化存量　针对保留型的村庄，应对其内部的建设用地提高利用效率。乡村建设用地低效利用的方式主要是宅基地和集体建设用地空置。对此，应完善乡村建设规划，提高乡村建设用地使用效率，优化存量用地，加强宅基地的整理和管制，深化农村土地使用制度改革。加大对宅基地监管力度，明确标准，提高农民节约用地意识，促进乡村建设用地集约化利用。

3. 控制增量　随着人民生活水平的日益提高，对乡村公共基础设施、公共服务设施及生活环境的需求逐渐增大。通过完善乡村规划，因地制宜，在加大公共基础设施、公共服务设施建设的同时，控制乡村建设用地数量，减少土地浪费的现象发生，提高乡村建设用地的使用效率。

(二)加强制度建设

1. 探索实行宅基地有偿使用制度　2015 年 1 月和 11 月中共中央办公厅、国务院办公厅印发了《关于农村土地征收、集体经营性建设用地入市、宅基地制度改革试点工作的意见》及《深化农村改革综合性实施方案》，其中规定在宅基地制度改革中探索实行宅基地有偿使用制度。在保障村民基本宅基地面积的基础上，对超标多占的宅基地实行有偿使用制度。利用收缴的宅基地有偿使用费用于建设村庄公共设施等。

2. 完善集体建设用地市场化制度　通过市场化手段提高集体建设用地的利用效率。对于保留型村庄，如果集体建设用地公共设施完善，但仍有土地空闲，可以对这部分土地进行出让、流转，减少其中的行政干预，充分让市场发挥作用，达到土地资源的最优配置(段德罡等，2017)。

3. 健全社会保障制度　村庄迁并要以保障村民生产和生活为前提和基础，合理引导劳动力转移，推动村庄迁并整合，因此要完善村民就业保障制度，加强农民技能培训，鼓励农民就业，促使农民意识转变，从而到达预期目标。建立健全村民社会保障体系，减小城乡公共服务差距，吸引村民集中搬迁。

(三)城乡一体化建设

1. 城乡一体化引导农村居民点布局优化　随着城镇化与城乡一体化引导下的城乡建设用地统一市场的形成与完善，农村居民点用地空间重配与体系重构已成为其布局优化研究的必要命题。在掌握居民点空间布局特点与演变趋势的基础上，以规划为引领，推进土地规划、城市规划及村镇体系规划的融合与衔接，这将是未来中国农村居民点布局优化所要面临的新课题(邹利林等，2015)。

2. 农村居民点整治实现乡村城镇化　乡村城镇化是人类生产和生活方式由乡村型向城市型转化的历史过程，是农村社会经济发展的必然趋势。农村居民点整治通过对农村居民点合理规划，优化土地资源配置，确保农村居民点规模不随意扩大，充分利用现有的宅基地和建设用地资源，激活农村低效用地的潜力，对实现乡村城镇化具有重要意义。

3. 建立新型城乡一体化生态系统　城镇化是人类社会发展的必然趋势和经济技术进步的必然产物。其主要表现在农业人口向城市迁移，由分散的乡村居住向城镇集中。工业革命以来，城镇化进程在世界范围内方兴未艾。中国城镇化的道路与西方国家不同，用几十年时间走完了西方发达国家200年的路。但我国城乡二元结构尚未根本改变，城乡发展不平衡、不协调、不可持续问题突出。2018年末，我国常住人口城镇化率达59.58%，已进入城镇化快速发展时期。城镇化对土地资源的影响主要通过地表封闭，导致土壤永久失去原有功能，特别是水土保持功能丧失，城镇土地生态系统的功能受到了破坏。

对于新型城镇化来讲，首先是守住耕地的数量，其次是维护耕地的质量，最重要的是建立新型城乡一体化的生态系统。未来的新型城乡一体化要与农业现代化"栓"在一起办，以占地2%的城市被90%以上的农村所环抱，形成城乡结合的局面。统筹城乡发展，紧密结合城郊型农村的实际情况，既依托城市发展，又为城市发展服务，重点是以工促农的方式引导城市向农村流动。从建设好各种形式的高技术和精致的生态农业入手，提高农民收入和生活环境质量，并使农村人能与城市人享有同等的社会服务(龚子同等，2015)。用生态系统的观念、系统科学的思想和系统工程的方法来建设，让城市带动农村、农村支援城市，各在其位，相济互补，实现城市和乡村建设用地生态系统协调可持续发展。

第三节　工矿用地生态系统

一、概述

工矿用地生态系统也是高度人工化的生态系统，是人类生态系统的重要组成部分之一。工矿用地生态系统与一般的生态系统不同，工矿业如煤炭等的生产是当前社会物质生产的主要方式，对综合国力有着决定性的影响，同时又是环境污染和生态破坏的主要来源。

工矿用地生态系统是指工矿区空间范围内人工构造的社会环境系统与相应的自然环境系

统形成的以工业生产、矿产资源开发利用等为主导的自然、经济、社会各子系统相互影响、相互制约的复合生态系统。包括工业生态系统和矿区生态系统。

一个完美的工业生态系统是仿照自然生态系统而设计的，将一批相关的工厂、企业组合在一起，它们共生共存，相互依赖，其联系纽带是废物，即一家工厂、企业的废物是另一家或几家工厂、企业的原料，废物在各企业之间的循环构成工业生态系统的"食物链"和"食物网"。这个系统的最大特点是使资源的利用率达到最高，而将工厂、企业对环境的污染和破坏降到最低。

矿区生态系统是以矿产资源开发利用为主导的人工生态系统。从生态学角度来看，矿区生态系统属于自然人文复合生态系统，是由资源、环境、人口、经济和科技组成的相互联系、相互依存和相互作用的有机整体（霍明远，2000；肖松文等，2001；王广成等，2014）。从人类历史发展来看，随着社会生产力及人类对自然界认识水平的发展，矿区生态系统经历了从低到高的三种发展类型：原始型矿区生态系统、掠夺型矿区生态系统和协调型矿区生态系统。原始型矿区生态系统是人类社会发展早期社会生产力水平比较低的环境下产生的矿区生态系统类型，生态系统结构简单，生态与经济组成的生态经济循环是小范围的封闭式循环，矿产开发活动对自然生态系统的压力不大，生态与经济的矛盾尚未显现。掠夺型矿区生态生态系统是在人类进入工业社会以后进行工业化大生产而出现的，这个阶段社会生产力飞速提高，经济的飞速发展对矿产的需求不断扩大，而此时人类尚缺乏人与自然、生态与经济协调发展的思想意识，造成人类对矿产资源的掠夺式开发，矿产资源利用率低下，大量占用土地和破坏矿区生态环境，使矿区生态与经济的矛盾异常尖锐。协调型矿区生态系统是在人类正确认识了人与自然的关系，有了生态与经济、社会协调发展的理论思想指导所形成的或正在追求的一种更高、更合理的矿区生态系统类型。其主要特征是，由于人类认识的进步及社会生产力、科学技术水平的提高，矿产资源利用率很高，对生态环境的破坏较小；同时，矿产资源开发过程中更注重生态环境的保护，使矿产开采活动对生态环境的压力降到最小。

二、工矿用地生态系统的组成与结构

工矿用地生态系统是典型的人工生态系统，是一个组分众多、纵横交错的复杂系统。从复合生态系统的观点看，工矿用地生态系统是由环境、经济、社会和技术四个亚系统构成。

环境亚系统包括土地、农田、森林、水体、矿藏、植被、动物等生物与非生物的环境系统与资源系统，为工矿区的生产和生活提供空间、物质、能量、生态等支撑，是工矿用地生态系统运行的基础。

经济亚系统涉及生产、交通、运输、贸易等，是人类意志的体现，是为人类提供所需物品和服务的投入—产出系统，是工矿用地生态系统的主体。利用工矿区内外提供的物质和能量等资源，生产出满足社会需求的（矿）产品的全过程，是工矿用地生态系统的主导产业；以交通、运输、贸易为主体的企业经济活动是工矿区发展的推动力。

社会亚系统以工矿区居民为中心，以满足居民就业、居住、医疗、教育及生活环境等需求为目标，为经济亚系统提供劳动力和智力服务，是工矿用地生态系统协调与控制的主体。包括政治、法律、组织、安全保障、文化教育等，工矿区既是整个社会的一个组成部分，又具有自身的社会属性。工矿区的形成与存在是以人的意志为转移、以矿产资源开发或产品生产为中心的经济活动中形成的特定生产关系。

技术亚系统是连接环境系统和经济系统的中介环节，起着从科学到生产或从生产到科学之间传递与转化媒介物的作用。包括厂房、动力、机器、工艺、科技开发等。

工矿用地生态系统的核心是人，人既是生态系统建造的劳动组织者，又是生态系统发展的调控者。构成工矿用地生态系统的各子系统及诸要素之间既相互作用又相互依存，既相互促进又相互制约，既有积极正面的影响又有消极负面的影响，通过人的活动过程的耦合作用，构成了一个复杂的有机结构体系(图7-8)。系统的物流、能流、信息流及价值流通过生产、流通、分配、消费等环节的有序联结，实现工矿用地生态系统的整体功能。

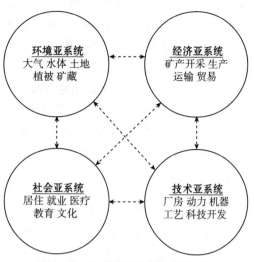

图7-8　工矿用地生态系统的结构

三、工矿用地生态系统的基本功能

生态系统的结构和功能是统一的，结构是功能的基础，而功能则是结构的表现。工矿用地生态系统作为生态、经济、社会复合系统决定了工矿用地生态系统的功能具有自然和经济两种属性和功能。具体的解释：矿区生态系统需要从系统外的其他生态系统中输入物质和能量，需要通过延伸矿区煤炭经济产业链、大力发展循环经济及各种环境保护措施来分解矿区生态系统产生的各种废弃物，最终实现系统的持续稳定(郝成元等，2017)。首先，工矿用地生态系统存在自然属性的能流、物流和信息流。在矿区生态系统的经济活动中，通过人类的劳动，进行物质的生产、流通、分配和消费，形成具有经济属性的物流、能流和信息流，并在此过程中形成以货币的转移和增值为特征的价值流。因此，能量流动、物质循环、信息传递、价值增值构成了工矿用地生态系统的基本功能形式。

1. 物质循环　物质在生态系统中起着双重作用，既是维持生命活动的物质基础，又是能量的载体。工矿用地生态系统中的物质循环同城镇土地生态系统相似，多是线状而非环状的，因此也多以物质流来描述。工矿用地生态系统十分复杂，概括起来可分为经济物流和废弃物流。经济物流是指从原材料的采掘开发投入开始，经生产、交换、分配、消费等过程中各个环节形成的物流链；废弃物流是指开采、生产、消费过程中产生的废弃物形成的流动。通过废弃物利用可以变废为宝，实现废物资源化，即实现废物流与经济物流的相互转化与联系，这是工矿用地生态系统可持续发展的一项重要内容。

2. 能量流动　物质循环是能量流动的载体，而能量是生态系统的动力，一切生命活动都伴随着能量的变化，没有能量的转化，也就没有生命和生态系统。因此，工矿用地生态系统的能量流动主要由经济能流和废弃物能流组成。经济能流是指能量沿资源采掘、生产、加工、生产和生活性能量消费等这样一条投入产出链形成的流动。废弃物能流是能量伴随废弃物的流动形成的能量链。

3. 信息流　信息流指在工矿业生产活动中人们获取、传递、加工、储存和使用信息的过程。在矿区，信息流的变化是矿区复合生态系统演化的重要驱动力，也是指导矿区生态重建的重要内容。如矿产资源勘探、开采、加工、运输、利用、煤矸石堆积与环境污染信息等，以及有关矿产资源的政策、价格、出口贸易、市场、资金、科技成果等信息的收集、整理、加工与传递过程。

4. 价值流 价值流指工矿用地系统内伴随物流、能流、信息流的运转和传递形成的货币的转移和价值增值。价值流主要由投入、物化、价值流的实现和产出三个阶段组成。投入阶段主要是依赖于畅通、准确的信息流进行合理投资，并实现资源、原材料的合理开发与利用；物化阶段是把投入消耗的生产资料的价值转化到（矿）产品的价值中以创造新的价值；矿产资源开发利用或工业生产中所形成的各种使用价值在商品流通过程中实现交换，即是价值流的实现和产出阶段。

工矿用地生态系统作为高度开放的人工生态系统，从系统整体角度，其功能表现包括两个方面，即外部功能和内部功能。外部功能是联系其他生态系统，根据系统的内部需求，不断从系统外输入与输出物质和能量，以保证系统内部的能流和物流的正常运转与平衡；内部功能是维持系统内部的物流和能流的循环和畅通，并将各种流的信息不断反馈，以调节外部功能，同时把系统内部剩余的或不需要的物质与能量输出到外部环境中去。外部功能是依靠内部功能的协调运转来维持的。因此，工矿生态的功能又表现为系统内外的能量、物质、信息的输入、转化与输出。为保证工矿用地生态系统的平衡，实现系统的生态、经济、社会协调发展，作为系统核心的人必须人工控制这些流，换句话说，工矿用地生态系统的发展主要受控于人的决策和活动，人的决策和活动直接影响着系统的发展方向。因此，研究工矿用地生态系统的功能，揭示影响系统稳定性的主要因素，是调控系统、使系统朝着有序协调的方向发展的关键。

四、工矿用地生态系统存在的问题

工矿用地生态系统面临的最大挑战之一是生态环境问题。在开发矿产资源取得巨大经济和社会效益的同时，引发的环境污染和生态破坏日趋严重，并呈发展趋势。在世界上，一些发达国家在经历了先污染、后治理过程后，走向了防止与治理结合的道路。而发展中国家由于经济状况所限，大多以牺牲生态环境来获取经济的增长，破坏环境的势头有增无减。我国目前也处于这种状态，局部有改善，总体还在恶化。具体体现在以下几个方面：

1. 大气污染，酸雨污染严重 煤炭占我国能源结构的 2/3 以上，而绝大部分燃煤未经脱硫处理，是大气污染的主要源头。由工业生产、矿产开发利用燃煤产生的主要大气污染物有粉尘、二氧化硫、二氧化碳、一氧化碳等。其中二氧化硫是形成酸雨的主要物质。在日光促进下氧化成三氧化硫时，易吸湿形成硫酸并聚集周围空气中的水蒸气进一步构成硫酸烟雾，最终以酸雨的形式降落地表。pH<5.6 的雨、雪等大气降水统称为酸雨，酸雨对地表水体、土壤、生物和建筑等有严重的污染和破坏作用。

2. 水位下降，水质恶化 我国地下水资源不足，但工矿生产需要消耗大量的水资源，并以含有各种污染物的"废水"的形式排出。如矿产开采需疏干排水，每年仅采煤排放的矿井水就达到 22 亿 t，同时，选矿又需大量用水（每选 1t 矿，约需 5t 水），使地区周围地下水供需失衡，水位大幅下降，全国 300 多个缺水城镇，矿业城镇就占了 80%。由于大量排放有害矿井水及选矿厂排放的含有重金属和化学药剂的废水，对水系及土地造成了直接污染。

3. 挤占土地，污染环境　工业生产排放的固体废弃物、矿产开采排出的尾矿及煤矸石等不仅占用大量土地，破坏原始地表，还对周围环境造成污染和破坏，如破坏植被，空气、土壤污染和土地退化，有毒成分造成水体污染，尾矿坝失修而造成崩塌淹没村镇与农田等。

4. 噪声污染　工厂在生产、加工及矿产开采过程中由于机械振动、摩擦、撞击及气流扰动而引起的噪声，严重影响工矿区及周围居民的正常生活。我国工业企业噪声调查结果表明，一般电子工业和轻工业的噪声在 90 dB 以下，纺织厂噪声约为 90～106 dB，机械工业噪声为 80～120 dB，凿岩机、大型球磨机为 120 dB，风铲、风镐、大型鼓风机在 120 dB 以上。

五、工矿用地生态系统的可持续发展

(一)工矿用地生态系统的可持续发展目标

工矿用地生态系统的可持续发展目标大体可分以下几个方面：

1. 资源利用方面　以资源回采率、循环利用率、资源加工度等指标测定。最大限度地节约使用、有效利用资源，符合建立资源节约型国民经济的要求。

2. 经济发展方面　以经济效益、人均收入、多种经营、综合开发等有关指标测定。注意经济活动的集约化方式，改进生产结构，提高投资效率和各个要素生产率。

3. 科技进步方面　以科技成果转化率、新产品在产品中的比重、技术引进与专利申请的比率、科技进步在经济增长中的贡献率等指标来测定。尽可能提高科技成果转化率、新产品的比重，体现科技进步在经济增长中的贡献。

4. 社会发展方面　以人口出生率、入学率、平均寿命、人均住房面积、发案率、犯罪率等指标测定，对本区域的劳动力再生产和社会管理效能投入人才、物力，争取为各项事业的发展进步提供良好的社会条件。

5. 环境保护方面　以水质量、大气质量、企业"三废"利用、土地复垦、植被覆盖率等指标测定。加强"三废"资源化再利用，减少废物排放，加大复垦技术研发力度，提高复垦技术水平，改善我国矿区土地复垦率低的现状。

(二)实现可持续发展的生态化战略措施

工矿区的主要经济活动，与生态环境保护本身是处于矛盾状态的。原料采掘对水资源的稳定、植被的完整都有不利影响；工业生产过程伴随的废物排放，都要减损环境容量。为使工矿区的存在和发展与可持续经济发展相一致，就要对工矿区进行生态化改造或构建，具体可采取以下战略措施：

1. 模仿自然生态系统，在工矿区内要建立以"废物"为纽带的共生企业群结构，实现废物资源化　一个产业(企业)所产生的废物与污染物对另一个行业(企业)可能正是需要的资源或原材料，如化工厂的含碱废液恰是造纸厂制造纸浆所必需的，啤酒厂排出的废水恰是某些制药厂、化工厂需要的资源等。这种工业模式的首创者和典型代表是丹麦的卡伦堡。该系统由一家发电厂、一家炼油厂、一家制药厂、一家石膏墙板厂和一家硫酸生产厂和若干个水泥厂组成。这些生产厂家以能源、水和废物的形式进行物质交易。电厂向炼油厂、制药厂等供应热蒸汽，并向卡伦堡市供应热量；炼油厂排出的废水又可以作为电厂的冷却用水；电厂的脱硫装置提供的硫与石灰反应，生成的石膏又成了墙板厂的原材料；炼油厂生产的多余的燃气，可以作为燃料提供给发电厂和墙板厂。现在，卡伦堡工业生态系统已成为一种发展模式，各国纷纷效仿。例如，在美国已经建立二十多个"生态工业园区"。

2. 在企业外部，工矿区要搞好生态循环设计 在经济、技术上有必要时，建立共同利用资源与治理污染的设施，如工业热水供应、区域性污水处理厂、集中的固体废物处理厂及各种环保产业。通过推进环保工程项目建设，来增大本区域对工矿业生产的环境承载力。有条件的地方可以集中、共同开发新能源，如风能发电、太阳能发电纳入地方电力系统，供生产生活用电使用。也可以集中、共同开发资源持续利用、综合利用、本地资源深加工的技术并推广使用。

3. 建立和完善土地复垦制度 工矿区的建设通常需要大量占用和翻动土地，对工矿区的生态环境造成严重破坏，在使用后不应丢弃变为荒芜之地，而要进行土地复垦，恢复植被及其生态环境，基本办法是以制度、法规形式约束使用土地的企业为破坏土地付出代价，建立土地资源审批的经济流程，在建设项目申报时，土地复垦方案应作为投资成本中的一个特别项目。在建设项目服务期间及期满后，通过土地复垦，使工矿建设对土地和生态的破坏降到最小。

4. 推出鼓励性的政策、制止性的法规，促使工矿区内的工矿企业尽力采取生态化生产方式 企业尽量采用能物耗小、污染物排放少的工艺，向清洁生产发展，力争"三废"资源化。老企业技术改造要瞄准这一标准，新企业技术起点要高。管理部门对区内工艺落后、布局不当、治污不力的项目不得批准，已有的这样的企业要限期整改。要定期评审"绿色企业"，给做得好的企业以商誉。区内利用废旧再生原料的企业必须有防污安全性的保管、储存、运输设施。

📝 复习思考题

1. 什么是城镇土地生态系统？与自然生态系统相比，城镇土地生态系统有什么特点？
2. 结合你所在的城市，分析城镇土地生态系统的结构特点。
3. 简述乡村建设用地生态系统的组成。
4. 试述乡村建设用地生态系统的现状及存在问题。
5. 乡村建设用地生态系统的发展战略有哪些？
6. 试述工矿用地生态系统存在的问题，以及如何实现其可持续发展。

第八章 土地生态评价

土地生态评价是一项重要的基础工作，是土地生态规划和空间布局的前提和基础。在完成土地生态调查的基础上，要及时做好土地生态评价，以便于人类进一步掌握区域土地资源的生态环境状况，衡量当前区域土地生态环境、结构和系统健康的程度，阐明当前土地生态环境、生态结构、生态系统等方面存在的问题，提出改善这些问题的对策。土地生态评价为科学地评价和衡量某种活动对土地的影响及其生态效应提供了一种工具，从而为达到土地资源的永续利用提供了一条重要的途径。

第一节　土地生态评价概述

一、土地生态评价的概念

土地评价是通过对土地的自然、经济属性的综合鉴定，将土地按质量差异划分为若干相对等级或类别，以表明在一定的科学技术水平下，被评土地对某种特定用途的生产能力或价值大小。土地评价按其评价内容通常划分为土地适宜性评价、土地生产潜力评价和土地经济评价。近年来，土地评价的应用领域进一步拓展，已从传统的土地适宜性评价逐步发展到各类农业用地评价、城市土地评价、地质灾害评价、旅游用地评价、土地可持续利用评价等多个方面。围绕区域生态方面的土地评价是一个重要内容。土地生态评价就是对土地生态系统的结构、功能、价值及其生态环境质量进行的评价。这一概念对土地生态评价外延的广度、确定性等进行了约束。随着土地生态评价工作的广泛开展，可以认为：①土地生态评价着重进行土地生态系统的结构功能、土地生态价值和生态环境质量的评价；②土地生态评价可以在一般的土地评价的基础上，选择对研究对象最有意义的若干生态特性进行专项评价，进而诊断土地生态系统的健康程度和土地利用的生态风险；③土地生态评价不仅仅局限于评价自然生态系统，而且要考虑人类社会生活或社会经济过程；④土地生态评价是一项系统工程，是对各种土地生态类型的健康状况、适宜性、环境影响、服务功能和价值的综合分析与评价。

土地生态评价以实现区域土地资源的可持续利用为目标，能够使决策者和公众明确区域环境质量的基本状况，找出影响区域生态环境变化的内在因素及其变化原因，重新审视如何推动和实现经济增长，从而制定出合理的对策，实现以单纯追求国内生产总值增长的粗放式经济增长方式向以自然资源为基础、与环境承载能力相协调的社会福利非递减性的经济增长方式的转变。

二、土地生态评价的内容

土地生态评价的内容主要包括：区域土地生态评价、土地生态环境评价(包括危险性评价、敏感性评价和质量评价)、土地生态风险评价、土地生态退化评价、土地生态系统评价(包括结构和功能评价、稳定性和可持续评价、服务功能评价)等。这几个方面的评价互相联系、依赖和交叉。

1. 区域土地生态评价

(1)区域土地生态评价的概念。区域土地生态评价针对的是自然、社会、经济的复合土地生态系统，它受到多种因素的影响，表现出复杂性和不确定性，需要通过综合评价才能正确理解不同时空尺度、不同类型的生态系统之间的相互关系，并做出准确评价，用于制定生态决策。因此，区域土地生态评价是以土地生态环境为中心，考虑了整体性、宏观性、战略性要求，对区域土地生态系统、质量、服务、功能等方面做出的综合评价。

(2)区域土地生态评价的类型。区域土地生态评价是一种区域性的系统评价。从土地生态系统结构和功能的角度，可以划分为区域土地生态系统评价和区域土地生态服务评价。从区域地理位置的角度，可以划分为城市土地生态评价和农村土地生态评价。从土地利用类别的角度，可以划分为森林土地生态环境评价、草原土地生态环境评价、水域及沿海滩涂土地生态环境评价等。从评价功能与效用的角度，可以分为区域土地生态安全评价、区域土地生态环境评价、区域土地景观评价等。总之，区域土地生态评价的种类繁多，内容各异。

2. 土地生态环境评价

(1)土地生态环境评价的概念。土地生态环境评价是对人类在土地开发利用过程中可能导致的生态环境影响进行分析、预测和评估，并提出改善土地生态环境的对策和措施，是预防社会生态环境问题、促进土地资源合理开发利用、制定经济社会可持续发展规划和生态环境保护对策的重要依据。

(2)土地生态环境评价的类型。土地生态环境评价根据评价的时段、对象、功能不同可以有多种类型。①按评价时段可分为土地生态环境质量评价和土地生态环境影响评价(也称预测评价)，其中土地生态环境质量现状评价一般是据近两三年的土地生态环境监测资料，通过现状的土地生态环境分析，为不同区域不同的土地生态问题的识别、保护提供科学的依据；土地生态环境质量预测评价通过对连续近几年某区域的土地生态环境质量进行评价，分析其变化规律，并预测出某区域未来的土地生态环境质量。②按评价对象可分为农村土地生态环境评价、城市土地生态环境评价、森林土地生态环境评价、草原土地生态环境评价、水域及沿海滩涂土地生态环境评价等多个方面。③按评价目的可分为土地生态环境危险性评价、敏感性评价和质量评价。

3. 土地生态风险评价

(1)土地生态风险评价概念。风险是不幸事件发生的可能性和发生后将要造成的损害。前者称为风险概率或风险度，后者可称为风险后果。土地生态风险是一个种群、生态系统或整个景观的正常功能受到土地开发利用、整理及人类活动等外界胁迫时，在目前和将来减小土地生态系统内部某些要素或土地生态系统的健康、生产力、遗传结构、经济价值和美学价值的可能性。从宏观的角度来看，土地生态风险评价也是环境风险评价的重要组成部分，它是受到土地开发利用、整理及人类活动等影响后，对不利的生态后果出现的可能性及其损害程度进行的评估。

(2)土地生态风险评价的类型。土地生态风险评价根据不同的划分体系也有不同类型。根据引起生态风险的来源不同有土地工程风险评价、土地生态入侵风险评价、人类活动风险评价三种类型。根据风险评价的内容和广度可以分为区域土地利用生态风险综合评价和区域土地利用风险专项评价。区域土地利用生态风险评价是在区域尺度上描述和评估环境污染、人为活动或自然灾害对土地生态系统及其组分产生不利作用的可能性和大小的过程,如区域景观生态风险评价、河流湖泊流域生态风险评价等。区域土地利用风险专项评价是为单一土地利用目的而进行土地生态风险评价活动,如土地整理风险评价、水库淹没区移民安置区生态风险评价等。

4. 土地生态退化评价

(1)土地生态退化评价的概念。土地生态退化评价是对土地生态系统进行退化类型的划分,并对土地生态系统退化程度进行定性或定量的评价。土地生态环境退化是由人类对自然资源过度及不合理利用而造成的土地生态系统结构破坏、功能衰退、生物多样性减少、土地生产潜力衰退等一系列生态环境恶化的现象。生态环境退化的特点是一旦生态环境遭到破坏,生态平衡被打破后,需要投入大量的资金和时间用于恢复,有些破坏甚至是不可逆转的。近几十年来,随着世界人口的急剧增长,耕地的日趋减少,森林锐减,草原的过度放牧和开垦等一系列人为活动加快了土地生态退化的进程,致使土地生产能力局部丧失或全部丧失。随着土地生态退化空间的不断扩大和强度的日益增加,原先局部的次要的变化已转化为全球性的重大危机。因此,生态环境的退化已引起各国学者的广泛关注,退化生态环境的恢复和重建也成为当前生态学研究的热点之一。

(2)土地生态退化评价的主要类型。当前全球性的土地生态退化主要表现在森林破坏、土地沙漠化、水土流失、湿地萎缩等,由此而造成的水资源、森林资源等自然资源的短缺,以及气候变异、农业生产条件的恶化和各种自然灾害的频繁发生等各个方面。我国的土地生态退化主要表现在林地退化、草原退化、水土流失、土地荒漠化、土壤污染与退化。与此相对应地,土地生态退化评价可划分为林地退化评价、草原退化评价、水土流失退化评价、土地荒漠化退化评价、土壤退化评价等形式。也可以根据评价区域和评价指标的选择划分为区域土地综合退化评价和区域主导因素退化评价,前者如在黄土高原北部地区开展的生态退化评价,后者如在长江上游典型地区开展的土壤退化评价。

5. 土地生态系统评价

(1)土地生态系统评价的概念。生态系统评价是系统分析生态系统的生产及服务能力,对生态系统进行健康诊断,做出综合的生态分析和经济分析,评价其当前状态,并预测生态系统今后的发展趋势,为生态系统管理提供科学依据。因此,土地生态系统评价是对土地生态系统现有状态及其变化方向的评定,并提出改善土地生态系统现有状态、促使其向健康和良性方向发展及开展重点生态脆弱区防护的一系列措施和对策。

从生态评价的研究进程来看,可以分为两类:一是对生态系统所处的状态进行评价;二是对生态系统服务功能评价。前者主要是对生态系统的环境质量评价、安全评价、风险评价、持续性评价、退化评价、脆弱性评价、多样性评价、预警评价、工程影响评价、健康评价等反映生态系统各种状态的研究,后者主要研究自然系统的生境、物种、生物学状态、性质和生态过程所生产的物质及其所维持的良好生活环境对人类的服务性能,即生态系统与生态过程所形成和维持的人类赖以生存的自然环境条件与效用。

（2）土地生态系统评价的类型。土地生态系统评价主要包括两部分，一个是土地生态系统整体质量（健康）问题，另一个是生态系统的这种状态对周围造成的影响问题（包括所能提供的服务及负面影响等），后者是前者发展的必然趋势和更高层次。土地生态健康评价能反映区域社会土地资源的可持续利用能力及社会生产和人居环境稳定可协调的程度，充分认识区域土地生态质量的状况，明确区域土地生态质量存在的问题，是区域土地生态质量预警的基础，也是制定区域土地利用规划乃至国民经济社会发展计划的重要依据。土地生态系统服务评价主要包括两大部分：一是生态系统产品，如食品、原材料、能源等；二是对人类生存及生活质量有贡献的生态功能，如调节气候及大气中气体组成、涵养水源及水土保持、支持生命的自然环境条件等。

三、土地生态评价重点关注的问题

土地生态系统是人地耦合的复杂系统，土地生态评价涉及自然地理条件、环境灾害情况、人口、经济、社会福利等诸多方面，需要综合考虑生态、经济和社会因素的影响，因而是一项复杂的系统工程。在开展土地生态评价的过程中，需要重点关注两个层面的问题：①在内容体系方面，既要关注目前研究方向的主流方向，如区域土地生态评价、土地生态环境评价（包括危险性评价、敏感性评价和质量评价）、土地生态风险评价、土地生态退化评价、土地生态系统评价（包括结构和功能评价、稳定性和可持续评价、服务功能评价），要吸收已有的成熟的研究成果，同时要跟踪和研究学科未来的发展方向及研究进展，如土地生态功能区的划分、土地生态价值和服务的评价等新兴评价内容。②在技术方法论方面，也需要兼顾两个方面，一是在应用常规技术手段时要考虑科学性和实用性。土地生态评价是一项艰苦细致的工作，涉及资料收集处理、指标体系建立、评价指标分级、限制因子确定、指标权重确定等很多方面，需要很多常规技术方法的支撑，在应用这些技术手段时，需要明确每一种技术手段的科学性、局限性及适用范围。二是要注意对新技术的吸收和应用。近年来，在土地评价领域出现了许多新技术，如3S技术及模糊综合评判、人工神经网络、遗传算法、灰色预测、组合预测等数学模型，可尝试将这些方法用于土地生态评价。

第二节 土地生态评价的程序

土地生态评价涉及许多学科领域，其评价过程较为复杂，是一项技术性、综合性均很强的工作，在评价过程中必须遵循一定的评价程序和步骤，选择合适的指标，采用科学的评价方法，才能保证评价工作的顺利开展，并取得科学、准确的评价结果。

土地生态评价的程序一般可分为准备工作、生态评价、成果整理与分析三个阶段。

一、准备工作

准备阶段同土地生态调查一样，包括思想准备、组织准备和业务准备三个方面。

1. 思想准备 思想准备的主要工作是成立评价工作领导小组。由领导小组对作业人员进行思想动员，阐明土地生态评价工作的重要性，并做好评价涉及单位如农业、水利、交通、财政、统计等地方单位的协调工作，确保后续的资料收集和实地调查工作能够顺利进行，为保质保量完成土地生态评价工作提供思想和政治保证。

2. 组织准备 组织准备的主要工作是成立技术小组，确定项目负责人，为土地生态评价工作提供业务保证。在成立项目技术小组和确定项目负责人后，要对相关作业成员进行技术培训。

3. 业务准备 业务准备的主要工作是进行资料的收集和野外实地调查。土地生态评价工作细致，牵涉面广，评价开始之前要尽量做好资料的收集工作，资料收集不到的要做野外实地调查。土地生态评价需要收集自然条件、社会经济、生态环境等方面的数据及资料。

二、生态评价

生态评价阶段是土地生态评价的关键环节，所牵涉的内容比较多，细节处理也比较复杂，不同的评价类型其具体工作环节也有所差异。根据一般性原则，需要完成以下工作：

1. 评价目的的明确 这个阶段要搞清楚，是区域评价还是单项指标的评价，是生态系统评价还是环境质量评价，

2. 评价单元的确定 评价是针对单元进行的，单元根据需要可大可小，根据评价的宏、微观程度及目的不同，有可能一个区域就是一个单元，也可能一个区域可以划成若干个甚至上万个单元。单元内部具有同质性，单元与单元之间具有明显差异性。即在同一个单元，其内部的各评价因素的性状要基本接近，能够做到以点代面，而单元之间是有明显差异的，评价的一个目的就是要评价单元的这种差异程度。

3. 土地生态指标体系的建立 这个阶段包括评价因子的选择、评价因子极限指标的确定、评价因子指标的分级、评价因子权重的确定等内容。

4. 计算土地生态综合指数并划定级别 几乎所有的生态评价都要计算综合指数，根据指数来划分评价区间，根据区间来衡量生态利用程度（如敏感度、风险度、质量等别等），这是在生态评价阶段必不可少的一项工作。

三、成果整理与分析

这个阶段主要完成三方面的工作。

1. 评价成果的检核 生态评价初步完成之后，应对初步的评价结果，通过随机抽样进行野外实地核对，以评估评价结果的准确性。在进行随机抽样时，通常采用不重复抽样技术，抽样数目通常应达到评价单元总数的 15％～25％，最少不低于 30 个。野外实际核对的准判率一般要求＞80％，对评价错误的单元，应通过野外调查找出导致评价错误的原因，从而为评价指标、方法和结果的进一步调整和完善提供依据。

2. 面积统计、汇总 面积统计、汇总主要是汇总各评价等级的面积（如生态质量评价可以汇总各质量等级的土地面积，风险评价可以汇总各风险级别的土地面积，退化评价亦可以汇总各退化类型的土地面积），可采用求积仪法或者借助 GIS 软件中的面积量算模块，实现评价结果的自动量算、平差和面积统计汇总。

3. 提交成果及成果分析 生态评价完成并经过修改完善后，即可提交评价成果。送审成果包括图件成果、数字成果和文字成果、图件成果有土地生态评价图（可根据不同的生态评价目的完成不同的图件，如土地生态质量评价图、土地风险评价评价图等）、各评价因子分级图及中间图件。数字成果有土地生态评价数据库及中间计算成果。文字成果有土地生态

评价报告，评价说明、技术总结等。成果完成后，要对评价结果进行分析，根据不同的生态评价目的对区域土地资源的现状、数量、质量、分布及未来发展方向进行详细的分析，阐明区域土地生态环境及土地利用上存在的问题，提出改善生态环境、促进土地资源合理利用及相关生态资源合理配置的相关对策。

第三节　土地生态评价的方法

土地生态评价技术方法主要涉及评价因子的选择和评价分区这两个方面。首先，不同生态评价目的不同，对评价指标的选择有着不同的要求，与此同时，评价指标之间的权重及分级需要一些定量研究模型加以确定。其次，土地评价最终的成果必须将评价单元划分成不同的级别，这就是分区评价，这也需要一些技术方法进行处理。下文将按照实施土地生态评价的流程，介绍所采用的主要方法。

一、基础资料整理

土地生态评价收集的资料主要有自然条件资料，包括气候、地貌、土壤、水文、自然灾害等；资源状况资料，包括矿产资源、生物资源、景观资源等；人口资料，包括历年总人口、人口自然增长率、非农业人口、流动人口、暂住人口等；经济发展资料，包括历年国内生产总值、固定资产投资、产业结构等；城乡建设及基础设施状况资料；主要产业发展状况，包括农用地自然、利用、经济状况的抽样调查等数据及统计资料等。除了这些资料外，还有土壤普查、区域生态环境、区域历史沿革这些资料也要尽可能地收集。而且需要在明确土地生态评价目标的前提下，收集数据，并数据经加工和整理，才能用于进一步分析和建模。数据的加工整理通常包括数据的缺失值处理、数据的分组、基本描述统计量的计算、数据取值的转换、数据的正态化处理等。

1. 数据资料的分布检验　数据整理的方法首先是检验数据的分布，然后根据不同的分布类型进行数据处理。数据分布的检验方法叫作无参数检验，即不依赖于统计分布的统计方法，是在总体分布不明时，用来检验统计数据是否来于同一总体假设的一种方法。常用的无参数检验的方法有秩和检验、偏度峰度检验和卡方检验。秩和检验具有不受总体分布限制，适用面广等特性，适用于离散型数据资料的整理。土地评价数据分析大部分都是离散型数据，因此土地生态评价的数据分析以采用秩和检验为主，对少数连续型统计数据采用1-Sample K-S检验(单样本柯尔莫哥洛夫-斯米诺夫检验)，推断样本是否来自正态分布总体、或均匀分布总体、或泊松分布总体。

2. 数据资料的筛选与补缺　在评价因子数据分布检验完毕后，有必要对数据进行筛选，剔除异常值。筛选的方法有 3Q 区间法则和均方差法。对于服从正态分布的数据可以采用 t 检验法或 3Q 区间法则，前者筛选出给定置信度水平下(90%或99%)的数据，后者认为在 3Q 区间法则(约99%)下的数据是有效的；对于非正态分布的数据可采用均值方差法，即从数据的离散程度来对数据进行筛选，实际操作中，可采用 2 倍或 3 倍方差进行筛选。

对评价数据不足或遗漏的且无法调查的要进行插补或缺损。插补的方法是以点代面，即少数几个点的值来近似地代表整个区域内所有各点的值，常用的点有单元边界特征点、单元内部特征点、网格交叉点、几何中心点、加权中心点等；线性内插，若统计数据的分值变化呈线性变化，则区域内缺损值可用区域线性内插求出；面积加权，即把不同值所占区域面积的比例作为权，乘以其分值，再把各不同区域加权后的值相加，其值即可以认为是区域分值。

二、土地生态评价单元划定

土地生态评价必须落到一定的地块或实体上，基本的地块或实体单位即土地生态评价单元。或土地生态评价单元是具有专门特征的土地单位作用于制图的区域，它是土地生态评价的基本单位。可概括为土地生态评价单元是作为土地生态评价对象的最小单位，它是各土地生态影响因子性状相对一致的单位，由土地各组成要素之间及其与环境之间所组成的一个空间实体。土地生态评价单元的划定是土地生态评价的基础工作。同一评价单元应当具有一致或相似的基本属性，而不同的评价单元则应具有明显差异性和可比性。土地生态评价单元的划分方法：

1. 以权属界限形成的宗地为基础确定评价单元　宗地法一般适用于城镇土地评价。宗地法是以宗地作为基本单元，根据调查的各宗地基础数据测算土地利用潜力状况。具有以下优势：第一，宗地作为独立的土地权属单位，土地利用类型相对一致，基础资料比较容易获取；第二，宗地是城镇土地管理的最基本单位，以宗地为评价单元，评价结果可直接反映宗地土地利用潜力状况，为土地利用与管理提供参考依据；第三，宗地是城镇土地信息化管理即土地管理信息系统的基本单元，以宗地为评价单元，可以直接与土地管理信息系统的数据库对接，利用数据库的适时性和动态性实现土地利用潜力评价的适时性和动态性。

2. 以一定行政单元内的土地为评价单元　以行政单元内的土地作为评价单元是一种较为常用的方法，行政单元区具有区划的整体性，且区内的资料较为容易获取，也有利于行政区之间做比较。但当一个行政区内含有多种土地类型或各评价单元之间的评价因素不同就会造成评价结果的不准确。

3. 以土壤发生学分类系统为基础确定评价单元　直接利用土壤分类系统的某一级作为评价单元。该方法能精确反映土壤状况，充分反映土壤在土地综合体中的主要作用，充分利用土壤普查的资料，节省大量的野外调查工作量。但由于这种评价单元在地面上往往缺乏明显的限制，常与地面的地块边界及行政边界不一致，所以在土地管理中其结果不易被采用。

4. 以多图叠加生成的综合图件图斑为基础确定评价单元　把土地类型图、土壤图、土地利用现状图等多图叠加在一起，形成一个个封闭的图斑，封闭的图斑即为评价单元（图 8-1）。多图叠加后的评价底图的属性数据表中包括所有评价因子的相关数据，图斑包含信息较多，提高了评价的准确度。但该方法不适用于土地利用类型单一、地貌类型单一的地区。还有可能造成划分单元太过于细碎，因此要注意、叠加后小图斑的合并问题。

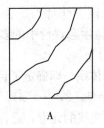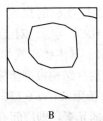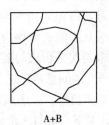

A　　　　　　　　B　　　　　　　A+B

图 8-1　图层叠加

5. 以土地类型体系为基础确定评价单元　由于土地类型反映了土地的全部自然特征，也考虑了人类活动对土地的影响，它可以直观地看出地貌、土壤、植被的组合情况及不同土地类型的差异，反映土地和土地利用差异性的自然条件，还能体现全部自然要素及人类活动结果的相对一致性和差异性，因此适合作为土地评价的基础单位。但土地类型侧重于对土地自然性状一致性的研究，可以用于大面积、大范围、中小比例尺的土地评价，而对于大比例尺的土地评价，许多地方现有的土地类型图仍不能满足土地评价的要求，主要问题是土地类型划分不够细，对土壤性质有时考虑太少。

6. 以土地利用现状为基础确定评价单元　直接利用土地利用现状图的图斑作为土地评价单位，是我国常用的方法。其优点是各土地利用现状图比较齐全，减少了前期的工作量；评价单元的界限与地块界限完全一致，评价结果便于土地利用结构的调整和基层生产单位的应用。但由于对土地自身的性质考虑较少，另外自然地块很破碎，一般只适合大比例尺或详细比例尺的土地评价。

7. 网格法确定土地评价单元　网格法是用一定大小的网格将评价区划分为若干单元，并根据调查的各单元基础数据测算土地利用潜力状况。其关键是格网大小的选择。格网间隔越大，评价单元的数量越少，但单元一致性越差；评价单元的格网间隔越小，评价单元的一致性越大，评价单元数量越多，但工作量大，易造成不必要的重复计算。由于网格的大小关系到评价的精确程度，网格内的用地类型和权属界限也难以完整，不能体现评价因素的差异性，因此成果应用受到限制。

三、土地生态评价指标体系构建

建立土地生态评价的指标体系，是土地生态评价的纲领性工作，对评价指标起着宏观控制作用，也是评价最关键的环节之一。它直接关系到土地生态评价结果的科学性、可靠性和实用性。因此，在正式开始土地生态评价之前，要确定好生态评价的指标体系。

（一）评价指标体系的确定

土地生态评价指标体系的构建方法很多，有基于压力-状态-响应（Pressure-State-Response，PSR）的模型、网络模型、系统分析、目标分解等多种构建方法。层次分析法（The Analytic Hierarchy Process，AHP）是美国运筹学家 T. L. Santy 于 20 世纪 70 年代提出的一种多目标评价方法，因其具有简单易学、结构清楚，能够解决传统技术无法解决的问题，在土地生态评价中得到广泛应用。该方法将一个复杂的多目标决策问题看作一个系统，将目标分解为多个分目标或准则，进而把分目标分解为多个指标，最后形成一个由目标层、准则层（分目标）、指标层等组成的层次结构图（图 8-2）。在每一层次，按照一定规则对该层指标进行逐对比较重要性，并按 1~9 的标度定量化，形成两两比较判断矩阵，通过计算矩阵的最大特征向量，得出该指标对上层指标的权重。该方法特别适合于具有复杂层次结构、定性与定量指标众多的系统评价与决策问题。对土地生态评价中的多指标进行赋权，其思路与过程正好符合层次分析法的要求。其主要步骤如下：

在深入分析所研究的问题后，建立层次结构模型指标体系，即确定了目标 A、准则层 C 和评价因素 U，以 A 表示目标，u_i 表示评价因素，$u_i \in U(i=1, 2, \cdots, n)$。从第二层开始，针对上一层某个目标，对下一层与之相关的元素，即层间有连线的元素，进行两两对比，并按其重要程度评定等级。记 a_{ij} 为元素 u_i 和 u_j 相对重要性的比例标度，其取值如表 8-1 所示。

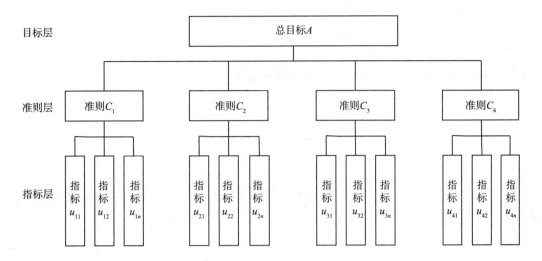

图 8 - 2　层次分析结构示意

表 8 - 1　标度的含义

标度	含　　义
1	表示两个元素相比，具有同样重要性
3	表示两个元素相比，前者比后者稍重要
5	表示两个元素相比，前者比后者明显重要
7	表示两个元素相比，前者比后者强烈重要
9	表示两个元素相比，前者比后者极端重要
2，4，6，8	表示上述相邻判断的中间值
倒数	若元素 i 与 j 的重要性之比为 a_{ij}，那么元素 j 与元素 i 重要性之比为 $a_{ji}=1/a_{ij}$

对于准则 C，n 个元素之间相对重要性的比较得到一个两两比较判断矩阵：$\boldsymbol{A}=(a_{ij})_{n\times n}$，且满足条件：$a_{ij}>0$，$a_{ji}=1/a_{ij}$，$a_{ii}=1$。

若判断矩阵 $\boldsymbol{A}$ 的所有元素满足 $a_{ij}\times a_{jk}=a_{ik}$，则称 $\boldsymbol{A}$ 为一致性矩阵。由判断矩阵所具有的性质知，一个 n 个元素的判断矩阵只需要给出其上（或下）三角的 $n(n-1)/2$ 个元素就可以了，即只需做 $n(n-1)/2$ 个比较判断即可。

构造判断矩阵后进行权重计算。

设 n 阶判断矩阵为
$$\boldsymbol{A}=\begin{bmatrix} a_{11} & a_{12} & \cdots & a_{1n} \\ a_{21} & a_{22} & \cdots & a_{2n} \\ \vdots & \vdots & & \vdots \\ a_{n1} & a_{n2} & \cdots & a_{nn} \end{bmatrix}$$

可通过以下几种方法计算权重：

1. 和法　将判断矩阵 $\boldsymbol{A}$ 的 n 个行向量归一化后的算术平均值，近似作为权重向量，即
$$\omega_i=\frac{1}{n}\sum_{j=1}^{n}\frac{a_{ij}}{\sum\limits_{k=1}^{n}a_{kj}} \quad (i=1,2,\cdots,n)$$

计算步骤如下：

第一步：A 的元素按行归一化；

第二步：将归一化后的各行相加；

第三步：将相加后的向量除以 n，即得权重向量。

类似的还有列和归一化方法计算，即

$$\omega_i = \frac{\sum\limits_{j=1}^{n} a_{ij}}{n \sum\limits_{k=1}^{n} \sum\limits_{j=1}^{n} a_{kj}} \quad (i = 1, 2, \cdots, n)$$

2. 根法（即几何平均法）　将 A 的各个行向量进行几何平均，然后归一化，得到的行向量就是权重向量。其公式为

$$\omega_i = \frac{\left(\prod\limits_{j=1}^{n} a_{ij}\right)^{\frac{1}{n}}}{\sum\limits_{k=1}^{n} \left(\prod\limits_{j=1}^{n} a_{ij}\right)^{\frac{1}{n}}} \quad (i = 1, 2, \cdots, n)$$

计算步骤如下：

第一步：A 的元素按列相乘得一新向量；

第二步：将新向量的每个分量开 n 次方；

第三步：将所得向量归一化后即为权重向量。

特征根法（简记 EM）。解判断矩阵 A 的特征根：

$$AW = \lambda_{\max} W$$

式中：$\lambda_{\max}$ 是 A 的最大特征根；W 是相应的特征向量，所得到的 W 经归一化后就可作为权重向量。

对数最小二乘法。用拟合方法确定权重向量 $W = (\omega_1, \omega_2, \cdots, \omega_n)^{\mathrm{T}}$，使残差平方和 $\sum\limits_{1 \leqslant i \leqslant j \leqslant n} [\lg a_{ij} - \lg(\omega_i/\omega_j)]^2$ 为最小。

最小二乘法。确定权重向量 $W = (\omega_1, \omega_2, \cdots, \omega_n)^{\mathrm{T}}$，使残差平方和 $\sum\limits_{1 \leqslant i \leqslant j \leqslant n} [\lg a_{ij} - \lg(\omega_i/\omega_j)]^2$ 为最小。

在计算单准则下权重向量时，还必须进行一致性检验。在判断矩阵的构造中，并不要求判断具有传递性和一致性，即不要求 $a_{ij} \times a_{jk} = a_{ik}$ 严格成立，这是由客观事物的复杂性与人的认识的多样性所决定的。但要求判断矩阵满足大体上的一致性是应该的。如果出现"甲比乙极端重要，乙比丙极端重要，而丙又比甲极端重要"的判断，则显然是违反常识的，一个混乱的经不起推敲的判断矩阵有可能导致决策上的失误。而且上述各种计算排序权重向量（即相对权重向量）的方法，在判断矩阵过于偏离一致性时，其可靠程度也就值得怀疑了，因此要对判断矩阵的一致性进行检验，具体步骤如下：

计算一致性指标（consistency index，$C.I.$）：

$$C.I. = \frac{\lambda_{\max} - n}{n - 1}$$

查找相应的平均随机一致性指标（random index，$R.I.$）。表 8-2 给出了 1～15 阶正互反矩阵计算 1 000 次得到的平均随机一致性指标。

表 8 - 2　平均随机一致性指标

矩阵阶数	1	2	3	4	5	6	7	8
R. L.	0	0	0.52	0.89	1.12	1.26	1.36	1.41

矩阵阶数	9	10	11	12	13	14	15
R. L.	1.46	1.49	1.52	1.54	1.56	1.58	1.59

计算一致性比例(consistency ratio, $C.R.$)：

$$C.R. = \frac{C.I.}{R.I.}$$

当 $C.R. < 0.1$ 时，认为判断矩阵的一致性是可以接受的；当 $C.R. \geqslant 0.1$ 时，应该对判断矩阵做适当修正。

为了讨论一致性，需要计算矩阵最大特征根 λ_{max}，除常用的特征根方法外，还可使用公式：

$$\lambda_{max} = \sum_{i=1}^{n} \frac{(\boldsymbol{AW})_i}{n\omega_i} = \frac{1}{n} \sum_{i=1}^{n} \frac{\sum_{j=1}^{n} a_{ij}\omega_j}{\omega_i}$$

计算各层元素对目标层的总排序权重。上面得到的是一组元素对其上一层中某元素的权重向量。最终要得到各元素，特别是最低层中各元素对于目标的排序权重，即所谓总排序权重，从而进行方案的选择。总排序权重要自上而下地将单准则下的权重进行合成，并逐层进行总的判断一致性检验。

设 $\boldsymbol{W}^{(k-1)} = (\omega_1^{(k-1)}, \omega_2^{(k-2)}, \cdots, \omega_{k-1}^{(k-1)})^T$ 表示第 $k-1$ 层上 n_{k-1} 个元素相对于总目标的排序权重向量，用 $\boldsymbol{P}_j^{(k)} = (p_{1j}^{(k)}, p_{2j}^{(k)}, \cdots, p_{n_kj}^{(k)})^T$ 表示第 k 层上 n_k 个元素对第 $k-1$ 层上第 j 个元素为准则的排序权重向量，其中不受 j 元素支配的元素权重取为零。矩阵 $\boldsymbol{P}^{(k)} = (\boldsymbol{P}_1^{(k)}, \boldsymbol{P}_2^{(k)}, \cdots, \boldsymbol{P}_{n_{k-1}}^{(k)})^T$ 是 $n_k \times n_{k-1}$ 阶矩阵，它表示第 k 层上元素对 $k-1$ 层上各元素的排序，那么第 k 层上元素对目标的总排序 $\boldsymbol{W}^{(k)}$ 为

$$\boldsymbol{W}^{(k)} = (\omega_1^{(k)}, \omega_2^{(k)}, \cdots, \omega_{n_k}^{(k)})^T = \boldsymbol{P}^{(k)} \times \boldsymbol{W}^{(k-1)}$$

或

$$\omega_i^{(k)} = \sum_{j=1}^{n_{k-1}} p_{ij}^{(k)} \omega_j^{(k-1)} \quad (i = 1, 2, \cdots, n)$$

并且一般公式为 $\boldsymbol{W}^{(k)} = \boldsymbol{P}^{(k)} \boldsymbol{P}^{(k-1)} \cdots \boldsymbol{W}^{(2)}$.

其中 $\boldsymbol{W}^{(2)}$ 是第二层上元素的总排序向量，也是单准则下的排序向量。

要从上到下逐层进行一致性检验，若已求得 $k-1$ 层上元素 j 为准则的一致性指标 $\boldsymbol{C.I.}_j^{(k)}$、平均随机一致性指标 $\boldsymbol{R.I.}_j^{(k)}$、一致性比例 $\boldsymbol{C.R.}_j^{(k)}$(其中 $j=1, 2, \cdots, n_{k-1}$)，则 k 层的综合指标为

$$\boldsymbol{C.I.}^{(k)} = (\boldsymbol{C.I.}_1^{(k)}, \cdots, \boldsymbol{C.I.}_{n_{k-1}}^{(k)}) \times \boldsymbol{W}^{(k-1)}$$

$$\boldsymbol{R.I.}^{(k)} = (\boldsymbol{R.I.}_1^{(k)}, \cdots, \boldsymbol{R.I.}_{n_{k-1}}^{(k)}) \times \boldsymbol{W}^{(k-1)}$$

当 $\boldsymbol{C.R.}^{(k)} < 0.1$ 时，认为递阶层次结构在 k 层水平的所有判断具有整体满意的一致性。

（二）评价因子的选取和权重确定

在土地生态评价指标体系构建过程中，评价因子的选取和权重确定是关系到整个土地生态评价结果是否正确或符合客观实际的关键，以下将详细介绍土地生态评价因子的选取与评价因子权重的确定。

1. 土地生态评价因子　土地生态评价指标是评价因子所代表的土地特性在量上的变化。评价因子有单一评价因子和综合评价因子体系两类。单一评价因子体系即利用单一货币或者非货币指数来综合反映土地资源利用状况。综合因子体系是由不同层次的多个评价因子综合计算出土地资源的综合利用指数，借以来考察区域土地资源的利用状况。随着土地评价因子体系研究的深入，单一评价因子往往很难真实、全面、客观地反映出区域土地资源的利用程度，已逐步被综合评价因子体系所取代。

(1)土地生态评价因子选取原则。土地生态评价因子的选择上应遵循主导性、差异性、稳定性、针对性、定量性和现势性的原则。

A. 主导性原则。土地资源各构成因素对土地生态系统的影响有主次之分，评价因子应尽量选择对土地的生态利用影响最显著的主导因素。

B. 差异性原则。评价区域的各土地资源构成因素复杂多样，评价因子应尽量选择评价区域范围内差异显著的因素。

C. 稳定性原则。评价因子应尽量选择性质上较稳定、不易发生变化的因素。

D. 针对性原则。不同的土地生态评价目的对土地资源的性质有不同的要求，评价因子应针对土地资源的评价目的加以选择确定，不同的评价目的可选择不同的评价因子。

E. 定量性原则。土地资源各构成因素有定性和定量因素之分，评价因子应尽量选择可量化表示的因素，以减少主观成分对评价结果的影响。

F. 现势性原则。评价因子应尽量选择从现有的土壤普查、土地利用现状调查、农业区划、水土流失调查及土地环境监测等资料中可获得数据的因素。

(2)土地生态评价因子剖析。土地生态评价因子可以从自然条件、生态环境、社会效益、经济效益等指标中选择。这些指标有的可以通过在各行政主管部门收集、查阅社会统计资料或者进行抽样调查获得，有的则需要自己折算获得。在获取评价指标的过程中，一定要注意数据的现势性和科学性。

A. 自然条件指标：①地质、地貌，包括地貌类型、海拔高度、坡度、坡向、地质构造、工程地质、地基承载力等；②气候，主要有降水量、≥0 ℃积温、≥10 ℃积温和 10～20 ℃积温等，其中≥10 ℃积温是衡量喜温作物安全生育期的热量标准，≥0 ℃积温是作物生长发育的极限指标；③土壤，主要包括土壤类型、质地、耕层或土层厚度、障碍层、pH、有机质、氮磷钾养分含量、水分状况、含盐量、土壤侵蚀强度等；④水文，指标有地下水埋深、矿化度、灌溉保证率等；⑤植被，指标有生物多样性、生物量、森林覆盖率、郁闭度等。

B. 生态环境指标：①生态环境现状指标，有地表水与地下水水质指数、空气质量指数、水土流失及污染面积、环境噪声指数、森林覆盖率等；②生态环境投入指标，包括生态环境投入资金额，工业废水、废气处理资金占流动资金比率等；③生态环境治理指标，有工业废水、废气排放达标率，水土流失治理率等。

C. 社会效益指标：①社会福利指标，包括宏观社会效益指标和土地利用效益指标。前者包括人均国内生产总值、人均国民收入等。后者包括人均公共绿地面积、人均住房面积、人均耕地面积、交通密度、建筑容积率等。②社会公平程度指标，主要城乡收入比、恩格尔系数、基尼系数、代内及代际人均用地指标等。③社会结构指标，有人口密度、人口文化及年龄结构、城镇化水平、农村人口剩余劳动力转移率等。④社会效率指标，包括组织效率、制度效率、法律效率、风俗习惯效率等多个方面。

D. 经济效益等指标：①经济增长指标，包括宏观经济增长指标和土地产出指标。前者包括国内生产总值(GDP)、国民生产总值(GNP)、工业生产总值、第三产业生产总值等指标。后者包括有单位农业用地总产值、单位建设用地产值指标、单位播种面积粮食产量等。②经济效益指标，有国内生产总值年增长率、单位耕地面积机械台班数、耕地面积亩化肥施用量、土地利用投入产出率、单位产值占地率等。③经济结构指标，有一、二、三产业产值比重，一、二、三产业固定资产投资比例等。

根据上述评价指标的剖析，参考国内相关领域的研究成果，不同的土地利用类型(农用地、建设用地和未利用地)所采用的生态评价指标体系并不完全相同。农用地生态评价可以从气候条件、土壤条件、水资源、立地条件、生物资源等方面选择评价指标(表8-3)。

表8-3　农用地生态评价指标

指标分类	指标属性
1. 气候条件	
太阳辐射	辐射强度、季节分布、日照天数、日均辐射时间
温度	年积温、年平均积温、月平均积温、年际变化
降水量	年平均降水量、季节分配、年变率
气象灾害	风沙、暴雨、霜冻、冰雹等
2. 土壤条件	
土壤肥力	有机质含量，有机质含量盈亏，年、季变化，有效氮、磷、钾
土壤结构	颗粒组成、孔隙度、透水性、持水性
土壤污染	污染面积、污染强度、污染趋势
土壤侵蚀	侵蚀面积、强度、变化趋势
土壤退化	沙化、盐碱化的面积强度和过程
3. 水资源	
水资源含量	水域面积，总量，年、季变化，供需平衡等
水质	水化学特征、混浊度、生化需氧量、化学需氧量、有机酚等
4. 立地条件	
地貌特征	地貌类型、坡度、坡向
5. 生物资源	
生物	动物个数、自然增长率、灭绝率、分布密度
植被	植物覆盖率、生物量、生长率、人工/天然植物组成
生物组成	生物种类、受威胁程度、生物年龄结构、空间结构、生物数量分布
生物多样性	基因多样性、物种多样性、生态系统多样性、景观多样性、优势种、破碎度、隔离度等

资料来源：吴次芳，徐保根，2003. 土地生态学[M]. 北京：中国大地出版社.

建设用地的生态评价可以从土地资源、经济发展、环境准则、社会准则等方面选择评价指标(表8-4)。

表 8-4 建设用地生态评价指标

	指标属性
1. 土地资源准则	
用地面积	人均居住面积、人均道路面积、人均公共设置面积、人均绿地面积、人均工业用地面积、人均商业用地面积、人均农业用地面积、平均容积率
用地结构	居住面积比重、生态设施比重、道路设施比重、绿地比重、工业用地比重、商业用地比重、农用地比重
2. 经济发展准则	
经济水平	人均国内生产总值、第二产业比重、第三产业比重、第二产业年增长值、第三产业年增长值
用地经济效益	单位面积国内生产总值、单位工业面积工业生产总值、单位商业面积商业生产总值、单位农业面积农业生产总值
3. 环境准则	
污染状况	单位面积工业和生活废水排放量、单位面积工业废气排放量、单位面积固体废物排放量
保护治理	环境保护、整治占国内生产总值比重
4. 社会准则	
用地管理	规划用地比重,经营用地中招、拍、挂比重
人口指标	人口密度、人口自然增长率、劳动人口数、被抚养和服务人口数
社会指标	商品房价格平均月波动指数、恩格尔系数、就业率

资料来源:徐冬妮,2007. 城市土地资源可持续利用评价指标体系构建[J]. 资源开发与市场 (9):805-807.

未利用地生态评价可以从立地条件、障碍因素、土壤理化性质、基础设施等方面选择评价指标(表8-5)。

表 8-5 未利用地生态评价指标

指标分类	指标属性
1. 立地条件	地貌类型、成土母质、土地厚度、剖面构型等
2. 障碍因素	地下水矿化状况、潜水埋深、盐碱化程度、灌溉保证率等
3. 土壤理化性质	有机质含量,pH,土壤质地,氮、磷、钾含量等
4. 基础设施	耕作半径、林网建设状况、交通便利度等

资料来源:李璞、王慎敏,周寅康,2008. 基于层次分析法的土地开发项目区未利用地地力评价研究——以克拉玛依市 2000hm² 土地开发项目为例[J]. 安徽农业科学 (2):754-756.

(3)土地生态评价因子选取。评价因子通常表现一定的复杂性,如某些因子之间存在着关联性,某些因子在一定范围内表现出一定的限制性,而当达到一定程度时不仅影响土地利用效果,甚至危及利用的可能性等。评价结果未必会因评价因子的数量越多就越准确,但评价因子太少,则会影响评价结果的准确性。因此,如何正确选择评价因子就显得十分重要,常用的选择评价因子的方法主要有特尔菲法、回归分析法、主成分分析法。其中,特尔菲法与回归分析法均适用于评价因子的选择与权重的确定。

A. 特尔菲法。特尔菲法,也称专家调查法,是美国兰德公司科学家奥拉夫·赫尔默博士受命于某项专题预测时创建的,其基本思路是通过若干丰富经验的专家,运用其理论知识和经验,直观地对各个因子进行分析综合,提出各自的意见及其理由,然后将专家们的意见加以综合、整理、归纳，再反馈给各个专家，由各个专家进行进一步的分析判断，提出新的结论，如此多次反复，直至得出意见较一致的结论。经典的特尔菲法一般需经过 3～4 轮的专家征询和轮询信息反馈的过程，改良的可以只经过两轮便可得出结论。特尔菲法具有简单快速的优点，不足之处在于选择评价因子时可能受人为主观成分的影响。应用特尔菲法要注意：①参加专家人数不能太多，也不能太少，最好在 20～30 人；②征询问题要措辞准确，不能引起歧义，征询的问题一次不宜太多；③对不同的问题和专家采用不同的统计方法，如四分位值、中数、加权等。

B. 回归分析法。回归分析法是以土地生产力指标为因变量，以各参评因素为自变量，建立多元回归方程。在评价因子的选择中，利用标准样区的土地资源生产力和相应的参评因素资料，借助 SPSS、SAS 等专业统计分析软件进行回归分析，建立多元回归方程，对所建立的方程采用 F 检验法进行回归总体效果显著性检验，一般要求应达到显著水平。在此基础上，采用 t 检验法进行各自变量的重要性检验，以剔除次要的因子。检验结果的 t 值称为自变量的 t 值，t 值越大，表示自变量越重要。当 $t > t_a$（给定显著水平的 t 值，一般 α 取 0.05）时，表明自变量对评价结果有显著影响，可作为参评因子；当 $t < t_a$ 时，表明自变量对因变量影响不显著，应考虑剔除。在实际操作中，回归分析法有多元线性回归、逐步回归、向前回归、向后回归等多种方法，其原理大同小异，可依情况自主选择。

C. 主成分分析法。主成分分析法常用于土地生态评价因素的筛选和精简。该方法是把一些具有错综复杂关系的变量归结为少数几个综合变量（主成分）的一种多元统计分析方法。由于在多数情况下，许多评价因子之间往往存在着较密切的相互关系，致使多因子综合分析十分困难或麻烦。主成分分析法采用降维的方法，即以贡献率的大小从原来关系复杂而又互为相关的众多参评因子中找出既能反映它们内在联系的、又起主导作用的少数几个综合因子来替代原来众多的评价因子，使得它既能尽量多地反映出原来因子的信息，彼此之间又相互独立，从而较好地解决了上述困难。在实际操作中，为了能对主成分给予更好的数学解释，常对主成分进行旋转变换处理。

2. 土地生态评价因子权重　在选取的评价因子中，各评价因子对特定土地资源利用方式及其质量的影响程度差异明显，只有对各评价因子的重要性（即权重）大小做出正确判断，才能保证土地生态评价结果的科学性、准确性和真实性。评价因子的权重可采用多种方法进行确定，目前常用的方法主要有特尔菲法、回归分析法、层次分析法及因素对比法等。

(1)特尔菲法。特尔菲法不仅可以用于选取评价因子，还可以用来确定评价因子的权重。具体使用方法参照上文特尔菲法介绍。

(2)回归分析法。回归分析法用于评价因子权重确定时，回归方程中的各回归系数均分别表示该因子每变动一个单位时对因变量的影响程度。由于所选取的参评因子的量纲均不同，在此基础上获得的回归方程中各回归系数的数值虽有大小，但并不能完全反映出它们的重要性，必须通过计算各评价因子的标准回归系数，进而计算出各评价因子的权重。标准回归系数可以借助计算机获得，避免了人为主观成分对权重确定的影响，因而确定的参评因子权重值较为客观、准确。但在实际操作中，由于许多评价因素无法准确定量化，应用这种方法的难点在于如何建立一个实用的、可操作性强的多元线性回归方程。

(3)层次分析法。层次分析法不仅可以用在指标体系的构建上，也可以用来确定评价因素的权重，它首先是将评价因子分成不同的层次，由经验丰富的专家对评价因子的相对重要性进行赋值，建立不同比较层次的比较矩阵，通过矩阵运算求出最大特征根与特征向量，并进行一致性检验。经检验合格的特征向量便可以看作是评价因素的权向量。

（4）因素对比法。因素对比法又叫两两对比法，该方法主要通过因素间成对比较，对比较结果进行排序、赋值，是系统工程中常用的一种确定权重的方法。在应用因素对比法确定评价因素的权重时，首先要明确问题，然后确定对比尺度，最后进行列表计算。常规的因素对比法由于对比尺度太简单（只有 0、1、0.5 三个标度），结果比较粗糙，容易造成某一不重要因素权值等于 0 的情况；通常可以引入虚拟变量，假设这个变量比其他因素都不重要，可以对权值起到平滑作用；或者与专家咨询结合，改良对比尺度，按重要性程度把对比尺度在 [0，1] 内进行比例分割，如 A 因素比 B 因素重要 4 倍，则 A 因素赋值 0.8，B 因素赋值 0.2。因素对比法也具有一定的主观性，在实际操作中可以同回归分析、专家咨询等方法相结合。

四、土地生态评价等别划分

每个参评因子与土地资源的利用均有密切关系，它们的变化均会影响土地资源的生态品质及生产力水平。因此，在土地生态评价中，为了研究土地生态的等级，首先要确定土地生态指标分级标准，然后进行生态评价，最后划定生态等级。在确定土地生态指标分级标准和最后的生态质量等级划分过程中必须采用科学的方法，不能带有主观随意性。土地生态指标分级及评价等别的划分方法通常有经验法、主导因子评判法、加权指数和法、聚类分析法等。

1. 经验法　经验法通常用在土地生态指标分级标准的划分中，它是由具有丰富经验的专家，根据土地生态质量对各评价因素的最佳要求和临界要求，联系评价区域土地资源的实际情况确定参评因素的最大值和最小值，采用某一公差进行参评因子的等级划分的一种方法。经验法是一种定性的方法，其指标分级标准确定的精度和科学性与专家的经验有关，在实际操作中要和定量模型研究的结果互相验证。

2. 主导因子评判法　主导因子评判法通常用在土地生态等别的划分过程中，是在影响土地生态资源的多个因子中，选择若干个起决定性作用的主导因子及能全面确切地表达该因子的评价指标，对每一个指标按一定的标准做出指标分级，评价人员根据被评价单元的各主导因子分级标准进行等权或者加权计算主导因素综合指数，再根据综合指数来确定土地生态质量等别的一种方法。

3. 加权指数和法　加权指数和法通常也用在土地生态质量等别的划分过程中，它不同于主导因子评判法的地方是计算全部评价因素的综合指数而不是主导因子的综合指数。

4. 聚类分析法　聚类分析法既可以用于土地生态指标分级标准的确定，也可以用于土地生态质量等别的划分。它不同于主导因子评判法和加权指数和法的地方是它不需要计算评价因子的综合指数，而是计算评价因子的相似距离。聚类分析法是根据评价因子属性的相似性或亲疏程度，用数学方法把它们逐步地加以归类，从而确定等别和级别的一种数学方法。聚类分析的方法很多，有 Q 型聚类、R 聚类、模糊聚类、灰色聚类等。在应用聚类分析法要注意的是首先在进行聚类处理时，所有数据都要进行标准化处理，其次要选择计算合适的相似距离。不同的聚类分析方法聚类的结果应大同小异，否则计算结果有误。

第四节　土地生态评价的案例

为了更好地便于读者了解土地生态评价的过程，本节介绍了各土地生态评价的作业流程及相关分析。

一、区域土地生态评价案例

区域土地生态评价是一种区域性的系统评价。区域土地生态评价针对自然、社会、经济的复合土地生态系统，受到多种因素的影响，表现出复杂性和不确定性，需要通过综合评价才能正确理解不同时空尺度、不同类型的生态系统之间的相互关系，做出准确评价，并用于制定生态决策。

1. 评价对象　以重庆市江津区龙华镇燕坝村为研究区进行土地生态评价研究，采用的基础数据主要有来自重庆市江津区国土局的 1 : 2 000 地形图（2008 年）、基于重庆市土地勘测规划院提供的 2011 年航空遥感影像解译的土地利用类型图（精度 85％）、1985 年土壤普查资料、2000 年江津市土壤图、江津区统计局提供的生态环境保护状况资料、人口统计数据、实地调查获得的土地产量和农户燃料使用情况、各自然灾害数据（泥石流、滑坡、崩塌）等。研究区面积约 8.5 km²，研究所采用的地形图及土地利用数据比例尺均是 1 : 2 000。本次土地生态评价采用 2 m×2 m 栅格为评价单元，既能和现有的基础数据较好对应，也能较好反映村级土地生态评价的基本特征及其内在联系[①]。

2. 建立评价指标体系　遵循综合性和差异性等原则，选取对土地质量和生态功能影响显著的因子作为土地生态评价指标，并结合燕坝村的土地利用特点，建立研究区土地生态评价指标体系（表 8 - 6）。

表 8 - 6　生态评价指标体系

目标层	权重	指标层	因子
生态本底	0.39	地形地貌	坡度 坡向 海拔
		土壤条件	土壤 pH 有机质含量 土壤类型 土层厚度
		植被条件及多样性	植被指数 植被覆盖率 多样性指数
		水源条件	水源保证率（灌溉） 水源污染概率

---

① 程伟，吴秀芹，蔡玉梅，2012. 基于 GIS 的村级土地生态评价研究——以重庆市江津区燕坝村为例[J]. 北京大学学报（自然科学版），48（6）：982-988.

（续）

目标层	权重	指标层	因子
生态服务	0.25	食品	食品粮食
		能源	燃料能源
生态适宜性	0.16	耕地	耕地适宜性
		林地	林地适宜性
生态干扰	0.2	人口增长、分布	人口增长，对土地生态干扰
		自然灾害	自然灾害对生态干扰

3. 划分土地生态等别　根据已经确立的指标体系，采用综合因素法进行土地生态评价。

$$S_m = \sum_{i=1}^{n} W_i G_i \quad (i = 1, 2, \cdots, n)$$

式中：S_m 是第 m 个评价单元的生态综合评价指数；G_i 是经标准化后的第 i 个评价指标值；W_i 是该指标相对于土地生态评价的权重值；n 是参与生态综合评价的因子个数。

根据上式，使用 Modelbuilder 工具建立栅格运算的方法，计算出土地生态评价的值。再按照正态分布的原则，将燕坝村土地划分为 5 个级别，其中一等地最好。最后根据统一制图标准，得出生态评价分值(图 8-3、表 8-7、表 8-8、表 8-9)。

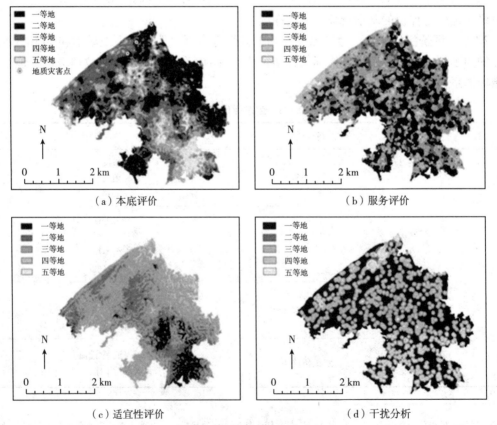

图 8-3　燕坝村土地生态分级

表 8-7　燕坝村生态本底评价等别划分结果

等别	等分值范围	单元个数	占全村土地面积的比例(%)
一等	≥76	286 003	10.20
二等	70~76	570 075	20.32
三等	63~70	881 519	31.43
四等	55~63	673 350	24.01
五等	<55	393 863	14.04

表 8-8　燕坝村村民一年消耗的主要作物的数量及生态服务能力指数

项目	面	大米	玉米	红苕	蔬菜	水果	花椒	燃料
年消耗(t)	83.89	302	129.89	75.5	226.5	75.5	0.8	1 500
生态服务能力指数(%)	187.75	448.43	680.37	1 222.52	2 119.43	624.17	3 012.5	67.67

表 8-9　燕坝村农、林地生态适宜度评价指标

地类	评级	坡度(°)	有效土层(cm)	土壤质地	土壤肥力	土壤 pH	盐碱化	地表积水	水源保证率
农地	适宜	<2	≥90	砂壤质	高	6.0~7.0	无	无	稳定保证
	较适宜	2~15	60~90	壤质	较高—中等	5.0~6.0 或 7.0~8.0	轻度	季节积水	有一般保证
	不适宜	≥15	<60	砂质	较低	<5.0 或 >8.0	中度	全年地面积水	不足
林地	适宜	<6	≥75	砂壤质	高—较高	6.0~7.0	无	无	有一般保证
	较适宜	6~30	35~75	壤质	中等	5.0~6.0 或 7.0~8.0	轻度	季节积水	不足
	不适宜	≥30	<35	砂质	较低	<5.0 或 >8.0	中度	全年地面积水	严重不足

4. 评价结果　研究区土地生态评价分值分布为 40.6~89.9，分值越高代表土地的生态越好。按照空间距离法，结合统计中的正态分布规律及高分数高等别的原则，将土地生态评价结果划分为 5 个等级(图 8-4 和图 8-5)。

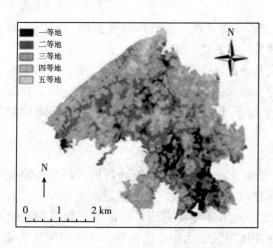

图 8-4　燕坝村土地生态评价分级

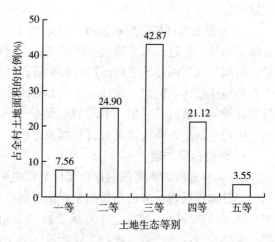

图 8-5　燕坝村土地生态评价等别构成

一等地是生态评价中最好的用地类型，所占比例仅 7.56%，主要分布在研究区中部一些较平坦区域。这些区域受人为活动影响较小，也无项目开展，生态自然度高；不受地质灾害点、隐患点的影响，地势平坦，海拔不高，坡度较缓；植被覆盖较好，水土保持功能好；靠近水塘等水源，水源保证率高；土壤有机质含量高，土层厚，pH 适宜。

二等地是研究区生态环境较好的土地，占 24.90%，主要分布在燕坝村东南和中部区域。这些区域不受地质灾害点、隐患点的影响，地势平坦，海拔不高，坡度较缓；植被覆盖较好，水土保持功能好；靠近水塘等水源，水源保证率高；土壤有机质含量高，土层厚，pH 适宜。

三等地占 42.87%，主要分布在燕坝村中部的一些海拔相对不高的区域，以及嘉陵江河漫滩等地。该类土地地势平坦，海拔低，坡度小，不受地质灾害点隐患点的影响，适宜人们生活与生产活动；植被覆盖较好，水土保持功能良好；位于沿江的河漫滩区域，土地肥沃，主要种植蔬菜等经济作物，但是每年雨季，嘉陵江涨水，河漫滩区域被淹，经济效益不高。

四等地生态环境相对差，占 21.12%，主要分布在燕坝村东北和西南一些海拔相对较高的丘陵集中区。该区域坡度极大，水土流失严重；海拔高于 50 m，水源保证率相对较差，不利于生产生活。当遇到旱灾时，庄稼颗粒无收。

五等用地所占比例仅为 3.55%，主要分布在地质灾害点的影响范围内的沿江部分区域，以及燕坝村东北和中部的一些海拔相对较高的丘陵集中区。地质灾害点影响的区域范围，不适宜生活与生产活动；沿江的部分区域，由于生活污水的露天排放，常常臭气熏天，滋生蚊蝇和细菌，污水造成长江水质的污染，严重影响生态环境质量。

二、土地生态环境评价案例

生态环境质量指生态环境的优劣程度，是以生态学理论为基础，在特定的时间和空间范围内，从生态系统层次上，反映生态环境对人类生存及社会经济持续发展的适宜程度。而土地生态环境评价，是根据人类的具体要求对生态环境的性质及变化状态的结果进行评定。

1. 评价对象　以上海、乌鲁木齐、长春、青岛、昆明、成都、重庆等 7 个城市作为评价对象，通过构建各指标的归一化指数与权重综合评估相结合的方法，评价城市生态环境质量状况。

2. 土地生态环境评价的流程　在进行土地生态环境评价的现状调查和影响因子识别的基础上，按下述过程对土地生态环境质量进行评价：首先进行相关准备工作，即进行技术力量的组织、仪器用品的准备、资料收集等；其次是土地生态环境质量评价的实施，包括土地生态环境指标体系的建立、评价因子的分级、评价单元的确定、土地生态环境质量的综合指数的计算等；最后是开展面积量算、划分土地生态环境质量等级、制作土地生态环境质量图、进行土地生态环境质量分析等相关工作。

3. 评价指标构建

(1)指标选取。本案例的评价指标数据主要来源于城市所在区域统计数据、环境监测数据，部分城市区域水体面积数据来源于遥感数据提取的水域面积。其中从城市系统构成、城市生物多样性特征、城市生产与城市自调节角度、城市环境等方面，选取生态服务用地指数、人均公共绿地指数、物种丰度指数、非工业用地指数、水生生境指数、环境空气质量指数、城市安静度指数、卫生清扫指数及生活垃圾无害化处理指数等作为城市生态环境质量评价的评价指标[①]。

（2）城市生态环境质量评价指标计算。城市生态环境质量评价按单因子指标归一化处理计算，各单因子指数范围在0～100，具体方法如表8-10所示。

表 8-10　城市生态环境质量评价指标计算方法

评价指标	计算方法
生态服务用地指数(A)	$A=20+$［绿地面积＋湿地面积（含水域）＋农田面积］/城市规划区面积$\times100$，大于100的值，按100计算
人均公共绿地指数(B)	$B=$人均公共绿地面积/标准值$\times100$，标准值初定为40，大于100的值，按100计算
物种丰度指数(C)	$C=$城市规划区内乔、灌、草本地种数之和/城市辖区内乔、灌、草本地种总数和$\times100$
非工业用地指数(D)	$D=$城市建成区非工业建设用地面积/已建设用地总面积$\times100$
水生生境指数(E)	$E=$［$50+$规划区内水域面积/（规划区面积$\times0.4$）$\times100$］$\times0.7+$规划区内Ⅲ类水体面积/规划区内水体面积$\times100\times0.3$，大于100的值，按100计算
环境空气质量指数(F)	$F=$全年API小于等于100的天数/365×100
城市安静度指数(G)	$G=$区域环境噪声达标区面积/城市建成区面积$\times100$
交通通畅度指数(H)	$H=$城市人均拥有道路面积/20×100，大于100的值，按100计算
卫生清扫指数(I)	$I=$卫生清扫总面积/（城市建成区面积$\times0.3$）$\times100$
生活垃圾无害化处理指数(J)	$J=$生活垃圾无害化处理总量/生活垃圾产生总量$\times100$

4. 评价指标权重的确定　通过专家经验对各单因子进行权重赋值，计算城市生态环境质量指数。其中城市生态环境质量评价子指数权重按专家经验打分，各单因子指数权重赋值见表8-11，城市生态环境质量指数计算公式为

$$UEQ = \sum W_i \times Q_i$$

式中：UEQ为城市生态环境质量指数；W_i为城市生态环境质量评价单因子指数权重；Q_i为城市生态环境质量单因子指数值。

表 8-11　城市生态环境质量评价单因子指数权重赋值

评价指标	权重
生态服务用地指数	0.2
人均公共绿地指数	0.1
物种丰度指数	0.1
非工业用地指数	0.1
水生生境指数	0.1
环境空气质量指数	0.1
城市安静度指数	0.5
交通通畅度指数	0.1
卫生清扫指数	0.5
生活垃圾无害化处理指数	0.1

---

① 万本太，王文杰，崔书红，等，2009. 城市生态环境质量评价方法[J]. 生态学报，29（3）：1068-1073.

5. 评价结果分析 根据上述方法计算的城市生态环境质量指数的大小，将城市生态环境质量指数分为优、较好、一般和较差 4 个等级，如表 8 - 12 所示。

表 8 - 12　城市生态环境质量指数分级

城市生态环境质量指数	评价等级
80～100	优
65～80	较好
50～65	一般
0～50	较差

基于前述城市生态环境质量评价指标和评价方法，分别计算各城市的单因子指数和城市生态环境质量指数，计算结果详见表 8 - 13。

表 8 - 13　我国部分城市生态环境质量评价结果

城市	生态服务用地指数	人均公共绿地指数	物种丰度指数	非工业用地指数	水生生境指数	环境空气质量指数	城市安静度指数	交通通畅度指数	卫生清扫指数	生活垃圾无害化处理指数	指数	评价等级
乌鲁木齐	59	56	65	77	48	69	45	38	43	28	54.3	一般
长春	73	65	72	66	37	93	36	44	80	95	67.6	较好
青岛	88	100	88	93	87	91	59	96	63	100	89.2	优
昆明	98	71	75	92	43	100	79	41	53	100	78.4	较好
成都	79	72	75	64	43	87	33	48	48	100	68.7	较好
重庆	77	65	75	76	53	79	71	22	36	92	67.0	较好
上海	75	59	83	83	50	87	37	83	57	63	70.5	较好

从 7 个城市生态环境质量评价结果表明，青岛城市生态环境质量为优，昆明、上海、成都、长春、重庆城市生态环境质量较好，乌鲁木齐城市生态环境一般。从城市生态环境质量评价各单因子状况分析，城市生态环境质量优的青岛，影响城市生态环境质量的主要因子为城市噪声及城市卫生清扫面积；城市生态环境质量较好的城市中，昆明城市生态环境质量限制性因子为水生生境、交通通畅度及卫生清扫面积，上海主要为水生生境、城市安静度、卫生清扫面积及人均公共绿地面积，成都主要为水生生境、城市安静度、交通通畅度及卫生清扫面积，长春主要为水生生境、城市安静度和交通通畅度，重庆表现为交通通畅度、卫生清扫和水生生境；城市生态环境质量一般的乌鲁木齐，除非工业用地比例、城市空气质量状况外，其他指标均低于 60。从指数权重分析，城市生态服务用地指数昆明为最高，乌鲁木齐最低，其他依次为青岛、成都、重庆、上海和长春。从城市分布特征分析，自然地理环境条件是决定城市生态服务用地状况的重要因素。

三、土地生态风险评价案例

土地生态风险主要指由外界因子造成土地生态系统的变化、破坏或污染的可能性，土地生态风险评价则是对这一过程进行定量化计算和评估。

1. 评价对象 研究选择淮北市城区作为研究区，通过对区内不同生态风险空间差异的定量评价，进而判定城市发展所面临的高风险区域，为城市规划与风险管理提供参考依据。

2. 评价流程 土地生态风险评价是进行生态风险防范的基础。按评价所涉及的要素、范围等，可分为土地利用风险综合评价和土地利用风险专项评价两类，其中土地生态风险专项评价主要是土地整理、土地利用格局及其变化的生态评价等。以土地利用生态风险评价为例，土地利用生态风险主要研究较大尺度区域中各生态系统所承受的风险、所涉及的风险源以及评价受体等都在区域内具有空间异质性，比一般的生态风险评价更加复杂。程序中主要包括如下步骤：进行风险评价的准备工作→选择研究区→描述和分析风险源→定性和定量描述风险源→鉴别和描述风险受体→采用适宜的迁移模型，评估暴露的时空模式、定量计算暴露水平与效应之间的相关性→综合计算风险指数，进行风险管理等。

3. 生态风险评估 以淮北市主城区城市土地利用单元作为生态风险受体，探讨其主要面临的旱涝、水污染、大气污染、采煤塌陷及生态服务降低等风险。

(1)自然灾害风险。根据淮北市的自然灾害发生记录(1957—2006年)，区内每年都发生不同程度的旱涝灾害[①]。基于用地类型及其生态特性，将淮北市土地利用现状调查数据归纳为10大类，通过专家问卷，评价主要用地类型对洪涝及旱灾风险的脆弱性，以判断其受影响程度的差异，其中脆弱性最高者为10分(表8-14)。

表8-14 淮北市自然灾害风险下主要用地类型的脆弱程度

风险类型	建成区			交通用地	林地	草地	耕地	园地	水体	未利用地
	高密度	中密度	低密度							
洪涝风险	8	7	6	5	2	3	10	9	1	4
旱灾风险	4	3	2		8	7	10	9	6	5

(2)环境污染风险。淮北市环境污染风险类型主要为水污染及大气污染两类。本案例基于用地类型及其生态特性，通过专家问卷，评价主要用地类型对水污染及大气污染风险的脆弱性，以判断其受影响程度的差异，其中脆弱性最高者为10分(表8-15)。

表8-15 淮北市环境污染风险下主要用地类型的脆弱程度

风险类型	建成区			交通用地	林地	草地	耕地	园地	水体	未利用地
	高密度	中密度	低密度							
水污染风险	5	4	3	1	9	8	7	6	10	2
大气污染风险	10	9	8	1	7	4	5	6	3	2

(3)生态退化风险。淮北市生态退化风险主要包括采煤塌陷和生态服务降低等两类。本案例基于用地类型及其生态特性，通过专家问卷，评价主要用地类型对采煤塌陷与生态服务降低的脆弱性，以判断其受影响程度的差异，其中脆弱性最高者为10分(表8-16)。

---

① 张小飞，王如松，李正国，等，2011. 城市综合生态风险评价——以淮北市城区为例[J]. 生态学报，31(20)：6204-6214.

表 8 - 16   淮北市生态退化风险下主要用地类型的脆弱程度

风险类型	建成区			交通用地	林地	草地	耕地	园地	水体	未利用地
	高密度	中密度	低密度							
采煤塌陷	10	7	6	8	3	2	5	4	9	1
生态服务降低	4	3	2	1	9	8	6	7	10	5

（4）综合生态风险。在完成淮北市旱涝、水与大气污染、采煤塌陷及生态服务降低等典型生态风险评估的基础上，分析其对当前土地利用的空间影响，并将不同风险的年发生频率进行空间叠加，以获得研究区综合生态风险程度的空间分布。其中，洪涝风险年平均发生概率为 40%、旱灾风险年平均发生概率为 66%；2001—2005 年淮北市环境质量报告书中，劣 V 类水质断面占 25.0%，大气污染轻微污染 [III（1）级] 的天数占 9.1% 以此为水污染及大气污染发生概率；采煤塌陷和生态服务退化等风险主要受人为活动的影响，属于持续发生的生态风险，但由于安全管理不同，国营与私营煤矿风险发生概率存在差异，受限于数据较难获得，计算时以等概率视之。在上述单因子生态风险评价的基础上，通过标准化处理与线性加权得到综合生态风险的空间分布结果，并按风险程度划分等级（图 8 - 6）。

4. 评价结果　从空间分析结果来看，研究区综合生态风险较高的区域包括龙河、岱河、龙岱河等过境河流流经塌陷密

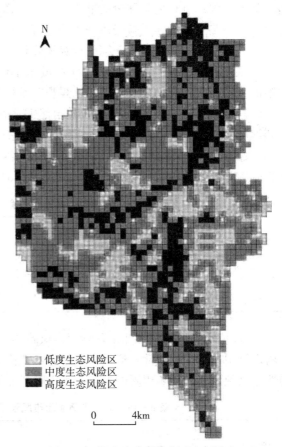

图 8 - 6　综合生态风险程度空间分布

集带的河段，北湖、东湖、中湖及南湖等人工湖泊沿岸和化家湖湖岸，以及土型、新蔡等煤矿及其外围地区。生态风险相对较低的区则位于西侧相山及东侧老龙脊等山体。

四、土地生态退化评价案例

土地退化是指人类活动或某些不利自然因素的长期作用和影响下，土地生态平衡遭到破坏，土壤和环境质量变劣，调节再生能力衰退，承载力逐渐降低的过程，其核心是土壤退化。土地退化主要表现为水土流失、土地沙漠化、土地盐碱化、地表植被退化及重金属污染等。

1. 评价对象　以浙江天童受损常绿阔叶林生态系统为例，对亚热带常绿阔叶林的退化程度进行诊断分析。

2. 评价流程　土地生态退化评价主要针对地区或者流域的生态退化情况开展。根据区

域土地利用类型，可划分林地退化评价、草原退化评价、水土流失退化评价、土地荒漠化退化评价、土壤退化评价等多种形式；也可以根据评价区域和评价指标的选择划分为土地利用退化综合评价和土地利用主导因素退化评价。

相对于土地利用主导因素退化评价而言，土地利用退化综合评价更具有系统性的复杂性，因此在评价指标的考虑上应结合区域特点综合考虑。主要包括如下步骤：进行土地生态退化评价的准备工作→选择研究区→建立土地生态评价指标体系→生态系统退化评价模型构建→评价模型的验证→土地生态退化分析及修复建议等。

3. 评价指标体系的建立　以我国东部亚热带常绿阔叶林的优势群落栲树林为顶级群落，然后分别选取了退化程度由低到高的木荷林、马尾松＋木荷林、马尾松、灌丛、裸地5种类型代表不同退化程度的次生演替阶段，根据各阶段群落退化特征的观测结果，建立常绿阔叶林退化评价的指标体系[①]。

（1）三级指标的初步选择。以生态退化指数作为总目标层，用以评价常绿阔叶林生态系统的退化程度。一级指标为准则层，是生态系统退化的直接表现，由生态系统的组成结构(F_1)、功能(F_2)和生境条件(F_3)3部分构成；二级指标为子准则层，是对各准则层的详细分解，本文以植物群落(S_1)、土壤动物群落(S_2)、土壤微生物群落(S_3)、物质生产与循环(S_4)、土壤生化作用强度与酶活性(S_5)、小气候(S_6)和土壤条件(S_7)作为二级指标的评判指标；三级指标为指标层，由可直接度量并能体现各子准则层指标所代表特征的指标构成，具体见表8-17。

表8-17　受损常绿阔叶林退化评价指标

综合指标	一级指标	二级指标	初步选择三级指标
生态退化指数（IED）	生态系统的组成结构(F_1)	植物群落(S_1)	物种数、多样性指数、群落乔木层高度、群落盖度、演替度、植株密度
		土壤动物群落(S_2)	土壤动物总密度、类群总数、A/C（蜱螨目与弹尾目个体数量比）
		土壤微生物群落(S_3)	微生物总数量、细菌数量、真菌数量、放线菌数量、氨化细菌数量、固氮菌数量、纤维素分解菌数量
	生态系统的功能(F_2)	物质生产与循环(S_4)	硝化细菌数量、总生物量、年净初级生产力、凋落物数量、凋落物分解率
		土壤生化作用强度与酶活性(S_5)	氨化作用强度、硝化作用强度、反硝化作用强度、纤维素分解强度、呼吸速率、纤维素酶活性、蛋白酶活性、脲酶活性、过氧化氢酶活性、磷酸酶活性
	生态系统的生境条件(F_3)	小气候(S_6)	群落内外空气湿度比值、群落内外温度比值、群落内外相对光照比值
		土壤条件(S_7)	土壤容重、土壤总空隙度、土壤通气度、土壤含水量、pH、有机质含量、全氮含量速效磷含量、速效钾含量

① 杨娟，李静，宋永昌，等，2006. 受损常绿阔叶林生态系统退化评价指标体系和模型[J]. 生态学报(11)：3749-3756.

(2)二次筛选。为了体现指标选择综合性、代表性和实用性的原则，采用主成分分析法、无重复双因素方差分析、对浙江天童常绿阔叶林退化过程的研究数据进行了2次筛选。根据分析得到常绿阔叶林生态系统退化的评价指标体系(图8-7)，评价指标体系共13项指标，其第一、第二主成分的累积贡献率达到了92.548%。

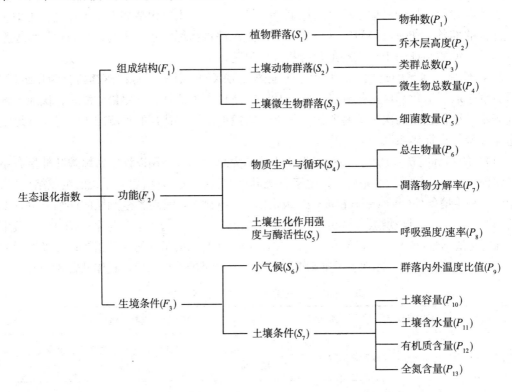

图8-7　受损常绿阔叶林退化评价指标体系

4. 生态系统退化评价模型

(1)数据的标准化及指标权重的确定。三级指标采用极差法进行标准化。根据各评价指标在浙江天童常绿阔叶林不同退化阶段的研究数据，计算得到各三级指标因子的标准化值(表8-18)。

表8-18　浙江天童受损常绿阔叶林不同退化阶段退化指标因子标准化值

二级指标	三级指标	数值类型	退化阶段					
			栲树林	木荷林	马尾松＋木荷林	马尾松林	灌丛	裸地
S_1	P_1	A	65.30	42.80	48.00	37.80	31.30	6.00
		B	0.00	0.38	0.29	0.46	0.57	1.00
	P_2	A	20.00	14.00	11.00	8.00	0.00	0.00
		B	0.00	0.30	0.45	0.60	1.00	1.00
S_2	P_3	A	27.00	23.00	24.00	17.00	22.00	8.00
		B	0.00	0.21	0.16	0.53	0.26	1.00

（续）

二级指标	三级指标	数值类型	退化阶段					
			栲树林	木荷林	马尾松＋木荷林	马尾松林	灌丛	裸地
S_3	P_4	A	38.25	25.20	13.15	14.53	8.98	2.17
		B	0.00	0.36	0.70	0.66	0.81	1.00
	P_5	A	33.75	23.18	9.60	9.68	7.25	1.97
		B	0.00	0.33	0.76	0.76	0.83	1.00
S_4	P_6	A	22.61	17.09	23.37	9.08	2.05	0.00
		B	0.03	0.27	0.00	0.61	0.91	1.00
	P_7	A	0.49	0.44	0.35	0.27	0.13	0.00
		B	0.00	0.10	0.29	0.45	0.73	1.00
S_5	P_8	A	0.31	0.24	0.23	0.24	0.21	0.14
		B	0.00	0.44	0.47	0.43	0.61	1.00
S_6	P_9	A	0.96	1.01	1.22	1.06	0.91	1.00
		B	0.14	0.33	0.00	0.48	0.00	0.28
S_7	P_{10}	A	0.72	0.95	1.15	1.16	1.20	1.17
		B	0.00	0.48	0.90	0.92	1.00	0.94
	P_{11}	A	33.40	29.10	28.70	28.30	22.30	23.20
		B	0.00	0.39	0.42	0.46	1.00	0.92
	P_{12}	A	9.87	3.35	3.06	3.84	3.35	1.96
		B	0.00	0.82	0.86	0.76	0.82	1.00
	P_{13}	A	0.16	0.12	0.11	0.10	0.09	0.07
		B	0.00	0.47	0.59	0.61	0.72	1.00

注：A 为各评价指标的测定值，B 为各评价指标的标准化值。

　　指标权重的确定采用主成分分析法计算。根据图 8-7 所示的层次结构，以及层次单排序的结果，用层次分析法进行层次总排序，得到各级指标的权重（表 8-19）。

表 8-19　受损常绿阔叶林生态系统退化评价指标的权重值

一级指标	权重 WF_i	二级指标	权重 WS_i	三级指标	权重 WP_i
F_1	0.370 0	S_1	0.127	P_1	0.063 9
				P_2	0.063 9
		S_2	0.118 8	P_3	0.118 8
		S_3	0.123	P_4	0.061 7
				P_5	0.061 7
F_2	0.352 6	S_4	0.176 2	P_6	0.881
				P_7	0.881
		S_5	0.176 3	P_8	0.176 3

（续）

一级指标	权重WF_i	二级指标	权重WS_i	三级指标	权重WP_i
		S_6	0.138 8	P_9	0.138 8
F_3	0.277 5			P_{10}	0.034 8
		S_7	0.138 7	P_{11}	0.033 6
				P_{12}	0.034 4
				P_{13}	0.359

（2）综合退化评价模式在确定评价指标权重的基础上，构建常绿阔叶林生态系统退化综合评价模型：

$$LED = \sum_{i=1}^{n} F(P_i) \times WP_i$$

式中：IED 代表生态退化指数；$F(P_i)$ 是指三级指标的标准化值；WP_i 是指三级指标权重，具体取值见表 8-20。

（3）退化评价等级和标准的确定。根据上述分析结果，参照各种综合指数分组方法，设计了一个受损常绿阔叶林生态系统退化评价的五级分级标准，并给出了相应的分级评价（表8-20）。

表 8-20 受损常绿阔叶林生态系统退化程度分级标准

生态退化指数	等级	退化评价	参考退化阶段
＞0.75	Ⅰ	极端退化	裸地
0.59~0.75	Ⅱ	重度退化	灌草丛
0.52~0.59	Ⅲ	中度退化	针叶林
0.18~0.52	Ⅳ	轻度退化	针阔叶混交林
＜0.18	Ⅴ	正常	常绿阔叶林

5. 评价模型的验证及评价结果 为验证本研究提出的常绿阔叶林生态系统退化评价模型的有效性和适应性，利用鼎湖山自然保护区不同演替阶段的研究数据对其进行了验证。用表 8-21 中季风常绿阔叶林和裸地的数据作为模型中参数 $P_{i\,max}$ 和 $P_{i\,min}$ 的取值，根据本模型得到验证。

退化阶段—针阔叶混交林群落和马尾松林群落各评价指标的标准化值和生态退化指数值（表 8-21）。其中针阔叶混交林的生态退化指数为 0.42，对照受损常绿阔叶林生态系统退化程度分级表（表 8-20），属于退化级别Ⅳ（0.18~0.52），轻度退化；马尾松林的生态退化指数为 0.59，对照受损常绿阔叶林生态系统退化程度分级表属于退化级别Ⅲ（0.52~0.59），中度退化。两对象群落的退化程度验证结果完全符合参考退化阶段—针阔叶混交林和针叶林，说明本评价模型用来评价常绿阔叶林生态系统的退化程度是适用和有效的。

表 8 - 21　模型验证的数据源及验证结果

评价指标 P_i	季风常绿阔叶林 $P_{i\max}$	裸地 $P_{i\min}$	针阔叶混交林 P_{i1}	马尾松林 P_{i2}	针阔叶混交林标准化值 $F(P_{i1})$	马尾松林标准化值 $F(P_{i2})$
P_1	137.00	0.00	72.00	53.00	0.61	0.47
P_2	18.00	15.00	15.00	8.00	0.56	0.17
P_3	21.00	14.00	20.00	16.00	0.71	0.14
P_4	4.02	0.44	4.14	7.04	0.00	0.44
P_5	2.95	0.09	2.56	3.12	0.00	0.19
P_6	380.67	0.00	261.00	64.01	0.83	0.31
P_7	0.50	0.20	0.20	0.13	0.74	0.60
P_8	477.90	377.90	435.40	429.50	0.48	0.43
P_9	0.92	1.00	0.99	1.00	0.99	0.84
P_{10}	1.21	1.70	1.30	1.41	0.41	0.18
P_{11}	38.57	11.23	25.97	24.90	0.50	0.46
P_{12}	5.35	0.20	3.45	2.73	0.51	0.37
P_{13}	0.19	0.02	0.10	0.09	0.59	0.53
IED					0.42	0.59

五、土地生态系统评价案例

土地生态系统评价主要包括两种类型，即土地生态系统健康评价和土地生态系统服务评价。本文以土地生态系统服务评价为例。

1. 评价对象　以中国为研究对象，利用遥感解译 2010 年中国土地植被覆盖图获取生态系统类型，2010 年逐月的净初级生产力（NPP）数据及降水数据等为基础数据。采用单位面积生态系统价值当量因子的方法，对中国生态系统提供的 11 种生态服务类型价值进行。

2. 评价流程　生态系统服务是指生态系统与生态过程形成和维持的人类赖以生存的自然环境条件与效用。从价值形态来看，生态系统的服务价值可以分为直接价值与间接价值两部分。其中，直接价值是生态系统提供的食物、水、药品、原材料等实物的功能价值；而间接价值则是生态系统对生命系统的支持功能价值，如水的自然净化、植物的氧气释放及二氧化碳的吸收、维持生物多样性等。从价值效果来看，生态系统的服务价值可以分为经济价值、社会价值和生态价值三个方面。土地生态系统服务评价主要包括如下步骤：准备工作→选择研究区→建立土地生态系统服务评价指标体系→生态系统服务类型分级→土地生态系统服务价值综合指数计算→结果分析。

3. 评价指标构建　单位面积生态服务价值基础当量表，是全国各生态系统单位面积年生态服务价值当量表，它体现了各生态系统和各生态服务功能在全年的、全国的平均服务价值。

根据构建的 2010 年单位面积净初级生产力、降水和土壤保持时空调节因子，与全国年均生态系统服务价值当量因子表结合，按照下列公式计算单位面积价值当量因子，构建中国单位面积生态服务价值动态当量表[①]。

$$F_{nij} = \begin{cases} P_{ij} \times F_{n1} \text{ 或} \\ R_{ij} \times F_{n2} \text{ 或} \\ E_{ij} \times F_{n3} \end{cases}$$

式中：F_{nij} 指某种生态系统在第 i 区第 j 月第 n 类生态服务功能的单位面积价值当量因子；P_{ij} 指该类生态系统第 i 区第 j 月的净初级生产力时空调节因子；R_{ij} 指该类生态系统第 i 区第 j 月的降水时空调节因子；E_{ij} 指该类生态系统第 i 区第 j 月的土壤保持时空调节因子；F_{n1} 表示该类生态系统的食物生产、原材料生产、气体调节、气候调节、净化环境、维持养分循环、维持生物多样性或者美学景观服务功能的全国年均单位面积价值当量因子；F_{n2} 表示该类生态系统的水供给或者水文调节服务功能的全国年均单位面积价值当量因子；F_{n3} 指该类生态系统的土壤保持服务功能的全国年均单位面积价值当量因子。

4. 生态系统服务类型分级 本案例将生态系统服务类型划分为供给服务、调节服务、支持服务、文化服务 4 个一级类型，在一级类型之下进一步划分出 11 种二级类型。其中，供给服务包括食物生产、原材料生产和水资源供给 3 个二级类型；调节服务包括气体调节、气候调节、净化环境、水文调节 4 个二级类型；支持服务包括土壤保持、维持养分循环、维持生物多样性 3 个二级类型；文化服务则主要为提供美学景观服务 1 个二级类型（表 8 - 22）。

表 8 - 22　生态系统服务类型分级

一级类型	二级类型
供给服务	食物生产
	原材料生产
	水资源供给
调节服务	气体调节
	气候调节
	净化环境
	水文调节
支持服务	土壤保持
	维持养分循环
	维持生物多样性
文化服务	提供美学景观

5. 评价结果分析 根据以上公式计算得出中国生态系统服务价值，其中各类生态系统提供的生态服务价值如表 8 - 23 所示。不同生态系统服务类型的生态服务价值如表 8 - 24 所示。

---

① 谢高地，张彩霞，张昌顺，2015. 中国生态系统服务的价值[J]. 资源科学，37（9）：1740 - 1746.

表 8-23　各类生态系统提供的生态服务价值

生态系统	森林	草地	农田	湿地	水域	荒漠	合计
面积(万 hm²)	223.94	291.70	178.05	16.34	22.51	192.09	924.63
生态服务价值总量(万亿元)	17.53	7.50	2.34	2.45	8.06	0.23	38.10
价值构成(%)	46.00	19.68	6.15	6.42	21.16	0.60	100.00

表 8-24　不同生态系统服务类型的生态服务价值

一级类型	二级类型	生态服务价值(万亿元)	价值构成
供给服务	食物生产	1.00	2.62
	原材料生产	0.89	2.33
	水资源供给	0.35	0.91
调节服务	气体调节	2.83	7.43
	气候调节	6.85	17.99
	净化环境	2.52	6.62
	水文调节	14.96	39.27
支持服务	土壤保持	3.86	10.13
	维持养分循环	0.30	0.80
	维持生物多样性	3.08	8.08
文化服务	提供美学景观	1.45	3.81

最后计算得出的生态系统服务价值评价结果显示，中国各种生态系统的总服务价值量为38.10万亿元。其中，生态系统中森林的总服务价值最高，其次是水域和草地，湿地和农田较少，荒漠提供的服务价值量最低。按生态系统服务类型分，调节服务价值最高，其中水文调节位列第一，其次为支持服务价值，其他各项生态服务价值较低。

复习思考题

1. 如何理解土地生态评价?
2. 试述土地生态评价的作用?
3. 土地生态评价的基本单元有哪些类型?
4. 请列举土地生态系统服务的主要类型，并试述相应类型对生态系统的实际作用。

第九章 土地生态规划与设计

在当今可持续发展战略主题下，面对农业土地生态环境固有的脆弱性及人为干涉生态环境的严重性，人类必须按照农业土地生态类型结构，从土地生态功能和空间格局的系统分析入手，对土地进行规划和设计。土地生态规划与设计是土地科学研究的新领域。土地生态规划与设计具有以生态安全和人的生存为本，以环境资源承载力为前提，系统开放、优势互补，高效、和谐和可持续性等显著特征。土地生态规划与设计不仅要考虑土地的生态特征，而且还要考虑景观生态学、生态学、经济学及系统工程理论等。

第一节　土地生态规划概述

一、土地生态规划的定义

由于土地生态规划与土地利用总体规划、景观生态规划等存在部分的融合、交织，土地生态规划的概念也有了不同的解读。土地生态规划应该属于生态规划的一种，相近的还有城市生态规划、农村生态规划、海洋生态规划、牧区生态规划等。

19 世纪末，在众多欧美学者的规划实践与研究著作的推动下，产生和形成了土地生态规划理念(欧阳志云等，1993)。其中，美国地理学家 George Perkins Marsh(1965)首次提出人类活动应被合理规划，使之与自然协调而不是破坏自然；美国地质学家 John Powell(1879)则从人文社会的角度指出，要通过制定法律和政策使土地规划与生态条件相适应；英国生物学家 Patrick Geddes(1921)认为要实现规划与自然的协调，应建立在系统分析自然环境潜力与限制对土地利用与地方经济体系的影响的基础上，根据自然的潜力与制约来制定与自然和谐的规划方案。

20 世纪以后，随着土地生态规划实践的开展，土地生态规划的理念逐渐成熟。美国景观生态学家 Lan MeHarg 认为土地生态规划应从各项土地利用的生态适宜性和自然资源的固有属性出发，以没有任何有害或多数无害为前提，对土地的某种用途进行规划。联合国人与生物圈计划第 57 集报告(MAB，1994)中指出：“生态规划就是要从自然生态和社会心理两方面去创造一种能充分融合技术和自然的人类活动和最优环境，诱发人的创造精神和生产力，提供高的物质和文化水平”，因此生态规划的“生态”已不是狭义的生物学概念了，而是包括社会、经济、自然复合协调、持续发展的含义(王如松等，1993)。另外，以荷兰的 I. S. Zonneveld 和德国的 W. Habe 为代表的西欧学者形成了较有特色和影响的土地生态规划流派，主要是应用生态学原理对区域土地进行自然保护区和国家公园的规划设计。

国内学者对于土地生态规划的概念也有不同的认识。尹君认为土地生态规划是从整体上对景观的资源进行配置，并且将人类的需求与生态的自然特性和过程相联系，即运用景观生态学原理的方法，将具体的土地利用类型的配置在现有的地域空间上表现出来的一种方式。吴次芳等认为土地生态规划是以协调人-自然-土地为核心，按照土地资源可持续利用的要求，对一定区域的土地生产系统进行开发、利用、整治和保护所制定的时间安排和空间部署。白洪则在分析和综合其他学者观点的基础上提出了新的理解，他认为土地生态规划是以可持续发展思想为指导，以人和自然和谐共处为价值取向，应用各种现代科学和技术，分析利用区域的自然和人口与社会文化经济信息，从整体和综合的角度对区域内土地的生态开发和建设做成的动态的规划，主要功能是可以调节系统内的生产关系，改善结构和功能，确保自然平衡和资源保护。李虹颖认为生态规划是应用生态学原理，从整体上研究人类与生态环境之间相互作用的规律，并在此基础上，通过合理安排人类各项建设活动（包括经济建设、社会建设、生态环境建设），从而使经济、社会、生态环境三者作为不可分割的整体，达到最佳状态的过程。

根据以上分析，本教材认为土地生态规划是以生态学的一般原理为依据，通过对某一地区土地生态系统功能（主要是生产力）的研究，对土地生态适宜性及土地生产潜力进行评价，在此基础上制定符合生态学要求的土地利用规划。

可以从以下几个方面理解土地生态规划：

（1）土地生态规划的研究对象是一个社会、经济、自然复合的生态系统，研究的是这个生态系统的发展规划。究其根本是土地的布局与规划问题，要考虑土地的经济和自然属性，缓解人地矛盾，引导土地的可持续利用。

（2）土地生态规划的研究目的主要是利用生态自然规律创造出人类适宜生活的生态环境，以及更好地得到经济效益，实现土地生态的良好发展、自然的和谐相处。

（3）土地生态规划的研究内容主要是应用土地生态学系统科学和经济学的基本原理研究土地生态区的土地利用方向和结构。土地生态经济规划是土地生态规划的一个方面。

（4）土地生态规划可以提供土地生态区自然和社会经济条件的评价论证资料和准确的数据，是土地生态区划的深入。生态规划符合国民经济与社会发展规划，是引导性的规划。

另外，应注意土地生态规划与土地利用规划之间的关系。

（1）土地生态规划属于土地利用规划范畴的专项规划。在区域规划、土地总体规划中，土地生态规划可作为其中的一个子项规划。而由于土地生态关系的关联性和复杂性，相对于其他专项规划而言，土地生态规划更具有综合性质，因此也可专门针对土地生态问题进行专项研究，并制定规划策略。

（2）土地生态规划要以土地利用规划的理论与方法为指导。土地生态规划在遵循生态学基本原理的同时，也要遵循土地利用规划的区域发展战略等全局性规划战略与目标，并在规划中综合考虑土地利用规划对经济、社会、政策、交通、设施等的规划。

（3）土地利用规划要借鉴和利用土地生态规划的思想和成果。土地利用规划不应仅仅局限于传统的土地与空间利用规划模式和社会经济模式，也需要借鉴土地生态规划的尊重地域生态过程的核心思想，将社会、经济、生态综合考虑，土地、空间利用规划和社会经济规划要根据和体现区域本身的内在生态潜能和生态价值。

二、土地生态规划的原则

土地是一个非常复杂的生态系统，同时又是景观的组成要素。因此，土地生态规划不仅要考虑土地的生态特征，而且还要考虑景观生态学、生态学、经济学及系统工程理论等原则，主要包括以下5个原则：

1. 协调共生原则 人类与自然生态系统形成一个复合统一体，是互惠互利的。如果过分强调人类对自然的改造作用，则导致土地利用生态系统难以恢复，破坏土地生态系统平衡，生态系统生产能力降低或生态环境不适合人类生存。因此，人类从思想上应该认识到这一点，人类有主观能动性，可以充分利用自然生态规律，创造更适宜生存和发展的生态环境，实现人与自然协调统一与共生。

2. 统筹规划、突出重点原则 土地生态规划要在国民经济和社会发展规划及国家产业政策的指导下，以保护耕地为前提，并认真听取各产业部门和各地区意见，统筹安排农、林、牧、渔、建等各业用地，在各区域间合理配置土地资源，保护和改善生态环境，保障土地的可持续利用[①]。

3. 空间结构协调原则 土地生态规划是优化土地利用类型数量和调整土地利用类型空间格局。土地利用空间配置即土地利用空间格局调整必须以土地利用类型空间相互协调为原则进行，尽量合理安排土地利用类型最佳生态位，增强土地生态系统内部及其之间物质循环、能量流动，提高土地利用，实现土地利用生态系统的良好循环，保证在空间上的土地和经济处于协调状态。

4. 生态经济原则 保护自然景观资源和维持自然景观生态过程及功能，是保护生物多样性和合理开发利用资源的前提。生态保护是基础，在此基础上土地利用系统才能获得满意的经济效益，农户利用土地才能有动力，但如若追求经济效益超过土地生态阈值，则土地利用经济效益也达不到。因此，生态学与经济学思想结合起来，才能使土地规划中的土地利用方式落到实处，才能使用户利益与国家利益、短期利益与长期利益结合起来。

5. 必须遵循土地利用总体规划 与一般的土地利用规划相同，土地生态规划也必须坚持整体性原则、系统性原则、因地制宜原则、动态平衡原则和公众参与原则，二者都致力于使区域中人与自然和谐共存，致力于区域经济、社会、环境三效益的统一，通过合理规划建设追求土地利用的可持续发展。

三、土地生态规划与"多规合一"

我国土地资源稀缺，建设用地由于在经济效益上的压倒性优势，大量侵占农业及生态用地。为实现土地资源的可持续利用，对国土空间进行综合且全面的规划是解决这一问题的必要途径。

2014年国家正式发文推动"多规合一"，强调国民经济和社会发展规划、城乡规划、土地利用规划等各类规划的衔接，确保各领域空间参数的一致。规划的本质上是对不同用地类型的优化配置。2015年中共中央、国务院发布的《关于加快推进生态文明建设的意见》提出了生态文明建设的改革发展方向，因此各类规划中的最大命题是如何实现生态保护优先，最大限度地处理好人与自然和谐相处的问题。在生态文明理念的指引下，"多规合一"土地资源数量配置要改变传统规划中重经济轻生态的局面，要兼顾经济发展与生态保护两个目标，并且突出生态优先，令经济发展在自然生态系统承载能力范围内，促使经济生态协调发展。

---

① 许瑾璐，张妍，梁发超，2009. 基于生态足迹的福州土地生态规划[J]. 菏泽院学报，31（2）：108-110，142.

具体来说，土地生态规划与"多规合一"的关系有以下几点：

1. 土地生态规划在"多规合一"中是处于基础性规划的位置 生态环境问题是人类社会和生态系统对立统一的过程，人类的经济活动影响生态系统自身的平衡，土地是生态系统最重要的环节之一。从以往的经验可以得知，人类经济活动超越承载力之后，就会破坏生态环境，最终影响到人类自身，所以在综合规划中，优先编制设计土地生态规划，可以保证土地生态系统的生产能力，平衡调节生态环境，在后续的各类规划中，可以为各土地利用类型提供资源和空间场所。生态优先不仅是理念，要实现可持续发展，就一定要把土地生态规划作为"多规合一"的一项基础性规划。

2. 土地生态规划为"多规合一"提供思路 王万茂在探究土地利用规划本质的过程中提出，土地利用类型的转变受制于社会经济发展和生态环境保护及土地质量特性。在进行"多规合一"过程中，要处理好土地利用中出现的多维交叉关系，如数量-质量、粗放-集约、耕地-非耕地等，树立科学的土地利用观念，合理利用土地。

3. 土地生态规划可以实现土地利用结构的优化 落实生态保护目标，明确生态保护红线，然后依据国民经济各产业与不同用地类型之间的承载关系测算经济发展目标对不同类型用地目标的规模需求。土地生态规划与"多规合一"相结合，在"多规合一"的规划中，土地生态规划要明确区域生态环境敏感性分布特点及关键地区，评价不同生态系统类型生态服务功能及其对社会经济发展的作用。划定生态保护红线，可以严格管控生态脆弱边界，保护国家土地的"生命线"。"多规合一"以生态平衡为底线，保障了区域内整体公共生态服务功能，优化了土地利用结构。

4. 土地生态规划作为"多规合一"的"补丁规划" "多规合一"是一个总分有序、层级清晰、职能精准的规划体系，所以"多规合一"在横向上是多种规划的集成，在纵向上仍然具有层级关系。杨子生认为土地生态规划具有总体规划的性质，也进行层级规划。在充分考虑土地生态评价结果的同时，还要综合考虑经济社会发展规划、土地供给能力和各项建设对土地的需求，据此编制土地利用结构与布局规划方案。这种规划结果既符合生态学原理，又满足了经济社会发展的需求，更具有使用价值。总结来说，土地生态规划通过对不同土地利用方式在地域空间上的合理布局与配置，达到最大可能地利用土地生态条件、发挥土地生态潜力及保护生态的目的，促进土地利用、生态环境与经济社会的协调发展，获取最大的生态、经济和社会效益。

四、土地生态规划的发展趋势

土地生态规划未来应该是一种倡导性规划、概念性规划、关系协调性规划。生态规划未来应与当前既有的规划体系融合，强调将生态理念渗透到各个部门、各规划之中，尤其是将生态理念"楔入"城市规划，置于城市规划的前端，给城市规划提供"生态化"的指导；城市规划应致力于将生态规划及其倡导的生态理念付诸实践，使生态规划能够在时间与空间上落到实处。

生态规划未来应该与空间规划进行结合。大家的共识是我国的空间规划体系以国民经济和社会发展规划、国土规划和城乡规划为主，涉及生态规划、基础设施规划和与以上规划相关的法律、行政体系（涉及发改委、城建、国土和环境等多部门）等。不同规划从不同层次、不同视角对空间实行调控，共同构建了科学有序的城乡空间。当前国土空间规划体系中的生态规划由环境部门独立管理，而土地生态规划是一个包括土地、城市、生态多方面的综合规划，仅以一个部门的规划重点来制定土地生态规划将有失偏颇。

第二节　土地生态规划的程序

一、土地生态规划的框架

20 世纪 60 年代以来，尽管不同学者及规划工作者乃至政府部门在其生态规划研究与实践中，都有各自的特点，但总的来说是以美国景观生态学家 Lan McHarg 在 *Design with the nature* 中建立的生态规划框架为基础的。该规划框架在世界上的影响较广，并成为后来多数生态规划工作所遵循的基本思路，因此这个框架被称为 McHarg 生态规划方法。McHarg 生态规划方法可以分为 5 个步骤：①确立规划范围与规划目标；②广泛收集规划区域的自然与人文资料，包括地理、地质、气候、水文、土壤、植被、野生动物、自然景观、土地利用、人口、交通、文化、人的价值观调查，并分别描绘在地图上；③根据规划目标综合分析，提取在第二步所收集的资料；④对各主要因素及各种资源开发（利用）方式进行适宜性分析，确定适应性等级；⑤综合适宜性图的建立。然后根据生态适宜性确定利用方式和发展规划，从而使自然的利用与开发及人类其他活动与自然特征、自然过程协调统一起来。

在 McHarg 生态规划方法的基础上，Frederiek Steiner 在《生命的景观——景观规划的生态学途径》（1991）中进行了细化和补充，提出了一整套基于景观利用的生态规划框架（图 9-1）。该框架包括 11 个相互影响的步骤：①明确规划问题与机遇；②确立规划目标；③区域尺度的调查和分析；④地方尺度的调查和分析；⑤详细研究；⑥规划概念；⑦景观规

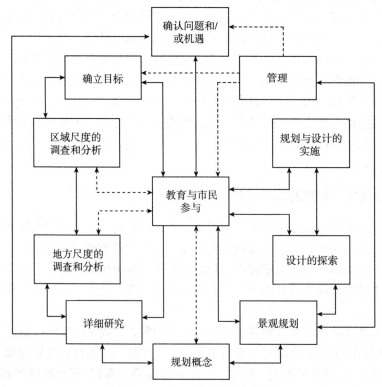

图 9-1　Steiner 的生态规划框架

划；⑧持续的市民参与及社区教育机制；⑨设计的探索；⑩规划与设计的实施；⑪管理。这11个步骤之间并非是简单的线性关系，而是循环且动态的，在规划过程中不断地回顾前面的工作，并做出评价和反馈，从而对前面的或后面的步骤进行相应的调整。

Steiner 的生态规划框架对我国的规划学者产生了很大的影响。张晓红等针对城市土地生态规划将土地生态规划的研究内容划分为以下 6 个方面：①土地区位背景与社会经济发展态势对土地生态系统可能产生的影响；②各土地组成要素之间及各土地结构单元之间的相互关系及其物流、能量流与价值流的传输与量化；③土地生态类型与土地利用现状之间的协调程度及发展趋势，生态价值和功能的评价；④土地生态区的划分原则、类型、结构及其功能；⑤土地生态规划方案的编制模式和方法，实施规划方案的途径与措施；⑥土地生态设计的原理及方法。白洪(2006)按照不同标准提出了土地生态规划体系的三级架构并进行了简单阐述，且从规划实践入手，通过案例说明进一步对土地生态规划的内容进行了概括，包括土地生态调查、土地生态评价、土地生态分区、土地生态规划方案的编制及制定土地生态规划实施的措施 5 个方面。刘海斌结合前人的研究结果，土地生态规划设计可分为土地生态调查、土地生态分析、土地生态规划与设计 3 个相互关联的方面。

二、土地生态规划的程序

通过以上土地生态规划框架的研究进展可以看出，土地生态规划是一个综合性的方法论体系。根据研究特点和侧重，整个规划过程可以分为土地生态条件和社会经济条件的调查、土地生态分析与综合评价、土地生态规划方案编制和管理三个相互联系的过程，具体包括以下几个步骤(图 9-2)。

(一)确定规划范围和规划目标

在做工作前，必须明确本次工作内容和工作目标。工作内容在哪个区域范围内以及解决什么问题，工作目标是要达到的效果或结果。对一次具体规划，规划范围由政府决策部门或企业确定；规划目标是通过规划在规划期末实现的预期土地利用的效果。一般可分为四类：第一类是为土地资源的合理开发而进行的规划；第二类是为土地资源的合理利用而进行土地利用结构调整的规划；第三类是为保护生物多样性和重要环境而进行的自然保护区规划与设计；第四类是为已破坏环境和污染土地而进行的土地利用类型和结构调整，或治理而进行土地生态保育和重建的规划。

(二)土地生态调查

土地生态调查的主要目标是收集规划区域的资料与数据，其目的是了解规划区域的土地利用与自然过程、生态潜力及社会经济文化状况，从而获得对区域土地生态系统的整体认识，为土地生态分类、土地生态适宜性评价和土地生态分区奠定基础。土地生态调查不仅包括对土地生态系统的结构、自然过程、生态潜力、社会经济文化等方面的调查，而且还要绘制当地的土地生态类型图、土地利用现状图、土壤类型图、坡度图、区域土地生态系统评价图、土地生态环境敏感度图和自然灾害评价图等。调查搜集规划区域的自然、社会、人口、经济与环境的资料与数据，为充分了解规划区域的生态特征、生态过程、生态潜力与生态制约提供基础。资料搜集包括历史资料的搜集、实地调查、社会调查与遥感技术应用等。

土地生态条件调查主要有：①气候条件，主要包括太阳辐射及光合有效辐射、年降水量及季节分配、年均温、≥0 ℃积温、干燥度、霜期等光热水条件；②地质地貌条件，如岩

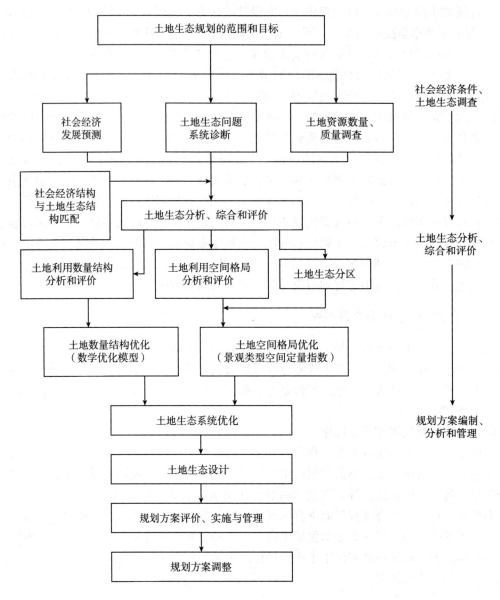

图 9-2 土地生态规划

石、地质构造、地貌类型、地形坡度，以及滑坡、泥石流等地质地貌灾害情况；③土壤条件，主要包括土壤类型、土层厚度、质地、有机质及养分含量等指标；④生物因素，主要包括植被类型及分布情况，森林和草场面积、类型、分布，以及野生动物种类、数量、分布等；⑤水文条件，包括河、湖、库、塘数量及分布，水资源总量及可利用量、水质，洪涝灾害情况等。此外，还有矿产、风景旅游等资源情况分析。其中，尤以地貌类型图、地形坡度图、气候图（水、热等要素）、土壤图（土壤类型等要素）、植被类型图、自然灾害分布图和生态环境敏感度图等最为重要。

社会经济因素调查主要有：①人口条件，包括总人口、劳动力数、城市人口、农业人口、人口自然增长率、人口年龄构成等指标；②农林牧渔各业生产现状、水平及存在问题，各业生产发展战略或远景规划指标；③工矿、交通、电力等生产现状及发展规划指标；④城乡建设与基础设施状况及发展规划指标；⑤行政区划，经济发展指标(如国内生产总值、人均收入等)，社会经济发展规划及各部门(或行业)发展规划对土地利用的要求。

(三)土地生态分析

土地生态条件与社会经济条件既是影响土地资源合理利用的因素，又是土地开发利用的可能条件。在研究、制定土地生态规划设计方案时，必须全面、综合地分析研究区域的各种土地生态条件与社会经济条件，正确认识其有利与不利条件，充分利用其有利因素，发挥优势，扬长避短。

在土地生态规划中，最为核心的是对土地利用现状的分析。通过对土地利用现状的资料分析，可知当前区域土地利用的合理性及其适宜性等影响发挥土地生产潜力的问题，从而为科学地制定土地生态规划方案提供依据。土地生态规划中的土地利用现状分析可归纳为以下4个方面：

1. 土地数量、质量、生态及动态变化分析　可根据土地详查、变更和更新调查、土壤普查、土地遥感监测及人口、土地、农业、城乡建设等统计年报资料，分析和比较规划区域各类土地的总面积、人均占有量和质量状况，以及土地利用的生态变化情况，探究引起土地利用变化的原因，评价土地利用变化对经济、社会和生态环境的影响。

2. 土地利用现状结构与布局合理性分析　可结合上述土地资源条件，分析各类用地比例关系及各类用地在规划区域范围内的空间分布是否合理，并总结区域土地利用的特点和规律。用地结构一般可分为3个层次进行分析：第一层次是全部土地中农用地、建设用地和未利用地的比例结构；第二层次是农用地中农(狭义，指种植业)、林、牧、渔各业用地的结构，以及建设用地中城乡居民点、工矿、交通、水利设施等用地的结构；第三层次包括农业(狭义)内部各类作物(粮食作物、经济作物和其他作物)的用地结构，林业内部各类林地(用材林、经济林、薪炭林、防护林、特用林等)的用地结构，城市建成区内各功能区的用地结构等。这方面的分析应根据规划需要和可能条件来确定。

3. 土地利用程度与效益分析　通过计算土地开发利用率、各类用地实际利用率、集约利用水平、土地产出率和效益、生态用地大小和土地退化等指标，在生态允许条件下，与平均先进水平或现有技术经济条件下可以实现的最大利用率、产出率相比较，分析评价目前土地利用程度和效益的高低。这方面分析的指标较多，可结合当地实际选用。

4. 后备土地资源分析　主要是指后备土地资源数量和分布、后备土地资源开发难易程度和生态环境评价的研究。

(四)土地生态评价

土地生态评价主要属于土地生态系统功能的研究，重点是对土地生态系统结构和功能的研究，主要包括区域土地生态评价、土地生态环境评价、土地生态风险评价、土地生态退化评价、土地生态系统评价等几个方面内容。对土地生态规划而言，一般包括4个相互联系的评价内容：

1. 土地生态适宜性评价(区域土地生态评价、土地生态环境评价)　主要是根据土地系统固有的生态条件分析，并结合考虑社会经济因素，评价其对某类用途(如农田、林地、草地、水产养殖、城镇用地、农村居住用地、交通水利等)的适宜程度和限制性大小，划分其适宜程度等级(通常可分为高度适宜、中度适宜、低度适宜或勉强适宜、不适宜4个等级），摸清土地资源的数量、质量，以及在当前生产情况下土地生态系统的功能如何、有哪些限制性因素、这些因素可能改变的程度和需要采取什么措施才能建立土地生态系统的最佳结构。

2. 土地生态系统的异质性和多样性分析和评价　异质性和多样性可通过多样性指数、均匀度指数、优势度指数、破碎度指数等指标进行评价，对区域土地利用空间格局进行定量分析，优化土地类型空间配置，使土地利用和区域生态功能相协调。

3. 土地生态系统评价　土地生态系统评价包括土地生态健康评价、土地生态系统服务评价。土地生态健康评价能反映区域社会土地资源的可持续利用能力及社会生产和人居环境稳定可协调的程度，充分认识区域土地生态质量的状况，明确区域土地生态质量存在的问题，是区域土地生态质量预警的基础，也是制定区域土地利用规划乃至国民经济社会发展计划的重要依据。土地生态系统服务评价主要包括两大部分：一是生态系统产品，如食品、原材料、能源等；二是对人类生存及生活质量有贡献的生态功能，如调节气候及大气中气体组成、涵养水源及水土保持、支持生命的自然环境条件等。

4. 土地生态承载能力评价研究　主要是通过生态足迹分析法来进行的。生态足迹可理解为将人类生存所消耗的能源、资源和产生的废弃物折合为可直接或间接生产出这些物质及容纳废弃物所需的具体土地的面积。根据生产力大小，生态足迹分析法将地球表面的生物生产性土地分为 6 大类，即化石能源用地、耕地、牧草地、林地、建筑用地及可提供人类食用的生物的淡水和咸水水域。生态足迹分析法就是对测算区域的人均生态足迹及该测算区域所能提供的生物生产性土地的面积即生态承载能力进行计算，最后通过比较结果来说明该测算区域的发展是否可持续。当生态承载力大于生态足迹时，表现为生态盈余，说明该测算区域的自然资源可以满足人们在当前利用方式下的需求，可以称为区域内可持续；反之则表现为生态赤字，也就是说该测算区域所能提供的资源是不能够满足需求的，也就是违反了可持续发展的公平性原则。通过土地生态承载能力研究，可为各类用地提供方向，提供产业和人口发展的措施和建议。

除上述基本评价内容外，视不同需要还可有一些特定目的的评价，如专门针对当今日益严重的土地生态退化问题，在研究和制定其恢复与重建规划方案时，应当进行相应的土地生态退化评价项目（水土流失、沙漠化、盐渍化、石漠化、植被与森林资源变化、湿地萎缩、自然灾害等），以便摸清引起退化的因素、退化类型、退化程度等级以及需要采取的重建措施。

(五)土地生态分区

分区即区划，区分，划分。区划是区域划分的研究，一般说来，就是按照区域的相似性与差异性的程度，自上而下由大到小或自下而上由小到大的逐级划分或合并。区划一般是根据区域的自然、经济、社会等客观条件，并考虑发展的要求，按一定的标准划分区域，并确定区域的主导功能的行为。区划范围一般覆盖整个对象区域，且在空间上具有排他性，时间上具有相对的长期性，作用上具有基础性，是相应的各类规划的基础和依据。

土地生态分区是按照土地基本用途及其生态功能不同划分的区域，也是以土地所能提供利用的适宜性为基础，结合国民经济和社会发展的需要，确定土地生态结构和功能基本相似的区域。其目的是为了协调各类用地之间的矛盾，限制不适当的开发利用行为，使人类的经济活动符合生态学原则，创造既合乎人类理想又符合自然规律的土地利用方式。

(六)土地生态规划方案的编制

在上述研究工作的基础上，便进入土地生态规划方案的编制阶段。一般而论，土地生态规划编制的基本内容和主要任务可包括以下 6 个方面：

(1)在对规划区域土地生态条件、土地生态适宜性、土地利用现状、开发利用潜力和各业用地需求量进行综合分析的基础上，确定规划期内土地利用的方针和目标(包括总体战略目标和分阶段的具体任务)。

(2)对土地生态条件、社会经济发展条件、土地利用现状进行分析、综合和评价，提出规划应解决的问题。分析社会经济结构与土地生态结构是否匹配。

(3)划分土地生态功能区，制定各区土地用途管制的主要规则、土地合理利用和生态建设及保护的主要措施。土地生态功能区是土地利用空间布局的基本方法和手段，是协调各部门各行业间用地矛盾、限制不适当开发利用行为、控制各类用地布局、实施土地用途管制和进行各类土地生态建设的基本依据，因而是整个规划的重要环节。规划的基本图件——土地生态规划图的主体内容就是在图上具体落实和划定各类土地生态功能区。

(4)编制土地利用结构调整与布局方案，协调各部门用地，统筹安排各类用地。它包括两方面内容：一是根据土地利用目标，对土地利用数量结构进行优化，一般通过数学模型(线性规划、多目标规划、系统动力学等)来实现；二是在优化各土地利用方式的基础上，依据土地生态适宜方向、景观异质性分析和评价结果，以土地利用间相互关系的协调为原则，进行土地利用类型空间格局配置。当各类用地数量或布局综合平衡出现矛盾时，可根据土地利用调整次序协调解决。

(5)评价土地利用规划环境影响。在认真研究规划区域生态环境现状的基础上，对土地利用规划实施后可能造成的环境影响进行识别、分析、预测和评价，并提出预防和减轻不良环境影响的对策及措施，如有必要还需提出土地利用规划的各种替代规划方案。

(6)规划方案可行性与效益论证。在编制规划过程中，通常应拟定若干供选方案，每个供选方案均需保证规划主要目标的实现。对每个供选方案实施的可行性(或可操作性)、费效分析和效益(包括经济、社会和生态三大效益)进行论证，经过反复协调和优选，最终确定最佳规划方案。

(七)制定规划实施和管理措施

在确定了某一最佳规划方案后，需要制定详细管理措施，促使规划方案的全面执行。制定实施规划的措施要具体、可行、得力。制定措施有政策措施、法规措施、经济措施、工程技术措施、行政管理和监督措施，确保规划方案的顺利实施。由于现实情况会不断发生变化，而且会不断出现新的信息，对规划的修正或调整无疑是必要的。可以通过规划委员会对规划调整进行评估，保证规划调整必要性和可行性，保证区域生态功能的基础地位，实现土地资源的可持续利用和最优化管理，保持社会经济可持续发展。

第三节 土地生态设计概述

一、土地生态设计的定义

"设计"是有意识地塑造物质、能量和过程，来满足预想的需要或欲望。设计是通过物质流及土地使用来联系自然与文化的纽带。

近年来，对土地生态设计的理解主要分为两大类，一类将设计对象瞄准生态循环过程。比如贾宝全和杨洁泉（2000）认为土地生态设计是对土地生态系统的设计，是最大限度地借助于自然力的最少设计，一种基于自然系统自我有机更新能力的再生设计，即改变现有的线性物流和能流的输入和排放模式，而在源、消费中心和汇之间建立一个循环流程的设计；俞孔坚和李迪华（2001）认为土地生态设计要尊重物种多样性，减少对资源的剥夺，保持营养和水循环，维持植物生境和动物栖息地的质量，以有助于改善人居环境及生态系统的健康。另一类对土地生态设计的理解则更大尺度，其设计对象为土地生态系统或土地利用方式。比如刘彦随（1999）认为土地生态设计根据土地生态评价结果，依据生态工程的原理，设计出不同特色的土地生态系统，使土地生态特性与人类和社会发展对它的利用达到协调化。吴次芳等（2003）给出了较为完整的定义：土地生态设计是建立在土地生态规划的基础上，依据生态条件和人类社会发展的需要，应用生物工艺、物理工艺及化学工艺的原理和方法，对土地利用模式、土地利用环境和土地利用工程项目进行参数设计的过程，或根据生态学原理，规划设计合理的土地利用类型及其结构，用以稳定提高土地生态系统的生物生产能力，并保持良好的环境保护效益。

总而言之，土地生态设计是研究人与设计、设计与生态环境之间共生共存、相互协调的学科，它涉及人类学、环境学、设计学等多种学科，是人类日益增长的环保意识给设计提出的新课题。

二、土地生态设计的原则

相对于土地生态规划，土地生态设计的对象更为具体。土地生态设计是采用一定工艺技术标准，针对土地利用模式、土地利用环境和土地利用工程项目等的设计。因此在设计过程中，应坚持以下 6 个原则：

1. 遵循生态演替规律的原则　生态演替是指生物与环境相互作用经过一定的发展历史，由于物种行为及环境条件的改变群落类型转变的顺序过程。这个过程是群落中的有机体和环境反复相互作用在时间、空间上发生的不可逆变化。在土地生态规划与设计中遵循生态演替规律就是要在认清研究区域自然条件的基础上，根据生态演替模式通过人为控制，使受损的生态系统按自然规律逐步恢复。由于系统结构的有序化是需要能量输入和时间延续才能得以实现的，不可急于求成，人类的作用在于施加进化性演替的力量，从而缩短演替的时间。

2. 仿效自然（因地制宜）**的原则**　生物圈经过亿万年的发展和进化，生物之间及生物与环境之间的关系已达到了和谐统一，证明自然设计比人工设计更灵巧、更精致、更科学，因而模仿自然是一种现代仿生学；人们必须发现自然已经确定的计划，而不是拟定一个任意的区域设计：任何人类对自然的设计必须合于自然之道才能持久，才能有效，否则便会造成生态后果。人类如果想从自然中取利，就必须仿效自然、适应自然和合理有效地利用自然。

3. 协调共生的原则　共生是对人类和自然系统双方都有利的共生，是互利共生。人既有社会性又有自然性。虽然科学发展使人类改造自然的能力逐步增强，但无论如何，人类毕竟是自然之子，是自然的一部分。与自然的对抗虽可取一时之利，但造成的后果则是恶劣的，时至今日人类正承受着自然的无情报复，可见与自然为敌的思想从哲学上就是错误的。但同时人类又有主观能动性，他们有权利为自身创造更适于生存和发展的环境，想做到这一点就必须实现人与自然的共生，通过与自然合作来控制和建设"人地系统"。

4. 生态经济的原则　单纯讲究生态效益而忽视经济效益是不切实际的，当前我国社会、经济、文化还没发展到一定高度，要使全社会都自觉自愿地参加生态建设是不可能的，况且土地生态规划和设计的目的除了生态效益外，还在于使人类能获得持续的利益。因此，要将生态学思想与经济学思想结合起来，通过治理致富，才能使农民看到利之所在，才能真正使人与自然共生思想得以体现，才能使生态规划和设计具有实际感召力达到以短养长的目的。

5. 整体最优的原则　土地生态规划设计要从系统分析的原理和方法出发，在注重各子系统优化的同时，一定要注意体现出整体最优的思想，要努力创造一个经济高效、生态和谐、环境洁净的区域生态系统。

6. 土地可持续利用的原则　土地虽然是一种可再生资源，但在一定时间内，退化土壤的生态恢复是相当困难的，需要很长的时间，在一定程度上可以说是一种不可再生资源。随着土地荒漠化、退化、水土流失的加重及城镇化和工业化的发展，土地资源日渐紧缺。与此同时，随着全球人口的快速增加，全球粮食危机日渐凸显，这就要求土地生态规划设计者应以可持续发展为基础，立足于土地资源的可持续利用进行土地生态规划设计。

三、土地生态设计与土地生态规划

土地生态规划与设计是在土地生态评价的基础上开展的土地生态学核心研究内容。土地生态规划与土地生态设计是既密切联系又有区别的两个部分。土地生态规划属于"总体规划"的性质（当然也可以有专项土地生态规划）体现了"区域"感；而土地生态设计则具有"详细规划"的性质，是在土地生态规划的控制下，具体地进行各种土地生态系统的内部组织过程。可以说土地生态设计是土地生态规划的继续和延伸，为规划增加了可操作性，将规划向实施过渡的主要环节。由于土地生态设计的范围小、措施具体，因而体现了较强的"地段"感。同时，土地生态规划和土地生态设计两者之间有交叉渗透：从层次上看，土地生态规划（总体规划）为宏观控制，向土地生态设计（详细规划）逐渐过渡到微观操作；从时段上看，由总体规划＞详细规划（一般是长期）＞中（短）期的关系。因此，土地生态规划与土地生态设计相辅相成，共同成为土地生态学研究的核心。当然，也可以参照上述土地利用规划分类体系，将土地生态规划分为总体土地生态规划、专项土地生态规划和详细土地生态规划三大类，这样，土地生态设计（即详细土地生态规划）就属于土地生态规划中的一大部分。只是考虑到土地生态设计在具体落实和实施总体规划中的特殊重要性，因此将土地生态规划与土地生态设计相并提，并称为土地生态规划设计。

第四节　土地生态设计的程序和方法

与土地生态规划相比，土地生态设计更多的是从具体的工程或具体的生态技术配置土地生态系统，着眼的范围较小，往往是一个居住小区、一个小流域、各类公园、整理区和休闲地等的设计。它强调利用生态学和工程经济学特性对生态功能区域进行具体设计，注重节约成本、降低费效比。土地生态设计范围相对较小，措施具体，实施性强，手段和方法多样。

一、土地生态设计的程序

土地生态规划与设计是以区域土地利用生态系统整体目标为目的，以系统论和景观生态学理论方法为指导，在土地利用生态适宜性评价、生态功能区划和景观空间格局分析的基础上，实现区域土地利用方式(土地利用类型或景观斑块)数量结构优化和空间格局调整。

对一个具体的土地生态工程项目而言，土地生态设计应当遵循以下基本程序和内容：

1. 制定土地生态设计总目标和任务 在土地生态工程项目中，基于项目任务和区域特征如土地污染修复、土地退化、水利工程、道路工程、田块物理形态、村庄位置等，建立生态设计的具体任务。

2. 收集调查和分析资料 针对具体任务，收集调查设计区自然条件、社会经济条件、基础设施条件、生态环境条件资料，对收集调查资料进行分析综合，确定生态设计区土地利用系统的基本特征，提出设计的核心问题。

3. 研究确定生态设计标准和框架性要求 根据生态设计的具体任务和设计区土地利用系统的基本特征，确定土地生态设计的标准和规范，标明当地的自然环境、社会经济活动和土地利用行为如何能够支持这些工程策略和准则。

4. 土地利用多样性和生态重建设计 根据区域的气候、地形地貌、消费需求和不同生物的经济价值，依照生态学原理，研究确定土地利用类型和具体利用方式，以及各种土地利用方式的组合结构和空间配置。对已退化生态系统，根据退化程度和环境情况进行生态保育和重建，维护生态系统的稳定性。

5. 工程生态设计 以经济、适用、可靠为基本原则，按照土地利用系统的生态要求，根据水文学、水利学、建筑学、道路桥梁工程设计、农学和林果学等学科理论和土地利用学原理，对区域的各类生态工程措施进行工程技术体系及工程尺寸、结构和所用材料的生态设计。

6. 施工组织设计 首先设置施工机构包括组织机构与实施机构，其次进行施工条件分析，主要包括自然条件、交通条件、水电条件和其他条件，接着进行施工总布置和主要工程施工方法，对施工进度做出总体安排，最后在施工过程中进行质量管理。

7. 生态设计的评价和生态可持续性监测 从生态、社会、经济三大目标分别涉及相应指标(生态环境指标、土地质量指标、社会经济指标)对应生态设计措施进行评价达到综合效益的最优化。除对指标目前现状值评价外，还应对指标进行监测、指标变化进行趋势分析和评价，促进区域土地可持续利用。

二、土地生态设计的方法

土地生态设计是依据生态学和土地科学的基本理论，运用现代系统工程的方法，对各类土地系统的合理利用方式进行选择和优化，规划设计合理的土地利用类型及其结构，在维持土地生态系统环境及其平衡的基础上，使土地生态系统的生物生产能力达到最高水平。

土地生态系统的开发利用兼有自然和社会经济两方面属性的内容。一方面，人类在进行社会经济活动中，需要使土地生态系统为人类社会服务，并希望土地生态系统的生物生产能力最大化，以便获取尽可能多的所需物品。另一方面，土地生态系统是个自调节、自组织的复杂有机整体，其方向总是要趋于稳定有序、协调平衡的，土地生态系统内部组成各要素之间、系统与环境之间的负反馈机制保护自身的存在，目的是谋求最大可能的保护。土地生态设计实质上就是要解决在土地生态系统中生物生产能力与自身生态平衡保护能力这个基本矛盾，使人类所需求的生物产品和土地生态系统自身的保护同时达到较好结果，寻求一种整体上的最优化(或较佳优化)方案。

国外有关土地生态规划设计的方法和模型较多,我国在这方面相对薄弱和滞后,尽管近几年来全国广泛开展了各级土地利用总体规划工作,但规划理论与方法无疑仍需进一步完善。这里着重介绍较有参考借鉴价值的美国 Odum 的土地利用生态设计分室模型和德国 Haber 的析分土地利用系统模式。

(一)Odum 的土地利用生态设计分室模型

美国著名生态学家 Odum 提出了土地利用生态设计分室模型(Room-Dividing Model)来优化土地生态系统的生产能力与土地生态系统的自身保护能力。他认为,所有的土地利用都可以划入生态系统分室模型 4 个分室(即保护性土地利用分室、生产性土地利用分室、调和性土地利用分室、城镇-工业土地利用分室)中的任何一个。由于农业生产与天然生物生产区别较大,为了表述这种差别,可以把上述 4 个分室模型扩展为 5 个分室,即把原来的生产性土地利用分室进一步划分为农业生产性土地利用分室和自然生产性土地利用分室。该模型的应用可按以下 3 步进行:

(1)根据选定的分室分类标准的一系列参数(或参数组),采用一定的数学方法(如判别功能分析的多变量统计技术等),将规划区域内的各类土地利用归入上述 5 个分室中。

(2)计算相同土地利用类型的利用效果,包括经济效益(指利用后能够获得的生物收获量)和生态效益(指在假设的利用后可能造成的侵蚀破坏作用等),据此确定土地利用后的区域生态效益。

(3)计算生态匹配值。匹配的过程可以视为"最适即最好"的量度。这一步骤首先是根据区域不同分室的自然基底功能与土地用途建立生态匹配等值计算表,然后将规划用地分别置于表中估算生态匹配值,从而可以判断目前利用状态与规划后利用状态的生态适宜程度和生态效果,确定土地开发利用方案的总体生态效益。

(二)Haber 的析分土地利用系统模式

析分土地利用系统(Differentiated Land-Use System,DLU)模式是著名生态学家、德国慕尼黑工业大学农学院教授 Wolfgang Haber 在上述 Odum 分室模型的基础上提出来的。陈昌笃、徐化成等做了介绍。Haber 认为,该系统适用于具多重的和冲突的土地利用要求及引起环境影响的人口比较稠密的国家。该模式建立在下述假设基础上:每一种土地利用类型不可避免地引起环境影响。土地利用的空间和时间分割会在同一时候分割对环境的影响,从而可以进一步减缓影响。此外,该模式通过空间异质性的维持,促进了生物多样性(包括生态系统或土地类型的多样性及物种多样性),并对自然保护的重要目标做出贡献。Haber 的析分土地利用系统模式主要包括土地利用规划中的 3 条基本准则:

(1)在给定区域内,占优势的土地利用类型(源于土地适宜性和传统)必须不成为存在的唯一类型,至少该区域土地的 10%～15% 必须为其他土地利用类型所占据,并仔细考虑环境影响的产生和敏感性问题。

(2)在给定区域内,若绝大部分是农业、工业或城市用地,则至少必须保留 10% 的面积作为自然地,即自然生态系统、近自然生态系统和半自然生态系统,其中包括未加管理的牧草地和被择伐管理的林地。这条准则被称为 10% 急需率(10% exigency rule),是保障有足够(虽然不是最优)数目的野生动植物种与人类土地利用活动共存的一般规划法则。而且上述 10% 的自然地要相对均匀地分布于整个区域,而不能集中于边际土地的偏远角落。

(3)占优势的土地利用类型本身必须要多样化，避免同种土地利用类型的大范围连片，尽量使其分布均匀，避免优势类型挤占弱势土地利用类型。比如在人口稠密的地区，田块的大小不得超过 8~10 hm²；城市和工业区亦应遵循同样的原则。

我国著名科学家侯学煜提出的"山、水、林、田、路"和"农、林、牧、副、渔"综合考虑的大农业思想，实际上正反映了土地生态学中的这种析分土地利用战略规划模式[①]。

第五节 土地生态规划与设计的案例

随着土地生态学发展及其与相关学科的交叉和融合，土地生态规划与设计的方法和内容不断扩充和完善，应用领域不断扩展。下面介绍典型的土地生态规划与设计的案例，一类为土地生态规划，是以渭北西部丘陵区小流域进行土地生态规划为例来说明土地生态规划方法步骤和内容；第二类为土地生态设计，包括以晋西北土地荒漠化防治为例来说明土地生态设计方法步骤和内容，以河北省易县南韩村土地整理项目为例来说明土地整理工程生态设计标准和要求。

一、土地生态规划案例

土地生态规划应用生态经济学与区域规划学原理，协调人与自然关系，改善系统生态结构与功能，对各类用地进行数量结构和空间格局优化安排。孙尚华等[②]应用生态规划的方法对渭北西部丘陵区的冉家沟流域进行了土地生态规划。

1. 冉家沟流域概况 陕西省千阳县冉家沟流域位于渭河一级支流千河流域中游，地处渭北黄土高原沟壑区西部，距千阳县城 2 km，总面积 5.52 km²。地貌属黄土覆盖的丘陵，由梁、峁和沟壑组成，海拔最高为 1 330 m，最低为 750 m。该流域属暖温带半湿润大陆性季风气候区，年平均气温 108 ℃，多年平均降水量 653 mm。降水多集中在 7~9 月，占全年降水量 54%。该流域内土壤以褐土为主，兼有少量白土分布，耕作土壤为墡土。

2. 冉家沟流域的土地生态类型划分

(1)土地生态单元的确定。小流域内地形地貌对土地类型的形成演变起着主导作用，一定的地貌决定了水热的再分配、土壤的侵蚀和土地的利用管理方式；坡度和坡向不仅影响水热资源的再分配，也影响风沙作用方式和土壤侵蚀强度。对于村级土地生产力评价单元的确定，应该在土地类型划分的基础上，参考植被状况、土地利用现状及地面坡度等特征，进一步反映人为活动对土地的影响。确定土地单元的步骤为：利用有关的土壤研究资料和图件。结合 2007 年 7、8 月对千阳县冉家沟流域进行土地类型、土地利用现状、植被的实地调查，在 1:10 000 的地形图上清绘 2007 年的土地利用现状图。

(2)土地生态单元分类。通过主成分相关分析，选取地貌、土壤和土地利用为主导分类指标，将 33 个土地生态单元划分为 7 类土地生态类型：将丘陵分为梁峁顶、山梁坡，并根

① 杨子生，2002. 论土地生态规划设计[J]. 云南大学学报(自然科学版)，24(2)：114 - 124.

② 孙尚华，刘建军，康博文，等，2009. 渭北西部丘陵区小流域土地生态规划与设计[J]. 中国水土保持学，7(4)：106 - 111.

据坡度和交通条件再次划分，将距离村庄较近、人为活动较多和交通方便的梁峁顶划分为1级梁峁顶，其余划分为2级梁峁顶；将沟壑分为沟坡和沟底，并据坡度分别将山梁坡、沟坡分为缓坡山梁地和陡坡山梁地、缓坡沟坡地和陡坡沟坡地。

3. 冉家沟流域的土地适宜性评价　流域土地生态类型适宜性确定。根据土地评价模型和各指标得分、权重算出综合指数，参照当地实际情况，划分土地适宜性分级表，数值范围为0~1，见表9-1。

表 9-1　冉家沟流域土地适宜性分级

适宜性等级	宜农	宜林	宜牧
Ⅰ	>0.6	>0.65	>0.6
Ⅱ	0.5~0.6	0.4~0.65	0.3~0.6
Ⅲ	<0.5	<0.4	<0.3

土地适宜性具有多宜性，在土地生态类型的评价过程中，采用单宜性评价方法，只评价土地的宜农性、宜林性或宜牧性，依此原则进行土地适宜性评价，得出各土地生态类型的农林牧适宜性，并依据表9-1划分土地生态类型的适宜性等级。表9-2是评价结果，可以看出，该流域只有少量的Ⅰ等宜农地，与宜农地相反的是，流域的大部分土地生态类型的宜林性和宜牧性指数较高，可见适合发展林业和牧业。

表 9-2　冉家沟流域各土地生态类型的适宜性评价结果

适宜性	1级梁峁顶	2级梁峁顶	缓坡山梁地（<25°）	陡坡山梁地	缓坡沟坡地（<25°）	陡坡沟坡地	沟底
宜农性	Ⅲ	Ⅱ	Ⅱ	Ⅲ	Ⅲ	Ⅲ	Ⅰ
宜林性	Ⅱ	Ⅰ	Ⅰ	Ⅱ	Ⅰ	Ⅱ	Ⅰ
宜牧性	Ⅰ	Ⅰ	Ⅰ	Ⅰ	Ⅰ	Ⅱ	Ⅰ

4. 冉家沟流域的土地生态规划

(1)冉家沟流域土地利用现状分析。冉家沟流域1999年实行退耕，2003年实施生物措施治理水土流失政策，表9-3是2次大的土地利用结构变化后2007年的土地利用现状。由表中土地利用现状的情况可知，耕地在该流域内面积87.52 hm²，占流域总面积15.850%。略少于现有的林地面积93.84 hm²。正是因为大面积的退耕，造成了冉家沟流域大面积的荒山荒地的存在，达到310.10 hm²，占总面积的56.160%。由于退耕后在很小一部分的退耕地上营造水土保持林地，出现了小面积的幼林地。表9-3也反映出，即使在2次土地利用调整之后，经济林面积仍然极小，仅占全流域面积的0.339%。牧草地也是在2003年退耕后才发现的新土地利用类型，面积只占流域总面积的1.485%。目前来看，冉家沟流域的土地利用结构仍极不合理，偏重农林业，忽视牧业；农业种植以粮食为主，经济作物较少；大面积的荒山荒坡缺乏适当的治理，水土流失依旧存在较大的问题；经济林和牧草地面积比例极小，农、林、牧比例失调，整个土地利用系统的经济效益仍然很低。

表 9-3　冉家沟流域 2007 年土地利用现状

土地利用现状	斑块总面积(hm²)	面积比例(%)
耕地	87.52	15.851
林地	93.84	16.996
难利用地	29.68	5.375
幼林地	18.80	3.405
荒山荒地	310.10	56.160
经济林	1.87	0.339
牧草地	8.20	1.485
河流	2.16	0.391
合计	552.14	100

(2)冉家沟流域生态类型规划。土地利用生态规划采用系统工程和线性规划的原理及方法，以相关的自然资源、社会经济效益和生态环境作为约束条件，计算满足生态环境、经济和社会多重目标要求，调整该流域整体功能，使整体功能达到最佳。根据各土地生态类型的适宜性评价结果，进一步确定冉家沟流域不同土地生态类型上农、林、牧三大土地利用类型的合理结构，见表 9-4。

表 9-4　冉家沟流域各生态类型土地利用方式变量设置

土地利用类型	1级梁峁顶	2级梁峁顶	缓坡山梁地(<25°)	陡坡山梁地	缓坡沟坡地(<25°)	陡坡沟坡地	沟底
耕地	X_1	X_3	X_6				X_{17}
经济林地	X_2	X_4	X_7		X_{12}		X_{18}
林地(水土保持)			X_8	X_{10}	X_{13}	X_{15}	X_{19}
牧草地		X_5	X_9	X_{11}	X_{14}	X_{16}	X_{20}

注：X_1，X_2，…，X_{20} 为各生态类型土地用于耕地、经济林地、水土保持林地和牧草地的面积。

由表 9-4 知，山梁坡占有大部分的土地面积，既有较好的宜农性也有严重的水土流失，所以该区域既要发展高产值的农业、经济林和牧业，也要兼顾水土保持林的建设。沟坡地不适宜农业的发展，在缓坡处可发展经济林，该区应主要发展生态林业和牧业。沟底地生态条件好，对各种土地均具有较高的适宜性。

根据冉家沟流域的实际情况，对不同土地生态类型利用方式进行优化，制定目标函数和约束方程如下：

A. 目标函数：

$$MAX = A(X_1 + X_3 + X_6 + X_{17}) + B(X_2 + X_4 + X_7 + X_{12} + X_{18}) + C(X_8 + X_{10} + X_{13} + X_{15} + X_{19}) + D(X_5 + X_9 + X_{11} + X_{14} + X_{16} + X_{20})$$

式中：A、B、C 和 D 分别是耕地、经济林地、水土保持林地和牧草地的收益系数，据实际调查和收集到的有关经济资料计算得出，分别为 5 250 元/(hm²·年)、17 000 元/(hm²·年)、375 元/(hm²·年)和 410 元/(hm²·年)。

B. 约束方程：①土地约束方程，即每种土地类型上的利用面积总和不得超过该类土地的面积总数；②可用地约束方程，要求该流域内所有使用的土地面积总和不超过可利用地的总面积，即冉家沟内土地总面积减去不可利用地、道路和河流用地面积后的总面积；③粮食约束方程，为满足人们对粮食的需求，耕地面积不得低于人们对粮食的最低需求；④林地及牧草地约束方程，流域内现以水土保持林地为主，有少量的经济林和牧草地，规划面积应不少于目前这3种土地利用面积之和；⑤水土保持林地约束方程，这类土地的面积至少不少于目前水土保持林的面积，尤其是在水土流失严重的陡坡山梁地和陡坡沟坡地；⑥经济林地及牧草地约束方程，鉴于该流域的生产经验和退耕还林的要求，提出经济林和牧草地的面积。

利用交互式线性规划软件(LINDO)在计算机上编程后求解，结果见表9-5。可知，调整后冉家沟流域经济林地面积和牧草地面积发生巨大的变化，水土保持林的面积应继续增加，耕地面积可保持不变。土地面积总的调整趋势是在保护生态环境的基础上增大经济林和牧草地的面积，增加该流域的经济效益。由目标函数计算可知，优化后冉家沟流域的经济产值可增加至232.1868万元/年，人均收入增至1733元/年。

表9-5　冉家沟流域各生态类型土地利用优化结果

类型	变量	合计(hm²)	优化比例(%)	现状比例(%)
耕地	$X_6=74.258$，$X_{17}=13.262$	87.5	15.85	15.851
经济林	$X_2=13.317$，$X_7=14.22$，$X_{12}=70.313$	97.9	17.73	0.339
林地(水土保持)	$X_{15}=32.99$，$X_{10}=132.565$，$X_8=71.525$	237.1	42.94	20.400
牧草地	$X_9=81.57$，$X_5=3.017$	97.8	15.31	1.485

5. 案例分析说明　该案例涉及土地生态规划主要步骤和过程，如土地生态分类、土地生态功能区划分、土地利用规划方案编制等内容，有自己特点，表现为：用地数量结构上通过线性规划模型进行数学优化，在空间格局上通过景观类型空间定量指数指导各类用地数量，并做出符合生态学布置，使该规划方案不仅在土地利用数量和空间布局上同时达到较优，而且土地用地类型之间又符合生态学要求。

二、土地生态设计案例

土地生态设计是依据生态学和土地科学的基本理论，运用现代系统工程的方法，对各类土地系统的合理利用方式进行选择和优化，或根据生态条件，运用现代工艺技术标准和规范，对土地整理工程进行设计。张爱国等[①]应用土地生态设计的基本方法，对晋西北风沙区进行了土地生态设计应用研究。

1. 晋西北风沙区的基本特征　晋西北风沙区介于左云县东界—源子河—朔县东界—芦芽山分水岭—蔚汾河一线和黄河中游峡谷段—山西外长城段之间，总面积为19 830 km²，占山西省土地面积的12.68%。该区属典型的温带半干旱大陆性季风气候，降水偏少且集中于夏季，风大且频，这也是该区土地荒漠化最重要的影响因素之一。从地貌类型上看，该区域大部分属于黄土丘陵类，在流水、重力作用下发育着梁峁与沟壑交织的各种侵蚀、堆积和重力型黄土地貌。该区域的地带性植被为中温型干草原和暖温型草原(灌丛化草原)，但由于人

---

①　张爱国，张淑莉，秦作栋，1999. 土地生态设计方法及其在晋北土地荒漠化防治中的应用[J]. 中国沙漠(1)：47-51.

为破坏，现存植被多为次生灌丛、草类；其地带性土壤为栗钙土和灰褐土，但在在长期的流水、风力侵蚀下，土层较薄，目前作为该区的主要旱作农田。

晋西北风沙区位偏僻，交通不便，经济落后，是目前我国最为贫困的地区之一，但人口增长很快，加上水土流失、风沙、干旱等自然灾害，粗放式的农牧生产方式，使该区的生态经济系统形成了恶性循环，生态环境问题更是不易解决，其中土地荒漠化问题就是这几大系统严重失调所带来的恶果之一。

2. 晋西北风沙区的土地生态功能分类　土地生态设计的分类方法是以反映风沙区内土地利用方式差异性为主要目的土地生态功能分类。对于晋西北土地功能类型的划分，其过程是：①先确定该区的"自然型土地类型"；②依据上述各类土地能发挥最大生态功能的可能利用途径，并参考晋西北的社会经济发展需求，把各类土地再分别划入生产型、保护型、消费型、调和型四种功能类中（表9-6）。

表9-6　晋西北风沙区各土地生态功能类型的组成、面积及面积比重

土地生态功能类型	各生态功能类的土地自然类型组成	面积（km²）	各功能类面积占晋西北风沙区总面积的比重（%）
生产型	梯田、塬面农田、沟平地、川平地、宽平梁顶、经济林区、矿区、电站	10 130	51.09
保护型	保护林区、塬坡草灌地、滩地、斑状积沙地、山地草灌、梁坡地、黄土峁、沟坡地、河床	6 310	31.82
消费型	土石坡、交通线、住宅地、"四荒地"	1 620	8.16
调和型	塬面混合经济区、园林、蔬菜地	1 770	8.93

根据表9-6所示的数据，对比目前的土地利用结构，可以判断该区的土地利用现状是否合理。例如，从宏观层次上看，该风沙区合理的土地利用系统中，应当保持生产型土地与保护型土地面积比为51.09：31.82，而现状土地利用结构是，该比例为6.12：2.23，即生产型土地比例偏大，所以土地利用方式调整的举措之一是，把一部分已垦为农田的沟坡地、梁坡地和峁地还草还林，变生产型用地为保护型用地，而且要减少1 618 km²的面积，这也许能对该区的荒漠化进程起一定的逆转效应。这一土地利用方式调整的对比方法同样可以用于每一种土地自然类型（如沟平地）合理利用方式选择的微观层次分析上。

3. 晋西北风沙区的土地生态设计分室模型　土地生态设计的分室方法是把具有不同生态功能的土地类型进行地段组合，通过建立土地地段之间的协调共生关系进行生态设计。对于晋西北风沙区的土地生态设计如图9-3。

晋西北风沙区范围较大，各地自然条件和社会经济条件的地域差异性比较明显，为了本区各种土地功能类型的利用方向协调和生态建设重点的全面规划，从土地荒漠化综合防治的角度出发，张爱国等把该区划分为土地利用方向和土地生态建设重点有所差别的四大生态经济区：长城沿线风沙草田轮作牧业区、黄土丘陵沟壑水保林牧煤铝区、黄土塬梁综合产业发展区、土石山丘林牧资源开发区。

4. 案例分析说明　晋西北风沙区土地生态设计是按照分室模型进行设计，主要步骤和过程与分室模型方法一般步骤一致。只是张爱国等把Odum的土地利用生态设计分室模型中5个分室在晋西北风沙区划分为4个分室。

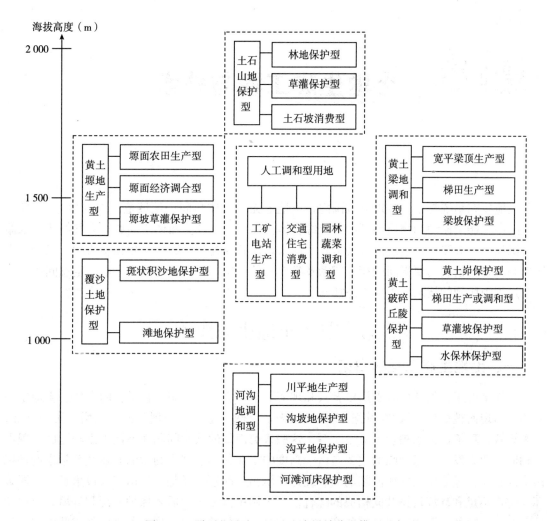

图 9-3　晋西北风沙区土地生态设计分室模型示意

（资料来源：张爱国，张淑莉，秦作栋，1999. 土地生态设计方法及其在晋北土地荒漠化防治中的应用[J]. 中国沙漠(1)：47-51.）

复习思考题

1. 什么是土地生态规划和土地生态设计？二者有什么区别和联系？
2. 简述土地生态规划的内涵和原则。
3. 土地生态规划的主要步骤有哪些？
4. 土地生态设计的基本方法有哪些？
5. 简述土地生态设计的过程和步骤。

第十章 土地生态工程与技术

土地生态系统是在一定地域范围内，土地上无生命体与同一地域范围内的生命体之间，形成的一个能量流动和物质循环的有机综合体。无生命体和生命体之间通过大气循环、水循环、沉积循环等路径将系统内各要素联系起来，使其成为相互影响、相互制约的有机体。土地生态工程就是利用要素间的相互联系及各要素的作用，解决该地域内土地的生态问题，在这个过程中用到的技术即土地生态技术。

第一节 土地生态工程

一、土地生态工程的由来

土地生态工程的产生有着历史背景和现实需求，它随着生态工程学科的产生、土地生态问题的出现而被提出。从 20 世纪 60 年代以来，全球生态危机表现为人口激增、资源破坏、能源短缺、环境污染和粮食供应不足等，这些人类面临的共同问题在不同国家和地区表现不尽相同。西方发达国家面临的主要是由于高度的工业化和强烈集约型的农业经营带来的环境污染问题。在发展中国家所面临的不单纯是环境污染问题，而是一种由于人口增长、资源破坏、生产不足和环境污染共同构成的综合征。发展中国家不但需要保护资源和环境，更迫切地需要以有限的资源生产出足够的产品，供养日益增长的人口。现实条件使得这些国家必须立足于本地资源和条件去寻求适合于自己的发展途径和技术，生态工程正提供了这样一种实现低耗、高效、无或少废生产适用技术的发展战略。

土地作为陆地生态系统的重要组成部分，它不但是人类生存的物质基础，更为人类提供了生产、生活的场所。在全球资源、环境、人口矛盾日益突出的今天，土地资源也必然面临着破坏、盲目占用、水土流失、污染等一系列生态问题，同时还面临土地利用不合理、效率不高、供需矛盾突出等社会经济问题。针对土地面临的一系列生态问题和社会经济问题，在生态工程中就出现了"土地生态工程"这一分支学科，它是生态工程的一个重要分支。

二、土地生态工程的概念

1. 生态工程 1957 年美国 H. T. Odum 首次使用了生态工程（ecological engineering）一词，后于 1963 年将该词明确地定义为"为了控制生态系统，人类应用来自自然的能源作为辅助能对环境进行控制"，即对自然的管理就是生态工程。1987 年我国生态学家马世骏提出"生态工程是利用生态系统中物种共生与物质循环再生原理及结构与功能协调原则，结合结构最优化方法，设计的分层多级利用物质的生产工艺系统"的定义。他认为"生态工程的目标就是在促进自然界良性循环的前提下，充分发挥物质的生产潜力，防止环境污染，达到经济效益与生态效益同步发展"。之后美国生态学家 Mitsch 的专著《生态工程：生态技术概论》中对生态工程的目标进一步明确"为了人类社会及其自然环境的利益而进行可持续的生态系统设计"，同时认为生态工程和生态设计为同义词。

当前一般认为生态工程是应用生态学、经济学有关理论和系统论的方法，以生态环境保护与社会经济协调发展为目标，对人工生态系统、人类社会生态环境和资源进行保护、改造、治理、调控、建设的综合工艺技术体系或综合工艺过程。

2. 土地生态工程 土地生态工程是生态工程的一个分支学科，其意义和目的一致，方法和技术共用，只是土地生态工程的研究对象为一定地域内的生态系统，即土地生态系统。因此，土地生态工程可定义为：采用工程、农艺、化学等措施调控土地生态系统，使土地生态系统实现可持续利用的综合技术体系或工艺过程。

土地生态工程实质上是根据生态工程中"整体、协调、循环、再生"的生态控制论原理，系统设计、规划和调控土地利用的配置结构、空间布局、政策措施、组织方式等。其中，要研究解决的核心问题是土地利用中出现的土地适宜性差、水土流失、沙漠化、污染等土地生态问题。它是建立在土地生态学中土地生态评价、土地生态规划、土地生态设计的基础上的一门工程技术分支学科。如何应用生态工程方法进行城市污泥处理、解决土壤污染问题等都是土地生态工程的重要研究内容。例如，城市污泥通过过滤后用到林地或草地中，达到既治理环境污染物又高效利用环境污染物的双重目标，这就是土地生态工程的简单应用实例。

三、土地生态工程的类型

(一)按土地利用类型分(产业)

1. 耕地生态工程（种植业） 耕地生态工程是我国生态工程中最重要的部分，历史也最为悠久。中国是一个农业大国且历史悠久。中华民族在 5 000 年的发展过程中，形成了很多农业理论和技术体系。比如套作、间作、复种等关于农作物的选择和设计，以及农田灌排工程、农田道路工程和农林牧渔的复合模式，都是应用了生态学的物种共生与物质"开放式闭合循环"再生产的原理。其目标都是促进耕地生态系统中的物质循环、能量流动，在可持续的前提下充分发挥资源的生产力。

2. 林地生态工程（林业） 林地生态系统是自然界中一个重要的生态系统，具有丰富的生物资源和强大的生态服务功能。从生态学角度看，林地生态系统包括林地生物和林地环境两个部分。因此，林地生态工程不应被狭义地理解为"植树造林"，其最终目的是设计、建造一个以木本植物为主体，协调种内、种间，以及人与自然关系优化的群落结构，不仅仅关注某一种种群，更注重种群内和种群间的关系及种群和环境之间的关系。林地生态工程主要包括涵养水源、保持水土、防风固沙、美化环境、减少污染、生态旅游及减少自然灾害等内容。

3. 草地生态工程（畜牧业） 草地生态系统除了具有一定的生态服务功能，更重要的是饲养畜禽的次级生产功能。但由于过度放牧、过度垦殖及风沙等影响，草地生态系统的面积和质量都在大幅度地下降。因此，草地生态工程以增加草地面积和提高质量为主，如退耕还草工程、退化草地治理生态工程、天然草地合理利用与保护工程、人工草地建设工程。

4. 湿地生态工程 湿地生态系统处于水陆交互作用的区域，具有明显的边缘效应。因此，其生物物种十分丰富，是非常重要的物种基因库。湿地生态系统不仅具有强大的降解污染和净化水质等生态功能，并且其初级生产和次级生产仅次于林地。因此，湿地生态系统对于维持全球生态平衡具有非常重要的作用。然而，由于人类对湿地生态系统的开发利用较少，目前对湿地生态工程方面的研究仍处于起步阶段。

5. 城市土地生态工程 城市生态系统是人类为了生存和发展而建立起来的，集建筑、交通、生产、生活、信息、科学、文化于一体的复合土地生态系统。由于缺乏自然环境要素、生产者及分解者，城市生态系统的平衡要依靠外部生态系统的协调。城市土地生态工程就是为了改进和优化城市生态系统，分为环境、生物和物质能量三个部分。环境控制工程主要包括大气环境、水环境、噪音、废弃物和人居环境；生物控制工程是指对人类和伴生生物的控制，如人口数量、密度及质量；物质能量控制工程则主要针对城市生态系统的非生物物质生产功能，如货物、原材料和废物的输入输出等问题。

6. 农村聚落生态工程 农村聚落生态系统是农业生态系统中能量物质高度集聚的亚系统，是农业生产活动的重要场地。大部分农产品的储藏、保鲜、加工、转化都要在这里进行，农村聚落生态系统的经济效益往往决定了整个农业生态系统的经济效益。因此，农村聚落生态工程需要将农业生态系统、农村聚落生态系统及城市生态系统联系起来。主要包括立体结构工程、时间节律工程、食物链工程及复合结构工程等内容。

7. 工业用地生态工程 随着工业的发展，工业排放的大量废料已经超出了自然所能容纳的限度。工业用地生态工程是运用生态学的原理，通过设计"生态工艺"或"无废生产"的新模式，减少工业对生态环境的破坏。这包括两个方面：一是单宗工业用地内，对所有工艺流程按循环利用原则实行生态工艺或无废工艺的改造；二是在一个工业用地区域内，工厂按照首尾相接的废料-原料关系进行配置。

(二)按土地利用阶段分

土地利用过程可以划分为 3 个阶段：开发、整治、修复，因此可将土地生态工程相应地划分为此 3 种类型。

1. 土地生态开发工程 土地开发不仅指土地利用范围的扩大，即对未利用土地资源的开发；还指土地利用程度的加深，即对已利用但不充分或利用方式落后的土地资源的开发。因此，土地生态开发工程一般分为开发利用、改良、治理和保护四个内容。

(1)土地生态开发利用工程，主要是对尚未被利用的土地资源进行合理垦殖、发展交通、建设居民点、综合开发利用的工程措施，以扩大土地资源的利用总量。

(2)土地生态改良工程，一般是在进行某项土地利用方式开发时，原土地生态系统存在少量限制因子，针对这些限制因子进行优化和改造的工程技术。

(3)土地生态治理工程，是对各种难以利用或由于使用不当而退化了的土地进行有计划的综合治理，以恢复和提高土地生产力，建设有利于集约利用的土地生态系统。

(4)土地生态保护工程，主要是在进行某种土地利用时因存在导致生态系统失衡、土地退化的风险，从而采取的防止土地遭受破坏、土地退化及保护土壤、防止污染的各种科学技术措施和工程设施的总称。

2. 土地生态整治工程 土地生态整治工程一般是对某个区域中所有类型的土地生态系

统(田、水、路、林、村等)进行综合的配置和布局，以提高该区域土地的综合利用率，充分发挥生态系统的生产、生活和生态功能。因此，广义的土地生态整治工程也包括土地生态开发工程中加深利用程度的部分，但土地生态整治工程更侧重于在区域尺度上对多种土地生态系统进行整理改造，即土地生态整理工程和土地生态复垦工程。

(1)土地生态整理工程，侧重于对区域中土地生态系统之间的错乱、无序的关系进行理顺。

(2)土地生态复垦工程是对被破坏的土地生态系统的改造，使其恢复为原土地生态系统或改造为其他类型的土地生态系统。例如，生产建设活动或自然灾害损毁的土地生态系统，在我国较为普遍的是由煤炭开发和工矿建设引起损毁的土地生态系统。

3. 土地生态修复工程　土地生态修复工程主要针对已受损的土地生态系统，借助生态技术和措施发挥生态系统的自我恢复能力，使其恢复生态功能。根据我国土地生态系统的受损情况，土地生态修复工程主要有以下几种类型。

(1)沙化土地生态修复工程。土地沙漠化是指干旱、半干旱及多风地区的植被遭到破坏，地面失去覆盖后，出现的风沙活动和类似沙漠化景观的现象。因此，对沙漠化的土地生态系统主要从固沙和绿化以防止进一步土壤侵蚀入手。具体的修复工程：固定和半固定沙丘区防风固沙林建设、流动和半流动沙丘防风固沙林建设等造林工程，以及饮水拉沙、引洪淤灌、引水阻沙等水利工程。

(2)南方酸性红壤生态恢复工程。我国南方红壤带，高温多雨，主要母质为花岗岩。花岗岩母质在高温多雨的作用下，风化和淋溶作用强烈，大量的硅和盐基被洗掉，而难以溶解的铁铝氧化物就保留下来。因此，南方酸性红壤生态修复工程需要针对该类土壤的易淋洗、黏性重及酸性强3个方面，也就是"瘦、黏、酸"三大问题。具体的修复工程：水利工程、梯地(田)工程及生物措施，包括种植先锋植物、种植防护林、"戴帽子"工程、农牧结合等。

(3)盐渍化土地生态修复工程。盐渍化土地对作物的危害非常大，一方面是由于土壤溶液浓度过高，渗透压力过大，使作物吸水困难，吸不到足够的水分；另一方面则是因为有些盐分对作物的根系直接产生毒害或腐蚀，影响作物的正常生长，甚至造成作物的死亡。我国盐渍化土地主要分布在干旱、半干旱和半湿润地区，一般发生在灌区，由于地下水位升高，水分经地表蒸发，盐分则留在土壤中，同时降水不足以稀释土壤盐，从而使产生的土壤高盐状况。因此，对盐渍化土地生态系统修复主要从降低地下水位、淡化地下水及改善排水等方面入手。比如采用合理的灌排水工程是降低地下水位，调节土壤水分，排除土壤盐分，以及减少土壤水分蒸发的重要手段。但需要指出的是，单纯采用水利措施难以取得或巩固盐碱地的防治效果，必须与合理的耕作、施肥和种植等农业技术措施密切配合，否则改良后的土壤将会再度返盐，达不到根本防治改良的目的。

第二节　土地生态技术

一、土地生态技术的由来

技术改变生态结构，干扰生态平衡，因此技术一般被认为是负效应。这种负效应具体包括两种类型：①要素性负效应，即由技术要素本身性质引起的生态环境问题。例如，农田中使用滴滴涕造成的土地污染和农作物污染。②构成性负效应，即技术与生态系统之间或技术之间的构成方式和搭配比例不合理，从而引起的生态环境问题。例如，片面施用某一种化肥会导致土壤肥力下降和水体富营养化的污染。

随着社会经济发展，人口暴涨，传统技术的生态负效应日益加深，不仅限制了生产发展，而且对人类的生存产生巨大威胁。在这种情况下，生态技术是一种新的思维观念建构和使用，是一种与生态环境相协调为标志、具有生态正效应的新技术体系。

二、土地生态技术的概念

土地生态技术是以生态学为理论基础，既可满足人们对土地的利用要求，节约资源和能源，又能保护土地生态系统的一切手段和方法，可以从以下几个方面理解：

1. 土地生态技术是与土地的自然环境相协调的技术　即不造成土地的破坏和污染，并且能够对土地生态系统有优化作用。

2. 生态技术是以生态效益和经济效益协调发展为创新目标的技术　以往的技术创新主要以经济效益为目标，但是破坏了生态环境，而生态环境是生产场地且提供资源，因此破坏了环境，经济效益也难以提高。当然环保技术生态效益显著，而经济效益甚微也是不可取的。

3. 生态技术是以生态学为理论基础的　近现代工业技术基本以物理科学为理论基础，以不可更新资源为主要的动力和材料来源。而成熟的生态技术则应以可更新资源为主，强调生产系统和自然生态系统的耦合，在技术的建构和使用方式上注重对生态系统运行方式的模拟。

4. 生态技术是一种系统性的技术　即不以某一环节上效益为目标，而强调整体土地生态系统的产出—收益最优化。

三、土地生态技术的特征

（1）土地生态技术使用时不造成或很少造成环境污染和土地破坏，这是土地生态技术最本质的特征。

（2）土地生态技术应建立在现代生物学、生态学、土地资源学和信息科学等科学知识发展基础之上。

（3）土地生态技术能高效率地回收利用废旧的物资和副产品，把一个生产过程产生的废品变成另一个生产过程的原材料，保持资源利用的不断循环。

（4）土地生态技术不是单项技术，而是一个技术体系，并且不以单项过程的最优化为目标，而是以整个土地生态系统的生态-经济效益的最优化为目标。

（5）土地生态技术是一个发展的动态的相对概念，随着时间的推移和科技的进步，生态技术的内涵和外延也将不断变化和发展，这就是生态技术的动态性。

第三节　土地生态工程设计

土地生态工程是在生态学原理的指导下对土地生态系统进行设计和建设的技术系统，以提高土地生态系统的功能，使之适应社会经济发展并符合可持续利用的要求。为满足这一要求，要根据土地生态系统进行合理的工程设计，即土地生态工程设计。

一、生态工程设计的基本原理

土地生态工程涉及生态学、生物学、工程学、环境科学、经济和社会等领域，原理众多。因此，土地生态工程设计应遵循多学科原理，主要包括生态学、经济学及工程学三个方面。

(一)生态学原理

1. 共生原理　共生原理是利用不同种生物在有限空间内结构或功能上的互利共生，建立充分利用有限物质与能力的共生体系。如农林牧渔的复合生产模式，以及自然界中广泛存在的豆科植物与根瘤菌的共生关系。

2. 物质循环原理　土地生态工程强调土地生态系统物质的良性循环和资源高效利用及废弃物的重新高效利用，以减少土地生态系统中的资源消耗，力争消除环境污染、水土流失等生态问题。例如，城市土地生态系统中产生的大量生活垃圾，其中很大一部分可以回收加工从而被再次利用，而部分有机物则可以经过堆肥作用，用于改善土壤肥力，从而实现废弃物的再循环利用和资源化。

3. 限制因子原理　生态因子是环境中对生物生长、发育、生殖、行为和分布有直接或间接影响的环境要素，各因子不是孤立存在的，而是彼此联系、互相制约、互相促进的。当某个生态因子的可利用量小于所需的临界最小量时，该因子便成为限制因子。每种生物对每一个生态因子都有一个耐受范围，当某因子处于最适区时，其对生物的生长发育没有显著影响，当该因子超过耐受范围时，则会抑制生物的生长发育。

4. 食物链原理　食物链和食物网是生态系统中能量流动、物质传递和价值增值的重要路径。在土地生态工程中，可以应用食物链原理，提高人工生态系统的功能或改善自然生态系统的平衡。一般人工生态系统的食物链很短，一方面资源没有得到充分利用，另一方面难以形成闭合的物质循环。可以运用给食物链加环的原理进行改造，即根据物质能量通过食物链发生富集及生物之间相生相克的原理，以人工种群代替自然种群，从而达到废弃物的多级综合利用，增加高能量、高价值的产品和抑制物质能量损失的效果。

5. 协同进化原理　生态系统作为生物与环境的统一整体，既要求生物要适应其生存环境，又同时存在生物对生存环境的改造作用，这就是协同进化原理。协同进化论是对达尔文进化论的进一步完善和发展，是生态学中一个重要理论基础。协同进化论揭示了社会系统与自然系统之间的关联，同时也提供了一种合理利用生物多样性或有效利用自然资源的途径。该原理特别适用于复杂进化系统的动态描述，如社会、能源、生态、人地关系等问题。

(二)系统论原理

1. 整体性原理　土地生态系统是在一定地域范围内由若干个相互作用、相互依赖的要素有规律地组合成具有特定结构和功能的有机系统。任何一个要素都不是独立存在的，一个要素的改变必然会引起另一种要素的改变，并且土地生态系统是开放系统，随时都与周围环境进行着物质、能量、信息的交流。运用生态工程方法调控土地生态系统时，必须考虑到土地生态系统与其环境的相互联系，以及系统内各要素间的密切关系，要用整体性思想和方法进行土地生态调控。

2. 协调性原理　土地生态系统是一个有机整体，相对于周围环境具有自然或人工划定的边界，边界内的结构和功能相对一致。同时，系统内的组分之间(如生物与环境、生物与生物之间)要有适当的比例关系，以及明确的功能分工和协调，只有这样才能使系统内的能量、物质、信息和价值的转换和流通顺利且高效。

3. 层次结构原理 层次结构是系统中水平层次和垂直层次上不同的要素组成结构，即水平分异特征和垂直分异特征。不同要素在系统内的功能分工不同，要素的数量及其所处的层次结构影响其功能的发挥，因此在运用生态工程改造土地生态系统时，要根据各要素的功能和适宜性等问题设计系统的层次结构。层次结构理论也指系统是由多个子系统组成，而每个子系统又由多个亚系统组成。例如，一个乡村生态系统一般包括耕地生态系统、林地生态系统、草地生态系统及农村聚落生态系统等；而作为子系统的耕地生态系统又由水田生态系统、旱地生态系统和菜地生态系统等组成。

（三）经济学原理

1. 自然资源价值原理 自然资源是指在一定时期、一定技术水平下，可被利用的自然物质和自然环境的总称。人类对自然资源的开发利用历史悠久，从最初受社会需求和技术条件的限制，自然资源的种类较少且可利用深度有限；随着社会生产力水平的提高和科学技术的进步，先前尚不知其用途的自然物质逐渐被人类发现和利用，自然资源种类日益增多，自然资源的概念不断深化和发展[①]。与此同时，人类对土地生态系统的开发和利用对自然环境的影响也日益深刻。土地生态系统作为可被利用的自然资源，不同领域、不同区域或不同时期中，社会经济发展对土地生态系统的利用需求不尽相同。

2. 生态经济效益原理 生态经济系统是由生态系统与经济系统形成的复合系统，通过人类劳动过程构成的物质循环、能量流动、价值增值和信息传递，从而实现物质、能量、价值和信息之间的相互协调。生态经济效益是生态经济复合系统所获得的各种效益，一般分为生态、社会和经济效益：生态效益反映生态系统自然生产过程的"有用性"，社会效益则主要由社会有用性及其后果决定。生态效益的实际值不具有可比性，可以通过机会成本、影子价格等方法将其价值化，如森林可更新氧气，那么其生态效益可用更新氧气量表示，也可以用人工制造氧气的成本作为其机会价格，计算其象征性的价值[②]。在开发利用土地生态系统的过程中，要综合权衡生态、社会和经济效益的协同发展，实现减少资源消耗，达到保持生态平衡、促进社会经济发展的目的。

二、土地生态工程设计的主要内容

土地生态工程的目标就是实现一定地域内自然生态系统与人为设计的高度统一，既要充分考虑生态系统自身的特点，遵循其内部规律，使人类在自然生态系统允许的范围内活动，又要通过发挥现代科技，再造新的土地生态系统、修复退化的土地生态系统、提升现有土地生态系统的功能，充分发挥土地生态系统的功能和可持续发展。因此，土地生态工程设计需要根据自然环境条件，对土地生态系统的生物构成、结构及资源利用等方面进行设计，基本包括以下四个方面：

1. 生物种群的选择 生物种群是构成土地生态系统的重要组分，直接影响着生态系统的能量流动和物质循环。因此，选择适宜的生物种群是建立和维持生态系统平衡的关键。生

---

① 白晓慧，2008. 生态工程——原理及应用［M］. 北京：高等教育出版社．

② 李季，许艇，2008. 生态工程［M］. 北京：化学工业出版社．

物种群选择一般包括：生物种群的调查、收集、引进，适应性培植实验，比较选择3个部分。在选择生物种群时，首先，要根据该地域的自然环境条件，比如气候、土壤、水文等环境因子，选择适宜在此生存的物种。其次，社会经济条件不但决定该区域对土地生态工程的投入能力，同时也决定了今后工程运行过程中的技术保证水平，因此要结合当地的社会经济条件在适宜的物种中进行筛选。此外，还需要考虑市场经济和当地风俗习惯对该种生物种群的需求和接受情况，否则容易造成高产穷村或有违社会和谐发展的情况。最后，由于我国紧张的人地矛盾，要权衡生物种群的经济效应和生态效益，不能只追求经济价值而破坏了生态环境。

2. 生物群落结构的设计　生物群落的结构是决定生态系统工程效益的关键。既要顾及自然环境的条件、生物之间共生关系以及生物与环境之间的协同进化等问题，又要考虑人工管理的成本和可操作性。生物群落设计包括种群组成数量、种群的水平布局和群落垂直结构3个部分，一般在确定了种群类别、种群数量后，再设计群落的水平布局和垂直布局，涉及植物与植物、植物与动物及动物与动物之间的关系。另外，还要对群落的时间结构进行设计，这就需要对每个种群适宜生长的光照、温度和降水等问题进行综合权衡。

3. 人工环境的设计　一般自然环境中的生态因子很难完全适宜于所有的生物种群，如果人工对这些限制因子进行调整，使环境更适宜于生物种群的生长发育，就可以充分发挥生态系统的功能和效益。人工环境设计的主要目的就是为人工生物群落构建适合其生长发育的条件。当然，在人工调整环境因子时，要注意遵循生态系统的自然规律，不要强加干预破坏生态平衡。例如，在我国南方一些丘陵地区，由于降雨量较大且坡面陡峭，水流冲刷作用强烈，自然生长的植被很难覆盖地表，导致水土流失严重。通过冬季在坡面上挖出小穴，并在小穴中种植生长速度较快的禾本植物，在雨季到来前草被已覆盖坡面，不仅加固了地表土壤，还降低了水流速度，从而减缓了水土流失。

4. 食物链的设计　食物链是维持土地生态系统能流、物流及信息流正常且高效运转的重要路径，特别是人工程度较高的土地生态系统，如城镇土地生态系统等。因此，食物链的设计是土地生态工程设计的重要内容，一般包括加环设计、解链设计及加工环设计三个类型。其中，加环设计是根据上一营养级和下一营养级之间的种群类型和数量关系等，通过增加生产环、增益环、减耗环或复合环(即营养级)，将人类难以利用的物质或者废弃物再次带入物质和能量的转化中，或减少不利于下一营养级的生物。解链设计主要针对有害物质随食物链产生的富集效应，通过将有害物质的富集路径与人类食物链脱离，使人类避免摄取这些有害物质，多用于解决耕地污染的问题。加工环设计与加环设计中的生产环设计类似，但生产环的主体是生物，而加工环的主体是人。

三、土地生态工程设计的一般步骤

土地生态工程是在自然生态系统的基础上构造人工设计后的土地生态系统，不仅需要对原自然系统具有一定的了解，还需要在原生系统的基础上设计出更为优化的土地生态系统，具体包括以下几个步骤：

1. 土地生态系统边界的确定　任何一个土地生态系统都有相对明确的边界范围，由于土地生态系统的层次结构性，其边界也是多层次的。因此，在进行土地生态工程设计之前，要先明确设计对象的边界。

2. 土地生态系统分析　对选定的土地生态系统进行调查、评价和分析，了解该土地生态系统的产生原因及结构和功能的演变。

3. 生态过程的驱动机制 建立土地生态系统的输入输出模型，对土地生态系统中的物质、能量、人口等方面的流动路径及特点进行分析，并进一步识别这些过程的驱动因子，通过模拟系统在这些因子变化时的响应，分析土地生态系统的适宜性和承受度等。

4. 土地生态系统目标的设定 通过上述分析，结合社会经济条件，确定适宜该土地生态系统的优化目标。

5. 土地生态工程方案的构建 根据土地生态系统的优化目标，结合土地生态设计原理，初步构建多个可实现目标的工程方案，包括具体的技术路线、流程及可采用的技术。

6. 土地生态工程方案的论证与修订 组织相关学科专家，对不同设计方案进行论证和修改，并最终形成确定的土地生态工程设计方案。

7. 反馈和修正 在实施最终确定方案的过程中，发现问题后要进行反馈，并及时对方案进行修改，以保证工程的顺利完成。

四、典型土地生态工程设计

(一)农田生态工程设计

1. 农作物生态工程设计 农作物生态工程主要涉及耕地生态系统中作物结构与布局、复种与间作、套作等种植方式和种植顺序。一方面要系统地把前后茬或上下层作物按间作、套作、复种和轮作等形式进行组装，另一方面要将各种作物在时空上合理搭配，使农田生态系统实现高产、优质和高效。

(1)间、套作。在同一田块上，一个完整的生长期间只种一种作物称为单作；种植两种或两种以上生育季节相近的作物称为间作；套作则指两种或两种以上不同生育季节作物种植在同一田块的种植方式。

间、套作的具体设计原则：①复合群体中各种作物的形态和生态特性差异较大，需要选择具有相互促进而不是相互抑制的作物搭配组合。如高秆与矮秆、垂直叶与水平叶、深根与浅根、喜光与喜阴、喜温与喜凉、耐旱与耐涝作物之间的搭配。②单一作物的田间结构主要取决于密度与行距；而间、套作还涉及农作物的带宽、行比、排列位置、间距等，使农作物之间既要有一定的密度，又要保有通风透光度。③采取相适应的栽培技术和田间管理，调节作物的生长发育，促使复合群落的协调。

(2)复种。复种是在同一田块上一年内种收两季或多季作物的种植方式，即多熟制。复种种植方式不仅由光、温、水等气候因素决定，比如我国秦岭、淮河一线以北可一年一熟或两年三熟，以南可一年二熟到一年三熟；还受社会需求方面的影响，比如人多地少、气候温暖多雨地区适宜发展复种多熟制。随着人口和生活水平的增长以及科技的提高，1999—2013 年，我国耕地复种指数整体上呈现显著上升趋势，年均增加约为 1.29%[①]。

(3)轮作。轮作是在同一田块上，有顺序地轮种不同作物或轮换不同复种方式的种植方式。轮作设计一方面要考虑田块的地形、土壤、水利等条件，另一方面还要考虑作物对土壤养分的需求。通过设计不同养分需求的轮作作物，可实现对土壤样地的均衡利用和土壤生产

---

① 丁明军，陈倩，辛良杰，等，2015.1999—2013 年中国耕地复种指数的时空演变格局[J]. 地理学报，70 (7)：1080 - 1090.

潜力的充分发挥。

（4）作物布局。作物布局是对一定区域的作物种类、播种面积和配置地点的安排。合理的作物布局不仅可以实现生态条件和生产条件的充分利用，以及生态、经济和社会效益的最优化，而且可以正确处理不同农作物之间的关系。

2. 标准田块设计

（1）田块方向。耕作田块方向的布置应尽量保证耕作田块长边方向受光照时间最长、受光热量最大，故田块长边方向通常宜选南北向。在水蚀区，耕作田块宜平行等高线设置；在风蚀区，耕作田块则应与当地主害风向垂直或与主害风向垂直线的交角小于 $30°$。

（2）田块长度。根据耕作机械工作效率、田块平整度、灌溉均匀程度及排水畅通度等因素确定耕作田块长度，一般为 $500\sim800$ m，具体长度可依自然条件确定。这主要是考虑机械作业效率和灌溉效率等影响农业种植的相关因素，比如表 10-1 中可以看出机械作业效率随着田块长度的增长而提高，但不成正比例，当田块长度为 500 m 左右时，行程利用率达到 90% 以上。

表 10-1　某地拖拉机耕地工作效率与田块长度的关系

田块长度(m)	50	100	200	400	600	800	1 000
行程利用率(%)	51	68	88	89	93	94	95
单位工作量(hm²)	3.67	4.33	4.87	5.20	5.40	5.47	5.53
每亩耗油量(kg)	1.73	1.45	1.3	1.21	1.18	1.16	1.15

资料来源：王万茂，韩桐魁，2013. 土地利用规划[M]. 北京：中国农业出版社.

（3）田块宽度。耕作田块宽度应考虑田块面积、机械作业要求、灌溉排水及防止风害等要求，同时应考虑地形地貌的限制。当田块有机械作业要求时宽度宜为 $200\sim300$ m，在灌溉排水条件苛刻时宽度宜为 $100\sim300$ m，在风蚀区有防止风害要求时宽度宜为 $200\sim300$ m。

（4）田块形状。为了给机械作业和田间管理创造良好的条件，田块的形状要求外形规整，长边与短边交角以直角或接近直角为好；形状选择依次为长方形、正方形、梯形、其他形状，且长宽比一般不小于 $4:1$，尽量不要设置为三角形和多边形。

3. 土地平整工程设计　土地平整是水利、农业土壤改良和保土保水工程措施中的一个重要环节，对提高土地利用效率和机械作业效率等方面都有着重要的作用。土地平整工程是田块及其道路、沟渠和防护林工程的前提和基础，土地平整工程设计的好坏直接关系到整个农田生态工程及农业生产能力。土地平整设计应遵循因地制宜、确保农田旱涝保收、填挖土方量最小、与农田水利工程设计相结合的原则。

（1）布设要求。

A. 田面平整应与田、沟、渠、林、路、井等工程密切结合。

B. 顺灌水方向田面坡度为 $1/800\sim1/400$，最小不应小于 $1/1\ 000$，最大不应大于 $1/300$；畦灌要求的田面坡度以 $1/500\sim1/150$ 为宜；水稻格田要求的坡度更小，近于水平。

C. 在平整田块应尽量移高填低，使填挖土方量基本平衡，总的平整土方量达到最小；同时减小同一平整田块内的平均土方量运距。

D. 应保留一定厚度的表土以保证当年农业生产，一般保留 $20\sim30$ cm 表土为宜，但保留表土越厚，倒土工作量越多，考虑到增产与省工，保留 25 cm 左右的表土即可。

E. 平整田块的填土部分将会有一定的沉陷，故在填土处应留有相当于填土厚度20%左右的虚高，以保证虚土沉实后达到田面的标准要求。

F. 在不同地区，田面高程设计的标准不同：在地形起伏小、土层厚的旱涝保收地区，田面设计高程根据土方挖填量确定；在以防涝为主的地区，田面设计高程应高于常年涝水位0.2 m以上；在地形起伏大、土层薄的地区，田面高程设计应根据实地条件确定；在地下水位较高的地区，田面设计高程应高于常年地下水位0.8 m以上。

(2)平整方案。根据地形变化有平面法、斜面法和修改局部地形面法三种平整方案（图10-1）。

A. 平面法是指将设计地段平整成一近似水平面，一般多用于水稻田的平整，土方量和工作量均较大。

B. 斜面法是指将设计地段平整成具有一定纵坡的斜面，坡度方向与灌水方向一致，这样对沟、畦灌有利，但也具有较大的土方量及工作量。

C. 修改局部地形面法是对设计地段进行局部适当修改，而不是全部改变其原有地形面貌，只将过于弯曲或凸凹的地段修直顺平，故土方量及工作量均相对较小，适用于面积较大、地形变化较多、不宜大平大填的地区。

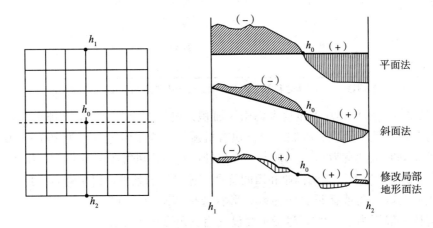

图10-1　田块平整方案

(资料来源：樊志国，2007. 土地开发整理技术及应用[M]. 北京：中国石油大学出版社.)

4. 防护林工程设计　防护林有利于农田生态系统维持结构和功能的稳定性，一方面降低风速、保持水分，从而改善农田气候，另一方面由于降低了风沙和干旱，对农作物的生长和发育起到了保护作用。具体从以下几个方面设计：

(1)林带结构。指防护林的林木类型、密度和层次等形态结构，以及林带宽度等，通常采用林带透风系数表征林带结构。林带透风系数指林带背风面林缘1 m处带高范围内平均风速与旷野的相应高度范围内平均风速之比。林带透风系数0.35以下为紧密结构，0.35~0.6为疏透结构，0.6以上为透风结构。

(2)林带方向。一般根据主害风方向和地形条件设置林带方向，通常主林带垂直于主害风方向，防风效果最佳；若由于地形条件或地界的变化，不能完全垂直时，可以设置30°以内的偏角，当偏角大于45°会降低防风效果。

(3)林带间距。应根据需要林带的有效防护距离设置林带间距，与树高和林带结构相关，一般林带有效防风距离为树高的 20～25 倍。

（4）林带宽度。虽然林带越宽防风效果越好，但过宽的林带一方面不经济，另一方面其防风效率并非一定增高，以 4～9 行树的林带最为适宜（表 10‑2）。

表 10‑2　不同宽度林带的防风效果

林带宽度（行）	20 m 树高平均防风率（%）	25 m 树高平均防风率（%）
2	9.7	9.6
4	39.8	36.73
5	30.3	25.3
9	29.2	24.7
18	21.0	16.4
25	26.7	10.0

资料来源：王万茂，韩桐魁，2013. 土地利用规划［M］. 北京：中国农业出版社.

（5）树种选择与搭配。一方面，树种选择与搭配适宜与否影响到树木的正常生长发育与林带的结构，因此树种的选择和搭配直接影响对农田的防护效益；另一方面，防护林树种的选择与搭配对农田生态系统的物质和能量平衡存在影响，故在树种选择与搭配时应考虑与农田生态系统的协调性。

综合而言，树种选择要按照"适地适树"的原则，根据当地土壤气候选择成林快的树种，还应以枝叶茂密、不串根、干形端直、不易给农作物感染病虫害的树种为主。在树种搭配上，一般一条林带适宜种植单一乔木树种，不宜多树种搭配；这主要是考虑到不同树种的生长速度存在差异，长速快的树种会抑制长速慢的树种，造成断面不整齐，从而降低防护效果。

（二）坡耕地治理工程

坡耕地治理工程包括坡改梯工程（土坎坡改梯和石坎坡改梯）和为防治坡面水土流失而兴建的拦、引、蓄、灌、排等坡面水系工程，还有为方便群众行走、运输而修建作业道路，以及保土耕作等措施。按照山、水、田、林、路统一规划：梯田工程布置在离村庄、道路较近，集中连片，土质好的三级坡耕地地块上；保土耕作工程布置在坡度较缓、水土流失不严重、土质较好的三级坡耕地地块上；经果林布置在条件较差的四级、五级坡耕地地块上；水土保持林布置在荒山荒坡及条件较差的五级坡耕地地块上；封禁治理布置在疏林、幼林地块上；坡面水系、作业便道与坡改梯、经果林地块配套布设，要基本做到排水有沟、沉沙有凼、蓄水有池、泥不下山、水不乱流。

1. 梯田工程设计

（1）梯田类型。

A. 水平梯田，是在坡地上沿地形等高线方向，用半挖半填的方法，按设计的田面宽度修筑的田面呈水平状态的台阶形田块 ［图 10‑2(a)］。水平梯田适用于人多地少地区、坡度小于 20° 的缓坡地开发和治理，是我国南方地区最常见的梯田类型，主要用于种植水稻、果树和茶树，少量用于种植其他旱地作物。

B. 坡式梯田，是在山坡的坡面上每间隔一定距离，沿等高线方向堆土筑埂或挖沟筑埂，把原坡面分割成若干等高带状的斜坡段［图 10 - 2(b)］。前者又称地埂，后者则称为埂沟式梯田，该类梯田在我国南方地区较少见，一般适用于地多、劳动力缺乏、降水量少地区的坡地开发治理。

C. 反坡梯田，又称倒坡梯田，是在山坡地上用半挖半填的方法，按照设计的田面宽度修筑的田面由外向内倾斜（即相反于原坡面倾斜方向）的台阶形的田块［图 10 - 2(c)］。该类型梯田适用于人多地少、降水充沛地区的陡坡地。

D. 隔坡水平梯田，又称复式梯田，是水平梯田与坡式梯田相结合的一种类型，是由两个一次性修平的水平梯田之间隔着一段原状坡面的斜坡段组合而成的一种梯田工程［图 10 - 2(d)］。主要是利用水平台阶拦蓄斜坡段流失的水和土，一般适用于地多劳动力少、降水少、易干旱的地区及远离村庄的陡坡地的开发治理。

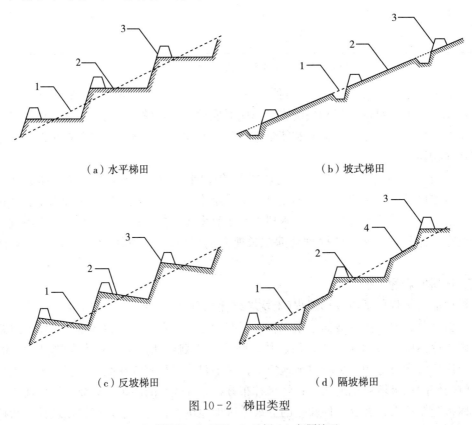

（a）水平梯田　　　　　　　　　　　（b）坡式梯田

（c）反坡梯田　　　　　　　　　　　（d）隔坡梯田

图 10 - 2　梯田类型

1. 原地面　2. 田面　3. 地埂　4. 间隔坡面

(2)布设要求。

A. 梯田一般应规划在 25°以下的坡耕地上，25°以上的坡地原则上应予以退耕。

B. 要求土质较好、近水、近路和靠近居民点的地方，在基本沿等高线的原则下，采取大弯就势、小弯取直。

C. 田面长边应沿等高线布设，梯田形状呈长条形或带形：田面宜宽不宜窄，应考虑灌溉和机耕作业要求，陡坡区田面宽度一般为 5～15 m，缓坡区一般为 20～40 m；田块宜长不宜短，一般不小于 100 m，以 150～200 m 为宜。

D. 梯坎类型按就地取材原则确定，宜石则石，宜土则土，做到工程投资省、土石方量少、埂坎面积占耕地面积较少。

E. 为方便灌溉，梯田的纵向还应保留 1/300～1/500 的比降，注意充分利用当地一切水源发展灌溉并合理布置灌排系统。

F. 尽量做到生土平整、表土复原，集中连片、规模治理，但要防止一梯到顶。

（3）断面设计。水平梯田设计主要是确定田面宽度、田坎高度和田坎侧坡的规格，这三方面是相互联系、相互制约的，另外还需要根据原地面坡度、土壤情况而定。设计示意见图 10 - 3。

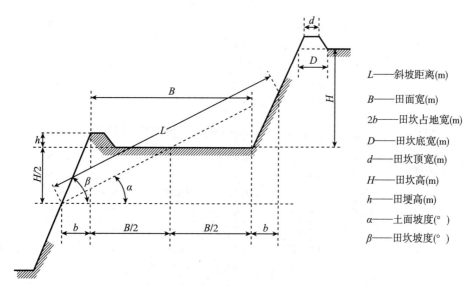

图 10 - 3　水平梯田横断面示意

（资料来源：樊志国，2007. 土地开发整理技术及应用[M]. 北京：中国石油大学出版社．）

A. 田面宽 B：

$$B = H \times (\cot \alpha - \cot \beta) \tag{10-1}$$

田面宽包括田埂（蓄水埂）宽度在内，一般顶宽（d）为 0.2 m 左右，底宽（D）为 0.4 m 左右。

B. 田坎高 H：

$$H = L \times \sin \alpha = B/(\cot \alpha - \cot \beta) \tag{10-2}$$

计算出田坎高再加田埂高（h）即为埂坎高。

C. 埂坎侧坡的选定：埂坎侧坡以稳定、少占地为原则。根据群众经验，田坎越高，埂坎侧坡越缓，一般为 70°～76°，田埂内侧坡为 45°左右。

D. 田坎占地宽 $2b$：

$$2b = H \times \cot \beta \tag{10-3}$$

E. 田坎占地：

$$田坎占地 = 2b/(B + 2b) \times 100\% \tag{10-4}$$

原坡面小于 15°时，田面宽度以 10～25 m 为宜；原坡面大于 15°时，田面也不宜窄于 4～5 m。对于不同地面坡度，梯田规格标准可参照表 10 - 3。

表 10 - 3　水平梯田规格

地面倾斜角 α	田坎高 H	斜坡长 L	土坎梯田			石坎梯田		
			田坎侧坡 $\tan\beta$	田面宽 B(m)	田坎占地 (%)	田坎侧坡 $\tan\beta$	田面宽 B(m)	田坎占地 (%)
5°	1.0	11.5	1：0.25	11.2	2.2	1：0	11.4	—
	1.5	17.2	1：0.25	16.8	2.2	1：0	17.1	—
	2.0	23.0	1：0.3	22.3	2.6	1：0	22.9	—
	2.5	28.7	1：0.3	21.8	2.6	1：0.1	28.3	0.9
10°	1.5	8.6	1：0.25	8.1	4.4	1：0	8.5	—
	2.0	11.5	1：0.3	10.7	5.3	1：0	11.3	—
	2.5	14.4	1：0.3	13.4	5.3	1：0.1	13.9	1.8
	3.0	17.3	1：0.35	16.0	6.2	1：0.1	16.7	1.8
15°	1.5	5.8	1：0.25	5.2	6.7	1：0	5.6	—
	2.0	7.7	1：0.3	6.9	8.0	1：0	7.5	—
	2.5	9.7	1：0.3	8.6	8.0	1：0.1	9.1	2.7
	3.0	11.6	1：0.35	10.1	9.4	1：0.1	10.9	2.7
20°	2.0	5.8	1：0.3	4.9	10.9	1：0	5.5	—
	2.5	7.3	1：0.3	6.1	10.9	1：0.1	6.6	3.7
	3.0	8.8	1：0.35	7.9	12.7	1：0.1	7.9	3.7
	3.5	10.2	1：0.35	8.4	12.7	1：0.2	8.9	7.3
25°	2.5	5.9	1：0.3	4.6	14.0	1：0.1	5.1	4.7
	3.0	7.1	1：0.35	5.4	16.3	1：0.1	6.1	4.7
	3.5	8.3	1：0.35	6.3	16.3	1：0.2	6.8	9.3
	4.0	9.5	1：0.35	1.2	16.3	1：0.2	7.8	9.3

资料来源：北京市建筑工程学校测量教研组，1977. 农村基建测量[M]. 北京：中国建筑工业出版社.

F. 土方量计算：施工前估计梯田土方量，以便于计划用工，合理安排劳力，使填方和挖方平衡。

断面面积 S：

$$S=1/2\times H/2\times B/2=1/8HB \tag{10-5}$$

每亩梯田埝坎长 L：

$$L=666.7/B \tag{10-6}$$

每亩梯田土方量 V：

$$V=S\times L=1/8HB\times 666.7/B=83.3H \tag{10-7}$$

根据上述公式可算出不同田坎高的每亩土方量，见表 10 - 4。

表 10 - 4　不同田坎高与土方量关系

田坎高(m)	1.0	1.5	2.0	2.5	3.0	3.5	4.0
每亩土方量(m³)	83	125	167	208	250	292	333

资料来源：王礼先，2000. 水土保持学[M]. 北京：中国林业出版社.

2. 坡面水系工程设计　坡面水系工程的主要作用是通过引导坡面径流减缓坡耕地的水土流失，是以改善丘陵地区和土石山区生态环境及农业生产条件为目的的微型水利工程组合体。坡面水系工程主要包括"三沟"和"三池",其中"三沟"指截水沟、蓄水沟、排水沟,"三池"指蓄水池、蓄粪池、沉沙池。

(1)布设要求。

A. 蓄水池:用以供给农林用水,因此应以水源充足、蓄引方便、少占耕地、造价低、基础稳固等为前提条件;一般布设在坡面汇流的低凹处,也可布设在排灌渠的旁边,或尽量修在村庄附近和道路旁边。

B. 沉沙池:用以沉淀水流中悬移质泥沙、降低水流中含沙量;一般布设在每块耕地的排水沟出口处,使泥沙就地拦蓄,每年冬季把沉沙池内拦蓄的泥沙挑回该块耕地。

C. 截水沟:用以拦截坡地上游降雨径流和泥沙,可蓄水或排水。用于蓄水时应沿等高线布设,也称水平沟;用以排水时应采用1‰~2‰的纵向坡降,且沟内一般不设置横档。

D. 排水沟:用以排除截水沟不能容纳的地表径流,并将其导入蓄水设施的沟道;一般布设在坡面截水沟的两端或较低一端,具体位置应根据截、排、用水去处(蓄水池或天然冲沟及用水地块)而定。

综合而言,坡面水系工程应与梯田、耕作道路等工程同时规划,并以沟渠、道路为骨架,合理布设截水沟、排水沟、沉沙池、蓄水池等工程,形成完整的防御和利用体系。坡面面积较小的沟渠工程系统,可视为一个排、引、蓄水块,当坡面较大时,可划分为几个排水块或排水单元,各单元分别布置自己的排水去处。另外,坡面水系工程规划还应尽量避开滑坡体、危岩等地带,同时注意节约用地,使交叉建筑物(如涵洞等)最少、投资最省(图10-4)。

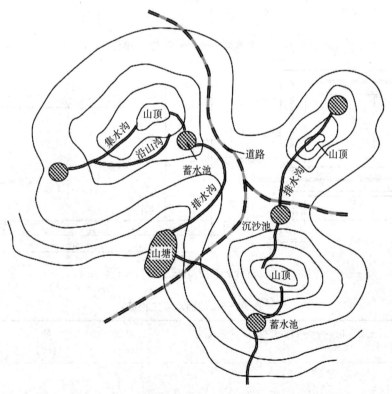

图10-4 坡面水系平面布置示意

(资料来源:黄炎和,2016. 水土保持学(南方本)[M]. 北京:中国农业出版社.)

（2）设计原则与断面设计。坡面水系工程布设在经果林、坡改梯和保土耕作措施的地块上，先布设截水沟、排水沟和道路，再布设蓄水池、沉沙池等。根据水土保持国家标准《水土保持综合治理技术规范　小型蓄排引水工程》（GB/T 16453.3—2008）中规定，沟渠工程的防御标准应按照 10 年一遇 24 h 最大降雨量设计。因此，需根据当地实际条件和开展水土保持工作治理的经验，设计截、排水沟过水断面尺寸，并在施工中根据实际情况做适当调整。以 95 m³ 蓄水池、2 m³ 沉沙池和 30 cm×30 cm 截、排水沟断面为例（图 10-5 至图 10-7），其工程量如表 10-5。

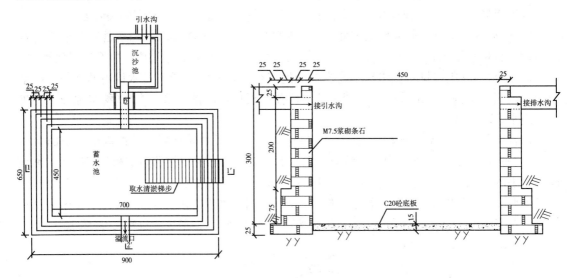

图 10-5　蓄水池平面与断面设计（单位：cm）

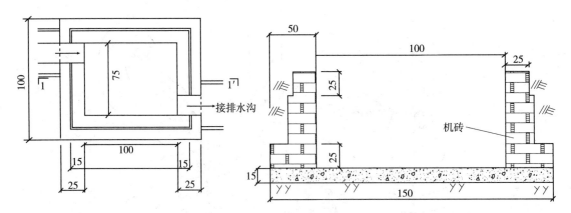

图 10-6　沉沙池平面与断面设计（单位：cm）

表 10-5　坡面水系工程量

工程名称	土方开挖 （m³）	石方开挖 （m³）	砌砖 （m³）	抹面 （m²）	砼 （m³）	浆砌条石 （m³）
蓄水池	40.2	93.39	—	—	4.73	82.25
沟渠	0.51		—	1.10	0.08	0.30
沉沙池	1.33	1.99	2.94	8.00	0.23	—

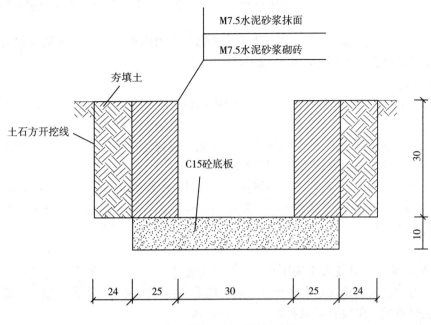

图 10-7　截、排水沟断面设计(单位：cm)

(3)施工设计。

A. 根据坡面水系平面布置放线定位，确定各类坡面水系工程的位置和范围，并同时选定取料场和需开挖土、石方的堆放场。

B. 先施工排水沟、沉沙池、蓄水池、渠、路等部分，再结合梯田等主体工程，修建背沟。

C. 蓄水池的池壁采用浆砌条石，池底做混凝土防渗处理，并设计进池台阶。

3. 作业道路工程设计

(1)布设要求。

A. 作业道路配置必须按照具体地形与坡面水系与水系工程相结合，保证道路完整、畅通，一般设置在沟边、沟底或山脊上。

B. 若山低坡缓，道路可设计成斜角形；若山高坡陡(大于 3%～5%)，道路沿 S 形或螺旋形修筑，以降低农用机械爬坡的难度；介于两者之间的地形可设计成 S 形或"之"字形(图 10-8)。

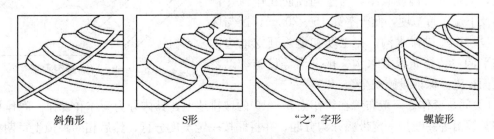

图 10-8　梯田道路布置

C. 沟边道路应修成内低外高的路面，并间隔筑土埂利于引流，以防止流水汇集冲毁田坎。

D. 既要尽量避开大挖大填，减少交叉建筑物，节约用地，降低工程造价；又要考虑到耕作与运输的便捷性，提高劳动生产效率。

(2) 施工要求。

A. 田间作业道和坡面水系(灌排)都是连片梯田、连片经果林区的骨架，要先于坡改梯实施或同步实施。

B. 作业道路两侧开挖排洪沟和修建消力设施，应与整个坡面水系相通、相连。沟、路相邻的，可利用开挖的土方，用作路基填筑。

C. 路面中间稍高于两侧，转道外侧稍高于内侧，转弯角度不能太小，一般为 15°。

D. 土料路基以黏土略含砂质为好，要铺一层夯一层，每层都要夯紧夯实。路面铺砂质土，保持路面透水性。砼路面要保证其强度，但路面要粗糙、防滑。

(3) 管护要点。

A. 护坡措施采取草皮和浆砌块石护坡。草皮要栽植多年生繁殖力强或有经济价值的草种。浆砌块石护坡大都用在与沟渠组合一边，既是路的护坡又是沟渠的一壁，考虑到投资费用问题，也可做成干砌块石，但要牢固，防止坍塌。

B. 遵循适地适树原则，在路边栽植速生树种和经济树种。路面保持平整透水，路面的坑凹和雨后冲陷坍塌要及时修复，同时禁止在路边的边坡种植农作物和取土采石。

C. 路边的排水沟，每年年初与年末要进行一次清淤整修，每次大雨之后，要检查有无崩塌淤塞，及时清除污物，保持水流畅通。

4. 保土耕作工程设计 由于梯田工程的成本较高，根据小流域坡耕地现状及粮食需求，可采用等高沟垄等保土耕作工程。等高沟垄种植工程指在坡耕地上沿等高线开沟垄，并在沟内和垄上间套种植农作物该工程不仅增加地面覆盖以及根系分布，起到蓄水保土和改良土壤的作用，还可以增加复种，提高单位面积产量。具体可分为等高沟垄和间套种植两部分：

(1) 等高沟垄。一般布置在土层较厚、耕作面坡度在 15°以下的坡耕地上(图 10-9)。

等高沟垄从坡耕地的坡脚基线开始，沿等高线将土向下翻犁，筑成具有一定斜度(1/200～1/100 比降)的斜度垄沟；一处坡面上布局 3～5 道沟垄形成小区，上端筑封沟埂联结，与垄同高防止串流，沟中间及下端作竹节埂，低于垄高 15～20 cm，区与区之间设耕作道或排水沟；在土埂和地边开挖地边沟和水平沟，结合布设截水沟、排洪沟等设施，以蓄排坡面径流，保证设施安全。

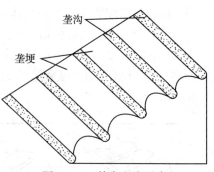

图 10-9 等高垄沟示意

(2) 间、套作。一般布置在耕作面 5°～15°的坡耕地上，具体分为间作和套作。间作指从坡脚基线沿等高线按一定带幅开沟分厢，并将厢按一定宽度分行，然后相间种植生育期相近的作物 [图 10-10(a)]；套作指从坡脚基线沿等高线按一定带幅开沟分厢，将厢分成不同宽度的行，相隔种植前茬作物，在预留行或绿肥带上套作后茬作物 [图 10-10(b)]。

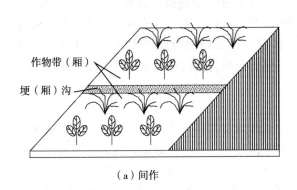
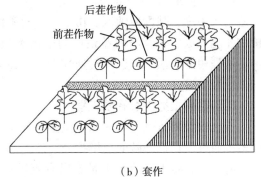

（a）间作　　　　　　　　　　　　　（b）套作

图 10 - 10　间作和套作示意

间、套作模式根据种植目的和作物生物生态习性，从禾本科与豆科、高秆与矮秆、疏生与密生、深根与浅根、喜阳与喜阴、早熟与晚熟等方面选择间套作物种类，要保证主要作物的密度（雨季时覆盖率 75%），组成一个既能充分利用光、热、水、肥等自然条件，又能有效减少水土流失的作物群体结构，一般可以归纳为粮-粮（粮食作物）组合型、粮-经（经济作物）组合型、粮-菜组合型。

（三）红壤丘陵区退化林地的恢复与重建工程

根据退化林地植被生长状况、立地条件及水土流失状况，并结合考虑其他一些限制性因子，可以将退化林地的恢复和重建大致分为自然修复模式、地表草被快速恢复治理模式和生态林草复合治理模式①。

1. 自然修复模式　该模式通过将退化的林地生态系统划定封禁范围，实行封山禁采禁伐，一方面减少外界干扰，利用优越的亚热带气候条件，促进生态系统的自我修复，另一方面，结合人工措施对荒山和疏林地区域造林或补植林木，以快速增加其覆盖度，即采取大面积封育保护（简称大封禁）和小面积综合治理（简称小治理）并举的措施。由于生态系统的自我修复过程较长且恢复效果难以确定，该模式一般适宜在轻度退化、立地条件较好且离村庄较远的地区。红壤丘陵区地处亚热带气候区，高温多雨无霜期长，林木草类生长速度快，自然恢复植被能力强，封育治理是恢复植被兼顾经济和效率的选择。

2. 地表草被快速恢复治理模式　退化严重林地生态系统中，植被覆盖度低，表土流失严重，土壤肥力难以供应植被生长。由于草被比灌、乔木的适应力强、生长速度快，恢复地表草被更容易实现地表的快速覆盖，从而保护表土，改善土壤肥力。地表草被快速恢复技术主要包括多草种混播或单草种快速覆盖模式。其中，多草种混播快速覆盖模式一般采用一年生与多年生、豆科与禾本科、上繁草与下繁草等相结合；单草种快速覆盖模式多采用象草或百喜草进行快速覆盖，这两种草都具有适应性强、抗逆性强、生长迅速的特征，并且象草的营养价值较高，可作为优良种牧草和食用菌栽培原料。

3. 生态林草复合治理模式　草-灌-乔是自然生态系统的一种基本结构，也是生态系统演替到顶级群落的组成方式，具有结构稳定性最强、生物多样性丰富的特点。一般采用

①　黄炎和，2016. 水土保持学（南方本）［M］. 北京：中国农业出版社．

"灌-草""乔-灌""草-灌-乔"的复合模式。生态林草复合治理模式具有较好的治理效果，更适用于中度、强度侵蚀区。由于植物对不同区域的适应性差异，要选择区域中生长旺盛的植物才能形成生态经济效益最好的植被类型。因此，在采用该治理模式时，应选择乡土树种，增强树木成活率；选择抗逆性强、生命力旺盛、繁殖力强的草被植物，以增加土壤肥力和加快恢复速度。

(四)盐碱土地生态修复工程

传统农业要依赖于淡水和"淡土"环境，盐碱环境对其是一种限制性因素。以往对于盐碱地多通过改良措施减低土壤盐分，然而改良措施花费颇多且成效有限，特别是在淡水资源短缺的干旱、半干旱地区更是难以有效进行。因此，对于中国盐碱地的治理改造和开发利用，应该改变传统思想，运用生态修复原理，着眼于盐碱环境，充分挖掘盐生动植物的潜力，发展盐碱农业，变不利因素为有利条件，尽快跳出盐碱地治理开发的"怪圈"，促进盐碱地区农业和生态持续健康发展。

除原生盐碱地外，大部分次生盐碱地是由于砍伐森林，植被覆盖率低，地表蒸发量增大。因此，从这一意义上说，盐碱地也属于受损生态系统。盐碱地的改良应采用生态修复的方法，充分利用盐生植物，恢复植被。具体可分为生物措施、耕作措施及综合措施。

1. 生物措施 地下水是导致土壤盐碱化的重要原因，通过增种树木抑制地下水水位上升，从而减轻土壤盐碱化：①能够减少对地下水的补充。绝大多数情况下，地下水的补充源于降雨。一方面树冠层和枯枝落叶层可截留一部分雨水，另一方面树木的吸收或蒸腾作用可大量减少入渗到土壤中的雨水，从而减缓雨水对地下水的补充。②能够增加水的消耗。树木枝繁叶茂，根系深广，蒸腾量大。一般情况下，树木根系可直达地下水，通过大量蒸腾，降低地下水位。其他禾本科或豆科作物的根系浅，生长季节短，很少消耗地下水（人工提水灌溉除外）。

2. 耕作措施 针对盐碱土的特点，在农业中采取一切必要措施，降低土壤盐分含量（短时间的或持续的）是盐碱地生态修复的要务。为了达到这一目标，实行有效的耕作措施是其中之一。它包括深耕细耙、增施绿肥和节水农业：①深耕细耙可以防止土壤板结，改善土壤团粒结构，增强透水透气性，改良土壤性状，保水保肥，降低盐分危害。②增施绿肥可以增加土壤有机质含量，改善土壤结构和根际环境，有利于土壤微生物的活动，从而提高土壤肥力，抑制盐分积累。③节水农业是干旱、半干旱地区保障农业生产的主要途径，主要措施是种植耐旱作物，采用滴灌、喷灌、管灌等新型灌溉方式，这样不仅解决水源不足的问题，还能防止土壤盐渍化，促进作物生长，提高产量和质量。

除此之外，有些地方还尝试在盐碱地上种植耐盐作物，如辽宁营口、山东东营等在盐碱地上种植水稻，以水压盐，田中养鱼，放鸭，效果很好。有的地方在实验用微咸水灌溉，这种情况下，作物品种要细心选择，微咸水的盐分组成和含量应该弄清，更重要的是灌水量要严格掌握。

3. 综合措施 土壤盐碱化涉及多方面的因素，因而盐碱地的改良也应采取综合措施，在一定区域内对盐碱地进行统筹规划、综合治理，实现农、林水协调发展。根据不同情况，还有其他生态修复的途径。例如，海滨盐土植被修复与经济利用模式，研究开发一系列适合我国盐土资源的优质耐盐经济植物种质资源，直接、快速地建立第一性生产力，确保生态、经济和社会综合效益的提高；耐盐牧草、饲料选育与滩涂扩繁模式，运用生物技术和生态技术相结合，选育高产优质和抗逆性的牧草品种，在滩涂大规模扩繁，并通过平衡供草，为沿海地区开发种草养畜(禽)业提供科学依据；滩涂草基鱼塘模式和新筑海堤绿化护坡的植被重建模式，通过种植耐盐牧草，既养鱼又护堤，生态效益显著；米原生态工程及其生态控制模式，不失时机地利用米草生物量进行绿色食品的开发和综合利用，促进生态系统的良性循环，可以将米草种群发展控制在适度水平，是防范和控制米草入侵的有效模式之一。

综上所述，中国盐碱地资源较为丰富，通过生态修复合理开发利用盐碱地资源，变不利条件为有利因素，是促进盐碱地化地区可持续发展的重要途径之一。对盐碱地问题应有一个新的认识，把盐碱地作为一种可利用的资源，以系统论的观点，从盐渍土资源、植物资源、水资源等诸方面综合考虑，统筹开发利用与水土保持、经济效益与景观效果之间的关系，努力拓展盐碱地开发利用途径，积极推荐盐碱地资源的生态利用和产业化发展。

第四节　土地生态工程案例

一、黑龙江农田侵蚀沟填埋工程技术[①]

东北黑土区是我国除黄土高原外沟道侵蚀最为严重的区域，严重削减了作为我国最大商品粮生产基地的东北黑土区粮食可持续生产和生态安全能力。以黑龙江省海伦市前进乡光荣村为例，示范农田侵蚀沟填埋复垦工程与技术。该区域侵蚀沟为发育于耕地中的小型沟，沟下端与横向交叉的一条大型沟连接，切沟长 280 m，宽约 3 m，深 1.5 m，上端与 2 条分叉的浅沟相连，浅沟长各约 100 m，达分水岭处。土壤属典型黑土，黑土层厚度约 30 cm，过渡层 40 cm，下为母质层，深约 8 m。横坡垄作，种植作物为玉米和大豆。

具体工程设计如下：

秸秆打捆：秸秆来源于沟周围 2 km 内的玉米地，联合收割机收获后，玉米秸秆被粉碎后均匀抛撒于地表，利用秸秆打捆机收集打捆，打捆绳采用耐腐烂的塑料绳，尽量打成最为紧实，秸秆捆规格随打捆机定，设为 40 cm×50 cm×60 cm，紧实度控制在≥230 kg/m³。

沟道整形：依据沟道自然形状，将整形后的沟宽设定为 3.5 m 和 2 m 两个宽度，采用日立 120 挖掘机，将前者挖成长 120 m、深 2.0 m 和后者长 160 m、深 1.5 m 的矩形断面沟段。

暗管布设：暗管选取塑料排水盲管，管壁是由塑料丝编织而成，透水性极佳，外部土工布包裹，单管长 2 m，管间用带皮金属线连接，直至沟底出水口，沟底比降 3‰～5‰ (图 10-11)。

秸秆铺设：下端宽体段秸秆捆铺设 3 层，上端窄体段秸秆捆铺设 2 层(图 10-11)。

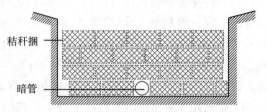

图 10-11　暗管布设和秸秆铺设示意图

① 张兴义，祁志，张晟旻，等，2019. 东北黑土区农田侵蚀沟填埋复垦工程技术[J]. 中国水土保持科学，17(5)：128-135.

拦截埂和竖井：共布设 2 道，分别位于距沟尾 120 m 和 200 m 处，单井规格 2 m×1 m，内填直径 2 cm 左右的碎毛石，上覆约 20 cm 厚的粗砂。

出口防护：以暗管出口为中心，修筑砖混挡墙。

修复沟毁耕地再造面积 740 m²，工程投资 2.53 万元，每再造 1 m² 耕地 35 元。工程量见表 10-6。

表 10-6　该农田侵蚀沟填埋复垦工程量

土方(m³)	秸秆捆	暗管(m)	人工(d)	复垦(m²)	投资(元/m²)
760	6 400	300	25	740	35

填埋后的原侵蚀沟位田面全部恢复了作物种植，保证了农业机械通行。除封冻外，暗管连续排水，降雨期增大。在 2018 年的丰水年，也未重新成沟，达到了设计要求，取得了预期效果，实现了沟毁耕地的修复。

二、内蒙古草原露天煤矿生态重建模式[①]

科尔沁草原霍林河露天煤矿位于内蒙古通辽市，属于半干旱气候区，年降水量为 375.2 mm，矿区的开发对该区的大气、水体、土壤、地貌、草原植被等带来了严重的影响，为了减轻由此而产生的各种环境压力，维持并促进草原牧业生产的发展，建立了以污水土地处理系统、综合防护林体系为骨干的林、草、矿复合的生态系统。

1. 构建综合防护林体系　根据矿区自然条件的特点、开发的总体规模、各项活动的平面分布，将该区分为四个防护类型区：大气环境影响区、水土流失危险区、潜在沙漠化区、污水处理区。

对于大气环境影响区，重在建立以乔、灌、草相结合的人工植被，选择抗逆性强的常绿树种作为大气净化林树种。在居民区，建立环城防护林、街道绿化带、工厂防护林相结合的大气净化体系，其中环城防护林林带采用 2 行乔木 2 行灌木或 2 行乔木 1 行灌木式，街道绿化带分别采用 10 行屋脊型、3 行 1 带半屋脊型、3 行 2 带连续半屋脊型或 2 行乔木加绿篱型通风式结构林带，工厂防护林林带采用 3 行 1 带、3 行 2 带、3 行 3 带配置方式。

水土流失危险区主要包括两种类型。对于排土场和采掘场这种类型，首先建立排土场人工植被，待排土场达到设计高度、平面和边坡稳定之后，先进行复加表土、洒水等改善立地条件的措施，然后建立以灌木和草本为主的人工植被，实行条带状培植，每条灌木带 3~5 行，宽 3~5 m，带间距离 15~25 m，边坡按等高配置，其次要在排土场附近建立林带宽 10~20 m、带间距 50~100 m 的防护林。对于由生产活动造成的植被破坏而引起的水土流失区，在分水岭或台地与坡地的转折处营造宽 30~50 m 的水源涵养林，按每条林带宽 20 m、带间距 100 m，沿等高线配置。林带由主乔、亚乔、灌木组成复层紧密结构。

对于潜在沙漠化区，以窄林带小网格形式形成林、草结合的防风固沙体系，主要由草灌结合的固沙林、阻沙林带、防风固沙林网三部分组成。草灌结合的固沙林主要配置在已活化的流动沙丘上，采取生物固沙与机械固沙相结合的措施，以稻草或麦秆扎成 1 m×1 m 的草

① 孙铁珩，周启星，李培军，2001. 污染生态学[M]. 北京：科学出版社.

方格，灌木草本种子直播于网格中；阻沙林带配置在流沙的边界河流滩地与沙地的交接带、沙区道路两侧、建筑群周围，营造紧密结构的窄林带(4 行乔木 2 行灌木行道树式林带)；防风固沙林网主带间距离 150 m，每个林网控制面积 4.5 hm²，每条林带为 3～5 行乔木 2 行灌木组成的疏透结构。

对于污水处理区，以集中片林形式配置在污水库周围，初植密度为 3 m×1 m，树种之间采取团块状混交和宽带状混交方式。

2. 建立污水土地处理系统　霍林河矿区土地处理系统分为三大环节：①以污泥微生物消化为中心的一级处理系统，污水进入一级处理场首先经沉沙后，进入沉淀池，大约经过 1.5～2 h 沉淀，通过加氯消毒接触池外排，通过加压与自流进入污水库。②以菌藻共生体系为中心的污水水库系统，污水经加氯消毒后，被加压输送到 850 m 标高，然后沿等高线，按一定比降自流进入污水水库，利用污水水库中自然形成的菌藻共生体系，使污水得到天然净化，经冬季冬储、缓冲和自然净化，通过灌溉林地、草地而被利用和净化。③以土壤-植物生态系统为中心的污水灌溉系统，经水库冬储后的污水，通过自流与扬水灌溉林地、草地、使污水资源化和再利用(图 10-12)。

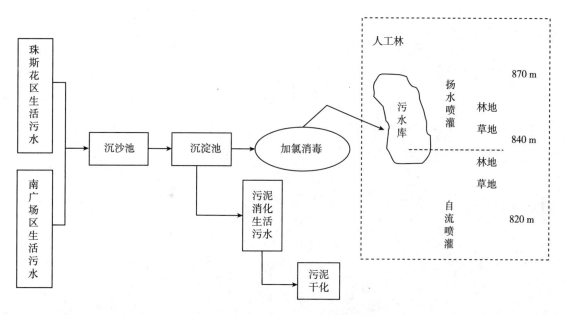

图 10-12　霍林河矿区土地处理系统结构组合

(资料来源：孙铁珩，周启星，李培军，2001. 污染生态学[M]. 北京：科学出版社.)

3. 排土场整治、煤田开采区的景观恢复与生态环境建设　整治排土场应采取生物和工程措施相结合的原则，在冲刷沟头采用草方格、移草皮、种草等方法防止水土流失。为了防止牲畜践踏和破坏，距排土场 50 m 远设围栏。选择本地区地带性植物如针茅、羊草、冷蒿等，混播一些提高土壤肥力、具有固氮能力的多年生豆科植物如草木樨等。根据霍林河自然条件和地带性植被特点，在煤田开采区建设人工林草场和综合防护林体系，矿区形成新型人工地貌组合，进行统一规划设计，发展林业、牧业、渔业生产，与矿业资源开发有机地结合起来，相互作用形成一个稳定的生态系统。

复习思考题

1. 简述土地生态工程的概念。
2. 简述土地生态工程的分类及分类依据。
3. 简述土地生态技术的概念与特征。
4. 土地生态工程的设计内容是什么?

第十一章 土地生态修复

土地生态修复是土地生态学的重要研究内容，是从宏观到微观全方位的生态环境保护和建设过程，是在土地生态调查、土地生态评价之后，具体解决土地生态问题的关键环节，常与土地生态规划、土地生态设计和土地生态工程复合进行。通过土地生态修复，有助于受损生态系统恢复健康，提高生态环境质量，实现土地资源持续利用，统筹人与自然和谐发展。

无论是自然灾害还是人为扰动，其长期作用都能从不同时间、空间尺度改变土地生态系统生物要素和非生物要素的成分与特征、结构与功能，甚至造成生态系统的失衡与退化，并对人类社会的可持续发展构成威胁。因此，如何协调人与自然的关系，保护生态环境，治理、修复并重建退化的土地生态系统，成为当今人类面临的重要课题。

第一节 受损生态系统与生态修复

一、受损生态系统概述

(一)受损生态系统的概念

受损生态系统(damaged ecosystem)是在一定的时空背景下，在自然因素、人为因素或二者的共同干扰下，导致生态要素和生态系统整体发生的不利于生物和人类生存的量变和质变，致使生态系统的结构和功能发生与原有平衡状态或进化方向相反的变化过程。具体表现为生态系统的结构和功能发生变化和障碍，生物多样性下降，系统稳定性和抗逆能力减弱，系统生产力下降。

受损生态系统还可理解为生态系统的完整性受到损害。生态系统的完整性是从"生命系统与非生命系统的完整"角度来考虑的，包括 3 个层次：①系统的组成成分是否完整，即系统是否具有全部土著物种；②系统的组织结构是否完整；③系统的功能是否健康。前两个层次是对系统组成完整性的要求，第三个层次则是对系统成分间的作用和过程完整性的要求。

在生态系统的结构层次上，生态系完整性强调系统的"全部"，包括物种、景观要素和过程，即生态系统具有土著的成分(植物、动物和其他有机物)和完整的过程(如生长和再生)。如果生态系统受到外在影响，其土著的成分和完整的过程受到破坏，该生态系统就不再完整，即受到损伤。在生态系统的功能方面，系统的完整性注重生态系统的整体特征。生态系统是不断演变和进化的，环境的演变、物种的消亡和新生是生态系统固有的属性。如果生态系统对外在干扰的抵抗力减弱，净生产能力和保持营养的能力降低，生物之间的相互作用被削弱，这个生态系统就难以持续即受到了损伤。简言之，受损生态系统是丧失了完整性的、不健康的病态生态系统。

(二)受损生态系统的成因

导致生态系统受损的两大触发因子分别为自然因素和人为干扰因素。对生态系统产生破坏作用的自然因素包括地震、火山喷发、泥石流、海啸、台风、洪水、火灾和虫灾等突发性灾害,可在短时间内对生态系统造成毁灭性的破坏,导致生态系统发生难以预测的演替逆转。

地震不仅损坏建筑物,而且能引起地面开裂、山体滑坡、河流改道或堵塞等,进而对地表植被及其生态系统造成毁灭性破坏。火山喷发时喷出的高温岩浆破坏山体植被、使生物难以生存,同时火山灰和气体还会造成空气质量下降,使生态系统严重破坏,并在区域内出现原生演替。泥石流具有冲刷、冲毁和淤埋等作用,可改变山区流域生态环境,造成水土涵养能力降低,加速水土流失、环境恶化,改变局部地貌形态。海啸是由海底地震、火山爆发或海底塌陷、滑坡及小行星溅落、海底核爆炸等产生的具有超长波长和周期的大洋横波,会对沿岸的城市、人畜生命和生态环境造成毁灭性的破坏。台风是发生在热带海洋上的强大涡旋,它带来的暴雨、大风和暴潮及其引发的次生灾害(洪水、滑坡等)会对环境造成巨大破坏,特别是风暴潮对沿海地区危害最大。洪水常引发山崩、滑坡和泥石流等地质灾害,造成严重的生态破坏,改变大量动植物的生境。火灾主要指森林火灾,其突发性强,直接危害林业发展,是严重破坏生态环境的灾害之一。森林火灾导致大量动植物丧生,一些珍稀物种甚至绝迹;同时引起水土流失、土壤贫瘠、地下水位下降和水源枯竭等一系列次生自然灾害。虫灾主要有森林虫灾和农作物虫灾两种,严重威胁农业、林业和畜牧业的发展。

人为干扰是导致生态系统受损的直接原因,人类活动的强烈干扰往往会加速生态退化进程,将潜在的生态退化转化为生态破坏。人为干扰主要包括滥垦滥伐、过度放牧、围湖造田、破坏湿地、滥用化肥农药、外来物种入侵、污染环境等。人为干扰可直接或间接地加速、减缓和改变生态系统退化的方向和过程。在某些地区,人类活动产生的干扰对生态退化起着主要作用,并常造成生态系统的逆向演替,产生土地荒漠化、生物多样性丧失等不可逆变化和不可预测的生态后果。

滥垦滥伐可造成水土流失,森林面积迅速减少,生物多样性丧失,生态服务功能下降,甚至导致地区和全球气候变化等环境问题。过度放牧不仅直接引起草原植被退化、生物多样性下降,而且可引发土壤侵蚀、干旱、沙化、鼠害和虫害等。围湖造田可使湖泊水域面积缩小,降低水体调蓄能力和行洪能力,导致旱涝灾害频繁发生,水生动植物资源衰退,湖区生态环境裂变,生态功能丧失。破坏湿地导致沼泽土壤泥炭化、潜育化过程减弱或终止,土壤全氮及有机质含量大幅度下降,植被退化,重要水禽种群数量减少或消失,最终导致湿地生态系统结构退化、功能丧失。外来物种入侵后,会侵占生态位,挤压和排斥土著生物,降低物种多样性,破坏景观的自然性和完整性。环境污染主要包括大气污染、水污染和土壤污染等。大气污染可导致森林植物被毁,造成植被退化,使农作物减产;水体污染可导致水体富营养化、水华和赤潮暴发频繁,水生生态系统退化;土壤污染可导致土壤功能退化,农产品产量和质量严重下降。

(三)受损生态系统的特征

生态系统受损后,原有的平衡状态被打破,系统的结构、组成和功能都会发生变化,随之而来的是系统稳定性减弱、生产能力降低、服务功能弱化等。从生态完整性的角度分析,受损生态系统的共同变化特征主要有以下几个方面。

1. 生物多样性改变 与原生生态系统相比，生态系统受损后由于环境的改变，会发生一系列的变化：首先是特征种群、优势种群消亡，紧接着与之共生的物种也逐渐消亡，最后是从属种群和依赖种群消亡。系统中的伴生种迅速发展，如喜光种、耐旱种，或尚能忍受生境变化的先锋物种趁势侵入，滋生繁殖。有的生态系统的植被类型在轻度破坏中物种增加，有的则减少；在强干扰时，受损的初期物种数减少，而后可能快速增加，其中某些物种随时间的推移而消失。整个系统物种多样性的数量可能没有明显变化，多样性指数也可能并不下降，但是多样性的性质却发生了变化：质量明显下降、价值降低、系统功能衰退。

2. 层次结构趋于简单、稳定性下降 生态系统受到损害，反映在生物群落中的种群特征上，常表现为种类组成发生变化，优势种群结构异常；在群落层次上，表现为群落结构的矮化，整体景观的破碎。如因过度放牧而退化的草原生态系统，最明显的特征是牲畜喜食植物种类的减少，其他植被也因牧群的损害，物种的丰富度下降，植物群落趋于简单化和矮小化，部分地段还因此出现沙化和荒漠化。

正常生态系统中，生物相互作用占主导地位，环境的随机干扰较小，系统在某一平衡点附近摆动。有限的干扰所引起的偏离将被系统固有的生物相互作用(反馈)所抗衡，使系统很快回到原来的状态，系统维持稳定。但在受损生态系统中，由于结构、组成不正常，系统在正反馈机制驱使下远离平衡，系统稳定性下降。

3. 物质循环发生不良变化、能量流动效率降低 生态系统结构受到损害后，层次性简化及食物网的破裂，使营养物质和元素在生态系统中的周转渠道减少、周转时间缩短、周转率降低，生物的生态学功能减弱。由于生物多样性及其组成结构的变化，使系统中物质循环的途径不畅或受阻，系统中的水循环、氮循环和磷循环等发生改变。如森林生态系统由于大面积砍伐而受损，系统中氮、磷等营养物质不能在生命系统中正常进行循环，常随土壤流失并被输送到水域生态系统。不仅造成森林生态系统内部营养物质的损失，而且还会引起水体富营养化等一系列次生环境问题。

由于受损生态系统食物关系的破坏，能量的转化及传递效率会随之降低。主要表现为系统光能固定作用减弱，能流规模缩小或过程发生变化，捕食过程减弱或消失，腐化过程弱化，矿化过程加强而吸收存储过程减弱，能流损失增多，能流效率降低。

4. 系统功能衰退、生产力下降 这种能力弱化及功能衰退主要表现在：固定、保护、改良土壤及养分能力弱化；调节气候能力削弱；水分维持能力减弱，地表径流增加，引起土壤退化；防风固沙能力弱化；文化环境价值降低或丧失，导致系统生境的退化。其在山地系统中尤为明显，当生态系统受损后，这些功能也都随之下降，某些功能甚至全部丧失。

受损生态系统物种组成和群落结构的变化，必然导致能量流动与物质流动的改变。物种组成和群落结构变化的影响，通常表现为生态系统生物生产力的下降，如砍伐后的森林、退化的草地等。其原因在于：①光能利用率减弱；②由于竞争和对资源的不充分利用，光效率降低、植物为正常生长消耗在克服不利影响上的能量(以呼吸作用的形式释放)增多，净初级生产力下降；③初级生产者结构和数量的改变又常导致次级生产力的降低。当然，在某些特定条件下也有例外，如贫营养的水域中，适当地人为增加水体中的营养物质，不仅能提高生态系统的生物生产力，而且还能增加群落的生物多样性、改善生态关系。

综上所述，生态系统的受损过程首先是其组成和结构发生了变化，导致其功能和生态学过程的弱化，进而引起系统自我维持能力减弱且不稳定。系统组成与结构的改变，是系统受损的外在表现，功能衰退才是受损的本质。因此，受损生态系统功能的变化是判断生态系统损伤程度的重要标志。另外，植物群落属于生态系统的第一生产者，是生态系统有机物质最初来源和能量流动的基础，植物群落的外貌形态和结构状况又通过对系统中次级消费者、分解者的影响而决定着系统的动态并制约着系统的整体功能。因此，在受损生态系统中，结构与功能是统一的，通过分析系统结构的改变，可以推测出其功能的变化。退化生态系统与正常生态系统的特征比较见表 11-1。

表 11-1　退化生态系统与正常生态系统的特征比较

生态系统特征	退化生态系统	正常生态系统
总生产力/总呼吸量(P/R)	<1	1
生物量/单位能流值	低	高
食物链	直线状、简化	网状、以碎食链为主
矿质营养物质	开放或封闭	封闭
生态联系	单一	复杂
敏感性、脆弱性和稳定性	高	低
抗逆能力	弱	强
信息量	低	高
熵值	高	低
多样性(包括生态系统、物种、基因和生化物质的多样性)	低	高
景观异质性	低	高
层次结构	简单	复杂

资料来源：包维楷，陈庆恒，1999. 生态系统退化的过程及其特点[J]. 生态学杂志，18(2)：36-42.

二、生态修复概述

(一)生态修复的概念

1. 生态修复的概念　生态修复可追溯到 19 世纪 30 年代，但将它作为生态学的一个分支进行系统研究，是自 1980 年 Cairns 主编的《受损生态系统的恢复过程》出版以来才开始的。在生态修复的研究和实践中，涉及的相关概念有生态恢复(ecological restoration)、生态修复（ecological rehabilitation）、生态重建（ecological reconstruction）、生态更新(ecological renewal)、生态改良(ecological reclaimation)等。这几个概念虽然在含义上有所区别，但都具有"恢复和发展"的内涵，即恢复受干扰或受损害的系统使其可持续发展并为人类利用。如 restoration 是指恢复受干扰或破坏的生态环境使其尽可能回到原来的状态。Reclamation 是指将被干扰和破坏的生境恢复到原有物种能够重新定居，或与原来物种相似的物种能够定居。Rehabilitation 是指根据土地利用计划，将受干扰和破坏的土地修复到具有生产力的状态并使其保持稳定，不再造成环境恶化且与周围景观保持一致。Reconstruction 是指运用外力使完全受损的生态系统恢复到最初状态。Renewal 是指通过外力改善部分受损的生态系统，增加人类期望的人工特点并减少不符合人类期望的自然特点。

也有研究者使用生态恢复、生态改良、生态改进、生态修补、生态更新、生态再植等表示对受损生态系统的修复，其中使用较多的是生态恢复，常和生态修复互相代替使用。尽管很多生态学家依据自己的研究领域对生态恢复给出了不同的定义，但大部分都强调受损的生态系统要恢复到原有的或者更高水平的状态。实际上，受损生态系统很难真正恢复到原貌或恢复其原有功能，只能阻止其进一步退化并朝良性循环方向发展。当人们意识到这点后，越来越多的生态学家改变了对生态恢复的原有看法。如 Harper(1987)认为生态恢复就是关于组装并试验群落和生态系统如何工作的过程。Diamond(1987)认为生态恢复就是再造一个自然群落，或再造一个自我维持并保持后代具持续性的群落。Jordan(1995)认为使生态系统回到先前或历史上(自然的或非自然的)状态即为生态恢复。Cairns(1995)认为生态恢复是使受损生态系统的结构和功能恢复到受干扰前状态的过程。Egan 等(2011)认为生态恢复是重建某区域历史上的植物和动物群落，而且保持生态系统和人类的传统文化。

国际恢复生态学会指出生态修复是修复被人类损害的原生生态系统的多样性与动态的过程。随后，"生态修复"这一术语的使用频率越来越高。其中，修复本身也具有恢复的含义，指把一个事物恢复到先前状态的行为，但不一定必须恢复到原始的完美程度。为了快速提高生态系统的服务功能，可以采取重建的方式，重新营造一个不完全相同的，甚至是更优的、全新的自然生态系统。

综上可见，国内外许多学者从不同的角度对生态修复这一概念有不同的理解和认识，目前较为统一的看法为：生态修复是对受损生态系统停止人为干扰，以减轻负荷压力，依靠生态系统的自我组织和自我调节能力使其朝有序的方向进行演化，或者利用生态系统的自我恢复能力，并辅以人工措施，使受损生态系统逐步恢复或朝良性循环方向发展，最终恢复生态系统的服务功能。生态修复工作主要指致力于那些在自然突变和人类活动影响下受到破坏的自然生态系统的恢复与重建。

2. 生态修复的含义　一般认为生态修复具有 4 个层面的含义：①污染环境的修复，即传统环境问题的生态修复工程；②大规模人为扰动和被破坏生态系统(非污染生态系统)的修复，即开发建设项目的生态恢复；③大规模农林牧业生产活动破坏的森林和草地生态系统的修复，即人口密集农牧业区的生态修复或生态建设，相当于生态建设工程或区域生态工程；④小规模人类活动或完全由自然原因(森林火灾、雪线下降等)造成的退化生态系统的修复，即人口分布稀少地区的生态自我修复。

此外，随着我国经济的快速发展，对矿产、水利水电及各项基础设施的大规模投入，国家也投入了大量资金用于修复生产建设造成的生态破坏。为了应对气候变化并改善生态环境，我国政府提出 2050 年森林覆盖率达到并超过 26％的目标，党的十九大多次提出要"统筹山水林田湖草系统治理""推进资源全面节约和循环利用""实施重要生态系统保护和修复重大工程"，相关部门也已开始开展国土综合整治工作，生态修复已成为一个新兴的生态环境建设领域。

3. 生态修复相关术语

(1)重建(reconstruction)，即去除干扰并使生态系统恢复原有的利用方式。

(2)改良(reclamation)，即改善环境条件使原有的生物生存，一般指原有景观彻底破坏后的恢复。

(3)改进(enhancement)，即对原有的受损系统进行重新修复，以使系统某些结构与功能得以提高。

(4)修补(remedy)，即修复部分受损的结构。

（5）更新(renewal)，即生态系统发育，是向新的水平或层次的演替。

（6）再植(revegetation)，即恢复生态系统的部分结构与功能，或恢复当地先前的土地利用方式。

（7）恢复(restoration)，指生态系统恢复到未被损害前的完美状态的行为，既包括回到起始状态又包括完美和健康的含义。

（8）修复(rehabilitation)，指把一个事物恢复到先前状态的行为，其含义与恢复相似，但不包括达到完美状态的含义。因为在进行修复工作时不一定要求必须恢复到起始状态，所以泛指对所有退化进行改良的工作。

(二)生态修复的必要性

目前，生态环境已经遭到了严重破坏，要想维持人类经济快速、稳定、健康发展，并实现人与环境的和谐共生，就必须对当前环境进行生态修复。

针对目前人为和自然因素使原有生态系统遭受破坏的情况，Daily(1995)提出生态修复的4个必要性：①资源的需要，需要增加产量满足人类需要；②环境变化的需要，人类活动已对地球的大气循环和能量流动产生了严重的影响；③维持地球景观及物种多样性的需要，生物多样性依赖于人类保护和恢复生态环境；④经济发展的需要，土地退化限制了国民经济的发展。

(三)生态修复的原则

受损生态系统的修复与重建要求在遵循自然规律的基础上，通过人类的作用，根据生态上健康、技术上适当、经济上可行、社会能够接受的原则，重构或再生受损或退化的生态系统。生态修复与重建的原则一般包括自然原则、社会经济技术原则、美学原则。自然原则是生态修复与重建的基本原则，强调的是将生态工程学原理应用于系统功能的恢复，最终达到系统的自我维持。社会经济技术原则是生态修复需要群众参与和支持，并有接受意愿；经济上可行，尽量做到少投入、多产出，提高功效的同时降低各种资源的消耗；它是生态恢复与重建的基础，在一定程度上制约恢复重建的可能性、水平和深度。美学原则是退化生态系统的恢复与重建应给人以美的享受，实现整体的和谐。受损生态系统修复与重建的基本原则见图 11-1。

(四)生态修复的目标

根据社会、经济、文化与生活需要，人们会对退化的生态系统制定不同水平的修复目标。例如：保护自然生态系统，为生态修复提供参考；恢复现有的退化生态系统，尤其是与人类关系密切的生态系统，如森林、草原、农田等自然或人工生态系统；对现有的生态系统进行合理管理，避免退化；保持区域文化的可持续发展。其他目标还包括实现景观层次的整合性，保持生物多样性及保持良好的生态环境，建立合理的内容组成(种类丰富度及多度)、结构(植被和土壤的垂直结构)、格局(生态系统成分的合理安排)、异质性、功能(诸如水、能量、物质流动等基本生态过程的实现)(Hobbs et al.，1996)，或着眼于生态系统自身可持续性的恢复等(Parker，1997)。

基本的修复目标或要求主要包括以下几个方面：①实现生态系统的地表基底稳定性，保证生态系统的持续演替与发展；②恢复植被和土壤，保证一定的植被覆盖率和土壤肥力；③增加种类组成和生物多样性；④实现生物群落的恢复，提高生态系统的生产力和自我维持能力；⑤减少或控制环境污染；⑥增加视觉和美学享受。

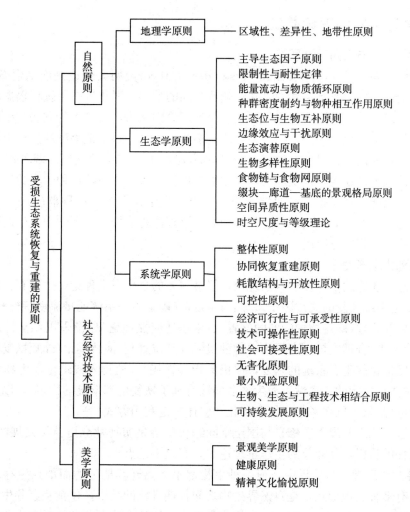

图 11-1　受损生态系统修复与重建的基本原则

（资料来源：任海，彭少麟，2001. 恢复生态学导论[M]. 北京：科学出版社.）

第二节　生态修复的基本理论

　　生态修复基本理论是以群落自然演替机制作为理论基础而不断发展与完善起来的。群落的自然演替主要有原生演替和次生演替两种实现形式。具体发展到哪一种类型，主要由演替开始初期对应的土壤条件决定。一般来说，生态演替过程是一种具有秩序性及可预见性特点的变化系列。在演替变化的过程中，一个生态系统逐渐被另一个生态系统替代，直至建立起一个最能够适应当下环境条件的最佳生态系统。因此，生态演替也可以理解为，在外界压力不复存在的前提条件下，生态系统所经历的一系列恢复过程及最终恢复的结果。但在时间充足的前提下，任意条件下所进行的演替过程是否能够完全修复所有被破坏因素，重建原来的顶级群落呢？答案往往是否定的，即通过群落自然演替的方式实现的生态修复具有一定的限度，因此修复受损生态系统往往需要辅以人工因素。

一、生态修复的理论基础

(一)自我设计与人为设计理论

自我设计与人为设计(self-design versus design theory)两大理论是恢复生态学的基础。自我设计理论认为,只要有足够的时间,随着时间的推移,退化生态系统将根据环境条件合理地实现自我组织并会最终改变组分。人为设计理论则认为,通过工程方法和植物重建,可直接恢复退化生态系统,但恢复的类型可能是多样的。这一理论把物种的生活史作为植被恢复的重要因子,并认为通过调整物种生活史的方法可加快植被的恢复。两种理论的不同点是,自我设计理论是在生态系统层次上考虑生态恢复,未考虑在缺乏种子库的情况下,其恢复的生物群落只能靠环境条件来决定;而人为设计理论是在个体或种群层次上考虑生态恢复,这种生态恢复的方向和结果可能是多种的,该理论是从恢复生态学中产生的理论,也在生态恢复实践中得到广泛应用。

(二)基础生态学理论

恢复生态学还应用了许多学科的理论,但最主要的是生态学理论,主要有:限制性因子原理(寻找生态系统恢复的关键因子)、热力学定律(确定生态系统能量流动特征)、种群密度制约及分布格局原理(确定物种的空间配置)、生态适应性理论(尽量采用乡土种进行生态恢复)、生态位原理(合理安排生态系统中物种组成及其位置)、演替理论(缩短恢复时间,可能不适用于极度退化的生态系统的恢复,但仍具指导作用)、植物入侵理论、生物多样性原理(引进物种时注重生物的多样性,而生物多样性有利于恢复生态系统的稳定),以及缀块—廊道—基底理论(从景观层次考虑生境破碎化和整体土地利用方式)等。

运用生态学原理开展生态修复与国土空间综合整治是实现社会可持续发展的重要手段,也是生态工程的目标,其涉及的生态学理论主要有以下几点。

1. 物种共生原理 自然界中任何一种生物都不能离开其他生物而单独生存和繁衍,这种依存关系有多种表现形式,是自然界生物之间长期进化的结果,包括互惠共生与竞争抗生两大类,亦称为"相生相克"关系,并构成了生态系统的自我调节和负反馈机制。生态学的这一原理,是进行生态工程设计和修复的基本理论依据之一。

2. 生态位原理 生态位又称为"生态龛",指生态系统中各生态因子都具有明显的变化梯度,且能被某种生物占据利用或适应的部分,简而言之即某一生物在生态系统中的地位和作用。比如湖泊中的鱼类,有的生活在水体的底层,摄食小型鱼类或底栖动物;有的生活于水体的中层,摄食浮游生物;有的则生活于水体上层,摄食藻类或水草等。在生态工程设计和修复中,合理运用生态位原理,可以构成一个具有多种群的稳定而高效的生态系统。因此,在评价某一具体生态工程设计时,生态位理论的应用水平是重要内容,如是否依据生态位理论,设计并实现了各种生物之间的巧妙配合,从而达到对资源的最充分利用。

3. 食物链原理 食物链和食物网是生态系统中物种关系的另一种表现形式,也是重要的生态学原理。在自然界中食物链关系是极其复杂的,而且正是这种复杂的食物关系使得生态系统维持着动态平衡,实现着生态系统的功能,即物质的循环和能量的转化与传递。生态工程设计与修复利用的物种共生原理,基础就是食物链和食物网理论。因此,生态工程设计的合理性,首先应体现在系统内物种的食物关系上。加强食物链原理在实际利用方面的应用研究,是提高生态工程设计水平的一个重要问题。

4. 生物多样性原理　由于生物多样性对促进系统稳定性起重要作用，一个系统中生物种类的多少是判定系统稳定性的重要指标。即生态系统中生物多样性越高，生态系统就越稳定。这一理论也适用于生态工程的设计：如在农业生态工程中，对食物链加长或增环，就是对生物多样性原理的应用，其意义一是可实现对资源充分利用的目的，二是增加系统的稳定性，而系统能否稳定是衡量一个生态工程是否成功的重要指标。

5. 物种耐性原理　一种生物的生存、生长和繁衍都需要适宜的环境因子，环境因子在量上的不足或过量都会使该生物不能生存或生长、繁殖受到限制，以致被排挤而消退。换言之，每种生物都有一个生态需求上的最大量和最小量，两者之间的幅度，就是该种生物的耐性限度。由于环境因子的相互补偿作用，一个物种的耐性限度是变动的，当一个环境因子处于适宜范围时，物种对其他因子的耐性限度将会增大，反之则会下降。该理论对生态工程的设计很有指导作用：如某一物种很适合于某一生态工程设计的食物链，但其生态耐受性不甚理想，依据物种耐性原理，可通过适当满足生存环境来提高适应能力，实现整个设计的最优化。

6. 景观生态学原理　景观生态学是一个较新的生态学分支，它以整个景观为对象，着重研究某一区域内自然资源和环境的异质性。景观是由相互作用的斑块或生态系统组成的、以相似形式重复出现的、具有高度空间异质性的区域。它的基本内容包括：景观结构与功能，景观异质性，生物多样性，物种流动，养分再分布，能量流动，景观变化与景观稳定性等。景观生态学原理在生态工程设计中的应用主要在于设计环境保护生态工程、污染治理生态工程等方案时，必须从区域的尺度考虑其合理性，要有意识地将工程本身与整个区域的景观特征与布局紧密结合。

7. 耗散结构原理　耗散结构原理指一个开放系统的有序性来自非平衡态，也就是说，系统的有序性因系统向外界输出熵值（如呼吸作用等）的增加而趋于无序，要维持系统的有序性，必须有来自系统之外的负熵流的输入，即有来自外界的能量补充和物质输入。这意味着在生态工程设计中，①要注重系统内部的设计，即系统自身熵输出的功能潜力；②要注意系统外的输入能力，即可提供的能量和物质的成本。这两点是系统效益的基本依据，若不考虑系统的输出，则等于未考虑系统的效益，生态工程的设计就是失败的。因此，耗散结构原理在生态工程设计中的指导意义在于要以此来分析工程设计的效益平衡，即系统的熵增加与系统输入的实际效益比。

8. 限制因子原理　一种生物得以生存和繁衍必须满足基本的物质和环境条件，当该物质或条件的可利用量或环境适宜程度在"特定状态"下不能满足生物所需的临界最低值时，便称其为生物在该特定条件下的限制因子（limiting factors）。即生态因子中使生物的耐受性接近或达到极限时，生物的生长发育、生殖、活动及分布等受到直接限制、甚至造成死亡的因子。在生态工程设计中，若能正确运用生态因子规律，可建立系统的反馈调节，抑制某些不利生态现象，消除控制限制因子的作用，并利用因子的补偿或代替机制，增强或削弱限制因子的作用强度。

9. 生态因子综合性原理　自然环境中每个生态因子的作用是相互联系、相互促进和相互制约的，任何一个因子的变化都会引起其他因子作用强度甚至性质的改变。因此，生态工程设计中，要关注生态因子对生物的综合作用，尤其是主要（或关键）因子的动态变化对其他因子的影响，使生态因子相互促进、减少拮抗，加强对系统的调控能力。

二、生态修复的机理

生态修复是通过排除干扰、加速生物组分的变化和启动演替过程，使退化生态系统恢复到某种理想状态的过程。其基本机理是通过建立生产者系统（主要指植被），由生产者固定能量，并通过能量驱动水分循环，水带动营养物质循环，在生产者系统建立的同时或其后再建立消费者、分解者系统和微生境。生产者系统的主要作用是通过植物群落多样性建立动物和微生物群落的多样性，并使整个生态系统趋于稳定。

退化生态系统恢复的可能状态包括：退化前状态、持续退化、保持原状、恢复到一定状态后再退化、恢复到介于退化与人们可接受状态间的替代状态或恢复到理想状态（图11-2）（Hobbs et al.，1993）。但系统并不总是沿着一个方向恢复，常常会在几个方向间进行转换并最后达到一种稳定的复合状态（metastable states）。

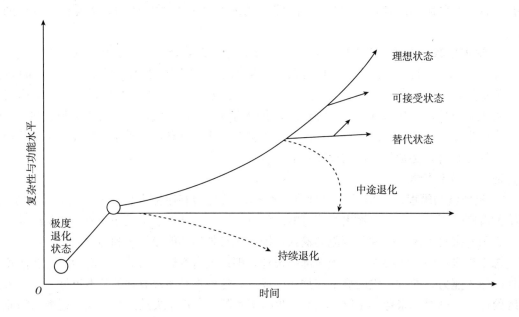

图 11-2　退化生态系统恢复的方向

（资料来源：万金泉，王艳，马邕文，2013. 环境与生态[M]. 广州：华南理工大学出版社.）

依据 Hobbst 和 Norton(1996)的临界阈值理论（图 11-3）：假设生态系统存在 4 种稳定状态，分别是未退化（状态 1）、部分退化（状态 2 和状态 3）、高度退化（状态 4）。在不同胁迫或同种胁迫、不同强度压力下，生态系统可从状态 1 退化到状态 2 或状态 3；当去除胁迫时，生态系统又可从状态 2 和状态 3 恢复到状态 1。但由于生态系统从状态 2 或状态 3 退化到状态 4 要越过一个临界阈值，因此，从状态 4 恢复到状态 2 或状态 3 时就变得十分困难，通常需要大量的投入。例如，草地常常由于过度放牧而退化，若控制放牧则可很快恢复，但若草地已被野草入侵，且土壤成分也发生改变，控制放牧则不能使草地恢复，而需要更多的辅助措施和资金投入。同样，在亚热带区域，顶级植被常绿阔叶林在干扰下会逐渐退化为落叶阔叶林、针阔叶混交林、针叶林和灌草丛，这每一个阶段就是一个阈值，每越过一个，恢复的投入就更大，尤其是从灌草丛开始恢复时投入就更大（彭少麟等，1996）。

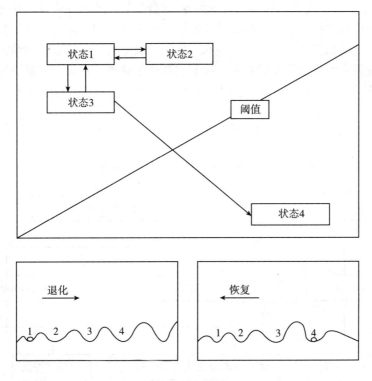

图 11-3　退化生态系统恢复的临界阈值理论

（资料来源：万金泉，王艳，马邕文，2013. 环境与生态[M]. 广州：华南理工大学出版社.）

第三节　生态修复技术

在广阔的地球表面，地形地貌复杂，气候差别很大，与各种环境条件相适应，不同地方的生物类型也千差万别，形成了不同的生态系统。不同的生态系统有着各自不同的特点、功能及物种组成，所以针对不同的受损生态系统，采用的修复技术方法也各不相同。但运用"生命共同体"理念进行深入修复，让系统不同要素之间实现有机连通，让修复技术更加具有针对性，在充分考虑其生态承载能力的基础上，做好景观优化，从而保障生物多样性，确保生态系统能够实现良性发展是学术界的共识。

一、生态修复的程序

生态修复是生态退化的逆转过程，其基本过程为：基本结构组分单元与组分之间相互关系的恢复（具体包括初级生产力、食物网、土壤肥力、自我调控机能、稳定性和恢复能力等）→整个生态系统的恢复→景观恢复。其中，以人工手段在短时期内使植被得以恢复是重建任何生态系统的第一步。应参照植被自然恢复的规律，重点解决物理条件、营养条件、土壤的毒性、合适的物种等问题。在选择植物种类时要兼顾植物对土壤条件的适应与改良作用，以及种群之间的生态关系。

由于生态修复不能仅依靠自然恢复还必须辅以工程和技术措施，因此新的生态系统是自然和人工的组合。其主要程序包括：①本底调查：确定恢复对象的时空范围；②区域自然、社会经济条件(水、土、气候、可利用的条件等)综合分析，选取评价样点并分析导致生态系统退化的关键原因及过程；③确定控制退化和恢复生态系统的方法；④科学制定恢复目标与确立成功标准，应依据自然、社会、经济和文化条件确定恢复生态系统的结构与功能；⑤进行恢复实践，发展在大尺度下完成有关目标的实践技术并推广；⑥生态系统的综合管理与应用；⑦新的自然-社会-经济系统建成并持续监测其关键变量与过程(图 11-4)。

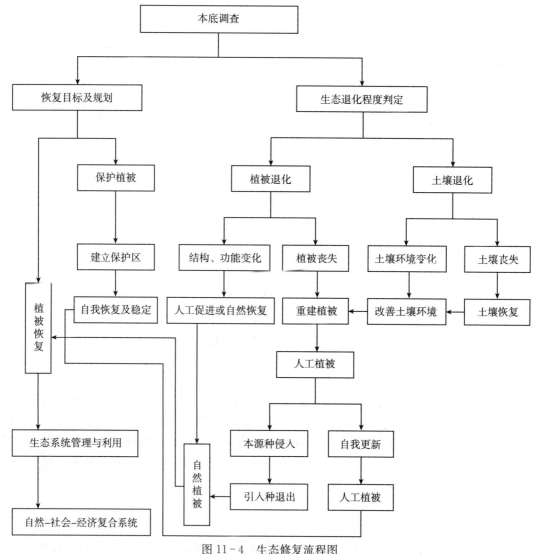

图 11-4　生态修复流程图

(资料来源：陈怀顺，赵晓英，2000. 西北地区生态恢复对策[J]. 科技导报(8)：42-44.)

二、生态修复的时间与评价标准

1. 生态修复的时间　除了生态修复所采取的技术措施及由此产生的影响外，生态修复需要的时间也是人们最关注的问题。生态修复时间指受损生态系统在停止外界破坏后，通过生态系统的自我调节或人为辅助作用，由目前的状态逐渐恢复到或接近其原来状态需要的时间。

退化生态系统的修复时间与生态系统的类型、退化程度、恢复方向和人为促进程度等密切相关。一般来说，退化程度越轻的生态系统修复时间越短：轻度退化一般需要 3～10 年，中度退化需要 10～20 年，严重退化需要 50～100 年，极度退化则超过 200 年（Daily，1995）。同时，湿热地带的修复要快于干冷地带，土壤环境的恢复要比生物群落的修复耗时更长，农田生态系统和草地生态系统要比森林生态系统修复得快些。

2. 生态修复的评价标准　如何判断生态修复是否成功，通常采取的方法是将修复后的生态系统与未受干扰时的生态系统进行比较。在进行生态修复效果评价时，需要重点考虑以下问题：①新系统是否稳定，并具有可持续性；②新系统是否具有较高的生产力；③土壤水分和养分条件是否得到改善；④组分之间相互关系是否协调；⑤所建造的群落是否能够抵抗新物种的侵入。

主要评价指标包括：关键种的多度及表现、重要生态过程的再建立、非生物特征（如水文过程等）的恢复、可持续性（可自然更新）、不可入侵性（像自然群落一样能抵御入侵）、生产力（与自然群落一样高），以及营养保持力（与自然群落相近）。

三、生态修复与重建的常用技术和方法

生态修复与重建技术是恢复生态学的重要内容。由于地域以及外部干扰类型和强度的差异，导致生态系统的退化类型、退化阶段、退化过程及其响应机理也不同。因此，在不同类型、不同退化程度的生态系统修复过程中，所应用的关键技术、恢复目标和侧重点也有所差异。整体而言，修复退化生态系统的主要技术体系有：①非生物环境因素（包括土壤、水体、大气）的恢复技术；②生物因素（包括物种、种群和群落）的恢复技术；③生态系统（包括结构与功能）的总体规划、设计与组装技术。常用的退化生态系统修复的基本技术见表 11-2。

表 11-2　退化生态系统的修复与重建技术体系

恢复类型	恢复对象	技术体系	技术类型
非生物环境因素	土壤	土壤肥力恢复技术	少耕、免耕技术，绿肥与有机肥施用技术，生物培肥技术（如 EM 技术），化学改良技术，聚土改土技术，土壤结构熟化技术
		水土流失控制与保持技术	坡面水土保持林、草技术，生物篱笆技术，土石工程技术（小水库、谷坊、鱼鳞坑等），等高耕作技术，复合农林牧技术，生物覆盖技术
		土壤污染控制与恢复技术	土壤生物自净技术，施加抑制剂技术，增施有机肥技术，移土客土技术，深翻埋藏技术，废弃物的资源化利用技术，生物修复技术
	大气	大气污染控制与恢复技术	绿色植物防污技术，新型能源替代技术，生物吸附技术，烟尘控制技术
		全球变化控制技术	可再生能源技术，温室气体的固定转换技术（如利用细菌、藻类），无公害产品开发与生产技术，土地优化利用与覆盖技术
	水体	水体污染控制技术	物理处理技术（如加过滤、沉淀剂），化学处理技术，生物处理技术，氧化塘技术，水体富营养化控制技术，水环境生态工程技术
		节水技术	节水灌溉技术，节水灌溉（渗灌、滴灌）地膜覆盖技术，集水技术

（续）

恢复类型	恢复对象	技术体系	技术类型
生物环境因素	物种	物种选育与繁殖技术	基因工程技术，种子库技术，野生生物的驯化技术
		物种引入与恢复技术	先锋种引入技术，土壤种子库引入技术，乡土种苗库重建技术，天敌引入技术，林草植被再生技术
		物种保护技术	就地保护技术，易地保护技术，自然保护区分类管理技术
	种群	种群动态调控技术	种群规模、年龄结构、密度、性比例等调控技术
		种群行为调控技术	种群竞争、他感、捕食、寄生、共生、迁移等行为控制技术
	群落	群落结构优化配置与组建技术	林-灌-草搭配技术，群落组建技术，生态位优化配置技术，林分改造技术，择伐技术，透光抚育技术
		群落演替控制与恢复技术	原生与次生快速演替技术，水生与旱生演替技术，内生与外生演替技术，演替方向调控技术
生态系统	结构与功能	生态评价与规划技术	土地资源评价与规划，环境评价与规划技术，景观生态评价与规划技术，4S辅助技术（RSI、GIS、GPS、ES）
		生态系统组装与集成技术	生态工程设计技术，景观设计技术，生态系统构建与集成技术
景观	结构与功能	生态系统间链接技术	生态保护区网格，城市农村规划技术，流域治理技术

资料来源：章家恩，徐琪，1999. 恢复生态学研究的一些基本问题探讨[J]. 应用生态学报，10（1）：109-113.

　　由于生态系统受损的原因、形式和强度等方面各不相同，生态修复所采取的技术和方法也不尽相同。从修复与重建的途径和手段性质上看，主要包括物理法、化学法、生物法、物理-化学-生物复合修复法。物理方法通过直接消除胁迫压力，改善某些生态因子，为关键生物种群的恢复提供有利条件。化学方法通过添加某些化学物质，改善土壤和水体等基质的性质，使其适合生物的生长和发育，进而达到修复和重建受损生态系统的目的。生物方法主要利用生物在生长、发育过程中的物质循环、生命代谢等活动来减少环境中的有毒有害物质的浓度或使其无害化，从而改善环境条件或者使环境条件恢复到正常状态。其中，植物修复技术应用最为广泛，植物修复是根据植物能忍耐和超量积累某种或某些污染物的生理生化特性，利用植物及其共存微生物体系清除环境污染物的一种污染治理技术。物理-化学-生物复合修复法是针对生态破坏（包括对生物因子和非生物因子的破坏），采取相应的物理、化学和生物等多种技术方法。

　　从生态系统的组成成分看，主要包括非生物和生物系统的修复技术。非生物系统的修复技术，又称为无机环境的修复技术，包括：水体修复技术（如控制污染、去除富营养化、换水、换底泥、排涝、灌溉技术等），土壤修复技术（如耕作制度和方式的改变、施肥、土壤改良、表土稳定、控制水土侵蚀、换土及分解污染物等），以及空气修复技术（如烟尘吸附、生物和化学吸附等）。生物系统的修复技术包括：生产者（如物种的引入、品种改良、植物快速繁殖、植物的搭配、植物的种植、林分改造等）、消费者（如捕食者的引进、病虫害的控制等）和分解者（如微生物的引种和控制等）的重建技术和生态规划技术。

四、生态工程修复的技术路线

(一)建立互利共生网络

生态系统是多种成分相互制约、互为因果综合形成的一个统一整体，每一成分的表现、行为、功能及它们的大小均或多或少受其他成分的影响，往往是两种或多种成分的合力，是其他成分与它的因果效应。而一个生态系统的行为和功能是各组分构成统一有机整体时才具备的，它并非各组分的行为、功能的简单加和或者机械集合。各组分的结构协调、组分间比量合适，整体功能将大于各组分的行为、功能的简单加和；反之，结构失调、比量不合适，前者将小于后者。生态系统内部结构和功能是系统变化的依据。因此，技术路线是着重调控系统内部的结构和功能，进行优化组合，提高系统本身物质、能量的迁移、转化和再生能力，以及对太阳能的利用率及自净作用与环境容量，充分发挥物质生产潜力，尽可能充分利用原料、产品、副产品、废物及时间、空间、营养生态位，提高整体的综合效益。

将平行的原本不相联结的种通过食物链系统的联结，形成互利共生网络，可提高效率，促进物质的良性循环。这类方法的典型例子很多，如鱼鸭混养、稻田养鱼、稻田养蟹和基塘系统(桑基鱼塘、草基鱼塘、菜基鱼塘、果基鱼塘、林牧复合生态系统和林农复合生态系统等)。

(二)延长食物链

在一个自然生态系统中，物质的迁移、转化、分解、富集和再生等主要通过多级的营养结构。生物有机体不仅建立起彼此相互联系、相互制约、互为条件、互为因果的食物链或食物网，而且各种生物有机体在生态系统中占据特定的生态位(空间位、时间位、营养位)，并按照各种生物在营养上的特定需求，形成对生态系统中各类物质的分层多级利用和物质循环，是能够持续充分利用时间、空间和物质的关键。

在一个生态系统或复合生态系统的食物链、食物网或生产流程中，增加一些环节，改变食物链网生产流程结构，扩大与增加系统的生态环境及经济效益，以发挥物质生产潜力，更充分利用原先尚未利用的那部分物质和能量，促使物质流与能量流的途径畅通，此即称之为加环。在生态工程中，加环是一个重要的方法。根据加环的性质和功能，可以将它们归纳为四类。

1. 生产环　所加入的环，可使非经济产品或废物(或部分用非经济产品与废物)直接生产出为人利用的经济产品。例如，利用有机废物(如畜禽粪便、棉籽壳、木糖醇渣等)培养出食用菌，利用无毒的有机废水，采用无土栽培的方法，水培蔬菜或花卉，既处理净化了废水(渣)，又生产出商品。

2. 增益环　所加入的环，虽不能直接生产出商品，但可加大或提高生产环的效益。例如，利用无毒的有机废水种植凤眼莲、浮萍等植物，处理与净化污水。处理后达到养殖要求的水及所生产的青绿饲料虽然不是商品，但可用这原本不能养鱼的水去养鱼，凤眼莲、浮萍可作为饲料饲养家畜、家禽、养殖鱼类，节约商品饲料、降低成本。对养鱼、家畜养殖，这些生产环是有利的。

3. 减耗环　在食物链网中，每个环节均是生产者，但又是上一营养级的消耗者，其中有些环节生产的产品对人无用，反而过度损耗上一营养级的资源，如农田害虫、害鼠等，此为损耗环。但在损耗环上增加一新环节，或增大原有的环节，使之抑制和削弱损耗环的作用，此种加环即减耗环。例如，用三叶草套种在白菜行间，可使白菜甲虫数量降低90%，而只要行距合适，白菜并不减产。

4. 复合环 所加入的环，往往起到上述各环的多种功能。例如，在一些农、林生态系统中，引入蜜蜂这一环节，它不仅将原本分散在各植物花中的花粉、花蜜，转化、生产出有经济价值的商品蜜、黄蜡、蜂王浆、蜂胶、花粉等，起到生产环作用；而且由于蜜蜂传媒授粉作用，使很多作物增产，如可使棉花的皮棉增产20%，油菜籽增产18%左右，梨、苹果分别增产30%～50%和20%～47%，起到增益效果。又如在一些鱼塘中增加养鸭（每亩以20～30只为宜），进行鱼鸭混养，生产的鸭是一商品，这一加环有生产环功能，同时鸭摄食饲料时，泼溅浪费较多，每只鸭每日泼溅的饲料约为29～37 g、占每日饲量的10%～20%，这些泼溅至鱼塘增加了鱼的饲料。另由于鸭的消化道短，仅为其体长的3.3～4.7倍，故其口粮中仅有37%（干重）的饲料被它利用，其余随粪便排出。鸭粪中含26.2%（湿重）的有机质，其中绝大部分是未被鸭充分消化的饲料，其中C、P_2O_5、N、K_2O和Ca的含量分别为10%、1.4%、1.0%、0.62%和1.8%，有肥水及增加鱼塘中鱼类天然饵料的作用，该环又起到了增益环的作用。同时，鸭在鱼池中可摄食一些对鱼有害的水生昆虫及有病的和活动力差的鱼种、鱼苗，起到了减耗环的作用。

五、生态工程发展中的不足

虽然生态工程在理论、设计原理及应用中不断取得进展，但在发展过程中仍存有不足，主要体现在以下几个方面：①范围不断扩展，但研究深度及力度不足；②缺乏全局性的模型，模型功能简单化；③评价方法多，但缺乏一个公认的较好的评价方法；④对人类行为诱导的方法较少。

第四节　典型受损生态系统的修复与重建

在一定的时空背景下，由于自然因素、人为因素或二者的共同干扰，导致生态要素和生态系统整体发生了不利于生物和人类生存的量变和质变，形成了以生物多样性低、功能下降为特征的各式各样的退化生态系统。为使受损生态系统逐步恢复或朝良性循环方向发展，最终恢复生态系统的服务功能，在依靠系统自我恢复的同时，人工措施也是不可或缺的。本节将就耕地、林地、草地、湿地、荒漠、矿山废弃地等受损生态系统的修复与重建工作进行详细阐述。

一、耕地生态修复

(一)耕地生态系统受损原因

耕地生态系统受损原因主要是不合理的耕作方式，以及农用物资的不合理投入。农业生产中由于化肥、农药等的大量使用，同时对土壤有益的有机肥使用较少，造成耕地土壤有机质含量不断下降。与此同时，粮食产量对化肥的依赖性也越来越大。此外，由于工业发展，耕地生态系统污染严重，威胁着系统内的所有生物，如我国粮食主产区淮河、长江流域的水质污染，已对周围耕地生态系统造成极大损害，影响了粮食产量和质量。耕地生态系统退化主要表现为包括土壤物理、化学退化和生物退化，具体表现为：土壤板结、土壤有机质含量下降、养分含量降低、土壤生物活性物质减少或消失、生物种群数量下降、种群类型数量减少等。

(二)耕地生态系统修复的原则与评价标准

1. 基本原则

(1)科学性。基于资料调查和数据分析，综合考虑受污染耕地的污染类型、污染程度、污染范围和污染成因，以及备选的治理与修复技术，技术的效果、时间、成本和环境影响等因素，科学合理选择治理与修复技术，制订实施方案。

(2)可行性。受污染耕地治理与修复要因地制宜、合理可行。治理与修复方案与技术不能脱离当前社会、经济和技术发展的实际，要满足经济的、技术的可行性。

(3)安全性。治理与修复技术应具有环境友好性，一方面要防止对实施人员、周边人群健康产生风险；另一方面要防止治理与修复过程对周边环境产生二次污染。

(4)可持续性。治理与修复应有利于保持或提高耕地质量，保证耕地可持续利用，在经济和技术上有一定的可持续性。优先选择不影响农业生产、不改变农产品种类、不降低土壤生产功能的治理与修复技术。

2. 评价标准

耕地污染治理以实现治理区域内食用农产品可食部位中目标污染物含量降低到国家规定(GB 2762—2017)的限量标准以下(含)为目标。

(1)治理效果分为达标和不达标二个等级。达标表示治理效果已经达到了目标，不达标表示耕地污染治理未达到目标。

(2)根据治理区域连续2年的治理效果等级，综合评价耕地污染治理的整体效果。

(3)耕地污染治理措施不能对耕地或地下水造成二次污染。治理所使用的有机肥、土壤调理剂等耕地投入品中镉、汞、铅、铬、砷5种重金属含量，不能超过《土壤环境质量　农用地土壤污染风险管控标准(试行)》(GB 15618—2018)规定的筛选值，或者治理区域耕地土壤中对应元素的含量。

表 11-3　农用地土壤污染风险筛选值(基本项目)

单位：mg/kg

污染物项目[①②]		风险筛选值			
		pH≤5.5	5.5<pH≤6.5	6.5<pH≤7.5	pH>7.5
镉	水田	0.3	0.4	0.6	0.8
	其他	0.3	0.3	0.3	0.6
汞	水田	0.5	0.5	0.6	1.0
	其他	1.3	1.8	2.4	3.4
砷	水田	30	30	25	20
	其他	40	40	30	25
铅	水田	80	100	140	240
	其他	70	90	120	170
铬	水田	250	250	300	350
	其他	150	150	200	250

（续）

污染物项目[①②]	风险筛选值			
	pH≤5.5	5.5＜pH≤6.5	6.5＜pH≤7.5	pH＞7.5
铜 水田	150	150	200	200
其他	50	50	100	100
镍	60	70	100	190
锌	200	200	250	300

资料来源：《受污染耕地治理与修复导则》（NY/T 3499—2019）。

注：治理区域内农产品单位产量及其测算方式由前期耕地污染风险评估确定。

① 重金属和类金属砷均按元素总量计。

② 对于水旱轮作地，采用其中较严格的风险筛选值。

（三）耕地生态修复基本程序

受污染耕地治理与修复的一般程序如图11-5所示，包括：基础数据和资料收集、受污染耕地污染特征和成因分析、治理修复的范围和目标确定、治理与修复模式选择、治理修复技术确定、治理修复实施方案编制、治理修复组织实施、治理修复效果评估等。

（四）耕地生态修复技术

耕地修复技术可分为两种类型：①以降低污染风险为目的，即通过改变污染物在土壤中的存在形态同土壤的结合方式，降低污染物在环境中的可迁移性与生物可利用性，如钝化修复技术、农艺调控措施等；②以削减污染总量为目的，即通过处理将有害物质从土壤中去除，以降低土壤中有害物质的总浓度，如客土技术、植物修复技术、土壤淋洗技术等。常用的农田修复技术主要有以下4种：

1. 物理修复技术　物理修复技术是利用物理的方法进行污染土壤的修复。主要包括客土法、翻耕混匀法、去表土法、表层洁净土壤覆盖法等。

客土法（换土法）：对重金属污染重、面积小的农田，多采用客土或换土的方式，但换出的土壤应进行妥善处理。

稀释法（翻耕混匀）：在污染土壤中加入大量未被污染的土壤来降低重金属含量，需要注意土壤来源。

去表土法：将受到重金属污染的表层土壤清除，然后进行翻耕。

深耕翻土法（旋耕法）：污染程度轻、土层厚、面积小的污染场地可采用深耕翻土的方法。优点是操作简单，修复效果好；缺点是工程量大，费用高，只适宜用于小面积的、污染严重的土壤修复。

2. 农艺调控措施　农艺调控措施主要指采取农艺方法，如水分管理、施肥调控、低累积品种替换、调节土壤pH、调整种植结构等措施来控制农田重金属污染，直接或间接达到修复农田重金属污染的目的。其优点是操作简单、费用较低、技术较成熟，缺点则是修复效果有限，仅适应于农田重金属轻微和轻度污染的修复。

3. 原位钝化修复技术　原位钝化修复技术指通过调节土壤理化性质以及吸附、沉淀、离子交换、腐殖化、氧化-还原等一系列反应，将土壤中的有毒重金属固定起来，或者将重金属转化成化学性质不活泼的形态，降低其生物有效性，从而阻止重金属从土壤通过植物根部向农作物地上部的迁移累积，以达到治理污染土壤目的的一种修复技术。其优点是修复速

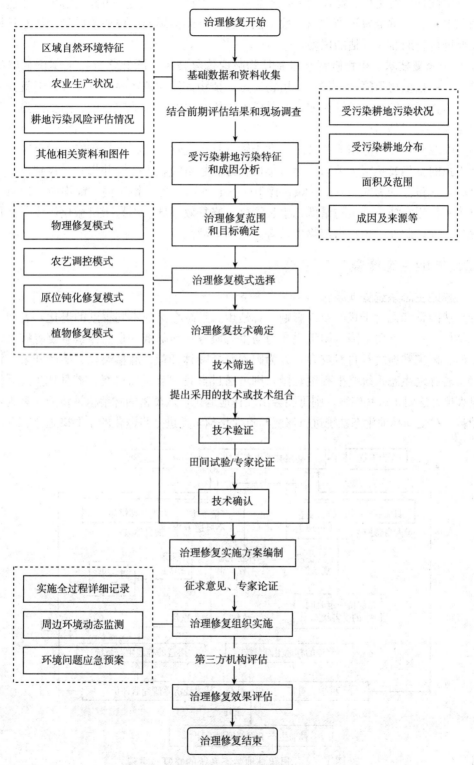

图 11-5　受污染耕地治理与修复的一般程序

[资料来源：《受污染耕地治理与修复导则》(NY/T 3499—2019)]

率快、稳定性好、费用低、操作简单，不影响农业生产，可以实现边修复边生产。适用于修复大面积中、轻度重金属污染农田土壤，但也存在可能会影响土壤环境质量、修复长期稳定性及需要进行长期监控评估的风险。

4. 植物修复技术 植物修复技术是植物吸取修复技术。除此之外，土壤重金属的植物修复技术还包括植物阻隔（低吸收）、植物稳定、植物挥发和植物根际过滤等，但就技术应用来说还是植物吸取修复相对较为成熟。其优点是修复成本低、适应性广、耐受性强、不破坏土壤理化性质等。

植物吸取修复技术应用的关键之一在于筛选具有生物量大、生长迅速、重金属耐性高且富集能力强的富集或超富集植物。超富集植物是能超量吸收重金属并将其运移到地上部的植物，其临界含量分别为镉 100 mg/kg，锌 10 000 mg/kg，砷、铅、铜、镍均为 1 000 mg/kg。但超富集植物通常矮小、生物量低、生长缓慢、修复效率低，不易于机械化作业，植物无害化处理难度大。此外，超富集植物生长有一定的地域性。

二、林地生态修复

(一)林地生态系统受损原因

受自然因素和人为干扰的双重影响，林地生态系统会出现不同程度的退化，表现为面积减少、结构单一、土质下降、初级生产力与生态服务功能降低。自然因素主要有病虫害、干旱、洪涝、风灾和地震等自然灾害，人为因素包括毁林开荒、滥垦滥伐、矿产开采、快速城镇化等。若林地生态系统受损程度轻微，则可通过自我调节得以修复；若林地生态系统受损严重且人类无法阻止这些伤害，则可能会出现林地退化，从茂密的林地植被快速演替为灌丛或草本植被。对受损林地生态系统进行修复与重建是预防其进一步退化的主要措施(图 11-6)。

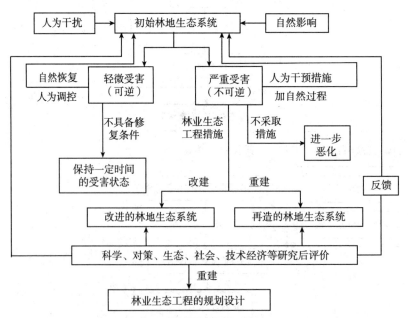

图 11-6 退化林地生态系统的修复与重建

(资料来源：王治国，张云龙，刘徐师，等，2000. 林业生态工程学——林草植被建设的理论与实践[M]. 北京：中国林业出版社.)

（二）修复方法

林地生态系统的修复，要遵循生态系统的演替规律，加大人工辅助措施，促进群落的正向演替。生态系统的演替或维持主要依赖于当地原有及现有物种，同时还与生态环境状况，以及物种间的竞争、共处、互生、共生、拮抗、寄生和捕食等有关。因此，所增加物种应以促进生物群落正向演替、不对其他某个或某些物种构成严重威胁为基本条件；所增加物种还应满足抗逆性强、再生能力强，能够吸引野生动物并为其提供食物和避难场所等条件。

一般来讲，在开展林地生态修复之前，首先需要考虑林地的受损原因、受损程度、物种和群落结构特征、地质地貌条件、土壤特性与气候特征等。林地生态系统修复的主要方法如下。

1. 封山育林　封山育林是利用森林的更新能力，在自然条件适宜的山区，实行定期封山，禁止垦荒、放牧、砍柴等人为破坏活动，恢复森林植被的一种修复方式。根据封育时间的长短，分为全封育、半封育和轮封育。全封育是长时间内禁止一切人为活动，对于受损较轻、种子库丰富的林地生态系统，是最经济易行的有效方法；半封育是根据林木的生长情况，季节性地开山；轮封是定期分片轮封、轮开。封山可以最大限度减少人为干扰，为植物群落的恢复创造适宜的生态条件，使生物群落由逆向演替向正向演替发展，从而逐渐恢复受损的林地生态系统。

2. 林分改造　林分改造是对在组成、林相、郁闭度与起源等方面不符合经营要求的人工林和天然次生林的林分进行改造的综合营林措施。林分改造可使林地转变为能生产大量优质木材和其他多种产品，并能发挥更好生态效能的优良林分。对于受损严重、自我修复困难的林地生态系统，可通过人工改良环境条件，引进当地植被中的优势种、关键种和因受损而消失的主要生物种类，加速生态系统的正向演替速度。

3. 抚育间伐　抚育间伐指在幼林郁闭后到成熟前的时间内，在未成熟林分中按一定指标采伐部分林木，为其他林木的生长创造良好的生存环境的一种促进植被正向演替的技术。主要包括透光抚育和生长抚育两种方式。

（1）透光抚育是对处于演替后期的种类进行抚育透光，以促进其良性演替发展的一种技术方法。从抚育范围看，包括全面抚育法、团状抚育法和带状抚育法；从抚育方式看，包括人工抚育法和化学抚育法。对于混交林，透光抚育一般通过砍去非目的树种，抑制幼树或主要树种生长的次要树种、灌木、藤木、高大的草本植物，密度过大的主要树种，林分中树干细弱、生长落后、干性不良的个体，以及实生起源主要树种数量达标后新萌芽更新的植株，来调整林分组成。对于纯林，透光抚育主要是间密留稀、留优去劣和砍小留大。透光抚育时间一般在夏初，每隔2~3年或者3~5年抚育1或2次。

（2）生长抚育是根据林地发育情况定期或不定期择伐一些先锋树种，促进后期演替树种生长，并使其正向演替为生态效益最高的顶级群落类型的一种技术方法。包括下层抚育法、上层抚育法、综合抚育法和机械抚育法。下层抚育法多用于针叶树林，上层抚育法适用于阔叶树林，综合抚育法适用于复层林，机械抚育法又称隔行隔株法，适用于同龄纯林。抚育方法的选取可根据采伐木的平均直径（d_1）与伐前林分平均直径（d_2）的比值（d）确定，$d=d_1/d_2$，当$d>1$时，采用上层抚育法；当$d<1$时，采用下层抚育法；当$d=1$时，采用综合抚育法或机械抚育法。

4. 林业生态工程技术　林业生态工程技术是依据生态学、林学及生态控制论原理，通过设计、建造与调控以木本植物为主的人工复合生态系统的工程技术。该技术是林地生态系统修复与重建的重要手段，能促进林地生态系统结构和功能的快速恢复。它主要包括生物群落建造工程、环境改良工程和食物链工程。具体内容包括4个方面：①区域的总体方案，即构筑以森林为主体的或森林参与的区域复合生态系统框架。②时空结构设计，即在空间上进行物种配置，构建乔灌草结合、农林牧结合的群落结构；在时间上利用生态系统内物种生长发育的时间差别，调整物种的组成结构，实现对资源的充分利用。③食物链设计，即使林地生态系统的产品得到循环利用。④针对特殊环境条件进行特殊生态工程设计，如工矿区林业生态工程，严重退化的盐渍地、裸岩和裸土地等生态修复工程。林业生态工程的主要技术措施如下。

(1)选择适宜的树种和植物种。根据生态环境条件选择适宜的关键种和建群种，即选择具有较强抗当地恶劣环境(如干旱、低温、雪压等)能力的深根性乡土树种，同时引入一些处于演替较高阶段、具有培养前途、已有一定栽培经验的树种，提高系统的自我修复潜力和速度。

(2)清理受损树木并适当补植补种。灾害过后，清除林下杂物、清沟排水、清理受损树木，并根据林木受损情况及时补植。对于受损严重、极度退化的林地生态系统，应选择速生、耐寒、耐旱、耐贫瘠、抗逆性强的先锋树种，重建先锋群落。

(3)栽培混交林，恢复林地生态系统的结构和功能。混交林指林冠由两个或多个优势乔木树种或不同生活型的乔木组成的森林。混交林可以增强自我的养分循环能力和土壤肥力，提高林木质量、增强抵抗力、减少病虫害的发生，丰富物种多样性，改善林地生境条件，提高成活率和保存率。

(4)进行林分改造，加速群落演替进程。对于受损人工林或先锋植物群落，可根据本区域生态修复参照系，模拟自然森林群落的演替过程，根据不同演替阶段的种类成分和群落结构特点，在受损人工林或先锋植物群落内开展林分改造。

(5)加强林分抚育，维护生境原生性和异质性。在人工更新抚育过程中，应尽可能减少对土壤、幼苗幼树、枯立木、孤立木、死树桩、倒木的影响，最大限度地维护生境原生性和空间异质性。

三、草地生态修复

(一)草地生态系统受损原因

一定时空背景下，草地生态系统受人为因素(过度放牧、滥垦、污染、采矿等)、自然因素(长期干旱、寒害、风蚀、水蚀、沙尘暴、鼠害、虫害等)或二者的共同作用，某些要素或系统整体发生不利于生物和人类生存要求的量变和质变，系统结构和功能发生与原有平衡状态或进化方向相反的位移。目前已知不合理放牧是导致大尺度范围内草地受损的首要原因，盲目垦荒是导致部分草地退化和沙化的主要原因，樵采、狩猎、开矿和旅游等也是导致局部草地受损的主要原因；此外，草地雪灾(白灾)、沙尘暴(黑灾)、火灾、鼠虫害等自然灾害与人工因素的结合极易造成草地生态系统的受损。草地生态系统受损主要表现为植被退化(密度和生物多样性下降)，土壤退化、沙化或荒漠化。

(二)修复方法

可以根据草地生态系统受损的状况与程度，采取不同的人工辅助措施，促进退化植被、土壤恢复，草地生态系统修复的方法主要有以下 3 种。

1. 围栏养护或轮牧 围栏养护是修复受损草地的一种最为有效的措施。在牧草的生长期间，为使放牧与牧草之间协调，必须使牧草有间歇地休憩；在牧草的非生长期，需要有机会利用冬春草地，对草地实行分区放牧。该方法的实质是消除外部干扰，主要依靠生态系统的自我修复能力，适当辅以人工措施。实际上，在环境条件不变时，只要排除使其受损的干扰因素，给予足够的时间，受损生态系统都可以通过这种方式得以自我修复。但是对于那些受损严重、自然修复比较困难的草地生态系统，可因地制宜地实施松土、浅耕翻或适时火烧等措施改善土壤结构，并通过播种群落优势牧草草种、人工施肥等修复措施来促进恢复。

轮牧是一种有效利用草地的放牧方式。根据草场的地形地貌特征、气候条件、水源状况、生长期长短、产草量大小和放牧适宜季节等，把草场分成若干个放牧小区，然后根据牧草实际生长情况和季节变化等因素，合理地安排草场的放牧时间、轮牧周期、放牧频率和轮牧小区的数目和面积。

2. 重建人工草地 重建人工草地是一种为减缓天然草地压力、改进畜牧业生产方式而采用的修复方法，常用于已完全荒弃的退化草地。人工草地是用农业技术措施栽培而成的草地，目的是获得高产优质的牧草，以补充天然草地的不足，满足家畜的饲料需要。人工草地可用于收割牧草做青饲、青贮、半干贮或制作干草，也可直接放牧利用。它是受损生态系统重建的典型模式，不需要过多地考虑原有生物群落的结构，而且多以经过选择的优良牧草为优势种形成单一物种结构。其最明显的特点是既能使退化草地很快产出大量牧草，获得经济效益，也能改善生态环境。

3. 合理的牲畜育肥生产模式 该修复方式是合理利用多年生草地的不同生长期，即在青草期利用牧草加快幼畜生长，而在冬季来临前将家畜售出，来降低草场压力、调整畜群结构的技术。其关键是牲畜品种问题，即利用现代生物技术，培育适合现代畜牧业生产模式的新品种。

草地修复中还应考虑的其他问题包括代表性的草种、外来草种、灌木的入侵、动物的出入、草地的长期动态变化等。由于草地面积大，对其变化可利用遥感技术进行监测管理。

四、湿地生态修复

(一)湿地生态系统受损原因

自然环境因素和人为因素的长期相互作用，使得湿地生态系统面临着严峻的退化形势，受损严重。湿地受损的主要原因包括水资源的缺乏及水文过程的改变，区域气候趋干变暖，以及人类不合理的开发利用。湿地水流特征的变化对维持湿地正常的健康状态具有十分重要的意义，水量的流入流出、水位的涨落、淹水时间的长短等直接影响着湿地生态系统的景观、生产力、功能水平和发展过程。人类不合理的开发利用如湿地围垦、切断或改变湿地的水分循环过程、过度破坏(砍伐、燃烧或啃食)湿地植物、过度开发水生生物资源、废弃物的排放和堆放等都造成了湿地的受损，影响了社会经济的可持续健康发展。

(二)修复方法

湿地修复指通过生态技术或生态工程对退化或消失的湿地进行修复和重建，再现干扰前的结构和功能及相应的物理、化学和生物学特性，使其发挥应有的作用。其最终目标是建立一个稳定持续的生态系统，主要包括对沼泽、湖泊、河流、滨海等湿地类型的修复。依据干扰强度，又可划分为湿地修复与湿地重建。一般来说，受损程度较轻、干扰强度较小的湿地，采用修复手段；而对于严重破坏或修复存在技术和经费难题的湿地，则采用重建措施，即重新构建一个完全不同的或全新的生态系统。湿地修复技术主要包括湿地基底修复技术、土壤修复技术、水文修复技术与水质恢复技术等。

1. 基底修复技术 利用工程技术，提高基底稳定性，维持湿地面积，同时对湿地的地形地貌进行改善与适度重建。基底修复技术又可分为湿地基底改造技术、淤泥疏浚技术、生态驳岸技术等。

（1）基底改造与防侵蚀技术。基底是水生植物的营养来源，对植物的萌发、生长及繁殖具有重要影响，基底侵蚀会使湿地植被受到严重破坏。因此，基底修复的目标就是创建适宜水生植物的生存场所。目前，常用的防侵蚀技术有水下土工管、丁字坝、拦沙堰等，通过改变湖泊水文条件，促进泥沙淤积来达到防侵蚀的目的。

（2）淤泥疏浚技术。淤泥疏浚技术是湿地基底修复中非常关键的手段，主要包括干法疏浚技术与湿法疏浚技术。可消除水体中具有高营养盐含量的表层沉积物与营养物质集合成的絮状胶体、浮游藻类及植物残枝落叶等，从而达到降低内源污染的目标。

干法疏浚是通过在近岸湿地设置围堰，将围堰内水体抽干来疏浚底泥的方法。缺点是对原有的生态系统和环境影响较大，投资也大；优点是疏浚的可控性好，可较为彻底去除污染底泥，疏浚深度易于准确控制，可方便进行水下地形重塑。

湿法疏浚包括生态疏浚和传统抓斗式疏浚。其中，生态疏浚采用 GPS 精准定位以绞吸式方法去除湿地底泥。优点是疏浚深度精度高，对湿地生态环境影响相对较小；缺点是投资较大、过程控制较难、技术工艺复杂、设备要求高、疏浚区易受非疏浚区的流泥污染，且需要大面积排泥场，余水量较大。传统抓斗式疏浚多采用抓斗式挖泥船，配合拖轮及开底泥驳进行。优点是投资小、技术工艺简单、设备要求低、排泥场需要面积小；缺点是定位不准、扰动强度大、效率低、底泥污染物释放多、容易造成泥沙悬浮污染。

（3）生态驳岸技术。对堤岸的修复应使用合理的护岸方式，抵抗水流冲刷、降低水土流失、防止崩塌，并结合水生植物植被带的建设，使堤岸能够调蓄洪水、截留沉积物、净化水质，最终建成一个能与环境和谐共处的生态堤岸。

处在常水位以下的堤岸，可使用网笼、笼石或生态混凝土来对岸坡进行保护，既能使堤岸具有较强的抗冲刷能力，又能利用具有生态性的材料与结构为湿地生物提供适宜的生境。处在平滩水位以上的堤岸，可通过种植根系发达且易于成林的植物来消减风浪、护岸防洪。处在滩涂地带的堤岸，尽量多种植植物、提高生物多样性，并为其他湿地动物提供适宜的栖息环境。

如果堤岸陡峭、侵蚀严重、植被难以恢复，则可实施以人工介质为基础的岸边生态净化工程，将各种人工介质(底泥烧结体、陶瓷碎块、大块毛石、多孔砼构件)中的一种或多种随意或有序地堆放在堤岸边，以降低风浪的冲击力、净水护岸，同时为其他水生生物提供适宜的栖息环境。

2. 土壤修复技术 主要包括土壤改良技术、退耕还湿与生态农业技术、坡面工程技术等。

（1）土壤改良技术。滨海湿地亟须通过土壤改良技术来减少盐碱地的高含盐量，常用的盐碱土方法有农艺方法、化学方法和物理方法。农艺方法是利用作物秸秆还田、种植绿肥、改土培肥等措施来改善土壤的组分与结构。化学方法是在碱化土壤中添加石膏、磷石膏、亚硫酸钙等含钙物质，再添加如硫酸亚铁、黑矾、风化煤、糠醛渣等酸性物质，降低土壤碱度。物理方法是利用深耕晒垡、抬高地形、微区改土、冲洗压盐等降低土壤含盐量。

（2）退耕还湿与生态农业技术。将被开垦的湿地退耕还湿，减少对环境的破坏，这是湿地修复和重建的先决条件。除了能够增加湿地面积，还能显著增加土壤肥力，增强湿地植物的生长能力。此外，要鼓励发展生态农业以降低农业环境污染，不仅能提高水资源利用率，还可有效增加湿地环境承载力、减缓湿地退化。

（3）坡面工程技术。坡面工程主要是在坡面挖设水平沟与鱼鳞坑，它们能够改善微地形、拦截地表径流，提高土壤含水量，为植物的恢复提供合适的环境。

3. 水文修复技术　湿地的水位高低直接影响水生植物的生长，水文修复技术主要包括水位控制技术及消浪技术等。

（1）水位控制技术。湿地范围内及周边要严禁开采地下水，建立健全湿地补水机制，使湿地水位变化控制在一定范围之内。滨海湿地可通过引蓄淡水的方式补充湿地淡水资源、恢复地表径流、改变水源的咸淡比例，还可以使用筑坝拦截蓄水工程措施来调控水位。

（2）消浪技术。工程技术对风浪控制具有重要意义，消浪技术是湖泊湿地整治的一项重要措施，常用的技术方法包括石坝消浪、桩式消浪、植物消浪、浮式消浪等。

石坝消浪技术具有消浪效果好、使用年限长、结构稳定性好等特点。桩式消浪技术成本较低且易于施工，适用于水深相对较小的水域。在水深、波浪较小的内河、湖泊的近岸水域，可采用经济实用的木桩；在湖泊和水库等开阔水域，宜采用小直径混凝土桩。植物消浪技术具有显著的综合效益，堤岸边坡上采用植树消浪护岸不仅可以达到所需的工程效果，而且可以促进河岸滩生态恢复，改善生态环境和局部小气候。浮式消浪技术对水体交换影响比较小，可以模块式安装，但浮式防波堤结构复杂、造价较高。

（3）廊道建设技术。不管是河流、湖泊还是滨海湿地，廊道建设都有利于增加湿地的生物多样性与景观异质性，同时能够改善水文循环、提高湿地的纳水量、促进湿地生态系统各过程的有序进行。廊道建设技术包括深挖水塘、拓宽水体、疏通水系等。廊道建设需注意廊道的宽度、植物的配置、廊道的连接等方面的设计。

4. 水质恢复技术　很多水生植物对水质的变化十分敏感，因此改善水质是水生植物恢复的前提与保障。水质恢复技术包括水体富营养化控制技术、污染控制与治理技术、人工浮岛技术等。

（1）水体富营养化控制技术。水体富营养化会造成水生植物大面积死亡，降低水体氮、磷等营养盐含量是湿地恢复尤其是植被恢复的重要内容。湿地水体中的氮、磷污染物的去除技术主要有：生态浮岛-生物膜技术、仿生植物-脱氮细菌技术、释放通道阻隔技术、浮游动物培育技术、滤食性鱼类净化技术、人工促降技术、水生植物吸收存储技术、聚磷吸收沉降技术、底泥氮磷释放技术等。这些技术与措施能够去除和控制湿地水体的氮、磷含量，并进一步改善水质环境、为湿地植被生态恢复创造良好的生长环境。

（2）污染控制与治理技术。可在河流或湖泊入水口处安置沉淀池，以沉淀的方法减少进入湿地水体的泥沙与漂浮物；结合建设拦污网，拦截去除漂浮杂物。同时，建设城市生活污水、工业废水、农村混合污水处理工程，并采取集中式人工湿地或砂滤等形式治理水体污染。

（3）人工浮岛技术。人工浮岛是将植物种植在浮体上，通过植物根系形成的微生物膜和微生态系统，起到净化水质、去除污染物、提高水体透明度、抑制藻类生长、消减风浪、为动植物提供栖息地、显著改善生态环境的作用。该技术已在太湖、滇池和玄武湖等湖泊水质治理中得到广泛应用。

5. 湿地生物恢复技术　湿地生物是湿地生态系统中至关重要的组成成分，其中湿地植物能够通过吸收、过滤、沉降和根区微生物的分解作用净化水质，湿地中的微生物和部分以藻类等浮游植物为食的水生动物在一定程度上也能缓解水资源的富营养化。因此，湿地生态修复和重建工程中最重要就是恢复湿地植被，常用的技术有：物种选育技术、物种栽植技术、种子库技术、水生植物恢复技术等。

（1）物种选育技术。植被重建能否成功很大程度上取决于植物种类的选择。选择植物物种的原则有：①生态适应性原则。栽种的物种应针对具体地段的地形地势、水文条件、气候等因素来选择。②生态安全性原则。选择的物种没有生态入侵性，不会对当地的环境及原始存在的植被构成危害，并尽可能选用本地种作为恢复植物。③易繁殖、抗逆性高原则。容易繁殖和快速生长，且要具有较强的抗病虫害能力、抗污染物能力，抗逆性高，适生性广。④保持水土能力原则。选择根系发达、枝叶茂密且萌蘖性能强的植物种类。⑤景观性和经济性原则。选择容易获取且具有一定景观美化度的植物种类。

（2）物种栽植技术。应根据具体湿地植物及环境特点选择相应的栽植技术来提高植物的成活率。常见的栽植技术有：①直接播种。具有成本低、效率高、播种时间弹性强、易于大面积作业等优点，但其恢复的成功率较低、受环境影响较大。②繁殖体移植。主要针对无性繁殖的植物物种，能够有效提高移植成活率；但工作时间长，成本高。③裸根苗移植。优点是受杂草竞争、动物啃食及浅水水涝的影响较低，容易监测、成功率高、初期生长快；缺点是适宜种植季节较短。④容器苗移植。具有时间短、种子利用率高、可嫁接菌根、成功率高等优点，但成本高、费时、操作困难、难以大规模种植。⑤草皮移植。利用未受到干扰区域的原始植被，移植到受损或退化的湿地中，使其作为先锋种恢复湿地植被。

（3）种子库技术。种子库作为重要的植被恢复工具，具有区域特有的物种组成和遗传特性，并对维持物种多样性具有重要意义。土壤种子库引入技术就是把含有种子库的土壤通过喷洒等手段覆盖于受损湿地表层，然后利用土壤中存在的种子完成湿地植被的修复和重建。实施时应尽量选择与湿地环境状况相似或者接近的种子库土壤。

（4）水生植物恢复技术。水生植物是湿地植被中最重要的组成部分，也是受损或退化湿地植被能否成功恢复的关键。为恢复水生植被，需要利用多样化的技术方法，创造适宜的环境条件并合理配置水生植被的群落结构。具体包括沉水植物、挺水植物、扎根浮叶植物等的恢复。

6. 湿地植被恢复管理技术　对恢复后的植被进行管理，是湿地生态恢复初期不可或缺的工作。具体包括①水管理：主要是控制水位；②杂草与虫害管理：及时清除杂草，防治病虫害；③施肥管理：能够有效促进种子植物的生长；④植物管理：检查是否有杂草，是否有动物对新栽的植物进行采食破坏，是否有淤泥等；⑤封育管理：可降低人为干扰，加速植被恢复，提高植被覆盖度，增加生物多样性。但随着植被逐渐稳定，管理也应逐渐弱化并停止，否则将无法形成天然植被。

五、荒漠生态修复

荒漠生态系统分布在干旱和半干旱地区，这些区域环境条件恶劣，气候干燥，日照强度极大，昼夜温差大，年降水量低于 250 mm，动、植物种类十分稀少。荒漠生态系统是地球表面最耐旱的生态系统，是超旱生的小乔木、灌木和半灌木群落与其周围环境所组成的综合体。

(一)荒漠生态系统的成因

自然和人为因素是导致土地荒漠化的主要原因。人类活动如过度开垦、滥砍滥伐、过度放牧等导致干旱、半干旱地区植被覆盖率、地下水位急剧下降，并加剧了水土流失、土壤干旱化与土壤风蚀。

(二)修复方法

对沙化土地的治理，通常采用化学固沙、工程防沙和生物治沙等修复措施。

1. 化学固沙　化学固沙指在风沙危害地区，利用化学材料与工艺，对易产生沙害的沙丘或沙质地表建造一层具有一定结构和强度的、能防止风力吹扬又具有保持水分和改良沙地性质的固结层，以达到控制和改善沙害环境，提高沙地生产力的技术措施。

化学治沙包含沙地固结和保水增肥两个方面。化学治沙可以机械化施工，简单快捷，固沙效果立竿见影，尤其适宜于缺乏工程固沙材料、环境恶劣、降雨稀少、不易使用生物治沙技术的地区。化学固沙常与植物固沙相配合，作为植物固沙的辅助性和过渡性措施。

2. 工程防沙　工程防沙是利用柴、草及其他材料在流沙上设置沙障或覆盖物，以达到防风阻沙的目的。采取的措施主要有覆盖沙面、草方格沙障和高立式沙障等。

覆盖沙面主要是利用砂砾石、熟性土、柴草、枝条等覆盖在流沙的表面，阻止风与覆盖物下松散沙土的接触，从而减少沙土的风蚀作用。

草方格沙障是将麦秸、稻草、芦苇等材料，直接插入沙层内，直立于沙丘上，在流动沙丘上扎设成方格状的半隐蔽式沙障。草方格沙障能增加地表的粗糙度，有效地控制风速，消减风力，在风向比较单一的地区，可将方格沙障改成与主风向垂直的带状沙障，行距一般为1~2 m。

高立式沙障主要用于阻挡迁移的流沙，使之停积在沙障附近，达到切断沙源、抑制沙丘前移和防止沙埋危害的目的，一般用于沙源丰富地区草方格沙障带的外缘。常采用芦苇、灌木枝条、玉米秆、高粱秆等高秆作物，直接栽植在沙丘上，埋入沙层深度为 30~50 cm，外露 1 m 以上。

3. 生物治沙　大部分的生物治沙都以植物治理为主，通过封育、营造植物等手段，达到防治荒漠化、稳定绿洲、提高荒漠地区环境质量和生产潜力的目的。植物治理的内容主要包括：①种植人工植被或保护、封育、恢复天然植被；②营造大型防沙阻沙林带；③营造防护林网，保护农田绿洲和牧场的稳定，并防止土地退化。植物治沙因其能改善生态环境、提高系统生产力而成为最主要和最根本的防治途径，其重点是防治绿洲邻边和内部零星分布的流动沙丘。流动沙丘固沙造林技术主要包括以下几个方面：

(1)设置辅助沙障。在植物固沙实施前，对流动沙丘设置人工沙障、减缓侵蚀，改善造林沙地微环境，为固沙植物创造适生环境。

(2)造林地的设计与造林部位的选择。由于流动沙丘具有物质结构松散与易受风蚀移动的特点，沙丘造林首先应选择在迎风坡中下部造林，以削弱风力对沙丘的吹蚀。

（3）迎风坡造林技术的处理。选择沙丘迎风坡中下部横对主风方向，成行栽植固沙植物，株距 $1\sim1.5\ m$，行距 $2\sim4\ m$。若沙丘高度小于 $7\ m$，水分条件好，且沙丘背风坡的沙丘低地植物固沙成功，则可在迎风坡基部用犁耕方法促进风蚀，以加速沙丘的矮化改造速度。

（4）树种的选定。根据沙丘环境条件，选择适生树种，保证固沙目标的实现。适用于半干旱草原与荒漠草原的树种主要有白榆、沙柳、踏郎、花棒、多枝怪柳、柠条、沙棘、苦豆子、猫头刺等；适宜于干旱、极干旱荒漠的树种主要有旱柳、沙拐枣、头状沙拐枣、怪柳、梭梭、红砂等。

六、矿山废弃地修复

（一）矿山废弃地生态系统的成因

矿山废弃地是一类特殊的退化生态系统，由于人类的巨大干扰，系统受损程度已超出了原有生态系统的自我修复能力，必须采取人工辅助措施，生态系统才能逐渐得以恢复。依据形成原因及组成，可将矿山废弃地分为 4 类：①精矿筛选后剩余岩石碎块和低品位矿石堆积而成的废石堆；②剥离物压占的陡坡排岩场/排土场；③尾矿砂形成的尾矿库；④矸石堆积的矸石山。

（二）修复方法

矿山废弃地主要存在以下生态问题：①表土层破坏，土壤基质物理结构不良、水分缺乏，持水保肥能力差，缺乏植物能够自然生根和伸展的介质；②极端贫瘠，氮、磷、钾及有机质等营养物质不足或养分不平衡；③存在限制植物生长的物质，如重金属等有毒有害物质含量过高，影响植物各种代谢途径；④极端 pH 或盐碱化等生境条件，影响植物的定居；⑤生物数量和生物种类的减少或丧失，给矿区废弃地恢复带来了更加不利的影响。开展矿山废弃地生态修复与重建的首要问题是矿区废弃地基质的改良，常用的改良方法有表土转换和客土覆盖技术、化学改良技术、生物改良技术等。

1. 表土转换和客土覆盖技术 植物生长立地条件的好坏，很大程度上取决于地表性质。一般认为，回填表土是一种常用且最为有效的治理措施。表土是当地物种的重要种子库，为植物恢复提供了重要种源。同时也保证了根区土壤的高质量，包括良好的土壤结构、较高的养分与水分含量等，还包括较多的微生物与微小动物群落。

为避免植物根系穿透回填土层扎进有毒的矿土中，表土覆盖的厚度要尽可能大。但考虑到实际工作量和回填费用，应将覆土保持在一定范围内，以获得最明显的修复效果。因此，回填覆土一般选择 $10\sim15\ cm$ 的覆盖厚度，且需要依据不同的植物种植类型进行相应调整。

回填表土所产生的改土和修复效果十分明显，但我国矿区大部分位于山区，土源较少，取土困难甚至无土可取，只能采用客土覆盖，但存在工程量大、费用昂贵的问题。因此，回填表土和客土覆盖的矿山基质修复技术只能在条件允许的矿区使用。在土源短缺的矿区，应选用其他改良措施。

2. 化学改良技术 矿山废弃物堆积场主要由灰烬、砂质、岩土等物质构成，具有易腐蚀和易分散的特点，可使用化学改良剂改善其理化性质。常用的化学改良剂有 $CaCO_3$ 或 $CaSO_4$、$FeSO_4$、硫黄、石膏和硫酸，生石灰或碳酸盐。

Ca^{2+} 能明显降低植物对重金属的吸收，减低其毒害。因此，可通过向 Ca^{2+} 含量较少的

矿山废弃地施用 $CaCO_3$ 或 $CaSO_4$ 来减缓重金属的危害。在 pH 过高的碱性矿区，投加 $FeSO_4$、硫黄、石膏和硫酸等改良剂来中和 pH；在 pH 过低的煤矿、铅锌矿和铜矿等酸性矿区，可以施用生石灰或碳酸盐等来提高矿山废弃物的 pH。同时，需要向废弃物中长期不断添加肥料以满足植物对有机质、氮、磷等营养物质的需求。不论是表土覆盖等物理措施还是施用化学改良剂，要达到良好的改良效果都需要长期的人力、物力投入。

3. 生物改良技术　生物改良技术指向矿区废弃地中引入一些生物（如高等植物、蚯蚓、藻类、微生物等），通过生物的生理、生化作用改善土壤理化性质。生物的代谢活动不仅可降低土壤中有毒、有害物质的浓度，而且可增加土壤活性，加速改良、缩短修复周期。

（1）蚯蚓。蚯蚓对土壤的机械翻动起到疏松、混合土壤的作用，改善了土壤的结构、通气性和透水性，使土壤迅速熟化；同时，其排出的粪便不仅含有丰富的有机质和微生物群落，而且具有很好的团粒结构，保水保肥能力强，能有效促进植物生长发育。

（2）绿肥植物。紫花苜蓿、草木樨、三叶草等生命力强、根系发达的绿肥植物，可起到熟化、改良土壤的作用。绿肥植物根系发达，主根可扎入地下 $2\sim3$ m，根部具有根瘤菌，根系腐烂后对土壤有胶结和团聚作用，可快速改善矿区基质的结构和提高肥力。

（3）微生物。微生物能提高复垦造林的成活率、发芽率和生长效果，并改善植物根际周围的微生态环境。因此，接种微生物技术已被用于矿区废弃地改良，并具有良好的应用前景。

（4）高等植物。为更好地修复矿区生态系统，在矿区废弃地基质环境逐渐被改善的过程中，可以种植适合矿山废弃地立地条件的高等植物，提高植被覆盖率。应选择抗逆性强、茎冠和根系发育好、生长迅速、成活率高、改土效果好和生态功能明显的种类。在矿山废弃地修复初期，首选先锋物种是禾草类（如狗牙根、黑麦草、双穗雀稗、香根草、百喜草等）与豆科植物类（如三叶草、沙打旺、草木樨、金合欢、胡枝子等）。这两类植物不仅生命力顽强、耐贫瘠能力高、生长迅速，豆科植物还能通过生物固氮提高土壤肥力。随后将乔、灌、草、藤多层配置结合种植，不仅有利于物种多样性，还能提高生态系统的稳定性和修复效果。

在矿山废弃地修复中，植被的作用是多方面的，植被的生长可加速废弃地碎岩及尾矿砂的风化进程，修复矿区受污染土壤，有效遏制水土流失，使矿区植被的立地条件逐步得到改善，有利于其他植被的自然定居；同时，还能有效阻滞矿区飞扬的矿尘，改善局域生态小环境，使生态功能遭到破坏的矿山废弃地能够最终实现自我修复，并逐渐达到一种新的生态平衡。

第五节　土地生态修复案例分析

一、红壤退化及其植被恢复

中国南方红黄壤地区面积为 218 万 km^2，占全国土地面积的 22.7%。这些地区由于受季风气候影响，水资源丰富，农业生产和经济发展潜力很大。然而，随着人口的快速增长，加上对土壤资源的不合理开发利用，土壤肥力、土壤侵蚀和土壤酸化问题已日益严重。热带亚热带地区的土壤退化是当今世界关注的重大问题。

（一）红壤退化的原因与过程

1. 土壤侵蚀对土壤肥力的影响　侵蚀退化红壤的有机质含量极低，强度侵蚀的土壤有机质含量大多低于 5 g/kg；水解氮含量也不高，中度和强度侵蚀土壤水解氮含量大多低于

50 mg/kg；速效磷奇缺，含量大多低于 5 mg/kg；土壤钾含量相对较丰富。研究还表明，侵蚀土壤养分含量较低，且土壤养分含量往往与土壤侵蚀程度密切相关（表 11-4）。

表 11-4　不同侵蚀程度表层土壤（0～20 cm）平均养分含量

类型	有机质（%）	全氮（%）	全磷（%）	全钾（%）	水解氮（mg/kg）	速效磷（mg/kg）	速效钾（mg/kg）
无明显侵蚀	5.2	0.23	0.10	1.91	210.8	痕量	106.7
轻度侵蚀	2.2	0.09	0.08	1.91	77.0	0.6	91.3
中度侵蚀	1.2	0.06	0.04	2.43	47.5	2.0	61.8
强度侵蚀	0.7	0.03	0.05	3.41	32.1	0.7	62.0

资料来源：南方红壤退化机制与防治措施研究专题组，1999. 中国红壤退化机制与防治[M]. 北京：中国农业出版社.

2. 土壤侵蚀对土壤物理性质的影响　由于土壤侵蚀对土壤颗粒的选择性作用及土壤细粒物质和黏粒的大量流失，土壤物理性质一般会随着侵蚀的加剧而不断恶化。主要表现在土壤团聚体遭到破坏，水稳性大团聚体明显减少，同时土壤总孔隙度、通气孔隙（＞0.03 mm）度及毛管孔隙（0.000 2～0.03 mm）度均明显下降，而非活性孔隙（＜0.000 2 mm）所占比例明显增大。此外，随着水土流失过程的发展，土壤砂质化过程往往也不断发展，这些变化最终将严重影响土壤的保水持水性能。

3. 土壤侵蚀对生态环境的影响　土壤侵蚀具有明显的异地效应，上游的土壤侵蚀会引起下游河流泥沙含量的增加、水流变化及水库淤积等问题。目前，红壤酸化也是一个严重的问题，红壤自然酸化速率一般相当缓慢，但在人类活动的影响下这一过程可大大加快。由于化肥、农药、采矿及工业排放的影响，红壤区土壤及水体污染也日趋严重。

4. 红壤养分退化的评价标准　由于强烈的风化和淋溶作用，红壤多呈酸性反应，阳离子交换量小，矿质养分储量少，土壤肥力低下。由于不合理利用及侵蚀，土壤极易退化。退化红壤旱地的养分自然供应能力低下，尤其是氮、磷养分供应能力极低。根据南方红壤退化机制与防治措施研究专题组（1999）的研究，红壤养分退化的评价标准如图 11-7。

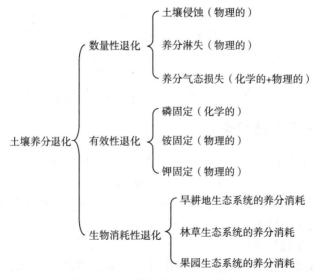

图 11-7　红壤养分退化的评价标准

(二)红壤退化的防治及恢复

针对红壤区的土壤退化及资源环境问题，结合长期的研究试验，南方红壤退化机制与防治措施研究专题组(1999)提出，在低丘岗地要重视综合治理与开发，改变土地利用模式，变单一的沟谷农业为农林牧副渔综合发展(如一年三熟五作制，麦、玉、薯复种方式，以垄断覆盖为中心的格网式垄作法，林-果-草-渔复合农林业系统)的集约持续农业，实现各种资源在时空上的优化配置；研究和发展各种能防止或减少土壤侵蚀和恢复退化生态系统生产力的各种水土保持型耕作制度；增加投入，恢复和提高土壤肥力[种植人工植被(如牧草等)，调节无机肥料结构，提高氮、磷肥利用率]；改山与治山、治水相结合，促进红壤生态系统的恢复。

郑本暖等(2002)在福建省长汀县河田镇对未治理的侵蚀地(严重退化生态系统，即群落A)、封禁管理措施恢复的马尾松林(群落B)和村边残存的乡土林(风水林，即群落C)群落进行植被调查的基础上，研究了植物物种多样性的恢复情况。结果表明：未经治理的严重侵蚀退化生态系统群落A，植物种类稀少，除稀疏的马尾松(每 100 m² 9.25 株)外，仅有 7 种植物。土壤极度贫瘠、土壤水分的缺乏和地表温度的剧烈变化是阻碍植物生存的关键因素。一般认为，这种生态系统要自然恢复是不可能的。而经过初期的人工干预，即经过生物和工程措施进行治理，改善了植物生存的小环境，缓和了地表温度的变幅，减轻了水土流失，地表覆盖先锋植物后，通过消除人为干扰，真正的演替就此开始。

在严重侵蚀地营造马尾松林后，即群落B随着林木的生长，生长环境发生变化，与对照相比，郁闭度(85%)增加，林内相对湿度增大，温度变幅减小，土壤条件也得到初步改善，植物的种类组成也发生了较大变化。群落A种和数量极少，仅在一个样方内有出现。群落B的灌木层植物种类发展到 14 种，人工引进的胡枝子重要值比其他的灌木种类大得多，乔木树种极少，仅见有一种。而群落C中，灌木树种增加到 24 种，由于环境的中生化，强阳性灌木树种(如岗松和桃金娘等)消失，中生性的灌木种类较多。乔木树种木荷幼苗的重要值位居第二，同时出现了山矾、黄楠、虎皮楠、乌桕、石栎、枫香、阿丁枫、桃叶石楠、五月茶等阔叶乔木树种，而马尾松幼树重要值仅居第 26 位，在 11 种乔木树种中居第 9 位，说明木荷和马尾松混交的乡土林正向地带性群落——常绿阔叶林方向演替。

群落A草本植物仅有画眉草、芒其和芒三种植物，以画眉草和芒其占优势，重要值分别为 129.26 和 115.60。群落B草本植物种类增加到 6 种，但强阳性的画眉草消失，芒其在草本层中占绝对优势。群落C草本植物种类由群落B的 6 种增加到 14 种，芒其仍是草本层的优势植物，但其重要值有所下降，同时阳性禾本科草类重要值也有所下降，反映了群落由阳生化向阴生化发展的趋势。藤本植物在群落A中数量很少，仅在一个样方中出现。群落B藤本植物也仅有 2 种，以香花崖豆藤占优势。群落C藤本植物发展到 7 种，菝葜、玉叶金花、藤黄檀、香花崖豆藤的重要值都在 50 以上。

群落B与群落A相比，3 种植物相同，4 种植物未见，增加 16 种植物；与群落C相比，15 种植物相同，41 种群落C有而群落B没有出现，8 种植物群落B出现而群落C未出现，少 33 种植物。除马尾松外，仅有草本植物芒其和芒 2 种草本植物在 3 个群落中都有出现。以上分析说明群落B演替有所发展，但进度极为缓慢，该群落还处于演替的早期阶段，特别是乔木树种，并未真正侵入群落，这可能是由于土壤种子库缺乏乡土树种的种子资源，而其他地方的种源较远而难以传播。

群落 A 的物种丰富度指数极低，仅有 3 种草本、2 种灌木和 2 种藤本植物，群落 B 的物种丰富度得到一定程度提高，但均低于乡土林，其中灌木层＞草木层＞藤本层。

随着恢复和演替的过程，从群落 A、群落 B 到群落 C 的各种多样性指数逐渐增大，表明群落朝着复杂化方向发展。从群落 A 到群落 B 的多样性指数变化幅度大于从群落 B 到群落 C 的变化幅度，说明演替初期群落极不稳定，演替速度较快，而演替到一定阶段后，群落稳定性增加，演替速度变缓。灌木层的多样性指数从群落 A 到群落 B 的变化幅度大于从群落 B 到群落 C 的，说明灌木层的复杂化进程变慢。而草本层的多样性指数则从群落 B 到群落 C 的大于从群落 A 到群落 B 的，说明草本层的演替速度与灌木层的演替速度并不一致，草本层的演替可能依赖于生境的改善而变化。藤本层植物的多样性指数则先下降而后有较大幅度的上升，这也说明了藤本植物的演替可能与草本层具有相似之处。

而灌木层、草本层和层间植物的各均匀度指数，从群落 A 到群落 B 先下降，到群落 C 又有所增加。群落 B 灌木层以胡枝子占据优势，草本层以芒萁占据优势，单优或寡优势的均匀度较低，群落 A 灌木层、草本层和藤本植物种数少，各层植物的优势种不明显，因而具有较高的均匀度指数，但总的群落又以芒萁和画眉草占绝对优势，因而群落种总的均匀度指数较低。一般情况下，相对稳定的群落具有较高的多样性和均匀度，群落 C(乡土林)一般较稳定，具有较高的多样性和均匀度，而群落 A 和群落 B 的群落稳定性较低，因此多样性和均匀度较低。未经治理的严重侵蚀退化生态系统，植物种类稀少，群落物种的丰富度指数和多样性指数均较低，这种生态系统要自然恢复物种多样性是不可能的。而经过生物和工程措施进行治理，并通过封禁消除人为干扰，改善了植物生存的小环境，减轻了水土流失，地表覆盖先锋植物后演替就此开始，植物种类增加，物种丰富度指数、多样性指数和均匀度指数均有较大程度增加，但与乡土林相比，还有较大差距。如何加快封禁管理群落的演替，使其加快向地带性群落的发展，将是今后应研究的课题。

二、废弃矿地的植被恢复

采矿业为人类的发展提供了重要的物质和经济基础，但所导致的环境破坏也是巨大的，所形成的废弃地环境极其恶劣，急需进行生态恢复。工矿区废弃地是在采矿、选矿和炼矿过程中被破坏或污染、不经治理而难以使用的土地，这类土地都有明显的人类改造痕迹，原生生态系统受到非常严重的破坏。根据其来源可分为 3 种类型：一是由剥离的表土、开采的废石及低品位矿石堆积形成的废石堆、废弃地；二是随着矿物开采而形成的大量采空区域及塌陷区，即开采坑废弃地；三是利用各种分选方法选出精矿物后排放的剩余物所形成的尾矿废弃地。这些废弃地产生了许多生态环境问题，如破坏地表景观、占用土地资源、污染环境、影响动植物生境等。基于上述原因，矿业废弃地的生态恢复已为世界各国所普遍关注(谷金锋等，2004)。

(一)矿业废弃地恢复概论

除了矿业废弃地，还有城市工业废弃地及垃圾处理场等废弃地，这些不同类型废弃地的特征、恢复方法及恢复目标是不同的(表 11-5)。

废弃地恢复的原则主要有自然原则、系统原则、无害化原则、经济原则和可持续发展原则。主要步骤可参照国际恢复生态学会提出的恢复步骤，其中，矿业废弃地的土壤处理方法最重要(表 11-6)。

表 11-5 不同类型废弃地的特征、恢复方法及目标

废弃地类型		特征	恢复方法	恢复目标
矿区废弃地	采场	原生态系统完全破坏，轻度污染	恢复土壤，再植	原生态系统
	排土场	原生态系统严重破坏，无污染	土壤改良，再植	原生态系统
	尾矿区	有害元素大量富集，严重污染	去除有毒元素，再植	原生态系统
城市工业废弃地	厂区废弃地	土壤本底轻度改变，重度/轻度/少量污染	生态系统设计重建	城市人工生态系统
	工业弃渣场	原生生态系统完全破坏，严重污染，常常有大量有害元素富集	生态系统设计重建	人工/自然生态系统
垃圾处理场		原生生态系统完全破坏，中度污染	覆土，再植，生态系统重建	人工/自然生态系统

资料来源：冯雨峰，孔繁德，2008. 生态恢复与生态工程技术[M]. 北京：中国环境科学出版社.

表 11-6 矿业废弃地土壤的主要问题及处理方法

问题方面	问题类型	问题	短期处理方法	长期处理方法
物理方面	结构	过于紧密	松土	种植植被
		过于松散	压紧/覆盖	
	稳定性	不稳定	使用固定物、养护	种植植被
	水分	过高	排水养护	排水
		过低		种植抗性植物

根据目前国内外的研究情况来看，有效控制采矿业的环境污染，并使采矿地成功恢复的 3 个最重要的措施是：①采用适当的方法对基质进行改良；②选择适宜的植物，尤其是重金属超富集种类进行种植；③对矿山废水进行有效处理。当前主要的理论研究进展主要体现在：①排土场植被恢复与复垦绿化技术研究；②矿山恢复的土壤侵蚀控制研究；③矿山废水处理与循环利用技术研究；④固体废弃物处理与生产力恢复技术研究；⑤矿山恢复的技术操作规程及效果评价等。

(二)矿业废弃地植被恢复与重建方法

1. 植被的自然恢复 矿业废弃地植被的自然恢复是很缓慢的，但在不能及时进行人工建植植被的矿业废弃地上，植被自然恢复仍有其现实意义。试验表明，人为裸地上的植被自然恢复过程长达 10～20 年，条件差的地区 20～30 年也难以恢复。张树礼等在准格尔煤田露天矿采挖区排土场，对植被自然侵入的速度、科属组成等进行了研究，并与附近的原始植被做了比较。结果表明，在 3 年多的时间里有 47 种植物侵入排土场。第一、二年植被侵入种数最多，占总数的 94%，第三年仅有 3 种，占总数的 6%。与周围地区自然植被中 198 种植物相比，新群落的种数比例仅为 16%。与该地的原始植被相比较，新植被的特征发生了很大变化，不仅覆盖度小(<10%)、种类单调、多年生植物种比重很低，而且是一个极不稳定的植物群落。考虑植被自然恢复所需要的时间及植被恢复过程中生态效益和经济效益并重的原则，矿业废弃地植被恢复不应被动地等待植被的自然恢复，实行人工复垦对尽快恢复矿区生态是非常必要的。

2. 采矿废弃地恢复工程技术　矿山开采过程中对土地(土壤)造成了严重破坏,使原来的良田变成半绝产或绝产的废弃地,修复工程就是使这些废弃地重新变成可耕地。这些技术主要包括以下几种。

(1)表土转换技术。一层可耕种的表土需要千万年才能形成。在表土上任意堆放煤矸石或其他矿渣,毁坏良田,造成对环境永久性污染。最简单、最经济、最科学的方法就是在堆放煤矸石(或其他矿渣)之前,先把堆放地的表土(耕植土)层取走,并保护好,然后在堆放地铺上 50 cm 厚的黏土并压实,以防煤矸石或矿渣向下渗透而污染地下水及地面水。同样,在煤矸石或矿渣堆放完并展平压实之后,也需再铺上一层 50 cm 厚的黏土并压实,造成一个人工的黏土封闭层。然后再垫上 1 m 厚的生土,最后把表土搬回铺上,马上就可以在上面种植作物了。这种方法可以基本上保持原表土层的肥力,达到立即复耕的效果。

(2)表土改造技术。依据国内外的研究,煤矸石的淋溶水中镉、汞、铅、砷等剧毒元素的含量均超过水质标准,这些淋溶水将严重污染地下水和地面水,将对生物和人类健康造成严重影响。但因煤矸石已经堆放在那里,很难将它搬走,所以在进行表土改造之前,应设法灌注黏土泥浆,以便让泥浆包裹煤矸石表面,减缓煤矸石淋溶速度,降低淋溶水中有毒元素的含量,然后再铺上 50 cm 厚的黏土并压实。这样做的目的是造成一个人工隔水层,尽量减少地面水下渗,减缓煤矸石淋溶速度,降低其淋溶水中有毒元素的含量,以求达到国家标准,保障生物和人群的健康。最后覆盖表土,覆盖的表土层厚度不能少于 1 m。由于覆盖的生土层过于贫瘠,表面 30 cm 这一层必须混入足够量的有机肥或淡水水域中的淤泥以增加土层中的含氮量。同时,还要每年施入足量的氮、磷、钾肥,复垦后的最初几年应大量种植豆科植物,这是增加土壤中含氮量的最好办法。

(3)先锋种群种植技术。废弃矿地一般要经过 40~60 年,甚至上百年的时间才能重新被一些植物所覆盖。为了让煤矸石上坡迅速披上绿装,减少污染,进行先锋种群种植是最好的办法。首先要在当地进行详细的野外调查,并进行优化筛选,然后确定种植的种类,进行全区域种植,使这些先锋植被迅速地覆盖煤矸石山及其他一些难以复垦的废弃地,以期达到迅速修复环境的目的。在这一过程中,要利用不同种类的人工植物群落的整体结构,增加植被覆盖度,减缓地表径流,拦截泥沙,调蓄土体水分,防止风蚀及粉尘污染。利用植物的有机残体和根系的穿透力及分泌物的物理、化学作用,改变下垫面的物质、能量流动,促进废石渣的成土过程。利用植物群落根系错落交叉的整体网络结构,增加固土防冲能力,保障工矿区工程建设的顺利进行,以及工程建设结束后退化生态系统的迅速恢复和重建。

此外,对废矿地的植被恢复,还要注意化学改良和有机废物的应用两方面的技术。

3. 生物改良

(1)植物选择。在植被恢复与重建过程中,植物的选择十分重要,要因时因地选择适宜的植物种,才能迅速定植,并具有长期的利用价值。豆科牧草中的沙打旺、草木樨、紫花苜蓿、杂花苜蓿、小冠花、胡枝子等植物被广泛用于矿业废弃地的植被人工恢复。乔木中杨树、油松、杜松、云杉、侧柏、国槐等不仅可以改变废弃地状况,也是绿化、美化环境的主要树种。

(2)引入固氮生物。利用生物固氮作用在重金属含量较低的废弃地进行土壤改良及植被重建显出很大的作用和潜力。改良废弃地广泛引入的固氮植物有红三叶草、白三叶草、桤木(*Alnus cremastogyne*)、刺槐(*Robinia pseudoacalia*)和白湾相思(*Acacia richii*)等。近年来,长喙田菁(*Sesbania rostrata*)的茎瘤共生体系因具有极高的固氮效益而备受关注。对于具有较高重金属毒性的废弃地，必须用相应的工程措施(如掺入一定比例的污水污泥等)以解除其毒性，保证植物结瘤固氮。菌根能够有效地利用基质中的磷，而且不受尾矿中富含金属的毒害，所以将其接种于相应的共生树种，可以较好地适应废弃地的生境，这对尾矿上植物定居起着重要作用，从而达到一定的改良目的。

(3)金属耐性植物。金属耐性植物是能在较高的重金属性的基质中正常生长和繁殖的一类植物。这类植物既能够耐受金属毒性，也能够适应干旱和极端贫瘠的基质条件，特别适用于稳定和改良矿业废弃地。在一定管理条件和水肥条件下，耐性植物能在废弃地上很好地生长，随着耐性植物对基质的逐渐改善，其他野生植物也逐渐侵入，最终形成一个稳定的生态系统。金属富集植物能够在含不同重金属的基质上正常生长，在植物体内往往积累大量的重金属(1 000 mg/kg 以上，干重)，因此，可以通过反复种植和收割的方法，即可除去土壤中的大部分重金属，它特别适用于轻度重金属污染的矿业废弃地土壤。

(4)绿肥作物。绿肥作物具有生长快、产量高、适应性较强的特点。各种绿肥作物均含较高的有机质及多种大量营养元素和微量元素，可以为后茬作物提供各种有效养分，增加土壤养分，改善土壤结构，增加土壤的持水保肥能力。因此，可以利用绿肥作物迅速改良废弃地，不过这需要良好的管理才能实现。

(三)矿业废弃地植被的恢复与重建模式

1. 塌陷区植被恢复 淮北煤矿第三、第十采区经采煤后导致地表塌陷，稳定后平均塌陷厚度约 4 m。淮北发电厂于 1980 年将塌陷区设计为粉煤灰储灰场。在植被恢复过程中，利用挖泥船和水利挖塘机组将煤矿塌陷地整理成池塘状，周围高且呈堤坝形，而且将电厂粉煤灰用大型输灰管道按水灰 15：1 的比例，将粉煤灰填入塌陷区，待粉煤灰充满后，将周围堤坝及附近的土壤覆盖于粉煤灰之上，平均覆土厚 30～50 cm，构成了煤矿塌陷区粉煤恢复田。在粉煤恢复田上引种刺槐、柳树、榆树、杨树、灌木柳等 8 个种，130 多个无性系品种。分别营造了上层乔木速生丰产林，中层灌木条类低矮林、观赏花卉，以及下层草坪等绿色植被，形成上、中、下相结合的复层生态结构，取得较好的生态与社会效益。

赤峰市元宝山区是我国北方 20 世纪 60 年代新兴的煤炭电力生产基地，由于连年开采形成块状、带状的塌陷地面，地表破碎，起伏不平，水土流失严重。为探索矿业废弃地生态恢复的途径，赤峰市草原站的科技人员于 1989 年对元宝山区煤矿塌陷地的植被恢复和重建进行了试验研究。对新形成的塌陷地主要采用机械平整、填沟等工程措施，防止漏水和发生新的裂陷。另外，选择较平坦的地段，播种沙打旺和紫花苜蓿，建立人工草地。对于相对稳定的老塌陷地，直接用机械平地，播种沙打旺，建立人工草地。试验证明，在土壤贫瘠、干旱的条件下，种植沙打旺更为适宜。经过平整后的塌陷地，重新获得了使用价值，人工草地获得了较高的生产力，为对照草地的 7 倍多，取得了良好的生态效益和经济效益。

2. 排土场植被恢复 位于内蒙古境内的准格尔黑岱沟煤矿是目前我国开发的五大露天矿之一。自 1990 年破土动工以来，上亿吨的剥离物形成大面积无土壤结构、无地表植被的排土场。准格尔煤田地处环境条件严酷、生态系统十分脆弱的黄土高原地区，如不能在煤田开采中和开采后迅速恢复植被，矿区和周围地区的自然生态环境将会迅速恶化。为此，内蒙古蒙环环境保护技术研究所、内蒙古农牧学院等单位于 1992 年在准格尔露天矿排土场进行了植被恢复研究，为黄土高原地区的矿山资源开发后排土场综合治理提供了有益的经验。他们的主要方法如下：

(1)引入各类植物99种，通过3年多观察研究，按照植物出苗率、成活率、越冬及生产状况的综合评价，筛选出适于排土场生长的植物种：杂种苜蓿、紫花苜蓿、沙打旺、草木樨状黄耆、冰草、老芒麦、披碱草等；灌木有沙棘、玫瑰、紫穗槐、丁香、沙柳；乔木有油松、杨树、云杉、侧柏、杜松、国槐、榆树。其中，草本植物以沙打旺、杂种苜蓿、紫花苜蓿、草木樨尤为突出，鲜草的平均产量均达到17 910 kg/hm²。根系多分布在1 m深、0.5 m宽范围内，主根最深达2 m，生态效益明显，可作为矿区固土、防风和熟化土壤的先锋植物。灌木以沙棘为优，具有抗性强、生长快、根蘖力强、根瘤量大的特点。第二年高度可增加54 cm，枝条增加10～25条，每丛覆盖面积达50～100 cm²，根入土深度1.5 m，平均每丛根瘤量在10 g以上。乔木以油松为佳，成活率达90%，移栽第三年，树高达245 cm，增加高度为40 cm。另外，杨、柳树生长速度快，杨树平均年增加高度1～1.5 m，胸径增加0.5 cm。由于杨、柳树不但速生、成活率高，而且成本低，可成为矿区普遍推广的乔木种。选出的几种果树如苹果、梨、杏等，成活率均在85%以上，说明在排土场可设置果园，增加经济效益。

(2)在排土场上建立乔灌草生态结构模式，有灌草型、乔草型、乔灌草型和观赏型乔灌草。配置方式分别为灌草型(以间行种植为主要方式，即灌成行，草成带，灌草占地面积比为1∶2和1∶1)、乔草型(与灌草型相同)、乔灌草型(乔灌行数比为1∶1或1∶2)，行间距2～3 m，行间播撒牧草，占地面积比为乔30%、灌40%、草30%)和观赏型乔灌草(路两边间种乔灌为主，间距1.5 m，草本以种草坪为主，种于乔灌与建筑物的空旷地带，中间点缀有苹果、杏、李子等)。试验表明，在上述乔灌草生态结构设置上以沙棘-沙打旺、油松-沙打旺为最佳。其中，以乔灌草型最为突出，以油松-沙棘-沙打旺为例，从垂直分布上看，形成明显的3个层次，即乔木层(油松)，层高245 cm；灌木层(沙棘)，层高110 cm；草本层(主要为沙打旺)，层高95 cm。4个层片，即油松、沙棘、沙打旺和杂类草层片。同时，根系也形成不同的层次，沙棘、沙打旺根深均在1.5 m以上，油松在1 m以上，乔草类在15 cm左右，地上地下呈多层现象，形成了该类型较为复杂稳定的生态结构。这种结构不但能充分利用地上、地下空间及光照和水分，而且复杂的生态结构产生了良好的生态效益，形成了排土场植被恢复的特有景观。植物庞大的根系的垂直与水平分布，在土壤中形成30～70 cm的网状结构，起到了固定土壤、涵养水分、增加肥力、降低地表温度的作用。与此同时，加快了土壤熟化速度，土壤有机质提高0.11%，土壤的速效氮、磷、钾分别增加6.0 mg/kg、4.0 mg/kg、16.1 mg/kg，5～10 cm土壤含水量提高4倍，地表温度(7月上旬16时)从42.5 ℃降为29.4 ℃，与建立人工植被前相比较，冲刷沟的数量、深度和宽度均有大幅度减少，充分说明了乔灌草生态结构有显著的生态效益。

3. 梁山退化草地恢复 四川省凉山彝族自治州地处青藏高原和云贵高原之间，位于长江中上游，属川西山地。建国初期，由于牲畜数量少，草场不超载，基本无退化现象，林木、草地交错，各种植物生长茂盛。20世纪80年代开始，由于重农轻牧，全州耕地面积增加了19.67万 hm²，特别是在坡度25°以上开荒，加剧了雨水对草场的冲刷，使土层变薄，肥力下降，严重的成为"溜石滩"，沦为不可用土地。到90年代末，由于人口的增加及消费水平的提高，刺激了畜牧业的发展，草食牲畜的数量激增，而天然草场面积由于自然和人为的原因在不断减少，草场超载严重，天然草场的生产力远远跟不上牲畜数量的增长，因而草场出现掠夺式放牧，植被根本无法得到恢复，最终造成草地退化。据 1998 年调查，全州退化草场面积已达 54.84 hm²，占草地总面积的 23.4%。

为了合理利用和建设草地，州政府于 1997 年落实草场责任制。在此基础上，结合西部大开发，尽快实施退耕还林还草的"天保工程"。将 25°以上的耕地退耕还草后，采取围栏、封育、除杂、补播等措施，在承包的天然草地内选择一些既能做饲料、又能保持水土的植物进行种植，使被破坏的植被得以恢复，草场中的优质牧草得以生长。经过对多种植物种植研究认为：在坡度 25°以下时，种植光叶紫花苕（*Vicia villosa* Routh var.）效果最佳，在坡度 25°以上时，种植皇竹草（*Pennisetum sinese* Roxb）效果最佳，其根长 2.5 m 以上。据测经封育改良后的草场，牧草产量由原来的 4 500 kg/hm² 上升到 15 000 kg/hm²，既增加了植被覆盖率，又减少了水土流失。不仅如此，群落结构也发生了变化，如对大青山封育一年后的草地测定，封育前禾本科植物占 33.3%，豆科占 4.8%，杂类草占 61.9%，而封育后禾本科上升到 85.3%，豆科上升到 6.5%，杂类草降为 8.2%。可见天然草场经封育后的数量和质量都有明显提高。

目前，凉山天然草场严重超载，天然草场的综合利用比重由 20 世纪 80 年代的 59.51% 下降到 35.11%，严重制约了畜牧业的发展。为此，从 1995 年起实施的草畜"双百万工程"，即实行粮草轮作，每年利用冬闲地种植 6.67 万 hm² 以上优质豆科牧草，以解决冬春牲畜缺草问题，这在很大程度上缓解了草畜矛盾。1998 年底全州种植光叶紫花苕面积达 8.27 万 hm²，年可提供优质豆科牧草 186 亿 kg，能保证 310 万个羊单位牲畜的冬春牧草需求量。人工种草工作的开展，使人工草场的综合利用比重由 1980 年的 0.33% 提高到 30.62%，净增 30%，人工种草既是对畜牧业的一大贡献，也是对草地生态保护的一大贡献，不仅解决了因天然草场退化带来的草畜矛盾，还能涵养水分，防止水土流失，使冬春的田野能够变成一片绿色，获得良好的生态效益。

复习思考题

1. 生态修复的基础生态学理论有哪些？
2. 生态修复的目标是什么？如何对生态修复的效果进行评价？
3. 耕地生态修复主要有哪些技术？
4. 矿山废弃地生态修复应该注意哪些方面？
5. 简述湿地生态系统的修复与重建过程。
6. 常用的生态修复技术有哪些？各自有什么特点？

第十二章 土地生态管理

　　土地生态管理是以实现土地生态安全、土地资源可持续利用为目标，应用生态学和管理学原理，根据土地资源特性制定规划、计划、管控、监督等方式开展的一系列人为干预过程和活动。本章首先针对目前土地生态环境存在的问题，阐述土地生态管理的迫切性和必要性，提出土地生态管理的依据和目标。然后，重点论述土地生态管理的原则和管理的内容。最后，从土地生态管理的对象和特点出发，提出土地生态管理的措施和手段，以及土地生态管理的相关制度与政策。目的是学习掌握如何把土地生态学相关理论应用到土地生态管理实践中。

第一节　概　　述

一、土地生态管理内涵

　　土地是人类赖以生存的物质基础，人类社会的发展离不开对土地的利用和改造。然而，随着社会经济的快速发展，日益频繁的人类开发活动，加上不断变迁的自然环境，使得我国大部分地区土地生态系统面临着日益严重的威胁，如水土流失、土地沙漠化、土地盐碱化、土地退化、土地污染、环境地质灾害等。土地生态系统的失衡，使得土地生态系统服务功能降低，并直接影响到人类社会的可持续发展。

　　土地生态管理对象是一个非常复杂而庞大的系统。根据生态系统的定义把管理对象划分为三大部分，一部分为包括人类在内的所有生物群体，另一部分就是这些生物群体赖以生存的环境，第三部分就是生物群体之间的关系以及它们与环境之间的关系。这三部分既相互依存又相互制约。鉴于土地生态管理对象的复杂性与系统性，就要求不能采取"头痛医头，脚痛医脚"的方法，必须考虑土地生态系统各个组成部分的关联性。

　　土地生态系统是一个由土地、自然环境、技术、政策、人等生态因子组合而成的有机整体，它们构成了一个开放的、动态的、分层次的和可反馈的系统。系统中任何一种因子的变化都会使自然界原有的土地生态平衡被打破，尽管土地生态系统自身具有一定的恢复功能，但这个功能是有其自身的限度的，超过了这个限度将不能再恢复。因此，必须树立可持续发展的理念，结合现有的法律、政策和规则制度将土地可持续利用理念灌输于管理实践中。

　　土地生态管理是人类主导的一项管理过程。研究发现，其他生物群体对生态环境的影响是本能地被动地适应，而只有人类可以对管理对象有一个客观地了解，进而按照客观办事，从而向有利的方向引导土地生态系统的正常循环。人们可以利用科学方法对风险进行预判，并提出干预策略。认识到这一点，应充分发挥人类科学干预在土地生态管理中的重要作用。

　　综上所述，土地生态管理是以实现土地生态安全、土地资源可持续利用为目标，应用生态学和管理学原理，根据土地生态特性制定规划、计划、管控、监督等方式开展的一系列人为干预过程和活动。

二、土地生态管理的原则

土地是人类的生存之本，土地生态管理的本质就是处理好土地利用与可持续发展的关系。从土地生态系统的可持续发展的角度来看，土地生态系统的管理应遵循的基本原则是：

1. 保护土地资源永续利用为基本原则　土地利用与管理就是人类为了实现自己的目的，长期地或周期性地进行的土地开发活动。在每一次开发过程中，都会改变土地生态系统中的某些要素，从而打破原有的生态平衡。虽然土地生态系统本身具有一定的调整功能，但它的前提是土地利用的强度不能超越一定的限度，否则生态系统将不能恢复至原有的生态功能，土地的生产性能就会下降，土地生态功能将会退化。因此，对土地的开发利用，应有利于保持和提高土地资源的生产性能及生态功能。从土地持续利用的角度分析，开发利用土地资源所获得的财富是不断增加的，至少能维持现有水平，因此，需要人为的加以控制，制定科学的利用规划，不仅立足现在，还要着眼未来，即在保护的前提下加以利用。

为防止土地退化，保证土地的永续利用，不断提高土地生产力，首先应加强对土地资源的保护，对土地进行科学的规划，其次采取有效的措施进行管理。土地具有区域性特点，不同的区域有着不同的类型和结构，它反映了土地的自然属性和千百年来所形成的经济发展水平及地域文化。因此，土地利用不仅受到土地自然属性的限制，还会受到来自人类开发利用、需求目的等方面的影响；同时，正确地处理土地利用的强度、布局与生态环境的关系就显得尤为重要。

2. 维持土地生态系统的平衡原则　土地的生态管理应是一个动态的良性化管理过程。在土地开发利用过程中，应保持整个生态系统的功能不退化。近年来，随着经济的发展，建设用地不断增加，相对应的其他用地的数量在不断减少，这势必会影响整个土地生态系统的使用结构及功能。正确处理好这些问题的原则就是维持土地生态系统的平衡。

从土地利用可持续发展的角度，土地生态系统的平衡包括质和量两个方面。一个是数量问题，一个是质量问题。从量的角度，总量不变，只是不同使用性质的土地在数量上相互转化。比如，耕地越来越少，而建设用地在不断增加。为了保证生态系统的功能不被退化，在数量发生变化的情况下，对质的要求就会越来越高。目前，水土流失、沙漠化、盐碱化和肥力下降等各种形式的退化非常严重，土地资源的保护是保证质量问题的有效策略。在土地生态管理的问题上，数量和质量是相辅相成的。只有实现了质和量的统一，才能实现土地资源的可持续发展。

3. 实现"三效益"相统一的原则　所谓"三效益"，就是指环境效益、社会效益和经济效益。土地生态管理的实质就是用系统的观点对整个生态系统进行循环管理，以保证土地的生态功能不会退化。

从开发主体的角度分析，土地利用的目的在于获得经济效益，从土地开发可行性的角度分析，每一次开发利用活动都应满足开发主体的经济利益，只有符合了这个基本条件，才会满足开发主体的利益驱动，才具有可行性。用可持续发展的观点去认知土地生态管理，任何一项土地开发活动仅仅考虑经济的合理可行都是片面的，"三效益"的统一是土地生态管理必须坚持的原则。

因此，应树立科学的生态观，必须坚持以人为本、全面、协调、可持续的统筹发展观。生态是关于生物与环境和谐发展的科学，人要与自己的环境和谐发展，就必须有科学的生态意识，要以自己的生态环境为要，长远计划自己的生产和生活。

4. 土地景观和生物的多样性保护原则　土地景观有人文景观和自然景观，记载了人类开发利用土地的历史，讲述着关于人与人、人与自然的过去、现在甚至未来，它们是历史的承载，保护土地景观为人类与自然的和谐创造了物质条件。随着生物多样性的发展，研究者们发现土地景观破碎化是造成生物物种灭绝加速的重要原因。

在前面的章节中介绍了生物多样性的概念，它包括三个层面的含义：遗传多样性、物种多样性、生态系统多样性。随着研究的深入，人类逐渐意识到生态资源的可贵，它是人类和其他物种赖以生存和发展的物质条件，而生态资源就来源于物种多样性的完整与生态平衡。每一种生物物种根据自身的特性在生态系统的能量流动和物质循环中发挥着各自的作用，它们是整个生态系统不可或缺的组成部分。生物多样性的保护就是要保护那些珍稀濒危物种以保护生态系统的完整性。要想取得人类社会的永续繁荣，必须尊重其他物种的生存权利，以保证生态环境的可持续发展。

生态系统中不仅同种生物相互依存、相互制约，异种生物之间、不同群落或系统之间，也存在相互依存与制约的关系。生物的多样性有利于生态系统的稳定。

三、土地生态管理的目标

土地生态管理的目标就是保证土地生态安全、维持生态系统平衡、促进土地的可持续利用。三个目标之间相互制约、相互支撑。

人类要实现土地资源的可持续利用，必须保护土地生态环境，实现土地生态环境的安全。一方面，土地的可持续利用是维护生态安全的基本前提。土地是地球陆地表面人类生活和生产活动的主要空间和场所，土地利用的状况、方式、管理的优劣等都会影响到社会经济的发展。土地资源的合理利用是土地生态环境良性发展的立足之本，无论人们对土地可持续发展战略是如何理解的，土地资源的可持续利用一直是其核心之一，对整个社会经济的持续发展具有意义重大。另一方面，维持生态安全是土地利用的目标。为了应对我国土地生态环境的挑战，需要开创一条新的发展途径，即社会经济可持续发展与土地可持续利用的道路。为了实现这一目标，人类社会应该努力恢复已经受到破坏和滥用的土地生态环境，并且审慎地管理好现有的土地资源，使其既能满足当代人类的基本需要，又不损害后代人长期发展的根本利益。土地资源可持续利用的目的在于合理地对土地资源构成要素进行开发、利用和保护，使其持续发挥经济效益、社会效益及环境效益；而同时，维护土地资源生态安全的目的是为了土地资源与生态环境更好利用与发展。只有合理利用土地资源，才能实现土地资源的综合效益；只有确保土地资源的生态安全，才能营造人与土地资源和谐相处的安全生态环境。

四、土地生态管理的类型及内容

根据管理学的范式，进行有效的管理之前，首先应明确管理层次和类型。根据土地生态特征及管理的组织方式，将围绕宏观和微观的关系、目标和过程的关系将土地生态管理归纳为：土地生态宏观管理、土地生态微观管理、土地生态目标管理和土地生态过程管理四种类型，见图 12-1。

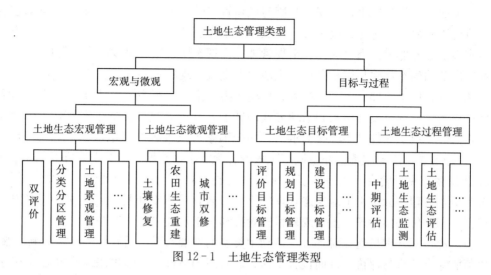

图 12-1 土地生态管理类型

1. 土地生态宏观管理 土地生态宏观管理是以土地生态系统为整体目标，利用土地生态评价、分类、分区、规划等手段对较大尺度区域进行管理的方式。以双评价为基础的生态管控、三区三线划定与管控、土地景观管理等是土地生态宏观管理的主要内容。

双评价包括资源环境承载力评价和土地空间开发适宜性评价两个方面，是土地生态宏观管控的基础评价。资源环境承载力评价包括土地资源、水资源、环境、生态等基础评价，城市化地区、农产品主产区、重要生态功能区等专项评价。在土地资源承载力评价的基础上，通过人口集聚、经济发展水平、交通优势、区位优势，以及地形地势、土地资源、水资源、生态、环境、灾害等约束性评价，判断土地开发的适宜性和土地生态保护的重要性。

三区三线划定是土地生态宏观管控的重要手段。生态优先、聚集开发、强化管控是空间开发利用的基本原则。国土空间被分成生态空间、城镇空间、农业空间三大空间，生态保护红线、城镇开发边界、永久基本农田保护红线又把三类空间分成六区。生态空间被生态保护红线分割为生态保护红线区和一般生态区。城镇空间被城镇开发边界分割成城镇开发建设区和城镇开发建设预留区。农业空间被永久基本农田保护红线划分为永久基本农田保护红线区和一般农业区。一般农业区中，包括一般农田和乡村居民点。

土地景观是土地及土地上的空间和物质所构成的综合体，是大尺度、系统化的土地生态宏观管理单元。以区域景观生态系统整体格局优化为基本目标，通过研究景观格局与生态过程及人类活动与景观的相互作用，建立区域景观生态系统优化利用的土地空间结构和模式，从而使廊道、斑块、基质等景观要素的数量及其土地空间分布合理，使信息流、物质流与能量流畅通，并具有一定的美学价值，且适于人类居住。土地景观管理是以改善土地景观结构、加强土地景观功能、提高土地景观质量为主要目的。

2. 土地生态微观管理 土地生态微观管理是基于生态过程、环境过程、生物地球化学过程等微观过程的土地生态管理，主要应用于局部区域的生态重建与修复，通过项目和工程管理等手段来实现生态建设和保护。

农田-田块尺度生态重建与土壤修复对改善土壤环境质量，保障粮食安全、蔬菜等农产品质量安全，对经济社会发展和国家生态安全具有重要意义。管理部门以污染调查、安全利用方案、绩效评估等为抓手，从安全利用与风险管控的角度出发，明确农田土壤修复的技术导向，重视源头截污与防止二次污染。以农田整治项目为支撑，开展田块尺度的生态重建，提供生态系统服务能力。通过项目和工程管理，实现农用地微观尺度的生态管理。

城镇内部的生态重建与修复是城镇土地生态微观管理的重要方式。近些年来，随着城镇化的快速扩张，城镇内部资源约束趋紧、环境污染严重、生态系统遭受破坏，趋势严峻。这种局面严重制约着城市发展模式和治理方式的转型，开展城镇内部的生态重建与修复项目、工程管理已经变成了一件刻不容缓的事情。如今国家重点推进的城市双修（生态修复、城市修补）工程是推进供给侧改革、补足城市短板的客观需求，是城市转变发展方式的重要标志。

3. 土地生态目标管理 土地生态目标管理是通过对土地的利用评价、规划、设计等方式设置其生态管理目标，是土地生态管理的重要方式，可以对土地进行定量的考核和评价。主要包括生态评价目标管理、土地规划目标管理和生态建设目标管理等方面。

生态评价目标管理指通过对各种土地利用类型的发展状况、适宜性、环境影响、服务功能和价值的综合分析与评价，进而设置土地生态管理的目标。土地生态评价包括生态功能评价、生态安全评价、生态足迹等，直接服务于土地生态设计和土地生态规划。生态评价目标管理能有效地规划土地的合理利用，在环境保护和治理服务上有着特定的意义。

土地规划目标管理是根据经济社会发展总目标，为合理地开发利用土地资源、协调分配国民经济各部门之间的利益、妥善安排各项建设工程用地而提出的合理组织土地的方案。对土地规划进行目标管理，既能够增强土地利用效率，还能够更加高效地开展城市建设，推动社会经济发展城镇化建设，是我国经济改革和行政管理改革的重要组成部分。

城市化与工业化的快速发展给生态环境带来了严重的灾害，生态建设目标管理是我国对资源约束紧张、环境污染严重、生态系统退化的严峻形势的必然选择。生态建设要以资源的高效利用和循环利用为核心，以"减量化、再利用、资源化"为原则，以"低消耗、低排放、高效率"为特征。通过转变经济发展方式，改变生产和生活方式，从源头上扭转生态环境恶化趋势，形成节约资源和保护环境空间格局。

4. 土地生态过程管理 土地生态过程管理是目标管理的主要监管和实施方式，与目标管理不同，过程管理强调的是土地生态现象的发生、发展的动态特征。土地生态的管理归根结底都要通过土地使用过程中的管理来实现，关键在于过程控制。土地使用过程中的管理主要利用中期评估和生态监测等管理手段来实现。

中期评估管理是目标管理的过程化，指现行土地生态项目、工程在执行到中期时，通过一套完整的评估体系，对土地生态项目总体规划执行情况进行分析、对比规划阶段性目标进行系统研判，进而对总体规划的目标、执行情况、效益和影响综合评价，在此基础上形成反馈信息。规划中期评估管理的实质是对规划实施情况进行动态分析和监测。科学规划和评价决策必须遵循科学的理论和原则。在不断完善的过程中，普遍认为规划中期评估遵循的四大基本理论：系统理论、人地关系协调发展理论、土地可持续利用理论和动态管理理论。实现事前、事中和事后的监管和过程管理。

生态监测与评估是土地生态过程管理的重要手段，就是利用环境监测技术和生态学理论，监测生态系统条件及条件变化和环境压力下的反应和反应发展的趋势，从而更好地获得生态系统的结构和功能及其在时间和空间上的变化和显示格局的数据与认识，给整个生态环境的改善奠定坚实的基础。生态监测的对象具有多样性，主要为植物、动物、农田、海洋、森林、湿地、湖泊、气候等，这也在一定程度上体现了生态监测的全面性，理论和实践相结合才能以精准的数据为生态环境的改善提供技术和数据上的指导。

无论是什么类型的土地生态管理，都离不开切实高效的管理手段和科学合理的政策、制度。管理的手段是保证管理方法发挥作用的工具，主要包括规划、经济、技术和教育等手段。政策制度是土地生态规范化和可持续管理的基本保障，我国已建立了一系列的生态管理相关的制度与政策。本章第二节、第三节分别对土地生态管理的手段和制度进行介绍。

第二节 土地生态管理的基本手段

遏制生态环境问题的加剧，并从根本上加以控制，要求对土地利用格局进行优化调整。改变粗放式的管理方式，改变土地利用方式，形成生态环境安全条件下的土地利用格局。不能以今天的收益作为对明天生态破坏的补偿，而应该提高土地生产效率，以实现我国不同区域可持续发展的战略目标。目前对于土地生态管理主要采取的手段包括规划手段、技术手段、法律手段、经济手段和宣传教育手段等。

一、规划手段

规划手段指在空间上、时间上对土地的开发、利用、治理和保护的布局和安排，是一种非常有效的管理手段。国土空间规划是落实土地宏观调控和土地用途管制、城乡建设的重要依据，是实行最严格土地管理制度的一项基本手段。根据我国行政区划，规划分为全国、省(自治区、直辖市)、市(地)、县(市)和乡(镇)五级，即五个层次。上下级规划必须紧密衔接，上一级规划是下级规划的依据，并指导下一级规划，下级规划是上级规划的基础和落实。土地生态作为国土空间规划和生态保护等专项规划的重要内容，是土地生态管理的重要依据。

规划手段包含规划编制、规划实施和规划评估三个方面。规划编制需要全面收集资源环境和社会经济资料并进行综合分析，遵循自然和经济发展规律，对未来经济发展活动对土地生态可能影响做出判断，提出土地生态保护的目标、方案和重点项目安排。规划的实施是关键，利用目标管理和过程管理的方法，配套运用经济、法律和行政等手段保障政策实施。规划评估检查指有关职能机构对规划过程中的情况，对照目标进行检查、监督和审计，并及时反馈信息、发现问题，及时防范可能出现的生态风险，促进规划在实践中得到完善和实现。

二、技术手段

土地生态管理是一个系统工程，涉及方方面面的问题，如何做出一个科学的决策，往往需要借助于科学技术手段。包括生态环境质量标准的制定、生态环境的动态监测评价、废弃物的回收利用、生态修复等技术。

借助于相应的科学技术手段，可以及时地发现问题，并估测到问题的严重程度，并且采取相应的控制措施，将损失降到最低，实现土地生态管理。例如，可以将 RS 和 GIS 集成技术应用到土地资源管理方面，揭示出土地资源利用中存在的问题，适时地制定相应的对策，有效地规避土地利用的不规范行为以及可能引发的土地生态问题。

由于生态系统的复杂性和多样性，在实际工作中不断出现新的生态环境问题，比如土地生态问题的尺度越来越大、新型污染物的不断涌现。解决土地生态环境问题越来越依赖技术的进步。需要先进的监测和评价技术、整治和修复技术、信息管理技术等为土地生态管理提供保障。

三、法律手段

在土地生态管理过程中，法律、行政、经济手段是不可分割的。其中，法律是依据，行政、经济手段是措施。行政、经济手段的执行必须遵照法律法规来实行。

法律手段是国家通过制定和运用经济法律法规来调节某项活动的手段，是一种强制性手段。行政手段则是国家通过行政机关，采取行政命令、指示、规定等行政措施来调节和管理经济的手段。国家通过立法机构将意志表示规范化并用法律的形式固定下来，国家管理机关即各级人民政府及土地管理部门来保证法律法规的贯彻执行，从而达到实现土地管理职能的目的。《环境保护法》《水土保持法》《土地管理法》《森林法》《草原法》等是土地生态管理的重要法律依据。

加强土地利用的全过程控制，行政执法是必不可少的手段。任何自然资源的开发利用都与其所有权和使用权有关，土地资源也不例外。因此，在开发利用土地的过程中，依靠法律来明确所有权和使用权，调整和规范各方在土地开发、利用和保护中的社会关系是必不可少的。我国实行的是土地国家和集体所有的二元所有制结构，在现实生产生活中，所有权和使用权相分离的状况，必然导致所有者与使用者之间的矛盾，这种矛盾给科学合理地开发利用和保护土地，实现土地资源的可持续利用，确保资源开发与环境保护带来一定困难。因此，必须借助政策措施和法律强制，规范利益各方在土地开发利用保护活动中的权利和义务，把土地开发利用及保护纳入法制化轨道，树立全社会关心爱护土地资源、自己维护生态环境的风尚。

四、经济手段

在土地利用过程中，经济手段也是不可或缺的手段。经济手段是国家运用经济政策和计划，通过对经济利益的调整而影响和调节土地资源利用的措施。在土地生态管理领域中，经济手段更直接、更有效，是法律、行政手段的必要补充，具有灵活性和有效性的特点。

随着经济的快速发展，经济手段作为国家宏观调控的重要手段，所起作用日益凸显。例如，在市场经济中，利益驱动和价格因素是城市土地扩张的直接动因。同一种资源，在同样的技术条件、经济发展状况和投入水平下，人们总是要选择回报率较高的利用方式。正是耕地与城市用地间比较利益巨大差异的存在，诱使城市边缘区农田大量流转为非农用途。我国是一个地少人多的国家，土地资源非常稀缺和宝贵。随着国民经济发展步入总量快速增长、城市化进程加快的阶段，人地矛盾更趋尖锐，有必要采取经济手段实行有效的方法进行土地的生态管理。

经济措施的实质就是调整土地开发利用相关利益主体之间的关系。可以从以下几个方面入手。首先将土地资源生态价值量化。采取生态学方法把各种土地利用类型的生态价值量化，与经济效益挂钩，使人们对土地资源的生态服务功能有确切的认识，从而在土地利用活动中树立生态价值观念。其次，将土地生态价值资产化。生态系统提供的生态服务应被视为一种资源、一种基本的生产要素，而这种生态服务或者说价值的载体便可看作是"生态资本"。土地作为一切陆地生态系统的载体，当然也具有特殊的生态服务价值，也应视为一种生态资本。因此，在开发利用土地之前就应该对使用该生态资产的行为付费，可以采用税收等手段让生态资产的受益者知道生态价值的重要性；而在土地开发过程中，对那些采取生态保护措施的开发者进行补偿，反之，则进行惩罚。通过建立土地生态补偿机制，可以约束破坏土地生态的行为，达到土地的可持续利用。最后，建立健全利益约束机制，用税收、利润、价格等经济手段制约粗放利用土地的行为。合理分配土地收益，确保公平与效益。对以创造经济效益为主、可能破坏生态的地区，实行高地价、高赋税，提高土地使用成本；对以提供生态服务价值为主或是直接经济效益较低的地区，则给予经济、政策补偿，减小不同地区间的收入差距。

五、教育手段

哲学中有一个基本观点，世界观决定方法论。人类的一切活动取决于人们对事物的认识。据资料显示，植被退化、气候变暖、风沙加剧、土地干旱等造成全球范围内的土地生态问题的一个非常重要的原因，就是人类对土地的不合理利用，追本溯源就是人们对土地生态相关的认知存在很大问题。通过调查，一部分人并不懂得土地生态的相关知识，在土地利用过程中，人们往往本能地从自身的投资收益出发，以一个比较狭隘的角度去解读土地生态，结果，只顾眼前，没有长远，只有局部，没有全局，缺乏一个正确的可持续发展的观念。

基于以上原因，在土地的生态管理问题上，宣传教育是必不可少的手段。应积极借助土地日、环境日等相关节日，并通过报志、杂志、电影、电视、广播、展览、互联网媒体、专题讲座等多种方式进行宣传，既普及土地生态科学知识，又提高人们对土地生态管理的认识。

在具体实施宣传教育时，应从以下几个方面入手：

一是明确宣传教育的意义、作用和目的。强化土地生态保护的意识和法制观念，以促进土地生态平衡为目的，面向社会公众，有计划、有重点、分层次组织开展土地生态知识的宣传教育活动，使全社会认识到我国土地生态问题的严重性，了解生态平衡在人类社会发展中的重要地位和作用，营造一个保护土地生态平衡的良好氛围，增强全社会的责任感、使命感和紧迫感。

二是宣传教育的内容要具有针对性。保持土地生态环境的平衡发展是全社会的共同责任。根据宣传对象的不同特点和需求，宣传内容应有所侧重，使其更具有针对性。比如，进行水土保持的科普知识教育，培养他们保护水土资源、维护良好生态的自觉性和责任感。对农民则进行水土保持的实用技术传授等。全面提高公众的水土保护意识，增强全社会学法、守法、用法、监督和抵制违法行为的自觉性。

三是宣传教育的方式要得当。针对不同对象的心理特点和接受能力，采取灵活多样的手段和措施，多形式、多层面、多角度宣传报道土地生态问题的危害、土地生态治理的重大举措及成效经验，唤起全社会对生态灾难问题的密切关注。

土地生态管理应兼顾多方面的利益，为了解决这些利益主体间的矛盾，仅依赖于某一种手段是不行的，既需要坚持原则又需要在原则下的变通，是一种多手段的综合运用。

第三节　土地生态管理政策与制度

制度化和规范化是土地生态永续管理的基本保障。随着对生态环境的日益重视，我国建立了一系列的生态管理制度与政策，这些制度和政策最终将落在土地上，成为土地生态管理的指导性文件和实施的重要工具。

一、不同土地类型生态管理政策侧重点

不同的土地类型对生态保护有不同的侧重点。本节根据我国现行的土地生态管理法律规章、政策及中共中央国务院印发的《生态文明体制改革总体方案》要求，将耕地、城镇建设用地、林地、草地和湿地的各类用地的生态管理侧重点和相关的政策要点进行梳理和归纳，见表 12-1。

表 12-1　不同土地类型生态管理政策与管理侧重点

土地系统类型	主要法律规章	制度建设	政策要点与管理要求
耕地	土地管理法 土地管理法实施条例 耕地占用税法 耕地占补平衡考核办法 农村土地承包法 基本农田保护条例	严格的耕地保护制度 基本农田保护制度 耕地占补平衡制度 耕地质量动态监测	完善基本农田保护制度，划定永久基本农田红线，按照面积不减少、质量不下降、用途不改变的要求，将基本农田落地到户、上图入库，实行严格保护，除法律规定的国家重点建设项目选址确实无法避让外，其他任何建设不得占用。加强耕地质量等级评定与监测，强化耕地质量保护与提升建设。调整严重污染和地下水严重超采地区的耕地用途，逐步将 25°以上不适宜耕种且有损生态的陡坡地退出基本农田。
建设用地	城乡规划法 建设用地审查报批管理办法 土地利用年度计划管理办法 建设用地容积率管理办法 节约集约利用土地规定	建设用地节约集约利用制度 城乡增减挂钩制度 "增存挂钩"机制 城镇低效用地再开发	完善耕地占补平衡制度，对新增建设用地占用耕地规模实行总量控制。实施建设用地总量控制和减量化管理，建立节约集约用地激励和约束机制，调整结构，盘活存量，合理安排土地利用年度计划。鼓励村集体积极稳妥开展闲置宅基地整治，经营性集体建设用地入市。探索通过多种方式鼓励其自愿有偿退出宅基地。
林地	森林法 森林法实施条例 水土保持法 野生动物保护法	天然林保护制度 材林储备制度 集体林权制度 林地调查监测	森林、林木和林地的权属按规定登记。制定林地保护利用规划，将所有天然林纳入保护范围。建立国家用材林储备制度。逐步推进国有林区政企分开，完善以购买服务为主的国有林场公益林管护机制。完善集体林权制度，稳定承包权，拓展经营权能，健全林权抵押贷款和流转制度。林业部门调查和监测森林病虫害，定期发布森林病虫害预报，提出防治方案。国家对造林绿化实行部门和单位负责制。
草地	草原法 草原防火条例 草种管理办法 草原征占用审核审批管理办法	草原保护制度 基本草原保护制度 草畜平衡制度 国有草原资源有偿使用制度	稳定和完善草原承包经营制度，实现草原承包地块、面积、合同、证书"四到户"，规范草原经营权流转。实行基本草原保护制度，确保基本草原面积不减少、质量不下降、用途不改变。健全草原生态保护补奖机制，实施禁牧休牧、划区轮牧和草畜平衡等制度。加强对草原征用使用审核审批的监管，严格控制草原非牧使用。建立巩固退耕还林还草、退牧还草成果长效机制。

（续）

土地系统类型	主要法律规章	制度建设	政策要点与管理要求
湿地	水法 自然保护区条例 湿地保护管理规定 国家湿地公园管理办法	湿地保护制度 湿地保护名录制度 国家湿地公园晋升制	组织开展湿地资源调查、监测和评估，建立和更新湿地资源档案，按照湿地生态区位、生态系统功能和生物多样性等重要程度，分为国家重要湿地、地方重要湿地和一般湿地。将所有湿地纳入保护范围，禁止擅自征用占用国际重要湿地、国家重要湿地和湿地自然保护区。确定各类湿地功能，规范保护利用行为，建立湿地生态修复机制。

二、土地生态管理的相关政策与制度

1. 以双评价为基础的土地开发保护制度　资源环境承载能力评价和国土空间开发适宜性评价(简称双评价)的提出是生态文明新时代坚持生态优先、绿色发展的重要前提，是摸清资源利用上限与环境质量底线的重要举措。通过双评价明确土地生态保护重要程度和空间分布，指出未来土地生态修复的要点，揭示现状资源环境禀赋的优势与短板，找到提升土地生态资源环境承载能力的路径。

建立以双评价为基础的土地生态管理制度包括以下几个方面：①完善双评价的编制技术规范与审批制度，逐步形成稳定规范的以双评价为基础的土地生态评价制度。②建立以双评价为基础"三区三线"划定、国土空间格局优化的基本制度，引导国土空间开发格局与结构优化，划定或优化城镇开发边界、永久基本农田、生态保护红线；③以双评价为基础制定规划编制的刚性目标和指标，纳入国土空间规划管理"五级三类"制度体系。④建立以双评价为基础的土地生态预警机制，作为规划的中期评估、土地生态监测评估的重要对照指标和评估工具，判断土地生态的变化趋势和风险。

2. 自然保护地与生态保护红线制度　我国在1956年建立了第一个自然保护地，逐步形成了由自然保护区、风景名胜区、森林公园、地质公园、自然文化遗产、湿地公园、水产种质资源保护区、海洋特别保护区、特别保护海岛等组成的保护地体系。随后，我国又相继提出了重要生态功能区、生态脆弱区、重点生态功能区等生态空间保护关键区域，进一步完善了国家生态安全屏障体系。2011年，我国首次提出了"划定生态保护红线"这一国家生态保护战略。2015年，国家公园体制建设正式启动。2019年，提出建立以国家公园为主体的自然保护地体系的指导意见。这些重要举措进一步丰富了中国自然保护地体系和管理制度[①]。

生态保护红线是在自然生态服务功能、环境质量安全、自然资源利用等方面，需要实行严格保护的空间边界与管理限值，以维护国家和区域生态安全及经济社会可持续发展，保障人民群众健康。生态保护红线的实质是生态环境安全的底线，目的是建立最为严格的生态保护制度，对生态功能保障、环境质量安全和自然资源利用等方面提出更高的监管要求，从而促进人口资源环境相均衡、经济社会生态效益相统一。生态保护红线管控目标，强调生态功能不降低、保护面积不减少、用地性质不改变。生态保护红线制度的完善包括以下几个方

---

① 　高吉喜，徐梦佳，邹长新，2019. 中国自然保护地70年发展历程与成效[J]. 中国环境管理，11(4)：25-29.

面：①建立生态保护红线审批程序；②健全生态保护红线的调整程序；③统一生态保护红线
准入标准；④协调好生态保护红线制度与相关制度之间的衔接。

3. 生态监测评估制度 生态环境监测与评估是了解、掌握、评估、预测生态环境质量
状况的基本手段，是生态环境信息的主要来源，也是目标落实情况进行考核和科学决策的重
要依据，在土地生态管理中起基础性作用。2017 年 9 月 21 日，中共中央办公厅、国务院办
公厅印发了《关于深化环境监测改革提高环境监测数据质量的意见》，提出了坚决防范地方和
部门不当干预、大力推进部门环境监测协作、严格规范排污单位监测行为、准确界定环境监
测机构数据质量责任等方面的制度规范。

生态监测评估制度是落实土地生态管理政策措施的基础性制度。按照"山水林田湖草是一
个生命共同体"的系统监管理念，构建"源头严防、过程严管、后果严惩"的全过程监管制度
体系，创新监管方式，提升监管效能。具体的制度安排以包括下几个方面：①建设生态监测评
估预警制度，系统掌握生态系统的结构和功能变化，预测土地生态风险。对生态破坏突发事
件，建立快速响应评估制度。②完善生态环境保护监督与执法制度，强化生态环境保护监督的
日常管理工作。③健全土地生态评估的社会监督机制，健全评估的公告制度，接受社会监督，
并向社会公众统一发布相关信息。④构建生态监管保障制度。建立健全生态监管的法律体系，
加快制定生态监管的规章条例，创新科技监管技术能力，加强监管人才能力建设。⑤生态环境
监测制度与评价制度、责任追究制度、奖惩制度等制度衔接，提高制度的综合效益。

4. 资源有偿使用和土地生态补偿制度 自然资源有偿使用制度是在自然资源属于国有公
有的前提下，对自然资源用益权的有偿转让，即自然资源的使用者必须按照相应定价付费使用
自然资源的制度。2013 年，党的十八届三中全会通过了《中共中央关于全面深化改革若干重大
问题的决定》，其中明确提出，要实行资源有偿使用制度，加快自然资源及其产品价格改革，
全面反映市场供求、资源稀缺程度、生态环境损害成本和修复效益。土地是水体、森林、矿
产等自然资源的载体，资源有偿使用制度有利于资源的合理开发利用和土地生态保护[①]。

生态补偿制度是由受益者向生态利益保护者及资源开发受损者给予合理补偿，从而规
范、激励人们的生态建设与生态保护行为的制度，既包括中央对地方的纵向生态补偿，也包
括地区之间的横向生态补偿。这项制度在充分考虑生态系统发展机会成本、生态保护成本和
服务价值的基础上，借助政府和市场两种手段，调节生态环境保护利益主客体之间的关系，
以促进土地生态的保护。

国际上对生态补偿的市场机制、生态补偿的时空选择、生态补偿的支付意愿与受偿意愿、
生物多样性保护生态补偿进行了实践。我国对生态补偿主客体的确定、生态补偿标准的计算、
生态补偿途径的选择、生态补偿资金的来源、生态补偿政策法规的制定有广泛的研究。财政转
移支付是我国生态补偿的主要形式，但给国家财政造成了很大的负担。运用国土资源资产升
值、权益置换、财政贴息、特许经营等手段，吸引社会资本参与，形成"共建""共治""共
享"的多元化投入机制。运用市场补偿途径，如采用一对一交易、产权交易市场、生态标记、
排污权交易、水权交易、碳权交易等方式，为生态补偿提供较稳定的资金来源渠道。

5. 土地生态损害与赔偿制度 根据不同的研究内容和生态环境的功能，人为活动会出
现一些破坏人类健康舒适的生活环境、间接损害公众权益的行为，即生态环境损害。十八届

---

① 张云飞，2018. 自然资源有偿使用制度[J]. 绿色中国(21)：62 - 65.

三中全会明确提出，对造成生态环境损害的责任者严格实行赔偿制度，通过试点探索并逐步建立起生态环境损害赔偿制度。《生态环境损害赔偿制度改革试点方案》确定在全国范围内构建生态环境损害赔偿制度，并且重新界定了生态环境损害范围，即指因污染环境、破坏生态造成环境要素和生物要素的不利改变，以及构成的生态系统功能的退化。而涉及人身伤害、个人和集体财产损失要求赔偿的，适用《侵权责任法》等法律规定；涉及海洋生态环境损害赔偿的，适用《海洋环境保护法》等法律规定。

全国从 2018 年 1 月 1 日起试行生态环境损害赔偿制度，标志着生态环境损害赔偿制度改革已从先行试点进入全国试行的阶段。不断提高生态环境损害赔偿和修复的效率，将有效破解"企业污染、群众受害、政府买单"的困局，积极促进生态环境损害鉴定评估、生态环境修复等相关产业发展，有力保护土地生态和人居环境权益。构建责任明确、途径畅通、技术规范、保障有力、赔偿到位、修复有效的生态环境损害赔偿制度①。

6. 土地生态保护绩效评价考核和责任追究制度　土地生态安全是生态文明建设的重要方面。土地生态绩效评价考核制度有力推进生态文明建设，把生态保护放在突出地位，融入与土地利用相关的各方面和全过程，引导干部特别是领导干部形成正确的政绩导向。树立尊重自然、顺应自然、保护自然的生态文明理念。通过绩效评价考核，及时发现土地生态中出现的新问题。土地生态绩效评价考核的结果与干部提拔任用、奖惩晋级等相结合，建立更明确的生态保护激励约束制度，增强生态文明建设执行②。

各级党委和政府主要负责人是本行政区域生态环境保护第一责任人，肩负着国家和人民群众的期望。领导干部任中生态审计和领导干部离任生态审计制度，对审查任期内涉及自然资源资产经济活动资金与资源管理的经济性、效率性、效果性和可持续性等进行测评和考评③。建立科学合理的生态环境质量考核体系，是衡量"党政同责""一岗双责"的尺度和准绳，对构建生态文明体系、建设美丽中国具有重要意义。

复习思考题

1. 土地生态管理应该遵循哪些基本原则？
2. 土地生态管理包括哪几方面的内容？
3. 土地生态管理有哪些工具手段？
4. 阐述制度建设对土地生态管理的重要意义。
5. 土地生态管理有哪些重要的制度？

---

① 张云飞，2018. 自然资源有偿使用制度[J]. 绿色中国(21)：62－65.
② 胡卫华，康喜平，2017. 构建科学的生态文明建设绩效评价考核制度[J]. 中国党政干部论坛(10)：48－50.
③ 刘静，2018. 科学考核　切实落实领导干部责任追究制度 [N]. 中国环境报，8－21(3).

奥德姆 H T，1993．系统生态学[M].蒋有绪译．北京：科学出版社.

白洪，2006．城市土地生态规划研究——以贵阳市为例[D].天津：天津大学.

白晓慧，施春洪，2017．生态工程——原理及应用[M].北京：高等教育出版社.

包维楷，陈庆恒，1999．生态系统退化的过程及其特点[J].生态学杂志，18(2)：36－42.

蔡为民，唐华俊，陈佑启，等，2004．土地利用系统健康评价的框架与指标选择[J].中国人口·资源与环境(1)：33－37.

蔡晓明，2000．生态系统生态学[M].北京：科学出版社.

蔡晓明，尚玉昌，1995．普通生态学：下册[M].北京：北京大学出版社.

曹明德，黄东东，2007．论土地资源生态补偿[J].法制与社会发展(3)：96－105.

常勃，2013．微生物菌剂对矿区复垦土壤生物活性和油菜生长的影响[D].太原：山西大学.

陈百明，1991．"中国土地资源生产能力及人口承载量"项目研究方法概论[J].自然资源学报(3)：197－205.

陈芳孝，2007．北京市矿山生态治理主要技术与典型模式[J].中国水土保持(7)：25－26.

陈阜，2000．农业生态学教程[M].北京：气象出版社.

陈阜，隋鹏，2019．农业生态学[M].3版．北京：中国农业大学出版社.

陈怀顺，赵晓英，2000．西北地区生态恢复对策[J].科技导报(8)：42－44.

陈奎宁，1987."新三论"的启示——谈耗散结构论、协同论和突变论[J].科技导报(1)：40－42.

陈利顶，李秀珍，傅伯杰，等，2014．中国景观生态学发展历程与未来研究重点[J].生态学报，34(12)：3129－3141.

陈美球，刘桃菊，2003．土地健康与土地资源可持续利用[J].中国人口·资源与环境(4)：67－70.

陈美球，刘桃菊，黄靓，2004．土地生态系统健康研究的主要内容及面临的问题[J].生态环境(4)：698－701.

陈涛，1991．试论生态规划．景观生态学理论、方法及应用[M].北京：中国林业出版社：63－67.

陈文新，李阜棣，闫章才，2002．我国土壤微生物学和生物固氮研究的回顾与展望[J].世界科技研究与发展(4)：6－12.

陈永娴，曹建华，陈俊明，等，2014．森林生态系统养分循环及其动态模拟研究[J].热带农业科学，34(2)：39－43.

陈勇，陈国阶，2002．对乡村聚落生态研究中若干基本概念的认识[J].农村生态环境(1)：54－57.

陈智，2019．2000—2015年中国东北森林生产力和碳素利用率的时空变异[J].应用生态学报，30(5)：1625－1632.

陈佐忠，汪诗平，2000．中国典型草原生态系统[M].北京：科学出版社.

戴培超，张绍良，刘润，等，2019．生态系统文化服务研究进展——基于 Web of Science 分析[J].生态学报，39(5)：1863－1875.

邓红兵，陈春娣，刘昕，等，2009．区域生态用地的概念及分类[J].生态学报，29(3)：1519－1524.

邓小华，2006. 环境生态学[M]. 北京：中国农业出版社.

迪维诺 P，1987. 生态学概论[M]. 李耶波译. 北京：科学出版社.

丁雨睬，冯长春，王利伟，2016. 山地区域土地生态红线划定方法与实证研究——以重庆市涪陵区义和镇为例[J]. 地理科学进展，35(7)：851-859.

段德罡，王瑾，王天令，等，2017. 基于生态文明的村庄建设用地规划策略研究[J]. 中国工程科学，19(4)：138-144.

樊建凌，胡正义，庄舜尧，等，2007. 林地大气氮沉降的观测研究[J]. 中国环境科学，27(1)：7-9.

樊彦国，2007. 土地开发整理技术及应用[M]. 北京：中国石油大学出版社.

范志平，曾德慧，余新晓，2006. 生态工程理论基础与构建技术[M]. 北京：化学工业出版社.

范中桥，2004. 地域分异规律初探[J]. 哈尔滨师范大学自然科学学报(5)：106-109.

冯雨峰，孔繁德，2008. 生态恢复与生态工程技术[M]. 北京：中国环境科学出版社.

傅伯杰，1985. 土地生态系统的特征及其研究的主要方面[J]. 生态学杂志(1)：35-38.

傅伯杰，陈利顶，王军，等，2003. 土地利用结构与生态过程[J]. 第四纪研究(3)：247-255.

傅庆林，劢赐福，1994. 中国亚热带主要稻作制农田生态系统的养分平衡[J]. 生态学杂志(3)：53-56.

高吉喜，徐梦佳，邹长新，2019. 中国自然保护地 70 年发展历程与成效[J]. 中国环境管理，11(4)：25-29.

龚子同，陈鸿昭，张甘霖，2015. 寂静的土壤 理念·文化·梦想[M]. 北京：科学出版社.

谷金锋，蔡体久，肖洋，等，2004. 工矿区废弃地的植被恢复[J]. 东北林业大学学报，32(3)：19-22.

顾来水，高骏，2007. 土地整理工程施工技术[M]. 南京：东南大学出版社.

郭瑞华，杨玉宝，李季，2014. 3 种蔬菜种植模式下土壤氮素平衡的比较研究[J]. 中国生态农业学报，22(1)：10-15.

郭旭东，2018. 新时代土地生态学发展的思考[J]. 中国土地科学(12)：1-4.

郭旭东，谢俊奇，2008. 中国土地生态学的基本问题、研究进展与发展建议[J]. 中国土地科学(1)：4-9.

韩建国，2007. 草地学[M]. 3 版. 北京：中国农业出版社.

郝成元，马守臣，聂小军，等，2017. 矿区生态系统康复与生态文明建设[M]. 北京：科学出版社.

何永祺，1990. 土地科学的对象、性质、体系及其发展[J]. 中国土地科学，4(2)：1-4.

宏辉，王彦，2018. 我国农业化肥施用强度的变动趋势与影响因素——基于省级面板数据的实证分析[J]. 江苏农业科学，46(13)：353-358.

侯乐梅，孟瑞青，乜兰春，等，2016. 不同微生物菌剂对基质酶活性和番茄产量及品质的影响[J]. 应用生态学报，27(8)：2520-2526.

胡卫华，康喜平，2017. 构建科学的生态文明建设绩效评价考核制度[J]. 中国党政干部论坛(10)：48-50.

黄建辉，韩兴国，1995. 森林生态系统的生物地球化学循环：理论与方法[J]. 植物学通报(S2)：195-223.

霍明远，2000. 矿产生态学[J]. 资源科学(5)：7-10.

贾宝全，杨洁泉，2000. 景观生态规划：概念，内容，原则与模型[J]. 干旱区研究(2)：70-77.

江洪，汪小钦，孙为静，2010. 福建省森林生态系统 NPP 的遥感模拟与分析[J]. 地球信息科学学报，12(4)：580-586.

焦翠翠，于贵瑞，展小云，2014. 全球森林生态系统净初生产力的空间格局及其区域特征[J]. 第四纪研究，34(4)：699-709.

靳相木，柳乾坤，2017. 基于三维生态足迹模型扩展的土地承载力指数研究——以温州市为例[J]. 生态学报(9)：1-12.

景贵和，1986. 土地生态评价与土地生态设计[J]. 地理学报，41(1)：1-6.

康慕谊，1997. 城市生态学与城市环境[M]. 北京：中国计量出版社.

孔海南，吴德意，2015. 环境生态工程[M]. 上海：上海交通大学出版社.

赖致知，张晓蓉，2002. 农作物、化肥、土壤的营养特性和我国农田养分平衡的估算[J]. 磷肥与复肥(6)：70-74.

李博，2000. 生态学[M]. 北京：高等教育出版社.

李超，肖小平，唐海明，等，2017. 种植型微生物菌剂对双季稻植株产量、土壤养分及重金属 Cd 的影响[J]. 中国农学通报，33(29)：1-6.

李干杰，2014. "生态保护红线"——确保国家生态安全的生命线[J]. 求是(2)：44-46.

李季，许艇，2008. 生态工程[M]. 北京：化学工业出版社.

李金花，2019. 球毛壳 ND35 微生物菌剂对楸树幼苗抗旱性及土壤肥力的影响[D]. 泰安：山东农业大学.

李俊清，牛树奎，刘艳红，2010. 森林生态学[M]. 2 版. 北京：高等教育出版社.

李璞，王慎敏，周寅康，2008. 基于层次分析法的土地开发项目区未利用地地力评价研究——以克拉玛依市 2 000 hm² 土地开发项目为例[J]. 安徽农业科学(2)：754-756.

李贤伟，罗承德，胡庭兴，等，2001. 长江上游退化森林生态系统恢复与重建刍议[J]. 生态学报(12)：2117-2124.

李宜浓，周晓梅，张乃莉，等，2016. 陆地生态系统混合凋落物分解研究进展[J]. 生态学报，36(16)：4977-4987.

李忠芳，徐明岗，张会民，等，2009. 长期施肥下中国主要粮食作物产量的变化[J]. 中国农业科学，42(7)：2407-2414.

刘国华，傅伯杰，陈利顶，等，2000. 中国生态退化的主要类型、特征及分布[J]. 生态学报(1)：14-20.

刘继来，刘彦随，李裕瑞，等，2018. 2007—2015 年中国农村居民点用地与农村人口时空耦合关系[J]. 自然资源学报，33(11)：1861-1871.

刘静，2018. 科学考核 切实落实领导干部责任追究制度[N]. 中国环境报，08-21(3).

刘森，梁正伟，2009. 草地生态系统硫循环研究进展[J]. 华北农学报(S2)：257-262.

刘彦随，1999. 区域土地利用系统优化调控的机理与模式[J]. 资源科学(4)：63-68.

刘彦随，王介勇，2016. 转型发展期"多规合一"理论认知与技术方法[J]. 地理科学进展，35(5)：529-536.

刘彦随. 2018. 中国新时代城乡融合与乡村振兴[J]. 地理学报，73(4)：637-650.

鲁如坤，刘鸿翔，闻大中，等，1996. 我国典型地区农业生态系统养分循环和平衡研究Ⅱ. 农田养分收入参数[J]. 土壤通报(4)：151-154.

罗良国，闻大中，沈善敏，1999. 北方稻田生态系统养分平衡研究[J]. 应用生态学报(3)：46-49.

罗上华，毛齐正，马克明，等，2012. 城市土壤碳循环与碳固持研究综述[J]. 生态学报，32(22)：7177-7189.

吕达仁，2005. 内蒙古半干旱草原土壤—植被—大气相互作用[M]. 北京：气象出版社.

吕军，俞劲炎，张连佳，1990. 低丘红壤地区粮食作物光能利用率和农田能流分析[J]. 生态学杂志(6)：13-17.

马克明，孔红梅，关文彬，等，2001. 生态系统健康评价：方法与方向[J]. 生态学报(12)：2106-2116.

马莉，张娜，2014. 草地退化的研究进展[J]. 上海畜牧兽医通讯(4)：23-25.

马世骏，王如松，1984. 社会-经济-自然复合生态系统[J]. 生态学报，4(1)：1-9.

马雯秋，何新，姜广辉，等，2018. 基于土地功能的农村居民点内部用地结构分类[J]. 农业工程学报，34(4)：269-277

马雪华，1993. 森林水文学[M]. 北京：中国林业出版社.

南方红壤退化机制与防治措施研究专题组，1999. 中国红壤退化机制与防治[M]. 北京：中国农业出版社.

倪惠菁，苏文会，范少辉，等，2019. 养分输入方式对森林生态系统土壤养分循环的影响研究进展[J]. 生态学杂志，38(3)：863-872.

倪绍祥，2003. 近 10 年来中国土地评价研究的进展[J]. 自然资源学报(6)：672-683.

倪绍祥，刘彦随，1999. 区域土地资源优化配置及其可持续利用[J]. 农村生态环境，15(2)：8-11.

欧阳志云，王如松，2000. 生态系统服务功能、生态价值与可持续发展[J]. 世界科技研究与发展，22(5)：45-50.

欧阳志云，王效科，苗鸿，2000. 中国生态环境敏感性及其区域差异规律研究[J]. 生态学报，20(2)：9-12.

彭补拙，周生路，陈逸，等，2013. 土地利用规划学[M]. 修订版. 南京：东南大学出版社.

彭少麟，1998. 热带亚热带退化生态系统的恢复与复合农林业[J]. 应用生态学报(6)：29-33.

彭少麟，方炜，1996. 广州白云山次生常绿阔叶林的群落结构动态[J]. 应用与环境生物学报(1)：22-28.

彭少麟，陆宏芳，2003. 恢复生态学焦点问题[J]. 生态学报(7)：1249-1257.

秦祖平，徐琪，熊毅，1989. 太湖地区两种稻麦轮制中营养元素的循环——Ⅱ. 常规稻田生态系统中大量元素的循环状况[J]. 生态学报(3)：245-252.

任海，彭少麟，2001. 恢复生态学导论[M]. 北京：科学出版社.

任海，彭少麟，陆宏芳，2004. 退化生态系统恢复与恢复生态学[J]. 生态学报(8)：1756-1764.

尚玉昌，1988. 现代生态学中的生态位理论[J]. 生态学进展(2)：77-84.

尚玉昌，2010. 普通生态学[J]. 北京：北京大学出版社.

尚玉昌，蔡晓明，1992. 普通生态学：上册[M]. 北京：北京大学出版社.

沈满洪，2016. 生态经济学[M]. 2 版. 北京：中国环境科学出版社.

水建国，柴锡周，卢庭高，2001. 红壤地区降水对林地养分输入与土壤侵蚀的作用[J]. 浙江农业学报，13(1)：19-23.

宋伟，陈百明，张英，2013. 中国村庄宅基地空心化评价及其影响因素[J]. 地理研究，32(1)：20-28.

宋永昌，2007. 中国东部常绿阔叶林生态系统退化机制与生态恢复[M]. 北京：科学出版社.

宋永昌，由文辉，王祥荣，2000. 城市生态学[M]. 上海：华东师范大学出版社.

宋长青，吴金水，陆雅海，等，2013. 中国土壤微生物学研究 10 年回顾[J]. 地球科学进展(10)：1087-1105.

孙儒泳，1992. 动物生态学原理[M]. 3 版. 北京：北京师范大学出版社.

孙尚华，2009. 渭北西部丘陵小流域土地生态规划与设计[J]. 中国水土保持学(4)：106-111.

孙铁珩，周启星，李培军，2001. 污染生态学[M]. 北京：科学出版社：234-236.

田大伦，2005. 马尾松和湿地松林生态系统结构于功能[M]. 北京：科学出版社.

万金泉，王艳，马邕文，2013. 环境与生态[M]. 广州：华南理工大学出版社.

王刚，赵松岭，张鹏云，等，1984. 关于生态位定义的探讨及生态位重叠计测公式改进的研究[J]. 生态学报(2)：119-127.

王广成，李鹏飞，2014. 煤炭矿区复合生态系统及其耦合机理研究[J]. 生态经济，30(2)：139-142.

王国宏，2002. 再论生物多样性与生态系统的稳定性[J]. 生物多样性，10(1)：126-134.

王华仁，1986. 农业生态系统中能量流和物质流的研究方法和步骤[J]. 浙江农业大学学报论丛(4)：70-75.

王辉珠，1997. 草地分析与生产设计[M]. 北京：中国农业出版社.

王建安，韩国栋，鲍雅静，等，2007. 我国草地生态系统碳氮循环研究概述[J]. 内蒙古农业大学学报(自然科学版)(4)：254-258.

王静，2018. 土地生态系统的综合管理问题[J]. 中国土地(4)：19-21.

王让会，游先祥，2000. 荒漠生态系统中生物的信息联系特征[J]. 生态与农村环境学报(4)：7-10.

王仁卿，藤原一绘，尤海梅，2002. 森林植被恢复的理论和实践：用乡土树种重建当地森林——宫胁森林重建法介绍[J]. 植物生态学报，26(z1)：133-139.

王如松，薛元立，1993. 健全复合生态系统的第三功能[C].全国沿海开放地区经济持续发展战略学术研讨会.

王万茂，2002. 规划的本质与土地利用规划多维思考[J].中国土地科学(1)：4-6.

王兴祥，张桃林，张斌，1999. 红壤旱坡地农田生态系统养分循环和平衡[J].生态学报(3)：47-53.

王仰麟，1990. 土地系统生态设计模型研究[J].陕西师大学报(自然科学版，4)：54-57.

王治国，张云龙，刘徐师，等，2000. 林业生态工程学——林草植被建设的理论与实践[M].北京：中国林业出版社.

王仲男，2018. 羊草枯落物对草食家畜放牧与生境的响应机制[D].长春：东北师范大学.

卫智军，李青丰，贾鲜艳，等，2003. 矿业废弃地的植被恢复与重建[J].水土保持学报，17：172-176.

温晓娜，简有志，解新明，2009. 象草资源的综合开发利用[J].草业科学，26(9)：108-112.

文娅，赵国柱，周传斌，等，2011. 生态工程领域微生物菌剂研究进展[J].生态学报，31(20)：6287-6294.

邬建国，2007. 景观生态学：格局、过程、尺度与等级[M].2版.北京：高等教育出版社.

吴次芳，陈美球，2002. 土地生态系统的复杂性研究[J].应用生态学报(6)：753-756.

吴次芳，徐保根，2003. 土地生态学[M].北京：中国大地出版社.

吴发启，2004. 土地生态评价研究进展[J].西北林学院学报(4)：104-107.

向师庆，戴伟，1994. 生态岩类森林土壤矿物质的养分释放初步研究(I)：长石质森林土壤[J].北京林业大学学报，16(2)：26-33.

肖笃宁，李秀珍，1997. 当代景观生态学的进展和展望[J].地理科学(4)：69-77.

肖笃宁，李秀珍，高俊，等，2003. 景观生态学[M].北京：科学出版社.

肖松文，张泾生，曾北危，2001 产业生态系统与矿业可持续发展[J].矿冶工程(1)：4-6.

谢俊奇，郭旭东，李双成，等，2018. 土地生态学[M].北京：科学出版社.

谢俊奇，2014. 土地生态学[M].北京：科学出版社.

谢作明，2015. 环境生态学[M].武汉：中国地质大学出版社.

熊勇，许光勤，吴兰，2012. 混合凋落物分解非加和性效应研究进展[J].环境科学与技术，35(9)：56-60.

徐冬妮，2007. 城市土地资源可持续利用评价指标体系构建[J].资源开发与市场(9)：805-807.

徐琪，刘元昌，陆彦椿，等，1992. 稻田生态系统的特点及其分区——以太湖地区为例[J].农村生态环境(2)：31-36.

闫钟清，齐玉春，董云社，等，2014. 草地生态系统氮循环关键过程对全球变化及人类活动的响应与机制[J].草业学报(6)：279-292.

扬子生，2000. 试论土地生态学[J].中国土地科学(2)：38-43.

阳文锐，王如松，黄锦楼，等，2007. 生态风险评价及研究进展[J].应用生态学报，18(8)：1869-1876.

杨国贤，陈常明，1991. 稻田生物群落的能流参数[J].应用生态学报(2)：121-126.

杨开忠，杨咏，陈洁，2000. 生态足迹分析理论与方法[J].地球科学进展(6)：630-636.

杨小波，吴应书，2000. 城市生态学[M].北京：科学出版社.

杨子生，2000. 试论土地生态学[J].中国土地科学，14(2)：38-43.

杨子生，2002. 论土地生态规划设计[J].云南大学学报(2)：114-124.

叶立国，李笑春，2008. 生态系统健康研究述评[J].水土保持研究.15(5)：681-091.

尹君，2004. 土地生态规划与设计[J].河南农业大学学报(3)：73-74.

尹君，刘文菊，2001. 多目标土地利用总体规划方法研究[J].农业工程学报(4)：160-164.

尹少华，2010. 森林生态服务价值评价及其补偿与管理机制研究[M].北京：中国财政经济出版社.

余顺慧，2014. 环境生态学[M].成都：西南交通大学出版社.

俞孔坚，李迪华，吉庆萍，2001. 景观与城市的生态设计：概念与原理[J].中国园林(6)：3－10.

云正明，刘金铜，1998. 生态工程[M].北京：气象出版社.

臧润国，丁易，2008. 热带森林植被生态恢复研究进展[J].生态学报，28(12)：6292－6304.

张爱国，张淑莉，秦作栋，1999. 土地生态设计方法及其在晋西北土地荒漠化防治中的应用[J].中国沙漠(1)：47－51.

张佰林，张凤荣，高阳，等，2014. 农村居民点多功能识别与空间分异特征[J].农业工程学报，30(12)：216－224.

张光明，谢寿昌，1997. 生态位概念演变与展望[J].生态学杂志(6)：47－52.

张厚华，傅德志，孙谷畴，2004. 森林植被恢复重建的理论基础[J].北京林业大学学报(1)：97－99.

张绍林，朱兆良，徐银华，1989. 黄泛区潮土——冬小麦系统中尿素的转化和化肥氮去向[J].核农学报(1)：9－15.

张小全，侯振宏，2003. 森林退化，森林管理，植被破坏和恢复的定义与碳计量问题[J].林业科学，39(2)：145－152

张兴义，祁志，张晟旻，等，2019. 东北黑土区农田侵蚀沟填埋复垦工程技术[J].中国水土保持科学，17(5)：128－135.

张学峰，2016. 湿地生态修复技术及案例分析[M].北京：中国环境出版社.

张玉娟，唐士明，邵新庆，等，2012. 植物化感作用在草地生态系统中的研究进展[J].安徽农业科学，40(2)：958－961.

张云飞，2018. 自然资源有偿使用制度[J].绿色中国(21)：62－65.

张云伟，徐智，汤利，等，2013. 不同有机肥对烤烟根际土壤微生物的影响[J].应用生态学报，24(9)：2551－2556.

章家恩，徐琪，1999. 恢复生态学研究的一些基本问题探讨[J].应用生态学报，10(1)：109－113.

赵俊芳，曹云，马建勇，等，2018. 基于遥感和FORCCHN的中国森林生态系统NPP及生态系统服务功能评估[J].生态环境学报，27(9)：1585－1592.

赵荣钦，黄贤金，2013. 城市系统碳循环：特征、机理与理论框架[J].生态学报，33(2)：358－366.

赵荣钦，黄贤金，徐慧，等，2009. 城市系统碳循环与碳管理研究进展[J].自然资源学报，24(10)：1847－1859.

赵运林，邹冬生，2005. 城市生态学[M].北京：科学出版社.

赵哲远，吴次芳，顾海杰，等，2003. 关于土地生态管理的探讨[J].浙江国土资源(6)：31－34.

郑本暖，聂碧娟，2002. 福建历史上的洪涝灾害与水土保持[J].福建水土保持，14(3)：6－9.

中国农业百科全书编辑委员会，农业工程卷编辑委员会，1994. 中国农业百科全书：农业工程卷[M].北京：中国农业出版社.

中国植被编辑委员会，1980. 中国植被[M].北京：科学出版社.

钟华平，樊江文，于贵瑞，等，2005. 草地生态系统碳蓄积的研究进展[J].草业科学(1)：6－13.

钟晓青，2017. 生态工程与规划[M].北京：科学出版社.

周贵尧，2016. 放牧对草原生态系统碳、氮循环的影响：整合分析[D].镇江：江苏大学.

朱教君，李凤芹，2007. 森林退化/衰退的研究与实践[J].应用生态学报，18(7)：1601－1609.

朱教君，刘世荣，2007. 森林干扰生态学[M].北京：中国林业出版社.

朱彦鹏，2019. 加强生态监管制度体系建设[N].中国环境报，07－16(3).

邹利林，王建英，2015. 中国农村居民点布局优化研究综述[J].中国人口·资源与环境，25(4)：59－68.

邹长新，王丽霞，刘军会，2015. 论生态保护红线的类型划分与管控[J].生物多样性，23(6)：716－724.

祖健，郝晋珉，陈丽，等，2018. 耕地数量、质量、生态三位一体保护内涵及路径探析[J].中国农业大学学报，23(7)：84－95.

MATLOCK M D, MORGAN R A, 2013. 生态工程设计[M]. 吴巍译. 北京：电子工业出版社.

STUART CⅢ F, MATSON P A, MOONEY H A, 2005. 陆地生态系统生态学原理[M]. 李博，赵斌，彭容豪，等译. 北京：高等教育出版社.

ABER J D, JORDAN W Ⅲ, 1985. Restoration ecology：an environmental middle ground [J]. Bioscience (7)：399.

BARDGHTT R D, FREEMAN C, OSTLE N J, 2008. Microbial contributions to climate change through carbon cycle feedbacks [J]. Isme Journal, 2(8)：805 – 814.

BORMANN F H，LIKENS G E, 1979. Catastrophic disturbance and the steady state in northern hardwood forests：a new look at the role of disturbance in the development of forest ecosystems suggests important implications for land-use policies [J]. American Scientist, 67(6)：660 – 669

BRADSHAW A D, 1983. The reconstruction of ecosystem [J]. Journal of Applied Ecology, 20：1 – 17.

CAIRNS J J, 1995. Encyclopedia of environmental biology [J]. Restoration ecology, 3：223 – 235.

CONG P, OUYANG Z, HOU R, et al., 2017. Effects of application of microbial fertilizer on aggregation and aggregate-associated carbon in saline soils [J]. Soil and Tillage Research, 168：33 – 41.

DAILY G C, 1995. Restoring value to the worlds degraded lands [J]. Science, 269：350 – 354.

DIAMOND J, 1987. Reflections on goals and on the relationship between theory and practice[C]//JORDON W R Ⅲ, GILPIN N Aber J. Restoration Ecology：A Synthetic Approach to Ecological Research. Cambridge：Cambridge University Press：329 – 336.

EGAN D, HJERPE E E, ABRAMS J, et al., 2011. Human dimensions of ecological restoration：integrating science, nature, and culture [M]. Washington：Island Press.

EHRLICH P R, EHRLICH A H, 1981. Extinction：the causes and consequences of the disappearance of species [M]. New York：Random House.

FLESKENS L, 2008. A typology of sloping and mountainous olive plantation systems to address natural resources management [J]. Annals of Applied Biology, 153(3)：283 – 297.

FOLEY J A, DEFRIES R, ASNER G P, et al., 2005. Global consequence of land use [J]. Science, 309 (5734)：570 – 574.

FORMAN R T T, 1995a. Land mosaics：the ecology of landscape and regions [M]. Cambrige：Cambrige University Press.

FORMAN R T T, 1995b. Some general principles of landscape ecology [J]. Landscape Ecology, 10(3)：133 – 142.

GOULDING K T W, BAILEY N J, BRADBURY N J, et al., 1998. Nitrogen deposition and its contribution to nitrogen cycling and associated soil processes [J]. New Phytologist, 139：49 – 58.

HANSON P J, EDWARDS N T, GARTEN C T, et al., 2000. Separating root and soil microbial contributions to soil respiration：a review of methods and observations [J]. Biogeochemistry, 48：115 – 146.

HARPER J L, 1987. Self-effacing art：restoration ecology and invasions[C]// SAUNDERS D A, HOBBS R J, EHRLICH P R. Nature conservation 3：reconstruction of fragmented ecosystems, global and regional perspectives. New South Wales：Surrey Beatty and Sons：127 – 133.

HOBBS R J, MOONEY H A, 1993. Restoration ecology and invasions[C]// SAUNDERS D A, HOBBS R J, EHRLICH P R. Nature conservation 3：reconstruction of fragmented ecosystems, global and regional perspectives. New South Wales：Surrey Beatty and Sons：127 – 133.

HOBBS R J, NORTON D A, 1996. Towards a conceptual framework for restoration ecology [J]. Restoration Ecology, 4(2)：93 – 110.

INTERNATIONAL TROPICAL TIMBER ORGANIZATION(ITTO), 2000. Annual review and assessment of the world timber situation[R]. Yokohamo: International Tropical Timber Organization.

JORDAN W R, 1995. "Sunflower Forest": ecological restoration as the basis for a new environmental paradigm[C]//BALDWIN A D J. Beyond preservation: restoring and inventing landscape. Minneapolis: University of Minnesota Press: 17 - 34.

LOVETT G M, REINERS W A, OLSON R K, 1982. Cloud droplet deposition in subalpine balsam fir forests: hydrological and chemical inputs [J]. Science, 218(4579): 1303 - 1304.

MAB, 1994. Ecological sustainability and human institutions[C]. US MAB Bulletin, 18(3): 52.

MCHARG I L, 1996. Design with natures [M]. New York: Natural History Press.

MIYAWAKI A, 1998. Restoration of urban green environments based on the theories of vegetation ecology [J]. Ecological Engineering, 11: 157 - 165

ODUM E P, 1983. Basic ecology [M]. Philadelphia: Saunders College Publishing.

PARKER V T, 1997. The scale of successional models and restoration ecology [J]. Restoration Ecology, 5 (4): 301 - 306.

PERRY C A, 1994. Effects of reservoirs on flood discharges in the Kansas and the Missouri river basins[D]. Reston: United States Geological Survey.

ROGRIG E, ULRICH V, 1991. Ecosystems of the world[D]. Amsterdam: Elsevier: 219 - 344

STEINER D, 1991. The living landscape: an ecological approach to landscape planning [M]. New York: McGraw-Hill.

SUN F L, FAN L L, XIE G J, 2016. Effect of copper on the performance and bacterial communities of activated sludge using Illumina Mi Seq platforms [J]. Chemosphere, 156: 212 - 219.

TILMAN D, REICH, P B, KNOPS J, et al., 2001. Diversity and productivity in a long-term grassland experiment [J]. Science, 294(5543): 843 - 845.

WALTER R H, RAO M A, SHERMAN R M, et al., 1985. Edible fibers from apple pomade [J]. Journal of Food Science, 50(3): 747 - 749.

WHISENANT S, 1999. Repairing damaged wildlands: a process-oriented landscape-scale approach [D]. Cambridge: Cambridge University Press.

WHITMORE T C, 1998. An introduction to tropical rain forests [M]. 2nd ed. New York: Oxford University Press.

WHITTAKER R H, 1965. Dominance and diversity in land plant communities numerical relations of species express the importance of competition in community function and evolution [J]. Science, 147 (3655): 250 - 260.

ZAK J, MOOG E R, LIU C, et al., 1990. Fundamental magneto-optics [J]. Journal of Applied Physics, 68(8): 4203 - 4207.

图书在版编目（CIP）数据

土地生态学 / 黄炎和主编. —2 版. —北京：中
国农业出版社，2020.12
　普通高等教育"十一五"国家级规划教材　普通高等
教育农业农村部"十三五"规划教材
　ISBN 978-7-109-27682-6

　I.①土…　Ⅱ.①黄…　Ⅲ.①土地－生态学－高等学
校－教材　Ⅳ.①S154.1

中国版本图书馆 CIP 数据核字（2020）第 263696 号

中国农业出版社出版

地址：北京市朝阳区麦子店街 18 号楼
邮编：100125
责任编辑：夏之翠　　文字编辑：张田萌
版式设计：王　晨　　责任校对：刘丽香
印刷：中农印务有限公司
版次：2013 年 8 月第 1 版　　2020 年 12 月第 2 版
印次：2020 年 12 月第 2 版北京第 1 次印刷
发行：新华书店北京发行所
开本：787mm×1092mm　1/16
印张：20.75
字数：511 千字
定价：49.50 元